普通高等学校“十三五”规划教材

基坑支护

（第2版）

郭院成　李永辉　主　编

黄河水利出版社

·郑州·

内 容 提 要

本书为普通高等学校“十三五”规划教材。本书根据最新的技术规范编写,结合基坑工程近年来的发展,系统介绍了基坑工程的勘察、设计、施工、监测等。全书由绪论、勘察、设计计算基本理论、主要支护形式的设计及施工、其他相关技术等五部分构成,共分为12章,分别为绪论、基坑工程勘察、基坑工程土压力计算理论、基坑稳定性分析、排桩与地下连续墙支护结构、重力式水泥土墙、土钉墙支护体系、支护结构与主体结构相结合及逆作法、联合支护体系与复合支护体系、降排水设计与施工、基坑变形估算与环境保护技术和基坑工程监测技术。

本书内容丰富,可作为普通高等院校城市地下空间工程专业和土木工程专业地下工程方向本科生的专业课教材,也可作为地下工程、岩土工程专业研究生和广大工程技术人员设计与施工的参考资料。

图书在版编目(CIP)数据

基坑支护/郭院成,李永辉主编.—2版.郑州:黄河水利出版社,2019.8 (2023.1 重印)
普通高等学校“十三五”规划教材
ISBN 978-7-5509-2426-0

Ⅰ.①基… Ⅱ.①郭…②李… Ⅲ.①基坑-坑壁支撑-高等学校-教材 Ⅳ.①TU46

中国版本图书馆 CIP 数据核字(2019)第129028号

策划编辑:王志宽　电话:0371-66024331　E-mail:wangzhikuan83@126.com

出 版 社:黄河水利出版社　网址:www.yrcp.com
地址:河南省郑州市顺河路黄委会综合楼14层　邮政编码:450003
发行单位:黄河水利出版社
发行部电话:0371-66026940、66020550、66028024、66022620(传真)
E-mail:hhslcbs@126.com
承印单位:河南承创印务有限公司
开本:787 mm×1 092 mm　1/16
印张:17.75
字数:410千字
版次:2012年1月第1版　印次:2023年1月第2次印刷
2019年8月第2版

定价:38.00元

普通高等学校“十三五”规划教材

编审委员会

第 2 版前言

本书第 1 版出版至今已近 10 年，此间我国城市地下空间开发利用发展迅速，由此大大推进了基坑工程理论、设计与施工技术的全面进步与发展，相应的勘察设计规范水平也有了显著提升。本次修订即基于此现状，在原版基础上，依据《城市地下空间工程本科专业教学质量国家标准》及本科培养方案要求，结合现行国家标准和行业标准编写而成。在内容安排上，覆盖了基坑支护勘察、设计、施工、监测与环保全过程，强调了理论技术先进性与工程实用性的协调，关注了目前我国城镇化过程中基坑支护的技术新要求和新发展，部分引用了基坑支护设计理论和施工技术的最新成果。

在章节顺序安排上，主要参考行业标准《建筑基坑支护技术规程》(JGJ 120—2012)的顺序，力求与工程实践相结合，与专业知识体系的传承发展逻辑相适应，并考虑国家战略和行业发展需求，使前后各部分既相对独立又相互关联，以适应不同培养目标的学时要求。

基坑工程具有很强的区域性特点，针对不同地区由自然形成或人工形成的工程地质条件和水文地质条件差异性，以及建设场地周边不同环境条件，其设计要求和施工限制相差很大。特别是近年来城市土地资源稀缺化，地铁轨道交通建设快速化的发展形式，促进城市基坑工程深度和规模越来越大，与既有建(构)筑物和地埋管线距离越来越近，支护空间越来越紧张，出现局部有限土体和复杂多目标设计施工条件要求，采用单一体系的支护形式往往难以满足设计要求，因此由两种或两种以上支护形式组合形成的新型复合支护形式应运而生，并由此促生了新型施工装备和施工工法的快速发展。因此，新形成的设计施工方法逐渐成为本科生必须了解和掌握的学习内容。

此次修订按现行规范调整和补充了基坑工程的设计原则、土的抗剪强度指标的选用规定、基坑工程勘察要求、支护结构的稳定性验算及各类支护结构设计计算要点，改进了不同施工工况下锚杆黏结强度取值规定，充实了内支撑结构设计的有关规定，强调了环境保护和基坑监测新技术外。此外，特别增加了针对邻近既有复合地基和桩基础条件下的土压力计算方法、支护结构和主体结构相结合设计方法，以及针对复杂地质条件和环境条件下多目标设计的新型复合支护技术等，以实现既强调基于规范要求的与工程实践相结合的理论学习，又注重创新精神培养的教育理念和范式导向。

本书第 1 版第一章由郑州大学郭院成、河南大学孔德志编写，第二章至第五章由郑州大学时刚编写，第六章、第七章由河南大学张建伟编写，第八章由河南大学孔德志编写，第九章由郑州大学郭院成编写，第十章至第十二章由郑州大学冯虎编写，全书由郑州大学郭院成统稿。本次修订分工如下：第一章、第二章、第四章至第六章、第八章、第十章至第十二章由郑州大学李永辉修订，第七章、第九章由郑州大学时刚修订，第三章由洛阳理工学院魏艳卿修订。全书由郑州大学郭院成、李永辉统稿。

本书修编过程中,参考引用了有关院校正在应用的教材,以及许多业内专家、学者的相关论著和最新研究成果,在此一并表示感谢。限于编者的水平和学识,书中难免有疏漏之处,敬请读者批评指正。

编 者

2019年6月

目 录

第一章 绪 论

第一节 引 言

城市建设的立体化、交通高速化以及改善综合居住环境已成为现代土木工程的特征，对城市三维空间的开发是现代城市建设的一项重要内容，一方面高层建筑成为城市建筑的主要形式，另一方面城市地下空间也不断得到开发利用，诸如高层建筑的多层地下室、地下铁道和地下车站、地下停车场、地下仓库、地下街道、地下商场、地下医院、地下人防工程以及多种用途的地下民用和工业设施等在城市内不断兴建，由此产生了大量的深基坑工程。目前，我国城市基坑工程开挖深度最深者已达 40 m 以上，平面面积最大者已达 10 万 m^2以上，并呈不断加深和扩大的趋势。

基坑工程是土木工程建设中一个古老的课题，早期基坑较浅，基坑开挖过程中一般不需要进行专门的支护或根据情况进行一些简单支护即可。我国从 20 世纪 70 年代起，特别是 80 年代以后，由于城市超高层建筑、地铁、地下管道等市政工程建设规模日趋增大，而且工程多位于繁华闹市区，工程场地紧邻建筑物、道路和地下管线，同时交叉施工引起相互干扰，对基坑开挖提出了越来越苛刻的要求，基坑工程成为了城市建设中的一项重要工作，基坑工程学也就应运而生。20 世纪 90 年代以后，通过总结我国深基坑设计和施工的经验，逐步编写了一些深基坑设计和施工方面的行业规程和标准，使基坑工程的建设有了相应的理论指导，基坑工程逐渐成为土木工程学中的一项重要内容。

基坑工程是一项涉及勘察、结构、施工及环境保护等方面的综合性工程，其设计和施工过程中不仅要保持基坑本身的安全与稳定，更重要的是要保证周围环境的安全，既要保护基坑周围建筑物和各种管线在基坑施工中不能发生影响正常使用的变形与损坏，同时还要保证基坑工程建设的可行性和经济性。

为了把基坑支护费用降到最低而又不失安全，多年来科研人员进行了大量的研究和试验，提出了形形色色的支护方案。但基坑工程涉及因素较多，而且其中许多因素又具有一定的不确定性和可变性，使得基坑工程的设计和施工具有显著的个性特点，因此“理论导向、量测定量、经验判断、精心施工”是目前基坑工程建设中的一项重要原则。

第二节 基坑工程的特点与要求

基坑工程施工和开挖方式根据其特点可分为无支护开挖方法和有支护开挖方法。在施工场地空旷、条件允许的情况下，一般优先选用无支护开挖方法，其内容一般包括降水工程、土方开挖、必要的土坡护面和地基加固等。城市深基坑一般采用有支护开挖方法，其内容一般包括围护结构、支撑体系、降水工程、土方开挖、地基加固、监测与环境保护等。

无论是无支护开挖方法还是有支护开挖方法,基坑工程都具有以下几个特点:

(1)安全储备小、风险大。一般情况下,基坑工程作为临时性措施,基坑围护体系在设计计算时有些荷载,如地震荷载不加考虑,相对于永久性结构而言,在强度、变形、防渗、耐久性等方面的要求较低一些,安全储备要求可小一些,加上建设方对基坑工程认识上的偏差,为降低工程费用,对设计提出一些不合理的要求,实际的安全储备可能会更小一些。因此,基坑工程具有较大的风险性,必须有合理的应对措施。

(2)区域性明显。岩土工程区域性强,岩土工程中的基坑工程区域性更强,同一城市不同区域也有差异。因此,基坑工程的土方开挖,特别是支护体系设计与施工要因地制宜,根据本地情况进行,外地的经验可以借鉴,但不能简单搬用。

(3)技术综合性强。基坑工程的勘察、设计和施工的相互联系较强,要求基坑工程从业人员具备工程勘察、建筑力学、结构、施工技术、工程设计和施工相关经验等方面的知识和技能,才能对基坑工程选择合适的设计施工方案,并选择合理的参数进行相应的预估以及根据监测结果做出正确的判断和处理。

(4)时空效应显著。岩土体应力松弛与蠕变特性、周边环境条件的变化及基坑支护结构设计与施工过程中变形与荷载和抗力的显著耦联性,使得基坑开挖与支护具有明显的时间效应。此外,基坑的深度、平面形状及周边环境对基坑支护结构的稳定性和变形也有很大影响。

(5)环境效应突出。基坑开挖必将引起基坑周围地基中地下水位的变化和应力场的改变,导致周围地基中土体的变形,对邻近基坑的建筑物、地下构筑物和地下管线等产生影响,影响严重的将危及相邻建筑物、地下构筑物和地下管线的安全和正常使用,必须引起足够的重视。另外,基坑工程施工产生的噪声、粉尘、废弃的泥浆、渣土等也会对周围环境产生影响,大量的土方运输也会对交通产生影响,因此必须考虑基坑工程的环境效应。

基坑工程的设计和施工应满足以下几方面的技术要求:

(1)基坑工程的安全性。确保基坑施工整个过程中的安全与稳定,确保基坑不出现倾覆、滑移及坑底失稳现象,并确保基坑围护结构及支撑体系的安全与可靠。

(2)基坑周围环境的安全性。控制基坑施工过程中的位移和变形,确保基坑周围建筑物、构筑物、各种市政管线及道路的安全。

(3)经济合理性。在确保基坑工程及周围环境安全可靠的前提下,从工期、材料、设备、人工及对周围环境影响等方面研究基坑方案的经济合理性。

(4)施工便利性及工期保证性。在安全可靠、经济合理的原则下,基坑工程还应最大限度地满足便利施工和缩短工期的要求。

第三节　基坑工程的设计

基坑工程设计阶段的划分和文件组成取决于基坑内主体工程的性质、投资规模、建设计划进度等方面的要求,一般分为总体方案设计和施工图设计两个阶段。基坑总体方案设计目前多在主体工程设计完成后基坑施工前进行,但为了使基坑工程与主体工程之间能够更好地协调,使基坑工程与主体工程的结合更加经济合理,许多大型基坑工程的总体方案设计在主体工程扩初设计中就着手进行,以利于协调处理主体工程与基坑工程的相关问题。基坑工程施工图设计一般在地下主体工程设计完成及基坑总体方案确定后进行,施工图和施工说明的内容及各项技术标准与检验方法必须符合相关的法令、法规、技术规范和规程的要求。

一、设计资料准备

在基坑设计之前,应对基坑内主体工程、基坑工程所处的工程地质及水文条件、周围环境、施工条件、相关规范与规程进行收集和分析,以全面掌握设计依据。

(一)主体工程资料

基坑设计前应全面了解主体工程的规模、结构形式、施工方式、使用要求等相关资料,以便基坑工程的设计和施工与主体工程能够较好地协调。

(二)工程地质和水文地质条件

为了能够正确处理基坑的稳定性和变形问题,在设计前应对工程所处场地的工程地质及水文地质条件进行详细勘察,具体包括以下内容:

(1)工程所处场地的地层情况。包括地层构造、土层分类、土体参数等,需要提供详细的地质剖面图、必要的勘探点地质柱状图以及必要的土体试验曲线,特殊土质还应对其不良特性参数进行测定,勘探范围及勘探点密度应能够满足基坑设计要求。

(2)工程所处场地的地下各层含水情况,地下水位的高度及变化规律,地下各层土体渗透规律及周围水头补给和动态变化情况,潜水、承压水的水质及水压、流速、流向,特别需要注意可能导致基坑产生失稳的流砂、管涌及其他水土流失问题的水文情况。

(3)地下障碍物情况。主要调查既有建筑物基础、废弃地下构筑物、工业和建筑垃圾、暗浜、暗流等可能存在的情况。

(三)周围环境情况

基坑开挖过程引起的地层沉降和位移将会对周围环境造成一定影响,处理不当可能会引起周围建筑物和管线的破坏,因此在基坑设计和施工前应对周围环境情况进行详细的调查,具体包括:

(1)基坑周围建筑物情况。包括基坑周围建筑物分布情况,建筑物与基坑的相对位置,建筑物结构及基础形式,建筑物使用性质和对变形的敏感程度,建筑物的现状(包括已有裂缝和倾斜情况)等。

(2)基坑周围构筑物情况。包括基坑周围道路、铁路、烟囱、电视塔和纪念塔、工业和民用及水利设施等的分布、使用性质和现状情况等。

(3)管线情况。包括场地内及临近区域内的天然气管道、上水管道、下水管道、电缆等管线的分布、管材、接头形式及使用等方面的详细情况。

(4)基坑周围地下构筑物情况。包括基坑周围地下交通、地下商场、地下仓库、地下贮液池、人防工程等设施的结构形式及与基坑的相对位置等情况。

(5)其他与基坑工程建设相关的设施的情况。

(四)工程的施工条件

工程的施工条件决定了基坑设计方案的可行性,主要包括以下几方面的内容:

(1)施工现场所处地段的交通、行政、商业及特殊情况。

(2)施工地段对基坑围护结构和开挖支撑施工的噪声与振动的限制要求情况。

(3)施工现场能够提供的土方和材料堆放、构件加工、设备停放、施工车辆进出运行所需的场地情况。

(4)当地施工队伍及常用施工方法、施工设备、施工技术情况。

(五)相关设计依据资料

基坑工程设计前还应收集相关设计依据资料,具体包括以下内容:

(1)国家及当地现行的有关设计施工规范和规程。

(2)当地类似工程成功的经验和失败的教训。

二、设计原则

基坑工程为临时性措施,其设计使用年限较短,一般条件下,基坑工程设计使用年限不超过两年。基坑设计时,应综合考虑基坑周边环境、地质条件的复杂程度及基坑深度等因素。按基坑失效破坏后果将支护结构设计安全等级分为三级,如表1-1所示。

表1-1 支护结构的安全等级

安全等级	破坏后果	重要性系数 γ_0
一级	支护结构失效、土体过大变形对基坑周边环境或主体结构施工的影响很严重	1.1
二级	支护结构失效、土体过大变形对基坑周边环境或主体结构施工的影响严重	1.0
三级	支护结构失效、土体过大变形对基坑周边环境或主体结构施工的影响不严重	0.9

基坑支护结构设计采用极限状态设计原则,包括承载能力极限状态和正常使用极限状态。

(一)承载能力极限状态

要求不能出现以下各种情况:

(1)支护结构的结构性破坏。支护结构及支撑系统的折断、压屈失稳、锚杆的断裂、拔出等使结构失去承载能力的破坏形式。

(2)基坑内外土体失稳。基坑内外土体中出现整体滑动面,土体呈现整体滑动现象;坑底土体过量隆起出现塑性流动现象;基坑内被动区土体被动抗力不足,结构倾倒或踢脚等破坏形式。

(3)止水帷幕失效。坑内出现渗流破坏、管漏、流土或流砂、水土流失、坑外地面塌陷而导致基坑土体失稳。

(二)正常使用极限状态

要求不能出现以下各种情况:

(1)支护结构位移造成周边建(构)筑物、地下管线、道路等损坏或影响其正常使用。

(2)因地下水位下降、地下水渗流或施工因素导致土体变形,造成基坑周边建(构)筑物、地下管线、道路等损坏或影响其正常使用。

(3)影响主体地下结构正常施工的支护结构位移。

(4)影响主体地下结构正常施工的地下水渗流。

对于基坑支护设计时的变形控制,当基坑开挖影响范围内有建筑物时,支护结构水平位移控制值、建筑物的沉降控制值应按不影响其正常使用的要求确定,并应符合《建筑地基基础设计规范》(GB 50007—2011)中对地基变形允许值的规定;当基坑开挖影响范围内有地下管线、地下构筑物、道路时,支护结构水平位移控制值、地面沉降控制值应按不影响其正常使用的要求确定,并应符合现行相关标准对其允许变形的规定;当支护结构构件同时用作主体地下结构构件时,支护结构水平位移控制值不应大于主体结构设计对其变形的限值。

三、设计内容

基坑工程设计主要包括开挖方案选择、围护结构设计、支撑体系设计、坑底加固设计、开挖施工方案等方面的内容。

(一)开挖方案选择

基坑开挖方案是基坑设计的一个重要内容,根据所掌握的设计资料、设计依据、设计标准,确定合理、安全、快捷、经济的基坑开挖方法,在此基础上做出围护结构、支撑体系、坑底加固、开挖施工方案等配套设计。

基坑工程主要开挖方法有:

(1)放坡开挖。这是一种较为经济且施工简便的开挖方法,适用于周围较空旷且开挖深度不大的基坑工程。

(2)无内支撑围护开挖。对主体工程施工干扰少,施工工期较短。在开挖深度不大且环境保护要求不高时可采用板桩或重力式挡墙作为围护结构,开挖深度稍大或环境保护要求稍高时可设置土钉或土锚作为外支撑。

(3)有内支撑围护分层开挖。有内支撑围护分层开挖需要在基坑内设置内支撑体系,基坑变形容易控制,但给主体结构施工带来一定的影响,主要应用于开挖深度较大、地基土软弱、周围环境复杂、环境保护要求较高的基坑工程。

(4)中心岛开挖。先开挖基坑中间部分,基坑周边围护结构内侧先留土堤后设斜撑开挖,此法支撑设置需要量少,主要适用于开挖面积较大的基坑工程。

(5)壕沟式开挖。适用于开挖面积大而施工场地受限无法全面开挖的基坑工程,采用分次开挖分次施工的方式,工期长,施工复杂,造价较高。

(6)逆作法。采用从上而下边开挖边施工主体工程的方法,在完成地下室顶板后地下地上可同时施工,施工技术复杂,适用于施工场地紧张且地质条件较差、环境保护要求高的基坑工程。在一定条件下,用于围护结构的地下连续墙可兼作主体结构。

(7)沉井或沉箱开挖。主要适用于地基软弱及涌水量较多的基坑,在设计及施工合理先进的条件下,可用于环境保护要求较高的基坑工程。

(二)围护结构设计

围护结构主要承受基坑开挖卸荷所产生的土压力和水压力,并将此压力传递给支撑,是稳定基坑的一种临时施工挡墙结构。主要的围护结构类型有以下几种：

(1)板桩式。包括钢板桩和预制混凝土板桩两种，施工时需要将桩打入土体，施工方便，工期短，造价低，但施工噪声大，打桩振动对周围影响大，适用于环境保护要求不太高的基坑工程。

(2)自立式。包括水泥土搅拌桩挡土墙、高压旋喷桩挡墙等几种形式，造价经济，止水性好，适合于环境保护要求不高、开挖深度较浅的基坑工程。

(3)柱列式。主要包括钻孔灌注桩和挖孔灌注桩等形式，施工噪声小，刚度大，对周围环境影响小，整体刚度相对较差，如需防水，需辅以搅拌桩或旋喷桩等作为截水帷幕，适合于环境保护要求相对较高的基坑工程。

(4)地下连续墙。施工噪声小，振动小，止水性好，整体刚度大，对周围环境影响小，造价相对较高，适合于软弱地层且建筑物较密集、环境保护要求高的深基坑工程。

(5)组合式。包括 SMW 工法(型钢水泥土连续墙)和钻孔灌注桩加搅拌桩截水帷幕等形式，止水性好，结构刚度较大，造价相对经济，在一定条件下可代替地下连续墙，适合于地下水系较发育、环境保护要求较高的基坑工程。

(6)沉井。施工占地少，挖土量少，施工技术难度高，在措施选择恰当、施工技术能够保证的条件下，可用于地层条件较差、开挖深度较大、环境保护要求非常高的基坑工程。

我国幅员辽阔，各地地质条件差异较大，施工技术和工艺也有较大差别，在选择基坑围护结构形式时，应根据地质情况、环境要求、使用功能情况和当地施工工艺技术条件综合考虑。

(三)支撑体系设计

基坑支撑体系包括围檩、支撑、立柱及其他附属构件，支撑体系是承受围护结构所传递的土压力、水压力的结构体系。

支撑按材料可分为钢筋混凝土支撑和钢结构支撑两类。其中，钢筋混凝土支撑体系形式灵活多样，位移控制严格，但浇筑时间较长，拆除困难；钢结构支撑体系安装、拆除施工方便，可重复周转使用，必要时还可以施加预应力，但施工工艺要求较高。

支撑体系的形式主要有以下几种：

(1)直交式。是一种常用的内支撑形式，安全稳定，利于控制围护结构位移，但是对土方开挖和主体结构施工影响较大。

(2)周边布置式。具体包括角撑体系、边桁架、圆形环梁等几种形式，方便土体开挖和主体工程施工，但是稳定性比直交式稍差。

(3)垂直对称布置式。该种方式不需要立柱，沿基坑横向布置支撑，主要适用于长条形基坑工程。

(4)圆拱布置式。利用圆拱受力特点，节省材料，便于土方开挖和主体结构施工，但是支撑的设置受基坑形状影响较大。

(5)竖向斜撑形式。可以节省立柱和支撑材料，但是斜撑与底板相交处结构处理较困难，在软弱土层中不易控制基坑稳定和变形，主要适用于开挖面积较大而深度较小的基坑。

(6)逆作法支撑。利用主体结构的梁板作为支撑,只需要附加必要的临时支撑,可以节省材料,但是对土方开挖和整个工程施工组织提出了较高的技术要求。

(7)外支撑。主要包括锚杆、土钉等,造价经济,方便土方开挖和主体工程施工,但是要求周围场地必须具有适合于设置锚杆和土钉的条件,在周围土质较好的时候可以采用。

(8)组合式。是根据基坑开挖方法、工程特点和平面形状,将以上各种支撑形式进行因地制宜的搭配布置的方式。

在支撑体系设计中,应充分考虑当地和工程的具体条件,合理选择支撑材料和支撑布置形式,依据工程经验设置相应的支撑道数和支撑立柱桩。

(四)坑底加固设计

按一定地质条件和基坑开挖施工参数设计的支护结构体系,如果达不到控制变形的要求,并且增加支撑道数已不可行,或者在基坑施工中,遇见管涌、承压水问题时,采用坑底加固是一种有效的方法。

采用坑底加固的情况主要有以下几种:

(1)基坑开挖深度较深,坑底土质较软弱,难以满足稳定性要求时。

(2)基坑底面以下存在着承压水层,坑底不透水,有被顶破的危险时。

(3)基坑承受较大偏心荷载时。

(4)含有丰富地下水的砂性土层及废弃地下构筑物的贮水体时。

(5)地下水丰富且流动性较强时。

(6)基坑周围存在对沉降非常敏感的建筑物或构筑物时。

坑底加固的方法主要有高压旋喷注浆法、深层搅拌法、化学注浆法等几种。

(五)开挖施工方案

由于基坑工程设计和施工密不可分,在基坑设计中,应对施工中土方开挖、支撑设置时间、换撑方式和时间及施工监测等方面提出指导性意见与要求。

第四节 基坑工程的施工与监测

基坑工程的施工与监测是基坑工程的另一项关键内容,应合理安排好施工组织和施工工艺技术,做到基坑工程建设的安全、有效和经济。

一、基本要求

基坑施工中,应保证基坑本身的稳定,防止基坑发生以下几种破坏形式:

(1)基坑稳定破坏。包括基坑整体滑移、被动区土体失稳、基坑隆起、管涌和流砂、坑底被承压水顶破等几种破坏形式。

(2)基坑支护结构强度破坏。包括围护结构破坏、支撑受压破坏、支撑节点滑动破坏等几种形式。

另外,基坑施工中还要控制基坑的变形和地层位移,防止周围地上和地下建(构)筑物、管线、道路、地铁隧道等设施产生影响正常使用的破坏和变形。

二、基坑施工

基坑的施工应根据工程所处的地质环境和施工条件合理安排施工组织和施工工艺技术,按照设计图纸和施工规范的要求,合理安排施工步序和施工参数等技术措施。

由于土体或多或少地具有一定的流变性,在施工中,应按照时空效应的原理,根据基坑的规模和几何尺寸,按照基坑分层、分布、对称、平衡、开挖和支撑的顺序进行,并尽量减小开挖过程中土体扰动范围,缩短基坑的无支撑暴露时间,减少基坑施工中的位移和变形。

基坑工程的复杂性使得基坑工程施工风险较大,在施工组织设计中,还应分析可能的风险,做好应急预案。

三、基坑施工监测

目前,经过多年的发展,基坑工程技术已取得了较大的进展,但基坑工程设计因素众多,且这些因素多具有不确定性,使得基坑工程的设计和施工中还难以对结构的内力与变形做出较为准确的预测,因此"理论导向、量测定量、经验判断、精心施工"仍是目前基坑工程设计和施工的主要原则。在施工中,应同时进行施工监测,及时反馈监测结果,合理判断并指导下一阶段的施工。

一般基坑工程应监测的内容包括基坑周围地面沉降、围护结构顶端位移、支撑内力等,有止水要求的基坑还应监测坑内与坑外水位变化情况,重要的基坑工程还应监测围护结构深层位移、坑内外土压力与水压力情况等。

总之,基坑工程是土木工程施工中的一个传统课题,同时又是岩土工程的一个综合性难题,其设计因素较多而技术发展历程较短,目前还缺乏全面的成熟经验,理论上还有待进一步完善。此外,各地地质、环境、施工条件千差万别,在每个基坑工程设计和施工中,必须因地制宜,切不可生搬硬套。相信经过不断的深入认识和完善技术,基坑工程的技术水平必将向更新的高度发展,为工程建设增添更加丰富的内容。

第二章　基坑工程勘察

第一节　概　述

基坑支护结构的设计、施工，首先要阅读和分析岩土工程地质勘察报告，了解土层分层情况及其物理、力学性质，水文地质情况等，以便于选择合适的支护结构体系并进行设计计算。

工程地质和水文地质条件是进行基坑支护结构设计、坑内地基加固设计、降水设计、土方开挖等的基本依据。目前，基坑工程的勘察很少单独进行，大多数是与主体工程的地基勘察一并完成的，但由于有些勘察人员对基坑工程的特点和要求不是很了解，提供的勘察成果不一定能满足基坑支护结构设计的要求。例如，地基勘察往往对持力层、下卧层研究较细致，而忽略了浅部土层的划分和取样试验；侧重于针对地基的承载性能提供土质参数，而忽略了支护设计所需要的参数；只在规定的建筑物轮廓线以内进行勘察工作，而忽略了对周边环境的调查了解等。

针对目前基坑工程勘察的现状，本章主要根据《建筑基坑支护技术规程》(JGJ 120—2012)、《建筑地基基础设计规范》(GB 50007—2011)和《岩土工程勘察规范》(GB 50021—2001)等规范的有关要求，对基坑工程的勘察进行介绍。由于我国基坑工程的经验主要来自于土质基坑方面，岩质基坑的经验相对较少，故本章内容只适用于土质基坑。

基坑工程的勘察与其他工程的勘察一样，可分阶段进行，一般分为初步勘察、详细勘察和施工勘察三个阶段。下节将简要介绍基坑工程的初步勘察阶段和详细勘察阶段。

第二节　基坑工程的勘察要求

一、初步勘察阶段

在基坑工程的初步勘察阶段，应根据岩土工程条件收集工程地质和水文地质资料，并进行工程地质调查。必要时进行少量的补充勘察和室内试验，并初步判断开挖时可能发生的问题，提出基坑支护的建议方案。

二、详细勘察阶段

在详细勘察阶段，应针对基坑工程设计的要求进行勘察，宜按下列要求进行勘察工作。

(一)工程地质勘察

(1)勘察范围。应根据基坑开挖深度及场地的岩土工程条件确定；基坑外宜布置勘探点,其范围不宜小于基坑开挖深度的1倍,当需要采用锚杆时,基坑外勘察点的范围不宜小于基坑深度的2倍;当基坑外无法布置勘察点时,应通过调查取得相关勘察资料并结合场地内的勘察资料进行综合分析。

(2)勘察深度。基坑周边勘探孔的深度不宜小于基坑深度的2倍;当基底以下为密实的砂层、卵石层或基岩时,勘探孔的深度可视具体情况减小,但均应满足不同基础类型、施工工艺及基坑稳定性验算对孔深的要求;当基坑面以下存在软弱土层或承压水含水层时,勘探孔的深度应穿过软弱土层或承压水含水层。

(3)勘探点布置。勘探点应沿基坑边布置,其间距宜取15~25 m;基坑主要的转角处应当设置控制性勘探孔;当场地存在软弱土层、暗沟等复杂地质条件时,应加密勘探孔并查明其分布和工程特性。

(4)场地浅层土的性质对支护结构的成孔施工有较大影响,因此应予以详细查明。可沿基坑周边布置小螺旋钻孔,孔距可为10~15 m。当发现有厚度较大的杂填土等不良地质现象时,可加密孔距,控制其边界的孔距宜为2~3 m;场地条件许可时宜将勘察范围适当外延,勘察深度应进入正常土层不小于0.5 m。当场地地表下存在障碍物而无法按照要求完成浅层勘察时,可在施工清障后进行施工勘察。

(5)在开挖边界外,勘探点布置和勘察深度可能会遇到困难,勘察手段以调查研究、收集资料为主,但对于复杂场地和斜坡场地,由于稳定性分析的需要或布置锚杆的需要,必须有实测地质剖面,应适量布置勘探点。

(二)水文地质勘察

当场地水文地质条件复杂,在基坑开挖过程中需要对地下水进行治理(降水或隔渗)时,应进行专门的水文地质勘察。

基坑工程的水文地质勘察工作不同于供水水文地质勘察,其目的包括两个方面:一是满足降水设计(包括降水井的布置和井管设计)需要,二是满足对环境影响评估的需要。前者按通常的供水水文地质勘察工作方法即可满足要求,而后者因涉及的问题很多,要求就更高。当降水和基坑开挖可能产生流砂、流土、管涌等渗透破坏时,应有针对性地进行勘察,分析评价它们产生的可能性及对工程的影响。

场地水文地质勘察应达到以下要求:

(1)查明开挖范围及邻近场地地下水含水层和隔水层的层位、埋深和分布情况,查明各含水层(包括上层滞水、潜水、承压水)的补给条件和水力联系。

(2)测量场地各含水层的渗透系数和降水影响半径。

(3)分析施工过程中水位变化,可能产生的流砂、管涌、流土等工程现象对支护结构和基坑周边环境的影响并进行评价,提出应采取的措施。

(三)地下障碍物的勘察要求

勘察应提供基坑及围护墙边界附近场地填土、暗浜以及地下障碍物等不良地质现象的分布范围与深度,并反映其对基坑的影响情况。常见的地下障碍物主要有:

(1)回填的工业或建筑垃圾。

(2)原有建筑物的地下室、浅基础或桩基础。

(3)废弃的人防工程、管道、隧道、风井等。

(四)岩土工程测试要求

在受基坑开挖影响和可能设置支护结构的范围内,应查明岩土分布,并进行相应的岩土工程测试,给出土的常规物理试验指标,分层提供支护结构设计所需的抗剪强度指标等相关参数。

岩土工程测试参数宜包含以下内容:

(1)土的常规物理试验指标。

(2)土的抗剪强度指标。

(3)室内试验或原位试验测试的土的渗透系数。

(4)特殊条件下应根据实际情况选择其他适宜的试验方法测试设计所需参数。

在采取土样时,为减少对土样的扰动,应采用薄壁取土器取样。

(五)周边环境调查

环境保护是基坑工程的重要任务之一,在建筑物密集、交通流量大的城区尤其突出。由于对周边建(构)筑物和地下管线情况不了解,盲目开挖造成损失的事故案例很多,有的后果非常严重。因此,基坑工程勘察应进行环境状况的调查,查明邻近建筑物和地下设施的现状、结构特点以及对开挖变形的承受能力。在城市地下管网密集分布区,可通过地理信息系统或其他档案资料了解管线的类别、平面位置、埋深和规模。如确实收集不到资料,必要时应采用开挖、物探、专用仪器或其他有效方法进行地下管线的探测。

基坑周边环境调查具体包括以下内容:

(1)基坑影响范围内的建(构)筑物结构类型、层数、地基基础类型、尺寸、埋深、持力层、基础荷载大小及上部结构现状。

(2)基坑及周边2~3倍的基坑深度范围内存在的各类地下设施、地上设施,包括供水、供电、供气、排水、通信、热力等管线或管道的准确位置、材质和性状,以及对变形的承受能力。

(3)拟建、已建及同期施工的相邻建设工程基坑支护类型和开挖、支护、降水和基础施工等情况。

(4)场地周围和邻近地区地表水汇流、排泄情况,地面地下贮水、输水设施的渗漏情况以及对基坑开挖的影响程度。

(5)基坑周边道路的位置、车辆载重情况、其他动荷载情况,以及可能影响基坑稳定性的不良地质作用。

第三节　勘探与取样

一、勘探和取样的基本要求

工程地质勘察应为设计、施工提供符合实际情况的土的性质指标,这就需要查明岩土的性质和分布。采取岩土试样或进行原位测试时,可采用钻探、井探、槽探、洞探和地球物理勘探等方法。基坑工程设计和施工所需要提供的勘探资料主要包括土层的标高、土层层厚、土层层号与名称以及对土层的描述。

布置勘探工作时应考虑勘探对工程和自然环境的影响,防止对地下管线、地下工程和自然环境产生破坏。钻孔、探井和探槽完工后应妥善进行回填。

以静力触探、动力触探作为勘探手段时,应和钻探等其他勘探方法配合进行。

进行钻探、井探、槽探和洞探时,应采取有效措施,确保施工安全。

二、钻探

钻探是用钻机在地层中钻孔,以鉴别和划分土层,并可沿孔深取样,用以测定岩土体的物理力学性质的勘探方法。此外,在钻孔内还可进行触探试验或其他原位试验,确定地下水位埋深,了解地下水的类型等。

钻机的种类有很多,分类标准也不尽相同。工程上常按钻进方式分为回转式与冲击式两类。钻探方法可根据岩土类别和勘察要求按表 2-1 进行选择。钻探口径和钻具规格应符合现行国家标准的规定,成孔口径应满足取样、测试和钻进工艺的要求。勘探浅部土层可采用小口径麻花钻(或提土钻)、小口径勺形钻、洛阳铲钻进等钻探方法。

表 2-1 钻探方法的适用范围

钻探方法		岩土类别				勘察要求	
		黏性土	粉土	砂土	碎石土	直观鉴别 采取不扰动试样	直观鉴别 采取扰动试样
回转式	螺旋钻探	◎	○	○	◇	◎	◎
	无岩芯钻探	◎	◎	◎	○	◇	◇
	岩芯钻探	◎	◎	◎	○	◎	◎
冲击式	冲击钻探	◇	◇	◎	◎	◇	◇
	锤击钻探	○	◎	◎	○	◎	◎
	振动钻探	◎	◎	◎	○	○	○
	冲洗钻探	○	◎	◎	◇	◇	◇

注:◎表示适用,○表示部分适用,◇表示不适用。

钻探应符合下列规定:

(1)钻进深度和岩土分层深度的测量精度不应低于±5 cm。

(2)应严格控制非连续取芯钻进的回次进尺,使分层精度符合要求。

(3)对于鉴别地层天然湿度的钻孔,在地下水位以上应进行干钻,当必须加水或使用循环液时,应采用双层岩芯管钻进。

(4)定向钻进的钻孔应分段进行孔斜测量,倾角和方位的测量精度应分别优于±0.1°和±0.3°。

钻探操作的具体方法以及钻孔的记录、编录应按照现行的《建筑工程地质钻探技术标准》(JGJ/T 87—2012)执行。

三、井探、槽探和洞探

当用钻探方法难以准确查明地下情况时,可采用井探、槽探进行勘探,这些勘探方法统称为坑探,即在建筑场地上用人工开挖探井、探槽或平硐,直接观察了解槽壁土层情况与性质,可以取得比较准确的地质资料,并可进行取样和原位试验。

探井、平硐通常采用直径0.8~1.0 m的圆形断面或1.0 m×1.2 m的矩形断面。探井深度不宜超过20 m,且不宜超过地下水位。探槽深度也宜浅于5 m。需注意的是,在钻进时,应对井壁、槽壁做必要的支护以防坍塌,确保施工安全。

对探井、探槽和探洞除文字描述记录外,还应以剖面图、展示图等反映井、槽、洞壁和底部的土性、地层分界、构造特征、取样和原位试验位置,并辅以代表性布置的彩色照片。

四、地球物理勘探

地球物理勘探简称物探,即采用物理学的基本原理勘测地层分布、地质构造、地下水埋藏深度等的一种方法。物探是一种简便而又迅速的间接勘探方法,如果运用得当,可以减小直接勘探的工作量,降低成本,加快勘探进度。地球物理勘探方法有很多,如重力勘探、磁法勘探、电法勘探、地震勘探、声波勘探、雷达勘探、放射性勘探等。

岩土工程勘察在以下三种情况下可采用物探方法:

(1)作为钻孔的先行手段,了解隐蔽的地质界线、界面或异常点。

(2)在钻孔之间增加地球物理勘探点,为钻探成果的内插和外推提供依据。

(3)作为原位测试手段,测定岩土体的波速、动弹性模量、动剪切模量、卓越周期、土对金属的腐蚀性等。

物探应根据探测对象的埋深、规模及其与周围介质物理性质的差异,选择有效的方法。

应当注意,地球物理勘探成果判释应考虑其多解性,区分有用信号与干扰信号。需要时应采用多种方法探测,进行综合判释,并应有已知物探参数和一定数量的钻孔验证。

五、岩土试样的采取

为研究地基土的工程性质,需要从原位地基中采取土样。土试样质量应根据试验目的按表2-2分为四个等级。

表2-2　土试样质量等级

级别	扰动程度	试验内容
Ⅰ	不扰动	土类定名,含水量,密度,强度试验,固结试验
Ⅱ	轻微扰动	土类定名,含水量,密度
Ⅲ	显著扰动	土类定名,含水量
Ⅳ	完全扰动	土类定名

岩土试样采用的工具、方法以及取土器的技术参数选择应按照《岩土工程勘察规范》(GB 50021—2001)执行。

在钻孔中采取Ⅰ、Ⅱ级土样时,应满足下列要求:

(1)在软土、砂土中宜采用泥浆护壁,如使用套管,应保持管内水位等于或稍高于地下水位,取样位置应低于套管底3倍孔径的距离。

(2)采用冲洗、冲击、振动等方法钻进时,应在预计取样位置1 m以上改用回转钻进。

(3)下放取土器前应仔细清孔,清除扰动土,孔底残留浮土厚度不应大于取土器废土段长度(活塞取土器除外)。

(4)采取土试样宜用快速静力连续压入法。

(5)具体操作方法应按现行《原状土取样技术标准》(JGJ 89—92)执行。

Ⅰ、Ⅱ、Ⅲ级土试样应妥善密封,防止湿度变化,严防暴晒或冰冻。在运输中应避免扰动,保存时间不宜超过3周。对易于振动液化和水分离析的土试样,宜就近进行试验。

第四节 室内试验与原位测试技术

工程地质勘察应为设计、施工提供符合实际情况的土性指标。为此,岩土工程测试的项目及方法选择,应有明确的目的性和针对性,强调与工程实际的一致性。

一般基坑工程设计和施工所需提供的岩土物理力学性质指标如表2-3所示,这些参数可通过岩土性质的室内试验和现场原位测试方法获得。

表2-3 一般基坑工程设计和施工所需提供的岩土物理力学性质指标

指标	测试参数	符号	设计计算应用
物理性指标	孔隙比	e	流砂、管涌分析计算
	含水量	ω	支护结构水土压力计算
	密度(重度)	$\rho(\gamma)$	
	不均匀系数	C_u	流砂、管涌分析计算
压缩性指标	压缩模量	E_s	支护墙体、周围土体变形及随时间关系计算,坑底回弹量计算
	压缩系数	a	
	固结系数	C_v	
	回弹指数	C_s	
渗透性指标	渗透系数	k_v、k_h	抗渗、降水、固结计算
强度指标	固结快剪强度指标	c_{cq}、φ_{cq}	支护结构土压力计算,基坑坑底抗隆起验算,整体稳定性验算,支护结构抗倾覆、抗滑移验算
	固结不排水剪强度指标	c_{cu}、φ_{cu}	
	有效抗剪强度指标	c'、φ'	
	无侧限抗压强度	q_u	
	十字板剪切强度	S_u	

除表2-3所列的岩土物理力学性质指标外,在基坑工程设计、分析和施工中有时还会用到一些其他的岩土物理力学性质指标,这些指标主要包括:①物理性质指标。颗粒级配,相对密度d_s、液限ω_L、塑限ω_P等。②力学性质指标。先期固结压力p_c、超固结比

OCR、灵敏度 S_t、静止土压力系数 K_0、标贯击数 N、比贯入阻力 p_s、水平基床系数 K 等。

一、室内试验

岩土性质的室内试验项目和试验方法应符合《土工试验方法标准》(GB/T 50123—1999)和《工程岩土试验方法标准》(GB/T 50266—2013)的规定,应根据工程要求和岩土性质的特点确定。需要时,应考虑岩土的原位应力场和应力历史、工程活动引起的新应力场和新边界条件,使试验条件尽可能接近实际,并应注意岩土的非均质性、非等向性和不连续性以及由此产生的岩土体与岩土试样在工程性质上的差别。

岩土性质的室内试验主要包括土的物理性质试验、土的压缩固结试验和土的抗剪强度试验等,下面分别进行介绍。

(一)土的物理性质试验

在基坑工程勘察中,所需测试的土分类指标和主要物理性质指标如表 2-3 所示。不同土类具体的测试项目稍有相同,具体如下:

(1)砂土。颗粒级配、相对密度、天然含水量、天然密度。

(2)粉土。颗粒级配、液限、塑限、相对密度、天然含水量、天然密度和有机质含量。

(3)黏性土。液限、塑限、相对密度、天然含水量、天然密度和有机质含量。

需要说明的是,有经验的地区,相对密度可根据经验确定。对于砂土,若无法取得Ⅰ、Ⅱ、Ⅲ级试样,可只进行颗粒级配试验;当目测鉴定不含有有机质时,可不进行有机质含量试验。此外,测定液限时应根据岩土分类评价要求,选用《土工试验方法标准》(GB/T 50123—1999)中规定的方法,并在试验报告中注明。

若基坑需进行降水设计,还需提供土的透水性指标,可进行渗透试验确定土的渗透系数。砂土和碎石土采用常水头渗透试验;粉土和黏性土采用变水头渗透试验;对于透水性很低的软土,可通过固结试验测定固结系数、体积压缩系数,计算渗透系数。另外,土的渗透系数应与野外抽水试验或注水试验成果比较后确定。

当需要对土方回填或填筑工程进行质量控制时,应进行击实试验,确定土的最大干密度和最优含水量。

(二)土的压缩固结试验

土的压缩性参数,例如压缩系数、压缩模量、回弹模量、压缩指数等,以及表征土应力历史的参数,例如先期固结压力、超固结比,可通过土的压缩固结试验来获得。

当采用压缩模量进行沉降计算时,固结试验的最大压力应大于土的自重应力与附加应力之和,压缩系数和压缩模量的计算应取自土的自重应力至土的自重应力与附加应力之和的压力段。当考虑基坑开挖卸载和再加载影响时,应进行回弹试验,其压力的施加应能模拟实际的加、卸荷状态。

当考虑土的应力历史进行沉降计算时,试验成果应按 $e—\lg p$ 曲线整理,确定先期固结压力和超固结比,并计算土体的压缩指数和回弹指数。为计算回弹指数,应在预估的先期固结压力之后,进行一次卸荷回弹,再继续加载,直至完成预定的最后一级压力。

当需进行土的应力—应变关系分析,为非线性弹性、弹塑性分析模型提供参数时,可进行三轴压缩试验,并遵循下述两条规定:

(1)采用 3 个或 3 个以上不同的固定围压,分步使试样固结,然后逐级增加轴压,直至破坏;每个围压的试验宜进行 1～3 次回弹,并将试验结果整理成相应于各固定围压的轴向应力与轴向应变关系曲线。

(2)进行围压与轴压相等的等压固结试验,逐级加载,取得围压与体积应变的关系曲线。

(三)土的抗剪强度试验

土的抗剪强度试验指标 c、φ 值可通过直剪试验和三轴试验测定。但应注意,不同的试验方法可能会得出不同的结果,如何选取剪切试验的类型至关重要。

根据土的有效应力原理,土的抗剪强度与有效应力存在相关关系,只有有效抗剪强度指标才能真实地反映土的抗剪强度。但实际工程中,黏性土无法通过计算得到孔隙水压力随基坑开挖过程的变化情况,从而也就很难采用有效应力法计算支护结构的土压力、水压力和进行基坑稳定性分析,因此黏性土通常采用总应力指标,但具体采用不排水强度指标还是固结不排水强度指标应根据基坑开挖过程的应力路径和实际排水情况确定。由于基坑开挖过程是卸载过程,基坑外侧的土中总应力是小主应力减小,大主应力不增加,基坑内侧的土中竖向总应力减小,同时,黏性土在剪切过程中可看作是不排水的,因此采用固结排水剪(固结快剪)较符合实际情况。

对于地下水位以下的砂土,可认为剪切过程中水能排出而不出现超静水压力。对于静止地下水,孔隙水压力可按水头高度计算,所以采用有效应力方法并取相应的有效强度指标较为符合实际情况,但砂土难以用三轴剪切试验与直剪试验得到原状土的抗剪强度指标,要通过其他方法获得。

对于直剪试验方法与三轴试验方法测得的抗剪强度指标,从理论上讲,三轴试验更科学合理,但目前大量工程勘察仅提供了直剪试验测得的抗剪强度指标,致使采用直剪试验强度指标设计计算的基坑工程为数不少,其在支护结构设计上积累了丰富的工程经验。从目前岩土工程试验技术的实际发展状况看,直剪试验将仍会与三轴试验并存。但从发展的角度,应提倡采用三轴剪切试验强度指标。

二、现场原位测试

原位试验方法应根据岩土条件、设计对参数的要求、地区经验和测试方法的适用性等因素合理选择。根据原位试验成果,利用地区性经验估算岩土工程特性参数和对岩土工程问题做出评价时,应与室内试验和工程反算参数做对比,检验其可靠性。

原位测试方法很多,在基坑工程勘察中常用的主要有荷载试验、现场十字板剪切试验、静力触探试验、标准贯入试验、旁压试验等,这些原位测试可用来确定土的不排水强度、水平基床系数、标贯击数、比贯入阻力等参数。

下面将简要介绍一下常用的几种原位测试方法,相关测试方法、要求应按照《岩土工程勘察规范》(GB 50021—2001)规定执行。

(一)荷载试验

荷载试验可用于测定承压板下应力主要影响范围内岩土的承载力和变形特性,并由此确定岩土的基准基床系数。

荷载试验可分为浅层平板荷载试验、深层平板荷载试验和螺旋板荷载试验三种。浅层平板荷载试验适用于浅层地基土，深层平板荷载试验适用于埋深等于或大于 3 m 和地下水位以上的地基土，螺旋板荷载试验则适用于深层地基土或地下水位以下的地基土。

荷载试验应布置在有代表性的地点，每个场地不宜少于 3 个，当场地内岩土体不均匀时，应适当增加。

根据荷载试验成果分析要求，应绘制荷载 p 与沉降量 s 的关系曲线，必要时应绘制各级荷载下 $s—t$、$s—\lg t$ 曲线。根据 $p—s$ 曲线拐点，必要时结合 $s—\lg t$ 曲线特征，确定比例界限压力和极限压力，用以评价土层的承载力。此外，还可根据承压板边长为 30 cm 的平板荷载试验结果来计算土层的基准基床系数。

（二）静力触探试验

静力触探试验适用于软土、一般黏性土、粉土、砂土和含少量碎石的土。静力触探试验可根据工程需要采用单桥探头、双桥探头或带孔隙水压力量测的单、双桥探头。静力触探试验可测定比贯入阻力 p_s、锥尖阻力 q_c、侧壁摩阻力 f_s 和贯入时的孔压 u。

静力触探试验成果分析应包括以下两项内容：

（1）绘制各种贯入曲线，单、双桥探头应绘制 $p_s—z$ 曲线、$q_c—z$ 曲线、$f_s—z$ 曲线、$R_f—z$ 曲线；孔压探头还应绘制 $u—z$ 曲线、$q_t—z$ 曲线、$f_t—z$ 曲线和孔压消散曲线等。其中，R_f 为摩阻比；u 为孔压探头贯入土中量测的孔隙水压力；q_t 为真锥头阻力（经孔压修正）；f_t 为真侧壁摩阻力（经孔压修正）。

（2）根据静力触探试验资料，利用地区经验，可进行力学分层，估算土的塑性状态或密实度、强度、压缩性、地基承载力、单桩承载力、沉桩阻力，进行液化判别等。根据孔压消散曲线可估算土的固结系数和渗透系数。

（三）十字板剪切试验

十字板剪切试验可用于测定饱和软黏土（$\varphi \approx 0$）的不排水抗剪强度和灵敏度。

十字板剪切试验点的布置，对于均质土竖向间距可为 1 m；对于非均质土或夹薄层粉细砂的软黏土，宜先做静力触探试验，然后结合土层变化，选择软黏土层进行试验。

十字板剪切试验的成果分析应包含下列内容：

（1）计算各试验点土的不排水抗剪强度峰值、残余强度、重塑土强度和灵敏度。

（2）绘制单孔十字板剪切试验土的不排水抗剪强度峰值、残余强度、重塑土强度和灵敏度随深度的变化曲线，需要时绘制抗剪强度与扭转角度的关系曲线。

（3）根据土层条件和地区经验，对实测的十字板不排水抗剪强度进行修正。

十字板剪切试验成果可按地区经验确定地基承载力、单桩承载力，进行基坑稳定性验算，并可判定软黏土的固结历史。

（四）标准贯入试验

标准贯入试验适用于砂土、粉土和一般黏性土。

标准贯入试验成果可直接标在工程地质剖面图上，也可绘制单孔标准贯入试验锤击数 N 与深度关系曲线或直方图。统计分层标准贯入试验锤击数平均值时应剔除异常值。

根据 N 值，可对砂土、粉土、黏性土的物理状态，土的强度，变形参数，地基承载力，单桩承载力，砂土和粉土的液化，成桩的可能性等做出评价。应用 N 值时是否修正和如何修正,应根据建立统计关系时的具体情况确定。

(五)旁压试验

旁压试验适用于黏性土、粉土、砂土、碎石土、残积土、极软岩和软岩等。

旁压试验应在有代表性的位置和深度进行,旁压器的量测腔应在同一土层内。试验点的垂直间距应根据地层条件和工程要求确定,但不宜小于1 m,试验孔与已有钻孔的水平距离不宜小于1 m。

旁压试验的成果分析应包括下列3项内容:

(1)对各级压力和相应的扩张体积(或换算为半径增量)分别进行约束力和体积的修正后,绘制压力与体积曲线,需要时可作蠕变曲线。

(2)根据压力与体积曲线,结合蠕变曲线确定初始压力、临塑压力和极限压力。

(3)根据压力与体积曲线的直线段斜率,计算旁压模量。

根据初始压力、临塑压力、极限压力和旁压模量,结合地区经验可评定地基承载力和变形参数。根据自钻式旁压试验的旁压曲线还可测求土的原位水平应力、静止侧压力系数、不排水抗剪强度等。

第五节 岩土工程评价

岩土工程勘察,应在岩土工程评价方面有一定的深度,只有通过比较全面的分析评价,才能使基坑支护方案选择的建议更为确切,更有依据。

一、岩土工程评价的一般规定

岩土工程评价应在工程地质测绘、勘探、测试和收集已有资料的基础上,结合基坑工程的特点和要求进行,并且应符合《岩土工程勘察规范》(GB 50021—2001)中的相关规定。

岩土工程评价应在定性分析的基础上进行定量分析。岩土体的变形、强度和稳定性应做定量分析,场地的适宜性、场地地质条件的稳定性可做定性分析。

岩土工程的分析评价,应根据岩土工程勘察等级区别进行。对丙级岩土工程勘察,可根据邻近工程经验,结合触探和钻探取样试验资料进行;对乙级岩土工程勘察,应在详细勘探、测试的基础上,结合邻近工程经验进行,并提供岩土的强度和变形指标;对甲级岩土工程勘察,除按乙级要求进行外,尚宜提供荷载试验资料,必要时应对其中的复杂问题进行专门研究,并结合监测对评价结论进行检验。

二、基坑工程的岩土工程评价

基坑工程是一个综合性的岩土工程问题,既涉及土力学中典型的强度、稳定性和变形问题,还涉及土与结构的共同作用问题、基坑的时空效应问题及结构计算问题。一方面,基坑工程的成败很大程度上依赖于基坑工程勘察成果的准确与否;另一方面,基坑工程一般位于城市中,地质条件和周边环境条件复杂,周边有各种建(构)筑物、管线等,一旦失事就会造成生命和财产的重大损失。

因此,基坑工程勘察应针对以下内容进行分析评价,并提供有关计算参数和建议,以保证基坑工程设计、施工能够安全进行:

(1)基坑侧壁的局部稳定性、整体稳定性和坑底抗隆起稳定性。

(2)坑底和侧壁的渗透稳定性。

(3)挡土结构和基坑侧壁可能发生的变形。

(4)降水效果和降水对环境的影响。

(5)开挖和降水对邻近建筑物和地下设施的影响。

岩土工程勘察报告中与基坑工程有关的内容应包括以下内容:

(1)与基坑开挖有关的场地条件、土质条件和工程条件。

(2)提出处理方式、计算参数和支护结构选型的建议。

(3)提出地下水控制方法、计算参数和施工控制的建议。

(4)提出施工方法和施工中可能遇到的问题,并提出防治措施。

(5)对施工阶段的环境保护和监测工作的建议。

第三章　基坑工程土压力计算理论

第一节　概　述

作用于支护结构上的荷载主要有土压力、水压力、渗流压力,以及基坑影响区范围内的建(构)筑物、施工荷载、汽车、场地堆载等所引起的侧向压力。能否准确地确定作用在基坑支护结构上的荷载效应是基坑支护设计的重要环节,决定着设计方案的成败和经济效益的高低。

土体作用于基坑支护结构上的压力即为土压力。土压力是作用于支护结构上的主要荷载。土压力的大小和分布主要与支护结构水平位移的方向和大小、土的物理力学性质、地下水位状况、支撑刚度、支护结构刚度及高度等因素有关,很难准确确定土压力的大小。

通常,作用在支护结构上的土压力可按下述原则进行计算:

(1)主动土压力称为水平荷载标准值,被动土压力称为水平抗力标准值。具体包括土压力、水压力和支护结构外侧作用的附加荷载产生的附加压力。

(2)当计算出的基坑开挖面以上的水平荷载标准值小于零时,由于支护结构和土之间不可能产生拉应力,故取为零。

(3)计算土压力标准值时,土体抗剪强度指标取标准值。

(4)当市政或周围环境对支护结构位移有较严格要求时,支护结构不允许产生侧向位移,此时可按静止土压力计算。

(5)一般情况下,土压力可按照朗肯土压力理论计算,相应的主动土压力系数和被动土压力系数可采用朗肯土压力系数。

(6)地下水位以下的土压力计算,对于砂性土和粉土,可按水土分算原则进行,即分别计算水压力和土压力,然后相加;对于黏性土,可根据现场情况和工程经验,按水土分算原则或水土合算原则进行。

(7)当按变形控制原则设计支护结构时,作用在支护结构上的土压力可按支护结构与土体相互作用原理确定,也可按照地区可靠经验确定。

值得注意的是,由于水土分算和水土合算的计算结果相差较大,对基坑支护工程安全性和造价影响很大,故需要非常慎重地舍取,根据具体情况合理选择。当按有效应力原理分析时,水压力与土压力应分开计算。水土分算方法概念比较明确,但是在实际应用中有时还存在一些困难,特别是对黏性土,水压力取值的难度较大,土压力计算还需采用有效应力的抗剪强度指标,在实际工程中往往难以解决。因此,黏性土通常采用总应力法计算土压力,即将水压力和土压力混合计算,也有一定的工程实践经验。然而,这种方法亦存在一些问题,可能低估了水压力。

近年来,随着城市建设和地下工程的发展,一方面,基坑开挖的深度已深达30 m以上,围护结构的深度也有深达50 m的情况,因此土压力的计算问题又开始受到重视。另一方面,基坑周边环境条件的制约和苛刻的保护要求,使基坑支护结构的变形受到极大限制,这就需要准确确定土压力的大小。然而,对于基坑开挖过程中土压力和水压力的实测资料及整理发表的有价值成果毕竟不多,目前解决土压力和水压力的计算问题还有待进一步深入研究。

本章将介绍基坑工程中土压力的计算理论,主要内容包括经典土压力计算理论、基坑工程中土压力的特点及其分布规律和一般计算方法,并简要介绍特殊情况下土压力的计算理论,如基坑邻近既有复合地基或桩基础时土压力计算方法。

第二节　经典土压力计算理论

一、土压力的类型

根据支护结构位移方向和大小的不同,将存在三种不同极限状态的土压力:静止土压力、主动土压力和被动土压力,如图3-1所示。

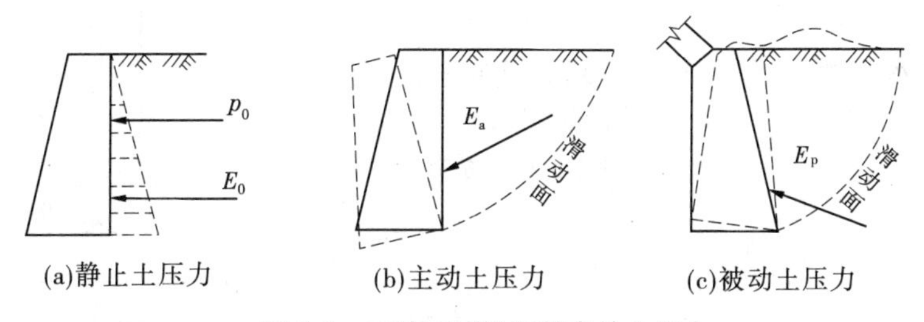

图3-1　三种不同极限状态的土压力

(1)静止土压力。当支护结构无侧向变位或侧向微小变位时,土体作用于支护结构上的土压力称为静止土压力,用E_0表示。

(2)主动土压力。当支护结构在土体作用下发生背离土体方向的变位(水平位移或转动)时,作用在支护结构上的土压力从静止土压力逐渐减小,当土体达到极限平衡状态并出现连续滑动面而使土体下滑时,土压力减小至最小值,称为主动土压力,用E_a表示。

(3)被动土压力。当支护结构在外力作用下发生向土体方向的变位(水平位移或转动),作用在支护结构上的土压力从静止土压力逐渐增大,一直到土体达到极限平衡状态,并且出现连续滑动面而使土体向上挤出隆起,土压力增至最大值,称为被动土压力,用E_p表示。

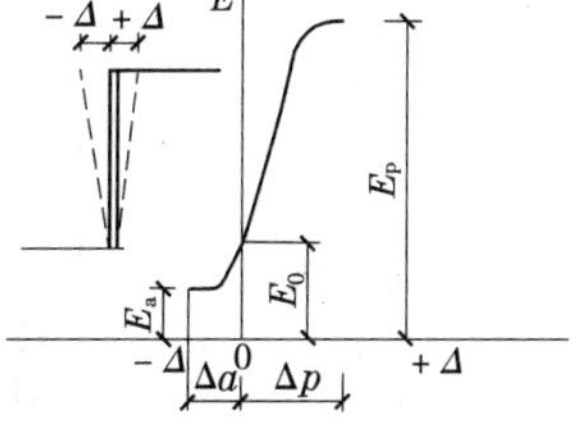

图3-2　土压力与支护结构水平位移的关系

图3-2给出了三种土压力与支护结构水平位移的关系。由图可见,产生被动土压力所需要的位移量Δp比产生主动土压力所需要的位移量Δa要大很多。经验表明,一般Δa为$(0.001\sim0.005)H$,而Δp为$(0.01\sim0.1)H$。

支护结构受到的土压力大小并不是一个常数,而是随着支护结构位移量的变化而变化的。主动土压力状态一般较容易达到,而达到被动土压力极限状态则需要较大的位移。因此,应根据支护结构与土体的位移情况和采取的施工措施等因素确定土压力的计算状态。对于无支撑或设置锚杆的基坑支护结构,其土压力通常可按极限状态的主动土压力进行计算;当对支护结构水平位移有严格限制时,墙体的变位不容许土体达到极限平衡状态,此时主动侧的土压力值将高于主动土压力值。对此,设计时宜采用提高的主动土压力值,提高的主动土压力值理论上介于主动土压力强度 p_a 和静止土压力强度 p_0 之间。而对于环境位移限制非常严格或刚度很大的圆形基坑,可将主动侧土压力取为静止土压力值。

二、经典土压力计算理论

计算土压力的经典理论主要有基于弹性平衡的静止土压力理论、基于土极限平衡条件的朗肯土压力理论和基于滑楔体极限平衡的库仑土压力理论。各计算理论的基本假定、计算公式与土压力分布形式可归纳为表 3-1 所示内容。

表 3-1　土压力计算的经典理论汇总表

土压力理论	基本假定	计算公式			土压力分布图
静止土压力理论	地表水平、墙背竖直、光滑			$p_0=K_0\gamma z$ 式中 γ——土的重度,kN/m^3; z——计算点深度,m; K_0——静止土压力系数	
朗肯土压力理论	地表水平、墙背竖直、光滑	主动土压力	无黏性土	$p_a=K_a\gamma z$ 式中 K_a——主动土压力系数, $K_a=\tan^2(45°-\varphi/2)$; φ——土的内摩擦角,(°)	
			黏性土	$p_a=K_a\gamma z-2c\sqrt{K_a}$ $z_0=\dfrac{2c}{\gamma\sqrt{K_a}}$ 式中 z_0——临界深度,m; c——土的黏聚力,kPa	
		被动土压力	无黏性土	$p_p=K_p\gamma z$ 式中 K_p——被动土压力系数, $K_p=\tan^2(45°+\varphi/2)$	

续表 3-1

<table>
<tr><th>土压力理论</th><th>基本假定</th><th colspan="3">计算公式</th><th>土压力分布图</th></tr>
<tr><td>朗肯土压力理论</td><td>地表水平、墙背竖直、光滑</td><td>被动土压力</td><td>黏性土</td><td>$p_p=K_p\gamma z+2c\sqrt{K_p}$</td><td></td></tr>
<tr><td rowspan="2">库仑土压力理论</td><td rowspan="2">墙后土体为无黏性土，滑动面为平面，滑楔体为刚体，滑动面上的摩擦力均匀分布</td><td>主动土压力</td><td colspan="2">$$E_a=\frac{1}{2}\gamma H^2K_a$$
$$K_a=\frac{\cos^2(\varphi-\varepsilon)}{\cos^2\varepsilon\cos(\varepsilon+\delta)(1+A)^2}$$
$$A=\sqrt{\frac{\sin(\varphi+\delta)\sin(\varphi-\alpha)}{\cos(\varepsilon+\delta)\cos(\varepsilon-\alpha)}}$$
式中　ε——墙背与竖直线间的夹角，(°)；
δ——墙背与土间的摩擦角，(°)；
α——地表面与水平面的夹角，(°)</td><td></td></tr>
<tr><td>被动土压力</td><td colspan="2">$$E_p=\frac{1}{2}\gamma H^2K_p$$
$$K_p=\frac{\cos^2(\varphi+\varepsilon)}{\cos^2\varepsilon\cos(\varepsilon-\delta)(1-B)^2}$$
$$B=\sqrt{\frac{\sin(\varphi+\delta)\sin(\varphi+\alpha)}{\cos(\varepsilon-\delta)\cos(\varepsilon-\alpha)}}$$</td><td></td></tr>
</table>

第三节　基坑工程中土压力的特点及分布规律

经典土压力理论，无论是朗肯土压力理论还是库仑土压力理论，都是基于刚性挡土墙假定，不考虑挡土墙局部变形对土压力的影响，计算简单、力学概念明确，仍然是目前支护结构土压力计算的主要方法。

然而，基坑支护结构中的地下连续墙、钻孔灌注桩、板桩等属于柔性挡土结构，在荷载作用下，其工作状态一般为弹性嵌固状态。与刚性墙不同，由于有撑锚系统和嵌固段土体的约束，在墙后土体压力作用下，墙体产生挠曲变形，从而引起土压力的重新分布。同时，支护结构变形值要求控制在一定范围内，以避免基坑周边设施受到破坏，通常情况下不能达到主动土压力和被动土压力的变形范围值，因而其土压力的分布规律也有很大不同。

一、基坑支护结构上土压力的特点

(一)支护结构上土压力的时变特性

支护结构上的土压力是随着基坑开挖的进程逐步形成的,又随着支撑或锚杆的设置以及每一步开挖施工参数的差异而产生受力状态的改变,因此支护结构上土压力的分布与一般挡土墙存在明显的差异,具有时变特性。

下面以板桩墙为例来说明基坑支护结构上土压力的形成与发展过程,如图3-3所示。

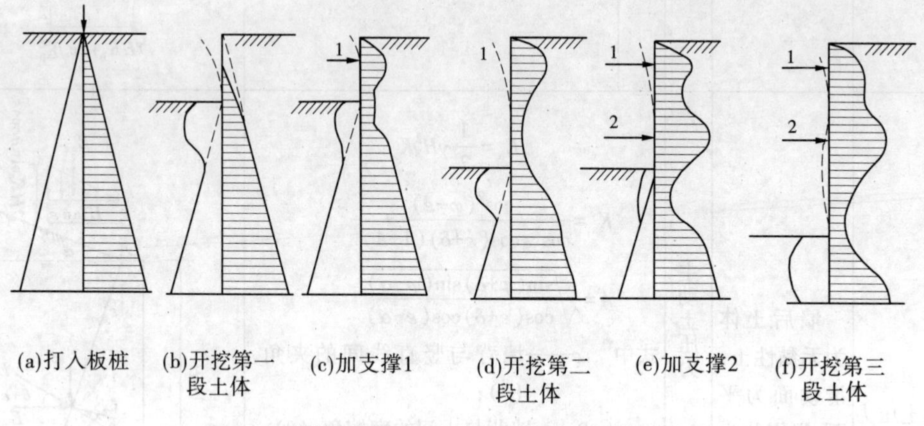

图3-3 基坑开挖工程中土压力的形成与发展过程

(1)打入板桩后,在板桩两侧将产生侧向土压力$K_0'\gamma z$。由于板桩的挤压作用,K_0'将可能略大于静止土压力系数K_0。

(2)开挖第一段土体,卸除上面一段基坑内侧的土压力,板桩产生变形,板桩另一侧土压力减小,一般有可能进入到主动极限状态。

(3)设置支撑1,使板桩变形有一定的恢复,土压力增大,分布模式也发生改变。

(4)开挖第二段土体,板桩将产生新的侧向变形,土压力分布亦随之改变。

(5)设置支撑2,并揳紧支撑1,形成了新的土压力分布模式。

(6)开挖第三段土体,板桩随之向坑内侧位移,主动区土体亦向坑内侧移动,土压力有一定的减小,形成最终的土压力分布模式。

(二)不同土类对支护结构上土压力计算的影响

不同土中的侧向土压力存在较大差异,若采用相同的土压力计算方法进行支护结构设计,对某类土可能安全度很大,而对另一类土则可能偏于不安全。因此,在计算支护结构上的土压力时,应对不同土类区别对待。

(1)我国东北、华北地区以及西北的大部分地区多属一般黏性土地区,其地下水位较深,黏性土颗粒细,矿物成分和颗粒结构复杂,具有一定的黏聚强度,且强度随含水量及应力历史等一系列因素而变化。由于黏性土的黏聚强度等因素,作用在支护结构上的实际土压力往往小于计算土压力值。

(2)沿海地区软土淤泥分布较广,且地下水位浅,软土常含有机质成分,其含水量大、压缩性高、抗剪强度低,土的嵌固能力低,支护结构容易发生很大的侧向倾斜和位移。

（3）历史悠久的城市市区，杂土较多，常有一些废弃的地下构筑物。同时，在基坑开挖面以上会残留一些土层滞水，滞留在土中的污水常会使支护结构土体受到冲蚀，造成土体塌落并降低土的抗剪强度。

（4）各地区常有不同厚度砂类土地基或砂类土夹层的分布。砂性土和黏性土在基坑支护结构上产生的土压力会有显著差别。

（三）土压力计算值与实测值的比较

采用经典土压力理论计算土压力时，其土压力沿墙体高度方向呈线性分布，但由于支护结构的变形，实测土压力通常为曲线分布。例如，朗肯主动土压力理论计算值比实测值要大，且合力点也高；被动土压力的计算值在墙体上部偏小而下部明显偏大。模型试验和工程实测均表明，土压力计算值与实测值通常存在较大差异，如图 3-4 所示。

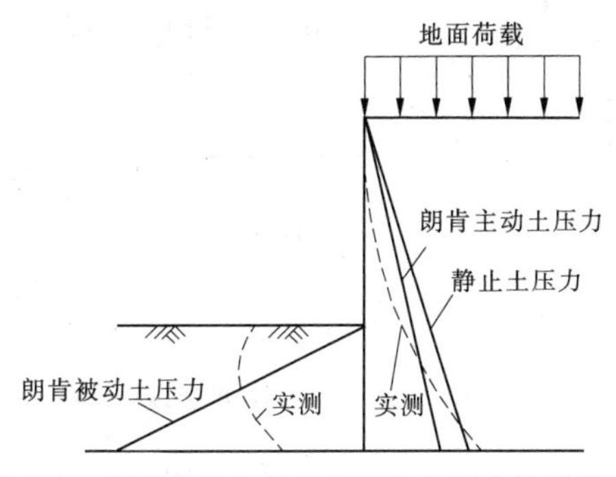

图 3-4　实测土压力分布与理论土压力的对比

实测土压力与经典土压力理论产生差异的主要原因是，基坑开挖时支护墙体产生了倾斜的位移（绕某一深度处的转动），在墙体倾斜位移下，由于土体具有黏聚性，墙体位移与土的变形不协调，在墙体上部的位移会大于土的水平位移，形成墙体和土体间虚空的区段，导致实际的主动土压力值较理论计算值小。而在坑内挖土一侧的嵌固段上，挖土表面的墙体位移最大，使土体受到挤压，会使土体最先达到屈服强度，产生较大的被动土压力，但在墙体的底部位移很小，即使在围护结构失稳的状态下，土压力仍没有达到极限状态的被动土压力值。

二、不同支护结构的土压力分布模式

经典土压力理论计算的结果是极限值，即达到主动或被动极限状态时的接触应力。而在基坑工程中，土压力的大小和分布是土体与支护结构之间相互作用的结果，它主要取决于围护墙体的变位方式、方向和大小。工程经验表明，支护结构的刚度和支撑的刚度、支护结构的变形形态及施工的时空效应等对土压力的分布和变化起控制作用。

如果能够确定不同条件下支护结构上土压力的分布模式，根据这些模式来设计基坑支护结构无疑更具有经济性和可靠性。然而，土压力的分布模式是一个相当复杂且至今还没有很好解决的课题。但从工程实用角度出发，通过一些工程现场测试和室内模型试验资料，可以归纳出以下几种适用于不同类型支护结构设计计算的土压力分布模式，如图 3-5所示。

（一）三角形分布模式

三角形分布模式如图 3-5（a）所示，这种围护结构的土压力分布与围护结构位移相一致并接近于主动土压力状态，主动土压力随深度呈线性正比增大。这种模式适用于水泥土支护结构或悬臂板式支护结构。墙体的变位为绕墙底端或绕墙底端以下某一点的转动，即墙顶位移大，墙底位移小。如图 3-5（b）所示的围护结构在顶端有弹性支撑并埋置较深，相当于下端固定的情况。因其上、下两点基本上不发生水平位移，因此其变形与简支梁相近。此

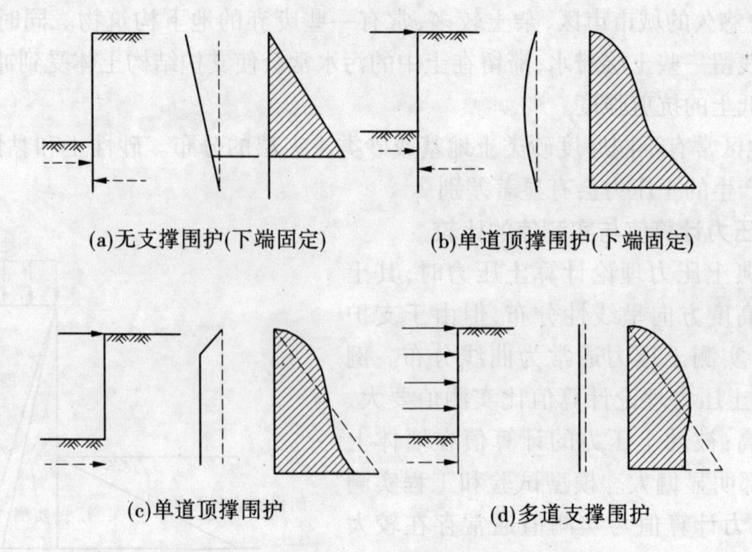

图 3-5　四种类型围护结构土压力示意图

时若其预计位移满足要求,则土压力基本处于主动状态,仍可按三角形分布模式计算。

(二)三角形加矩形组合分布模式

三角形加矩形组合分布模式如图 3-5(c)、(d)所示,围护结构虽在顶端有弹性支撑但其埋置较浅,下端水平位移较大,因此其应力重分布范围大。图 3-5(d)中多道支撑或多锚围护结构接近于平行移动,因此若采用预压力则土压力就背离了三角形分布而接近于矩形分布。这两种情况下的土压力分布可以简化为主动土压力在基坑开挖面以上随深度的增加而线性增大分布,在开挖面以下为常量分布的三角形加矩形组合分布模式。

这种土压力分布模式及其大小还取决于一些因素的相互作用,如预加应力的采用及位置、约束程度、系统刚度及施工工艺。调节支撑布置和预加荷载大小可调节土压力分布。

(三)R 形分布模式

对于拉锚式板桩墙,实测的土压力分布呈两头大中间小的 R 形分布。这估计与板桩墙在底端以上有一转动点有关,在转动点以下墙背出现被动土压力,在锚固点出现提高的主动土压力。

需要注意的是,土压力的分布模式与基坑工程的工况有关,试图用一个对各类支护结构都适用的统一的土压力分布模式是不现实的,应针对不同刚度和变形条件的支护结构采用相应的土压力分布模式。

第四节　土压力和水压力计算

随着我国建筑基坑和地下工程的快速发展,支护结构设计计算中的许多问题都凸显出来了。一方面,大量的实测结果表明:支护结构上的实际内力远小于计算值。尽管人们一再降低安全系数,或者将荷载打折,往往实测内力还是很小的。而另一方面,还是有许多基坑事故频繁发生,一些基坑工程失事又与土中的水有关。在基坑开挖中,支护结构上的土压力与经典的土压力理论(包括朗肯土压力理论和库仑土压力理论)计算的土压力相比,在应力路径、参数取值以及边界条件等方面存在较大不同,实际支护结构内力比理论计算值要小。这些情况表明,目前我们对原状土开挖工程中土与结构的共同作用和水土作用机制的认识尚不够透彻、深入,单纯采用经典土压力理论来解决基坑支护设计问题是远远不够的。

因此,本节在经典土压力理论的基础上,结合基坑工程自身特点,介绍基坑支护设计中除经典土压力理论外的土压力和水压力计算方法。

一、静止土压力计算

作用于支护结构上的静止土压力可视为土层竖向应力的水平分量,其计算表达式为:

$$p_0 = K_0\left(\sum \gamma_i h_i + q_0\right) \tag{3-1}$$

式中　p_0——静止土压力强度标准值,kPa;

γ_i——第 i 层土的重度,kN/m^3,地下水位以上取天然重度,地下水位以下取浮重度;

h_i——第 i 层土的厚度,m;

q_0——地面的均布超载,kPa;

K_0——静止土压力系数。

静止土压力的计算,关键在于确定土的静止土压力系数 K_0。K_0 是土的主要力学特征指标之一,通常优先考虑通过室内三轴试验测定,其次可采用现场旁压试验测定,在无试验条件时,可按经验方法确定。

室内 K_0 试验由于取样扰动(包括取样时应力释放的影响)、试样制备的扰动和室内土工试验条件等因素的限制,精确测定符合定义的 K_0 值是很困难的。一般情况下,室内 K_0 试验测定值有偏低的趋势。预钻式旁压试验存在孔壁应力释放、软化、缩孔或塌孔等问题,测试得到的静止土压力系数 K_0 离散性较大。自钻式旁压试验虽然对土的扰动较小,但对操作工艺和操作人员要求较高,否则所测定的静止土压力系数 K_0 离散性也较大。

国内外众多学者在理论或试验研究中,通过土的力学指标或物理指标建立了一些确定 K_0 的经验公式。在这些经验公式中,以 Jaky 的砂性土估算公式和 Brooker 的黏性土估算公式应用较多,即

对于砂性土:

$$K_0 = 1 - \sin\varphi' \tag{3-2}$$

对于黏性土:

$$K_0 = 0.95 - \sin\varphi' \tag{3-3}$$

式中　K_0——静止土压力系数;

φ'——土的有效内摩擦角,(°)。

土的有效内摩擦角 φ' 通常采用三轴固结不排水剪试验(CU 试验)测定,也可采用三轴固结排水剪试验(CD 试验)测定。当无试验直接测定时,φ' 可根据三轴固结不排水剪

试验测定的指标 c_{cu}、φ_{cu} 由经验关系换算得到:

$$\varphi' = \sqrt{c_{cu}} + \varphi_{cu} \tag{3-4}$$

式中,c_{cu} 以 kPa 计,φ_{cu} 以(°)计。

φ' 亦可根据直剪试验中的固结快剪试验指标由经验关系得到:

$$\varphi' = 0.7(c + \varphi) \tag{3-5}$$

式中,c 以 kPa 计,φ 以(°)计。

当无上述试验资料时,在基坑初步设计阶段,K_0 可查表 3-2 估算。

表 3-2 静止土压力系数 K_0

土类	坚硬土	硬塑—可塑黏性土、粉土、砂土	可塑—软塑黏性土	软塑黏性土	流塑黏性土
K_0	0.2~0.4	0.4~0.5	0.5~0.6	0.6~0.75	0.75~0.8

另外,超固结土的侧向土压力一般随着超固结比的增加而增大,因此静止土压力系数 K_0 值也相应增大。根据 Schmidt 的研究,K_0 与超固结比 OCR 具有幂函数的关系:

$$K_0 = K_{0n} OCR^m \tag{3-6}$$

式中 K_{0n}——正常固结土的静止土压力系数;

m——地区经验常数,例如,上海地区 m 取 0.5。

二、主动土压力和被动土压力计算

(一) 水土分算和水土合算

在基坑工程中,地下水位以下的主动土压力和被动土压力的计算一般有两个原则:水土分算原则和水土合算原则。

1.水土分算原则

水土分算原则,即分别计算土压力和水压力,以两者之和作为总的侧压力。这一原则适用于土孔隙中存在自由重力水的情况或土的渗透性较好的情况,一般适用于碎石土、砂土、粉性土和粉质黏土等渗透性较好的土层。

土压力通常可按朗肯土压力公式计算,地下水位以下土的重度应采用浮重度,土的抗剪强度指标宜采用有效抗剪强度指标。

地下水无渗流时,作用于挡土结构上的水压力按静水压力三角形分布计算。地下水有稳定渗流时,作用于挡土结构上的水压力可通过渗流分析计算各点的水压力,或近似地按静水压力计算。

2.水土合算原则

水土合算原则认为土孔隙中不存在自由的重力水,仅存在结合水,它不能传递静水压力,以土颗粒和孔隙水共同组成的土体作为分析对象,适用于不透水和弱透水的黏土、粉质黏土和粉土。直接采用土的饱和重度和总应力抗剪强度指标来计算土压力。

然而,黏性土并不是完全理想的不透水层,因此在黏性土层尤其是粉土中,水土合算方法只是一种近似方法。

3.强度指标的选用问题

采用水土分算原则还是水土合算原则计算土压力,目前在学术界和工程界仍存在争议。但是,从工程实用角度来说,无论采用何种方法,若能够与相应的抗剪强度指标和安全系数相配套,也可以取得较好的设计计算结果。

按照土力学基本理论,采用水土合算原则计算土压力时,相应的抗剪强度指标应采用土的总应力指标 c、φ。而采用水土分算原则计算土压力时,应该采用土的有效抗剪强度指标 c'、φ'。然而在实际工程中,有效抗剪强度指标 c'、φ'的确定存在一定困难,根据魏汝龙等的研究,水土分算时也可采用总应力指标,即三轴固结不排水剪试验的强度指标 c_{cu} 和 φ_{cu}。

(二)《建筑基坑支护技术规程》(JGJ 120—2012)的方法

《建筑基坑支护技术规程》(JGJ 120—2012)计算土压力时,以朗肯土压力理论为基础,对于黏质粉土及黏性土采用水土合算的形式,对于碎石土、砂土、砂质粉土采用水土分算的形式;水土合算时采用三轴固结不排水强度指标或直剪固结快剪强度指标,水土分算时采用有效应力强度指标,如图 3-6、图 3-7 所示。

1.对于地下水位以上或水土合算的土层

$$p_{ak} = \sigma_{ak} K_{a,i} - 2c_i \sqrt{K_{a,i}} \tag{3-7}$$

$$K_{a,i} = \tan^2\left(45^\circ - \frac{\varphi_i}{2}\right) \tag{3-8}$$

$$p_{pk} = \sigma_{pk} K_{p,i} + 2c_i \sqrt{K_{p,i}} \tag{3-9}$$

$$K_{p,i} = \tan^2\left(45^\circ + \frac{\varphi_i}{2}\right) \tag{3-10}$$

式中　p_{ak}——支护结构外侧,第 i 层土中计算点的主动土压力强度标准值,kPa;

p_{pk}——支护结构内侧,第 i 层土中计算点的被动土压力强度标准值,kPa;

σ_{ak}、σ_{pk}——支护结构外侧、内侧计算点的竖向应力标准值,kPa;

$K_{a,i}$、$K_{p,i}$——第 i 层土的主动土压力系数、被动土压力系数;

c_i、φ_i——第 i 层土的黏聚力(kPa)、内摩擦角(°)。

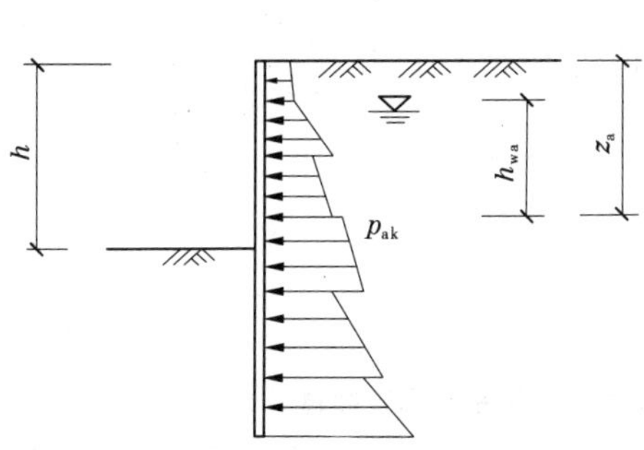

图 3-6　主动土压力计算

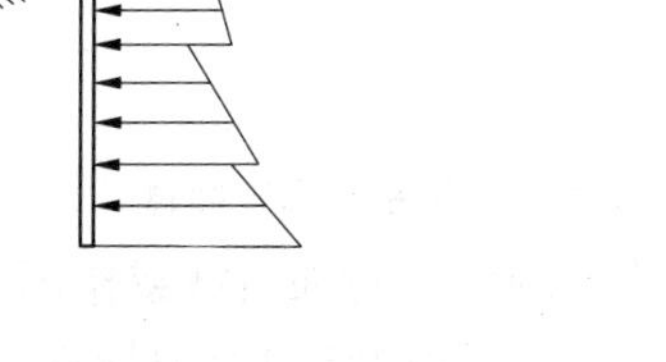

图 3-7　被动土压力计算

2.对于水土分算的土层

$$p_{ak} = (\sigma_{ak} - u_a) K_{a,i} - 2c_i \sqrt{K_{a,i}} + u_a \tag{3-11}$$

$$p_{pk} = (\sigma_{pk} - u_a) K_{p,i} + 2c_i \sqrt{K_{p,i}} + u_p \tag{3-12}$$

式中 u_a、u_p——支护结构外侧、内侧计算点的水压力,kPa。

对于静止地下水,按式(3-13)和式(3-14)计算;当采用悬挂式截水帷幕时,应考虑地下水从帷幕底向基坑内的渗流对水压力的影响。

$$u_a = \gamma_w h_{wa} \tag{3-13}$$

$$u_p = \gamma_w h_{wp} \tag{3-14}$$

式中 γ_w—地下水重度,kN/m³,取 $\gamma_w = 10$ kN/m³;

h_{wa}——基坑外侧地下水位至主动土压力强度计算点的垂直距离,m,对于承压水,地下水位取测压管水位,当有多个含水层时,应取计算点所在含水层的地下水位;

h_{wp}——基坑内侧地下水位至被动土压力强度计算点的垂直距离,m,对于承压水,地下水位取测压管水位。

土中竖向应力标准值应按下式计算:

$$\sigma_{ak} = \sigma_{ac} + \sum \Delta\sigma_{k,j} \tag{3-15}$$

$$\sigma_{ak} = \sigma_{pc} \tag{3-16}$$

式中 σ_{ac}——支护结构外侧计算点,由土的自重产生的竖向总应力,kPa;

$\Delta\sigma_{k,j}$——支护结构外侧第 j 个附加荷载作用下计算点的土中附加应力标准值,kPa;

σ_{pc}——支护结构内侧计算点,由土的自重产生的竖向总应力,kPa。

当支护结构外侧地面作用满布附加荷载 q_0时(见图 3-8),基坑外侧任意深度附加竖向应力标准值 $\Delta\sigma_k$ 可按下式计算:

$$\Delta\sigma_k = q_0 \tag{3-17}$$

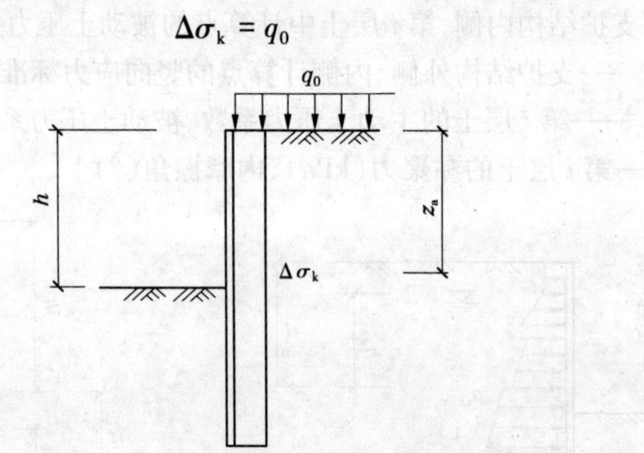

图 3-8 地面均布荷载时基坑外侧附加竖向应力计算

当距支护结构外侧 a 处地表作用有宽度为 b 的条形附加荷载或作用有长度为 l、宽度为 b 的矩形附加荷载 p_0时(见图 3-9),基坑外侧土中附加竖向应力标准值 $\Delta\sigma_k$ 可按下式计算:

条形荷载
$$\Delta\sigma_k = p_0 \frac{b}{b + 2a} \tag{3-18}$$

矩形荷载
$$\Delta\sigma_k = p_0 \frac{bl}{(b+2a)(l+2a)} \tag{3-19}$$

对于埋深为 d 的条形或矩形基础附加荷载(见图3-10),基坑外侧土中的附加竖向应力标准值 $\Delta\sigma_k$ 仍可按式(3-18)和式(3-19)计算。

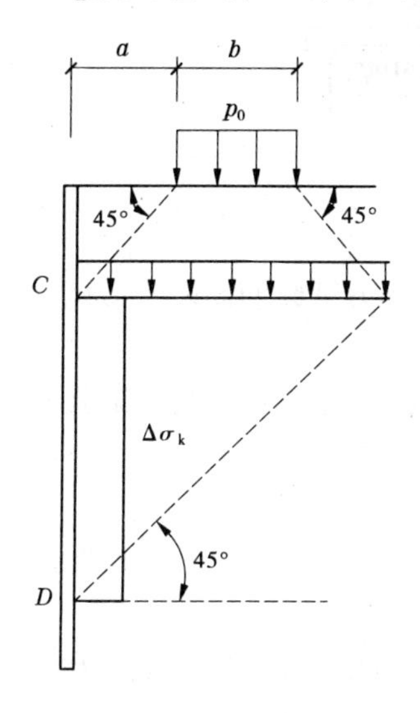

图3-9　地表局部条形或矩形荷载作用时基坑外侧附加竖向应力计算

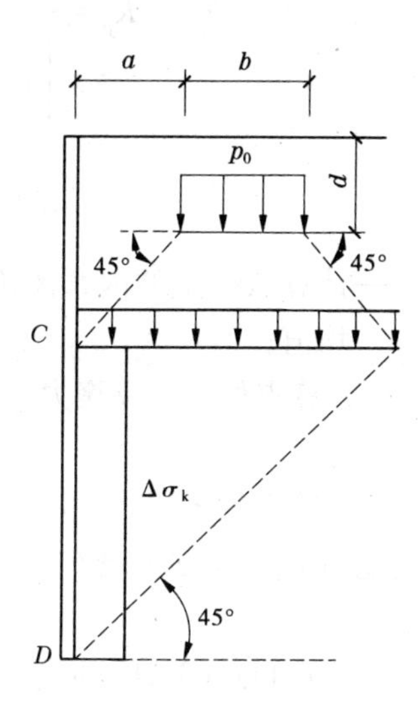

图3-10　条形或矩形基础下附加荷载作用时基坑外侧附加竖向应力计算

(三)其他计算方法

1.考虑地基土与基坑支护墙面摩阻影响的土压力计算

目前,计算支护结构上的土压力多采用朗肯土压力公式,未考虑墙面摩阻的影响。有分析表明,被动区土压力计算值偏低约55%。

根据研究,同时考虑地基土的黏聚力 c 和墙面摩擦角 δ 的影响时,对地表水平、墙面竖直的基坑支护结构,由土体产生的主动土压力和被动土压力可分别按下式计算:

$$p_a = (\sum \gamma_i h_i + q)K_a - 2c_i\sqrt{K_{ah}} \tag{3-20}$$

$$p_p = (\sum \gamma_i h_i)K_p + 2c_i\sqrt{K_{ph}} \tag{3-21}$$

式中　p_a、p_p——计算点处由土体自身产生的主动土压力强度和被动土压力强度,当 $p_a<0$ 时,一般取 $p_a=0$;

γ_i——计算点以上各土层土的重度,地下水位以上取天然重度,地下水位以下取浮重度;

h_i——计算点以上各层土的厚度;

K_a、K_{ah}——计算点处土的主动土压力系数,有:

$$K_a = \frac{\cos^2\varphi_i}{\left[1+\sqrt{\dfrac{\sin(\varphi_i+\delta_i)\sin\varphi_i}{\cos\delta_i}}\right]^2} \tag{3-22}$$

$$K_{ah}=\frac{\cos^2\varphi_i\cos^2\delta_i}{[1+\sin(\varphi_i+\delta_i)]^2} \tag{3-23}$$

K_p、K_{ph}——计算点处土的被动土压力系数,有:

$$K_p=\frac{\cos^2\varphi_i}{\left[1-\sqrt{\frac{\sin(\varphi_i+\delta_i)\sin\varphi_i}{\cos\delta_i}}\right]^2} \tag{3-24}$$

$$K_{ph}=\frac{\cos^2\varphi_i\cos^2\delta_i}{[1-\sin(\varphi_i+\delta_i)]^2} \tag{3-25}$$

φ_i——计算点处土的内摩擦角,一般情况下取直剪试验的固结快剪试验的峰值平均值;

c_i——计算点处土的黏聚力,一般情况下取直剪试验的固结快剪试验的峰值平均值;

δ_i——计算点处土与支护墙面的摩擦角。

这种考虑地基土与支护墙面摩阻力的土压力计算方法,与朗肯土压力理论相比,具有如下特点:

(1)式(3-20)和式(3-21)的表达式,与习惯上常用的朗肯土压力公式相一致。但公式考虑了地基土与墙面摩擦角δ的影响,因此在计算墙前被动土压力时,无须再考虑被动土压力增大系数问题,方便了计算。

(2)当基坑支护结构以弯曲变形为主时,墙前和墙后地基土与墙面的摩擦力方向不同,使墙后土压力减小,墙前土压力增大。根据经验,墙后土压力的减小一般不大于10%。在软土地基中,可从安全角度考虑,不考虑墙后δ对土压力的影响,式(3-22)取$\delta=0$,恢复到朗肯土压力公式。

(3)δ取值与地基土的性质、墙面粗糙度、坑内排水条件等有关,目前对软黏土的土压力模型试验和考虑土压力与墙体变形关系的试验研究还很少见,因此摩擦角δ的确定还是根据计算比较和地区经验进行取值,一般为$(2/3\sim3/4)\varphi$,地基土软弱时取大值。

2.$\varphi=0$时土压力的计算方法

在计算黏性土特别是软黏土的土压力时,可采用不排水剪的强度指标,即$\varphi_u=0$,这种方法在国外应用更为普遍。如果能采用现场原位测试方法,如十字板剪切试验得出的不排水强度指标,由于土样受到的扰动较室内试验少得多,用以计算土压力,有可能得出比较合理的结果。

一方面,$\varphi=0$时的土压力计算方法会使计算大大简化;另一方面,$\varphi=0$时的土压力计算方法还可以使地下水位以下的土压力计算简化,它不仅可以采用水土合算法,而且可以不计渗流效应。

三、水压力的计算

支护结构两侧作用的水压力,在侧压力中占很大的比例,尤其在软土地基中地下水位较高的情况下,其值比土压力大得多。按照水土分算原则计算水压力时,应按有无产生地下水渗流的情况，采用不同的水压力分布模式。

（一）地下水无渗流时水压力的计算

当基坑围护结构中截水帷幕能形成连续封闭的基坑防渗止水系统时，可不考虑渗流作用对水压力的影响。在软土地基中，以地基土的渗透系数大小来划分其渗透性强弱时，应取现场抽水或注水试验所测定的原位渗透系数，常以其值小于 1×10^{-6} cm/s 作为相对不透水层。

当地下水无渗流时，作用于围护墙上主动侧的水压力，在基坑内地下水位以上按静水压力三角形计算；在基坑内地下水位以下按矩形分布计算（水压力为常量），并不计作用于围护墙被动侧的水压力。水压力的分布模式如图 3-11 所示。

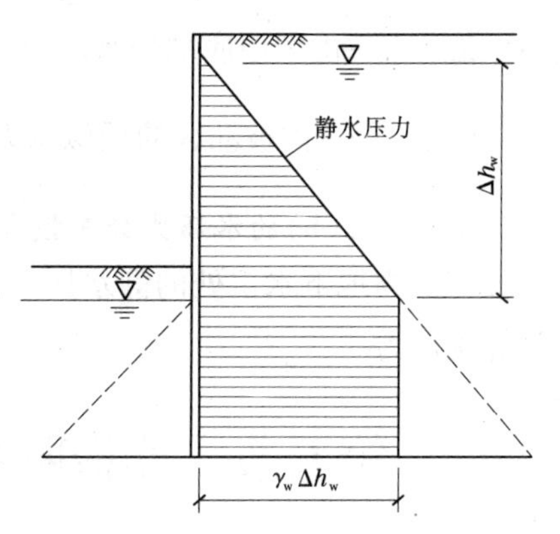

图 3-11　地下水无渗流时水压力分布模式

（二）地下水有渗流时水压力的计算

当截水帷幕下为渗透性强的地基土，且坑内、外存在水头差时，开挖基坑后，在渗透力作用下产生竖向渗流，地下水将从坑外绕过帷幕底渗入坑内，因此坑外渗流方向自上而下，因水流阻力影响，水头沿程降低，故坑外的地基土重度增大，而作用于帷幕上的水压力强度将减小；坑内渗流方向自下而上，地基土重度减小，作用于帷幕上的水压力强度将增大。

计算渗流作用对水压力的影响时，可按德国技术规范《地基·地压计算·计算原理》（DIN 4085—1987）中水压力的近似计算方法，水压力分布模式如图 3-12 所示。

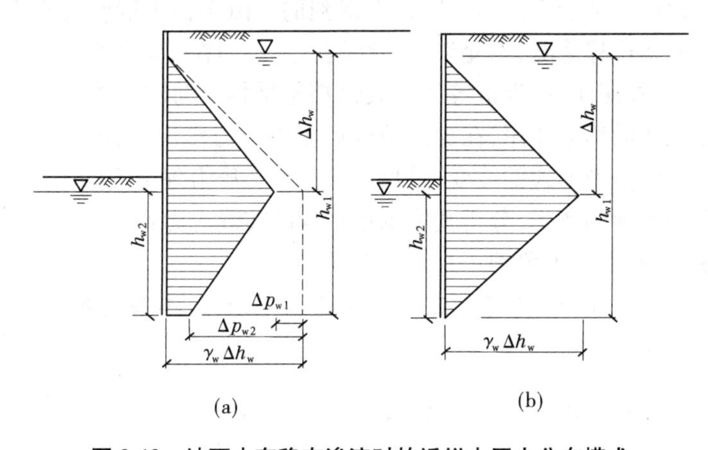

图 3-12　地下水有稳态渗流时的近似水压力分布模式

1.按图 3-12(a)的分布模式计算

基坑内地下水位处的水压力，由该处的静水压力 $\gamma_w\Delta h_w$ 值减去 Δp_{w1} 计算：

$$\Delta p_{w1} = i_a\gamma_w\Delta h_w \tag{3-26}$$

式中　Δp_{w1}——基坑开挖面处水压力修正值；

i_a——基坑外的近似水力坡降，$i_a=\dfrac{0.7\Delta h_w}{h_{w1}+\sqrt{h_{w1}h_{w2}}}$；

Δh_w——基坑内、外侧地下水位之差；

h_{w1}、h_{w2}——基坑外、内侧地下水位至围护墙底端的高度。

围护墙底端处的水压力由基坑开挖深度处的静水压力 $\gamma_w\Delta h_w$ 减去 Δp_{w2} 计算：

$$\Delta p_{w2} = i_a\gamma_w h_{w1} + i_p\gamma_w h_{w2} \tag{3-27}$$

式中 Δp_{w2}——围护墙底端处水压力的修正值；

i_p——基坑内被动区的近似水力坡降，$i_p=\dfrac{0.7\Delta h_w}{h_{w2}+\sqrt{h_{w1}h_{w2}}}$。

2.按图 3-12(b)的水压力分布模式计算

按基坑内地下水位处的静水压力为 $\gamma_w\Delta h_w$，围护墙底端处为零的三角形线性分布模式计算水压力。

第五节 非极限状态下的土压力计算方法

经典土压力理论要求土体进入极限平衡状态，与此相对应，土体变形达到相应极限状态的临界值条件。然而，在基坑工程中，为避免基坑周边设施受到破坏，支护结构变形值一般要求控制在一定范围内，通常情况下不能达到主动土压力和被动土压力的变形范围值。针对基坑开挖中支护结构位移的限制，建立考虑位移条件的土压力计算方法是非常有意义的。

传统土压力理论是基于刚性挡土墙条件得到的。由于挡土墙刚性很大，只允许产生平移和转动两种刚体位移情况，不允许产生结构变形。而在实际的基坑工程中，支护结构中的地下连续墙、钻孔灌注桩、板桩等属于柔性挡土结构。与刚性挡土墙不同，由于有撑锚系统和嵌固段土体的约束作用，在支护结构后土体压力作用下，墙体产生挠曲变形，从而引起土压力大小和分布形式的改变，呈现出与经典土压力理论不同的形态。

基于上述两个方面的考虑，分析基坑围护结构的实际应力状态，研究非极限状态下土压力的计算方法，具有非常重要的工程实用意义。

国内外众多学者对非极限状态下的土压力进行了研究，本节将对其中部分计算理论和方法进行简单介绍。

一、非极限状态下土压力计算模型

(一)宰金珉等基于现场监测数据的土压力模型

设达到主动土压力时的位移量为 s_a，达到被动土压力时的位移量为 s_p，且 $s_p\approx-15s_a$（取向着土体移动的方向为正），则土压力为

$$p = \left[\frac{K(\varphi)}{1 + e^{-b(s_a,\varphi)}} - \frac{K(\varphi) - 4}{2}\right] p_0 \tag{3-28}$$

式中 p_0——静止土压力的一半；

$K(\varphi)$——内摩擦角的函数；

$b(s_a,\varphi)$——主动土压力位移量与内摩擦角的函数，且有 $b>0$。

上述三个参数可以通过现场监测得到三个点(p_1,s_1)、(p_2,s_2)、(p_3,s_3)，经反算得到。

此外，当支护结构位移分别达到 s_a 和 s_p 时，土体分别处于主动和被动极限平衡状态，此时作用在支护结构上的土压力为主动土压力和被动土压力，即有(p_a,s_a)和(p_p,s_p)。

引入朗肯土压力理论，且静止土压力系数 $K_0=1-\sin\varphi'$，代入式(3-28)，经计算最终可得：

$$\begin{cases} p_0=(1-\sin\varphi')\gamma h/2 \\ K=\dfrac{4\tan^2(45^\circ+\varphi/2)}{1-\sin\varphi'}-4 \\ b=-\dfrac{\ln A}{s_a} \end{cases} \tag{3-29}$$

$$A=\frac{\tan^2(45^\circ+\varphi/2)-\tan^2(45^\circ-\varphi/2)}{\tan^2(45^\circ+\varphi/2)-2(1-\sin\varphi')+\tan^2(45^\circ-\varphi/2)}$$

式中　h——计算点离地面的高度；

其他符号含义同前。

由此可见，考虑变形的朗肯土压力模型的三个参数 p_0、K 和 b 可以用土的重度 γ、计算点距地面的高度 h、土的有效内摩擦角 φ'、土的内摩擦角 φ 以及该点达到主动土压力时的位移量 s_a 等来表达。

(二)张吾渝、徐日庆似正弦函数模型

$$\begin{cases} p_a=p_0+\sin\left(\dfrac{\pi}{2}\dfrac{\delta}{\delta_{acr}}\right)(p_{acr}-p_0) \\ p_p=p_0+\sin\left(\dfrac{\pi}{2}\dfrac{\delta}{\delta_{pcr}}\right)(p_{pcr}-p_0) \end{cases} \tag{3-30}$$

式中　p_a、p_p 和 p_0——准主动土压力、准被动土压力和静止土压力；

p_{acr}、p_{pcr}——主动土压力和被动土压力；

δ——土体位移；

δ_{acr}、δ_{pcr}——主动极限位移和被动极限位移。

(三)陈页开似指数函数模型

$$\begin{cases} p_a=p_0-(p_0-p_{acr})\dfrac{\delta}{\delta_{acr}}e^{a'\left(1-\frac{\delta}{\delta_{acr}}\right)} \\ p_p=p_0+(p_{pcr}-p_0)\dfrac{\delta}{\delta_{pcr}}e^{a\left(1-\frac{\delta}{\delta_{pcr}}\right)} \end{cases} \tag{3-31}$$

式中　p_a、p_p——准主动土压力和准被动土压力；

p_0——静止土压力；

p_{acr}、p_{pcr}——极限平衡状态下的主动土压力和被动土压力；

δ——墙体位移；

δ_{acr}、δ_{pcr}——墙体挤向土体和墙体离开土体时达到极限平衡时的位移；

a、a'——与土的性质等因素有关的参数,$0 \leqslant a \leqslant 1.0$,$0 \leqslant a' \leqslant 1.0$。

(四)卢国胜拟合曲线模型

$$p_a = \frac{p_0}{1 + \frac{1}{4.7}\ln\left(\frac{K_p + K_a}{K_a}\right)^3 \sqrt{\frac{s'_a}{s_a}}} - \frac{2c_a \frac{s'_a}{s_a}}{1 + \left(\frac{K_p - K_a}{K_0 + K_p + K_a}\right)\frac{s'_a}{s_a}} \tag{3-32}$$

$$p_p = p_0 + \frac{p_0 \sqrt[3]{\frac{s'_p}{s_p}}}{\frac{K_p + 1.16K_a}{0.96K_p^3} + \frac{\frac{K_p + 1.16K_a}{1.79K_p^3}\frac{s'_p}{s_p}}{1 + \frac{8c}{\gamma z}}} \tag{3-33}$$

式中 K_0、K_a、K_p——静止土压力系数、朗肯主动土压力系数和被动土压力系数;

s'_a、s'_p——准主动土压力位移量和准被动土压力位移量;

z——土压力计算点的深度;

其他符号含义同前。

二、关于上述计算模型的讨论

上述非极限状态下土压力的计算方法在一定程度上能够反映土压力与支护结构变形的关系,但对土压力与变形之间的关系均只能考虑部分影响因素,在实际应用中具有一定局限性。

此外,上述几种模型适用范围也各不相同,宰金珉等基于现场监测数据的土压力模型适用于墙体位移 s/s_a 在[-0.33,0],s/s_p 在[0,0.11]支护结构上土压力的计算,且是对墙后填土有特殊要求(如墙后填土为粗砂)的支护结构;张吾渝、徐日庆似正弦函数模型适用于 s/s_a 在[-1,0],s/s_p 在[0,0.86]的支护结构上土压力的计算;陈页开似指数函数模型适用于 s/s_a 在[-1,0],s/s_p 在[0,1]的支护结构土压力的计算,且可以考虑黏聚力 c 的影响;而卢国胜拟合曲线模型主要适用于主动土压力的计算,而在被动区土压力计算时出现较大的偏差。

第六节 特殊条件下土压力计算

随着节约型城市建筑政策的不断深化,建筑密度逐渐增加,反映在深基坑工程中,拟开挖的基坑往往距离既有建筑较近,而大多数既有建筑为高层建筑,存在较大范围的地下室或者采用复合地基或桩基础的形式,如图 3-13 所示。这些复杂工况下支护结构的设计,首先需明确其土压力的计算方法,但因特殊工况无法满足现有经典土压力的简化计算条件,于是大量学者展开了针对特殊条件下土压力计算方法的探讨。目前,针对上述复杂工况下土压力的计算方法,已取得了较为先进和突出的成果,本节简要介绍有关有限土体土压力计算方法和邻近复合地基条件下基坑土压力计算方法及邻近桩基条件下基坑土压力计算方法。

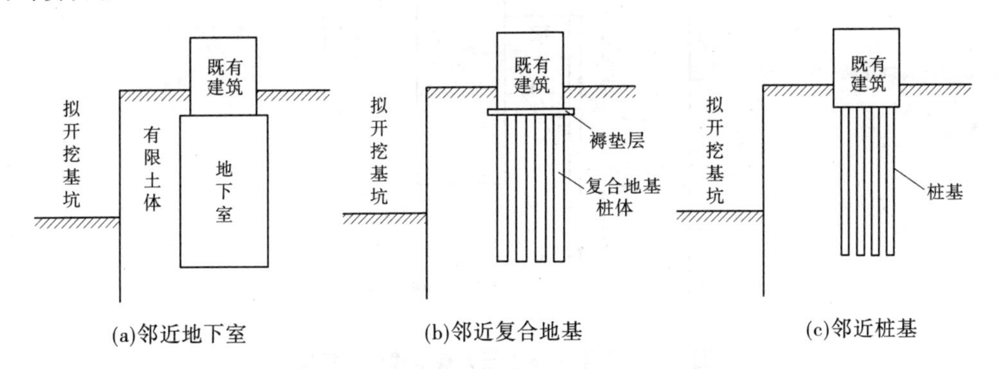

图 3-13　邻近既有建筑的基坑工程示意图

一、有限土体土压力计算

针对邻近地下室情况下支护结构土压力的计算，下面简要介绍《河南省基坑工程技术规范》(DB J41/139—2014)计算方法和基于库仑滑楔体理论的有限土体土压力计算方法。

(一)《河南省基坑工程技术规范》(DB J41/139—2014)计算方法

当邻近基坑侧壁的建筑物基础低于基坑地面，且外墙距离支护结构净距 a 小于 $h\tan(45°-\varphi_k/2)$ 时，如图 3-14 所示，作用在支护结构上任意点的土压力强度标准值 P_{ak} 宜符合下列要求：

当计算点位于 B 点以上或 C 点以下时，可按照式(3-7)或式(3-14)计算，若土体为砂土和碎石土等无黏性土，不考虑黏聚力 c 的影响。

当计算点位于 B 点和 C 点之间时，土压力计算宜按下式计算：

(1)对于黏性土、粉土和地下水位以上的砂土、碎石土，可按下式计算：

$$p_{ak} = (2 - n_b)n_b \sum \gamma_i h_i K_a - 2c_k n_b \sqrt{K_a} \tag{3-34}$$

(2)对于地下水位以下的砂土、碎石土，可按下式计算：

$$p_{ak} = (2 - n_b)n_b \sum \gamma_i h_i K_a + (z_a - h_{wa})(1 - K_a)\gamma_w \tag{3-35}$$

$$n_b = a/[h\tan(45° - \varphi_k/2)] \tag{3-36}$$

式中　d_p——邻近建筑物基础埋置深度；

　　其余符号意义同前。

(二)基于库仑滑楔体理论的有限土体土压力计算方法

1.基本假定

基坑深度为 H，有限土体为 $ABB''A'$，其宽度为 b，如图 3-15 所示；支护结构竖直；有限土体为黏性土，且土体表面水平，作用一均布荷载 q；土体的重度为 γ，内摩擦角为 φ，黏聚力为 c，土体的外摩擦角为 δ，黏着力强度为 K。

当支护结构在土压力的作用下产生水平向位移时，墙背面土体产生滑裂体(视为刚

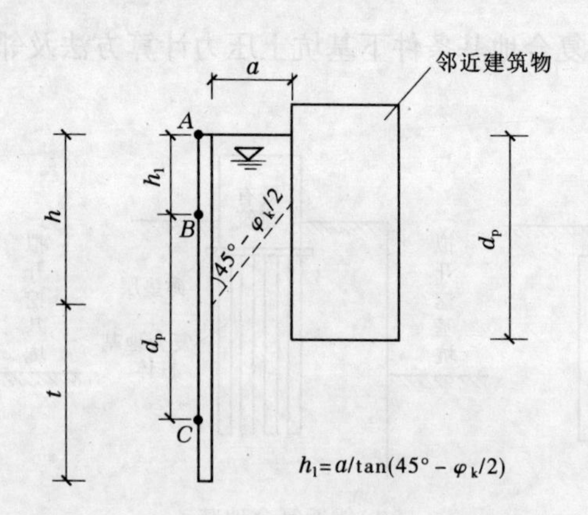

图 3-14　有限土体土压力规范算法示意图

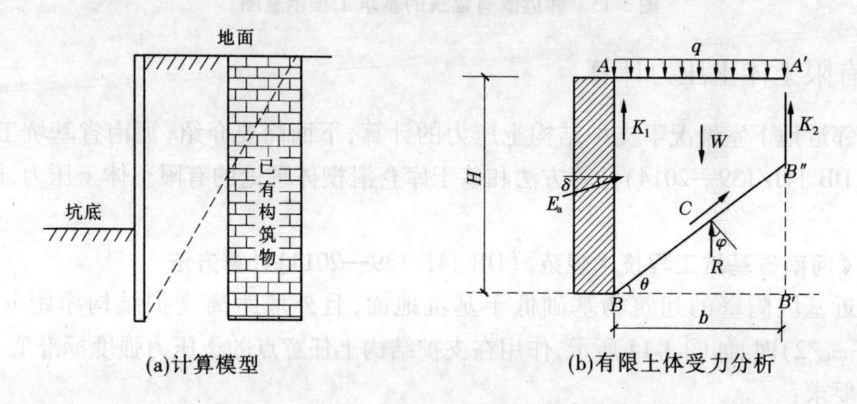

图 3-15　有限土体破坏模式及受力分析示意图

性体),并处于极限平衡状态。此时,滑裂面为 BB'',滑裂体为 $ABB''A'$,在滑裂体上作用有滑裂土体的重力 W,滑裂体表面上的均布荷载 q,滑裂面 BB'' 上的反力 R 和黏聚力 C,反力 R 与滑裂面的法线成 φ 角,并作用于法线的下方;AB 面上的反力 E_a(即主动土压力)和滑裂体两侧的黏着力 K_1、K_2,反力 E_a 与 AB 面的法线成 δ 角,并作用在法线的下方,黏着力作用在 AB 面和 $A'B''$ 面上,如图 3-15(b)所示。

2.土压力计算

取单位长度有限土体考虑,利用几何关系分别计算滑裂体的重力 W、两侧面黏着力 K_1 和 K_2、滑裂面上黏聚力 C,计算公式如下:

$$W = \frac{1}{2}\gamma(\overline{AB} + \overline{A'B''})\ \overline{AA'} = \frac{1}{2}\gamma(H + \overline{A'B''})b \tag{3-37}$$

$$K_1 = k\ \overline{AB} = kH \tag{3-38}$$

$$K_2 = k\ \overline{A'B''} = k(H - b\tan\theta) \tag{3-39}$$

$$C = c\ \overline{BB''} \tag{3-40}$$

滑裂体土体 $ABB''A'$ 上的竖向合力大小为

$$G_z = W + qb = \frac{1}{2}\gamma(H + \overline{A'B''})b + qb \tag{3-41}$$

滑裂体 $ABB''A'$ 在上述荷载作用下处于平衡状态,因此这些荷载可形成如图 3-16 所示的闭合多边形。其中,E_a 是由于黏聚力 C 和黏着力 K_1 和 K_2 的作用而减小的主动土压力;G 是由于黏聚力 C 和黏着力 K_1、K_2 的作用而减轻的滑裂体的竖向重力。

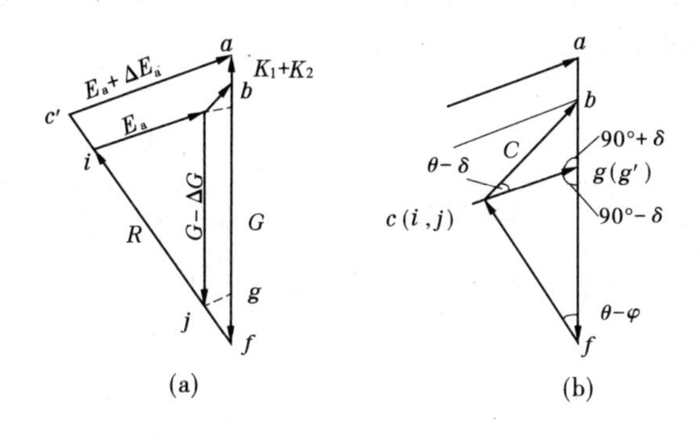

图 3-16　滑裂体作用力的多边形及计算三角形图

根据图 3-16 所示各力的关系,可得有限土体主动土压力的计算公式为:

$$E_a = \frac{1}{2}\left[\left(\frac{1}{2}\gamma b - k\right)(2H - b\tan\theta) + qb\right]\frac{\sin(\theta - \varphi)}{\cos(\theta - \delta - \varphi)} - \frac{cb}{\cos\delta}\left[1 + \frac{\sin(\theta - \delta)\sin(\theta - \varphi)}{\cos\theta\cos(\theta - \delta - \varphi)}\right] \tag{3-42}$$

在上述分析中,滑裂体的夹角 θ 是假定的,根据主动土压力理论"在所有可能的滑裂面倾角 θ 中,正好有一个导致最小土压力的倾角 θ''_{cr},这个倾角即为土体达到主动极限状态时的倾角。求得倾角 θ_{cr} 后,将其代入式(3-42),即可得到主动土压力的合力 E_a,之后对 E_a 关于深度 H 求导,可得到每一点的土压力强度。

θ_{cr} 的求解有两种方法:一种是仿照库仑土压力的方法,根据 $dE_a/d\theta = 0$ 来求得解析解,但该方法推求的 θ_{cr} 表达式异常复杂,甚至很难求出显示表达式;另一种可行的方法是利用计算机进行编程计算,求 E_a 的最小值及与此相对应的 θ_{cr}。

目前,国内学者为了直接得到有限土体土压力强度,基于上述库仑极限平衡理论计算原理,将滑裂体以内土体进行水平微单元分层,分别计算每一层的土压力值,推导得到某一点的土压力强度,此方法又称为水平分层法。还有学者在上述计算理论的基础上修正滑裂面形状,研究滑裂面随有限土体宽度的变化。

上述有限土体土压力计算方法分别基于朗肯土压力和库仑土压力计算原理,在一定条件下能够实现有限土体土压力的计算,但均存在一定的局限性。规范给出的计算方法简单实用,参数方便确定,但仅考虑地下室对土体自重的削弱作用,不考虑土体黏着力和上部荷载的影响,计算结果偏于安全。而基于滑楔体的有限土体土压力计算理论,考虑因素较多,其计算结果与刚性挡墙平动试验的对比结果显示其更接近于实际,然而参数确定复杂,适用范围仍需进一步研究。

二、邻近复合地基条件下基坑土压力计算

《河南省基坑工程技术规范》(DB J41/139—2014)将桩体复合地基分为刚性桩复合地基、柔性桩复合地基及散体材料桩复合地基,其计算方法介绍如下。

(一)邻近刚性桩复合地基土压力的计算

邻近刚性桩复合地基土压力的计算原理如图3-17所示;计算方法采用本章所讲的局部超载作用下土压力的计算。

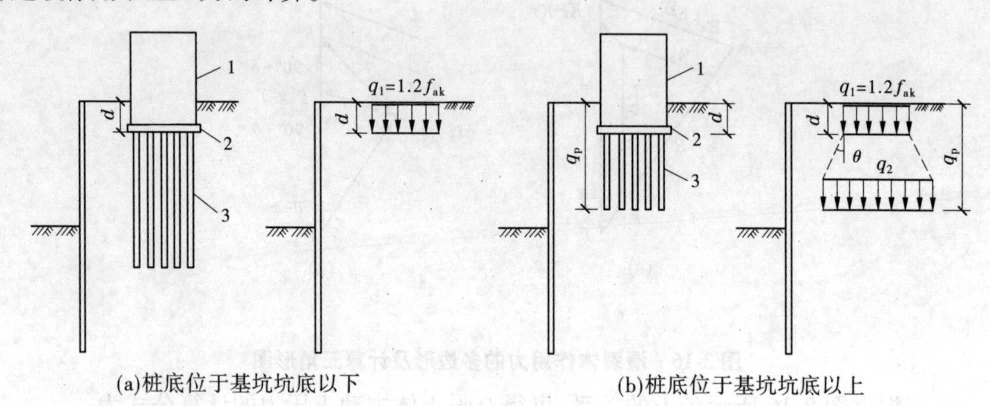

1—既有建筑;2—褥垫层;3—刚性桩

图3-17 邻近既有建筑刚性桩复合地基土压力计算示意图

计算中,将刚性桩复合地基分为桩端位于基坑开挖面以上和桩端位于基坑开挖面以下两种情况,其区别在于桩端位于基坑底面以下时不考虑桩端平面处超载值对土压力的影响,如图3-17(a)所示;反之,考虑桩端平面处超载值q_2的影响,如图3-17(b)所示。

刚性桩复合地基条件下局部超载值的确定:既有建筑基底土体的超载值q_1按基底天然地基承载力特征值的1.2倍取用,桩端平面位置处的超载值q_2可按照应力扩散法计算得到的附加应力值取用。复合土层设计参数宜按照天然地基取用。

(二)邻近柔性桩及散体材料桩复合地基土压力的计算

对于水泥土桩、灰土桩等柔性桩复合地基或散体材料桩复合地基,其土压力的计算原理及方法参照刚性桩复合地基,但既有建筑基底土体的超载值q_1按基底附加应力取用,复合土层的土体强度指标按复合土层计算。

对于水泥土桩、灰土桩与碎石桩、砂桩复合地基,复合土层土体强度φ_{sp}、c_{sp}的计算宜符合下列规定:

(1)内摩擦角宜采用下式估算:

$$\varphi_{sp} = \arctan[m\mu_p\tan\varphi_p + (1 - m\mu_p)\tan\varphi_s] \tag{3-43}$$

$$\mu_p = \frac{n}{1 + m(n - 1)} \tag{3-44}$$

(2)碎石桩、砂桩复合地基黏聚力强度指标可按下式计算:

$$c_{sp} = (1 - m\mu_p)c_s \tag{3-45}$$

(3)水泥土搅拌桩、灰土桩、高压旋喷桩、夯实水泥土桩复合地基黏聚力强度指标宜

按下式计算：

$$c_{sp} = m\mu_p c_p + (1 - m\mu_p) c_s \tag{3-46}$$

式中　φ_p、φ_s——桩体材料和土的内摩擦角，(°)；

c_p、c_s——桩体材料和土的黏聚力，kPa；

m——面积置换率；

n——复合地基桩土应力。

三、邻近桩基条件下基坑土压力计算

基坑侧壁邻近既有建筑桩基础时，《河南省基坑工程技术规范》(DB J41/139—2014)给出的计算原理和计算方法与既有建筑为刚性桩复合地基时相一致，但在超载值与土体强度指标确定上应遵循既有建筑为桩基础的规定。

(1)作用于既有建筑基底的超载值 q_1 可按照基底天然地基承载力特征值的 10%～20%取用。

(2)桩端位于拟开挖基坑坑底深度以上时，作用于桩底平面位置处的超载值 q_2 可按应力扩散法计算得到的附加应力值取用。

(3)桩间土抗剪强度指标可按天然地基取用。

第四章 基坑稳定性分析

第一节 概 述

基坑工程设计主要包括三个方面的内容,即基坑稳定性验算、支护结构强度设计和基坑变形计算。其中,基坑稳定性验算是指分析基坑周边土体或土体与支护结构体系一起保持稳定性的能力。对有支护的基坑进行基坑稳定性验算是基坑支护设计的重要一环,其目的在于在给定条件下设计出合理的基坑支护结构的嵌固深度或验算已拟定的支护结构设计是否合理和稳定。

基坑开挖时,由于坑内土体的开挖卸载,地基的应力场和变形发生变化,有可能导致地基的失稳,例如地基的滑坡、坑底隆起及涌砂等。因此,在进行基坑支护设计时,需要验算基坑的稳定性,必要时应采取合理的加强防范措施,使基坑的稳定性具有一定的安全度。

一、基坑的失稳破坏模式

由于设计或施工不当,基坑可能会丧失稳定性而破坏,这种破坏可能是缓慢发生的,也可能是突然发生的。有的有明显的触发因素,诸如振动、暴雨、外荷或其他的人为因素;有的却没有这些触发因素,这主要是土的强度逐渐降低而引起安全度不足造成的。

基坑可能的破坏模式在一定程度上揭示了基坑的失稳形态和破坏机制,是基坑稳定性分析的基础。根据基坑失稳的原因可将其失稳形态归纳为两大类:

(1)因基坑土体强度不足,地下水渗流作用而造成基坑失稳,包括基坑内侧土体整体滑动失稳,基坑底土体隆起破坏,地层因承压水作用产生突涌、管涌、渗漏等。

(2)因支护结构的强度、刚度或稳定性不足引起支护系统破坏而造成基坑倒塌破坏等。

(一)第一类失稳破坏模式

根据围护结构的不同,基坑的第一类失稳破坏模式主要表现如下。

1.无支护放坡开挖基坑

由于设计坡度太陡,或雨水、管道渗漏等造成土体强度降低,从而引起土体整体滑坡,如图4-1所示。

2.重力式支护结构基坑

采用重力式支护结构的基坑,其失稳破坏模式主要有三种,如图4-2所示。

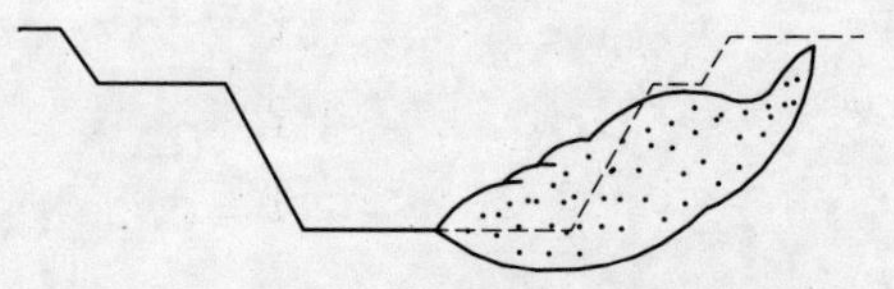

图4-1 无支护放坡开挖基坑的破坏模式

(1)由于基坑外挤土施工或坑外超载作用(如基坑边堆载、重型机械行走等)引起墙后土体压力增加,导致墙体向坑内倾覆,如图4-2(a)所示。

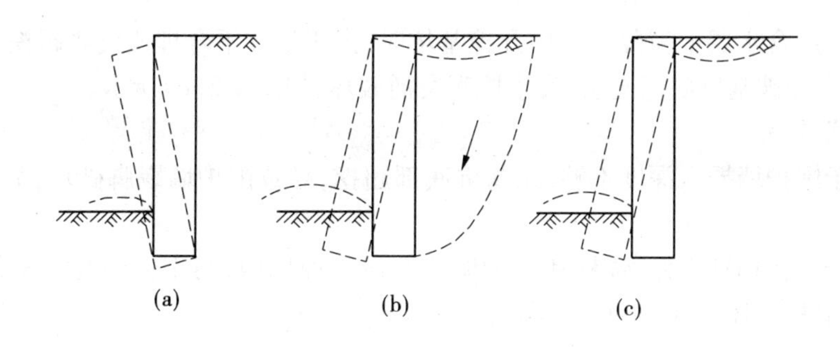

图 4-2　重力式支护结构基坑的破坏模式

(2)由于墙体入土深度不足,或由于墙底存在软弱土层,土体抗剪强度不足等,导致墙体附近土体产生整体滑移破坏,如图 4-2(b)所示。

(3)当坑内土体强度较低或坑外超载时,导致墙底变形过大,如图 4-2(c)所示。

3.桩墙式支护结构基坑

桩墙式支护结构基坑的主要失稳破坏模式如下:

(1)基坑底土体压缩模量低、坑外超载等,致使围护墙踢脚产生很大的变形,如图 4-3(a)所示。

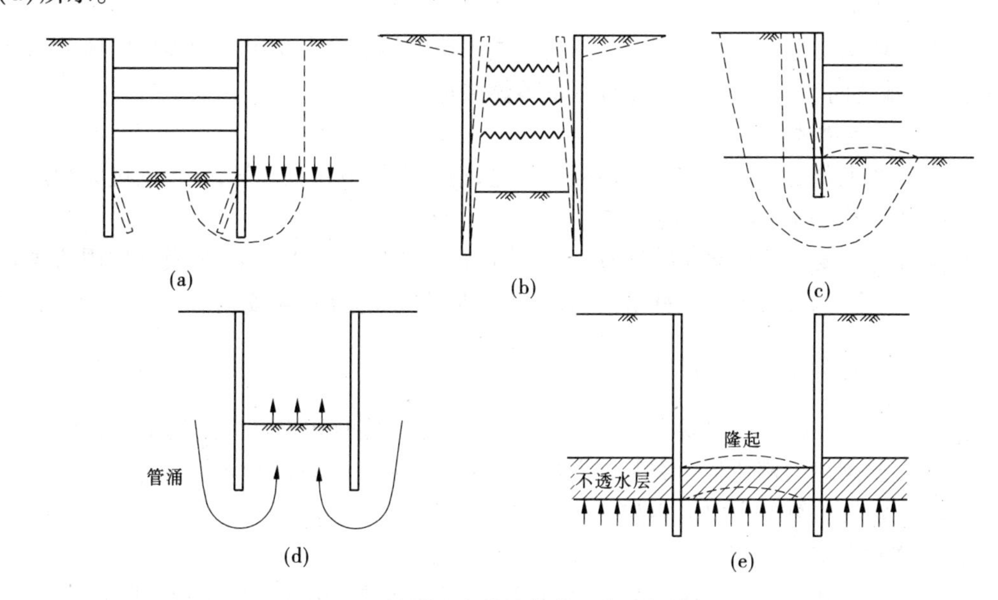

图 4-3　桩墙式支护结构基坑的破坏模式

(2)坑外超载作用引起墙后土压力增加,或由于支撑及墙体刚度或强度不足,导致墙体变形较大,严重时会引起基坑失稳破坏,如图 4-3(b)所示。

(3)基坑底部土体抗剪强度较低,致使坑底土体随围护墙踢脚向坑内移动,产生隆起破坏,如图 4-3(c)所示。

(4)在砂层或粉砂层中开挖基坑时,降水设计不合理或降水井点失效后,导致水位上升,产生管涌,严重时会导致基坑失稳,如图 4-3(d)所示。

(5)在承压含水层上覆隔水层中开挖基坑时,由于设计不合理或坑底超挖,承压含水层的水头压力冲破基坑底部土层,发生坑底突涌破坏,如图 4-3(e)所示。

4.拉锚式基坑

(1)由于围护墙插入深度不够,或基坑底部超挖,导致围护墙踢脚破坏,如图 4-4(a)所示。

(2)由于设计锚杆太短,锚杆和围护墙均在滑裂面以内,与土体一起呈整体滑移,致使基坑整体滑移破坏,如图 4-4(b)所示。

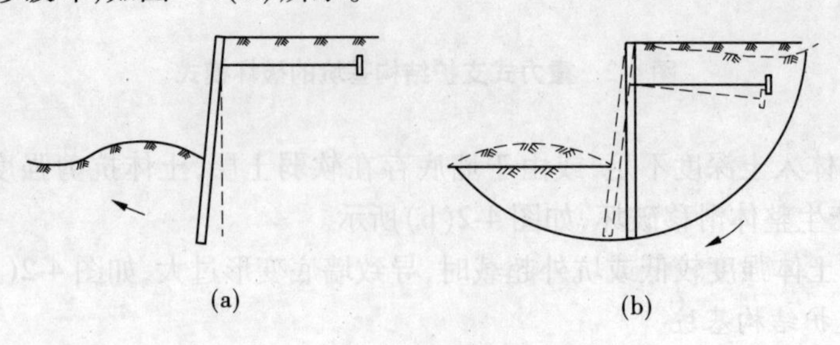

图 4-4 拉锚式基坑的破坏模式

(二)第二类失稳破坏模式

1.围护墙破坏

此类破坏主要是设计不当或施工不当造成围护墙体强度不足引起的围护墙体剪切破坏或折断,基坑向坑内塌陷,从而导致基坑整体破坏。

2.支撑或拉锚破坏

该类破坏主要是设计支撑或拉锚强度不足,造成支撑或拉锚破坏,导致基坑失稳。

3.墙后土体变形过大引起的破坏

该类破坏主要是围护墙体刚度较小,造成墙后土体产生过大变形,危及基坑周边既有建筑物、地下管线等,或者使锚杆变位,或产生附加应力,危及基坑安全。

二、基坑稳定性验算的内容

为防止基坑在施工中出现上述失稳现象,在设计基坑时通常需要进行基坑稳定性验算。本章主要阐述为避免第一类基坑失稳破坏而需要进行的基坑稳定性验算。

基坑稳定性验算的主要内容如下。

(一)整体稳定性分析

一般采用圆弧滑动的简单条分法进行验算,但由于支护结构(内支撑、锚杆等)的作用,同时支护墙体一般多为垂直面,因此它与一般边坡的圆弧滑动法有所不同。有支护结构时,滑动面的圆心一般在支护结构上方、基坑内侧附近,并假定圆弧滑动面通过支护结构的底部,可通过试算确定最危险滑动圆弧及最小安全系数,主要目的是确定支护结构的嵌固深度是否满足整体稳定要求。

(二)基坑底土体抗隆起稳定性分析

开挖将导致基坑开挖面以下土体的原有应力解除,当支护结构嵌固深度不足时,基坑底部将可能产生隆起破坏。因此,基坑底部土体抗隆起稳定性分析主要是验算支护结构嵌固深度是否满足抗隆起稳定要求。

(三)基坑支护结构抗倾覆、抗滑移稳定性分析

重力式围护结构易发生绕墙趾的倾覆破坏或沿墙底的滑移破坏,因此需要进行其抗倾覆和抗滑移稳定性验算。此外,对于桩墙式锚撑式支护结构,也应进行抗倾覆稳定性分析。

(四)基坑抗渗流和抗承压水稳定性分析

在基坑开挖中,如未采取适当降排水措施,当支护结构嵌固深度不足时,地下水渗流将在基坑内产生流砂、管涌甚至渗流隆起等工程问题。因此,基坑抗渗流稳定性分析的目的就是验算支护结构嵌固深度是否满足渗流稳定性要求。

当基坑底部隔水层较薄而其下具有较高水头的承压水时,有可能会出现隔水层土体自重不足以抵消下部水压而导致基坑底部隆起破坏,支护结构失稳。因此,基坑底部土体抗承压水稳定性分析就是验算隔水层土体自重与下部水压是否平衡。

(五)基坑支护结构踢脚稳定性分析

基坑支护结构踢脚稳定性分析主要是验算有支撑支护结构的最下道支撑以下的主动土压力、被动土压力绕最下道支撑支点的转动力矩是否平衡。

第二节　整体稳定性分析

基坑支护体系整体稳定性验算的目的就是要防止基坑支护结构与周围土体整体滑动失稳破坏,是基坑支护设计中需要经常考虑的一项验算内容。另外,对于水泥土墙、多支点排桩或地下连续墙嵌固深度的计算,也宜按照整体稳定性条件采用圆弧滑动简单条分法确定。

对于不同的支护形式,基坑的整体失稳模式不同,如图 4-5 所示,因而其整体稳定性验算存在一些差异。

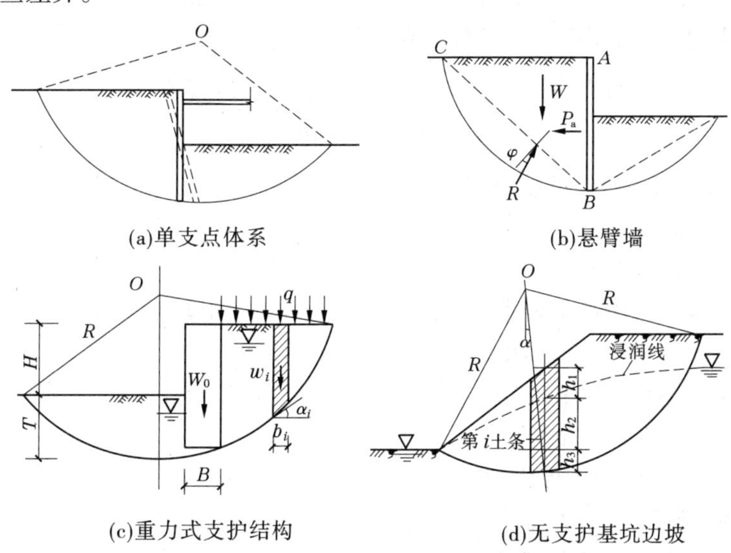

图 4-5　基坑整体失稳破坏的计算模式

一般来说,当基坑内只设置一道支撑时,应验算其整体稳定性;当设置多道支撑时,可不做此项验算。

基坑整体稳定性验算通常采用条分法进行。条分法在应用时一般对条间力作不同的假定,从而产生了各种各样的条分法。其中,瑞典圆弧滑动条分法、简化的 Bishop 条分法和 Janbu 条分法在基坑整体稳定性验算中应用较多。本节主要介绍瑞典圆弧滑动条分法。

一、瑞典圆弧滑动的简单条分法

对于排桩及地下连续墙、水泥土墙等支护形式,可采用瑞典圆弧滑动的简单条分法进行整体稳定性分析,如图 4-6 所示。

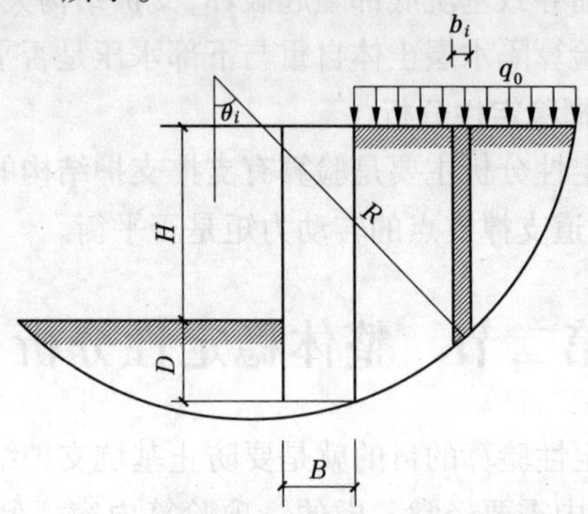

图 4-6 瑞典圆弧滑动的简单条分法计算简图

该方法假定滑动面为一圆弧滑动面,并认为条块间的作用力对整体稳定性影响不大,可以忽略,即假定每一土条两侧条间力合力方向与该土条底面平行,大小相等、方向相反且作用在同一直线上,因此在考虑力和力矩平衡时可相互抵消。

无地下水时,整体稳定性安全验算可表示为

$$\frac{\sum(q_0 b_i + \Delta G_i)\cos\theta_i \tan\varphi_i + \sum c_i l_i + M_p/R}{\sum(q_0 b_i + \Delta G_i)\sin\theta_i} \geqslant K_s \tag{4-1}$$

式中 ΔG_i——第 i 土条的自重,kN,按天然重度计算;

h——土条高度,m;

θ_i——第 i 土条底面中心至圆心连线与垂线的夹角,(°);

c_i、φ_i——第 i 土条滑弧面处土的土的黏聚力,kPa,内摩擦角(°);

l_i——第 i 土条滑弧的长度,m,$l_i = b_i/\cos\alpha_i$;

q_0——地面超载,kPa;

b_i——第 i 土条宽度,m;

M_p——每延米中的桩提供的抗滑力矩,kN·m;

R——滑动圆弧的半径,m;

K_s——基坑整体稳定性安全系数。

一般情况下,最危险滑裂面在支护桩或支护墙底以下 0.5~1.0 m。当支护结构下面有软弱夹层时，应增大计算深度，直至 K_s 值增大。悬臂式排桩和双排桩支护应计算圆弧切桩与圆弧通过桩端时的基坑整体稳定性，圆弧切桩时（见图 4-7）应考虑切桩阻力产生的抗滑作用，桩提供的抗滑力矩按下式计算确定：

$$M_p = R_1\cos\alpha_i\sqrt{\frac{2M\gamma h_1(K_p - K_a)}{d + \Delta d}} \tag{4-2}$$

式中　α_i——桩与滑弧切点至圆心连线与垂线的夹角，(°)；

M——单桩抗弯承载力，kN · m；

h_1——切桩滑弧面至坡面的深度，m；

γ——h_1范围内土的重度，kN/m^3；

R_1——切桩滑弧半径，m；

d——桩径，m；

Δd——桩间净距，m；

K_a、K_p——主动土压力系数和被动土压力系数。

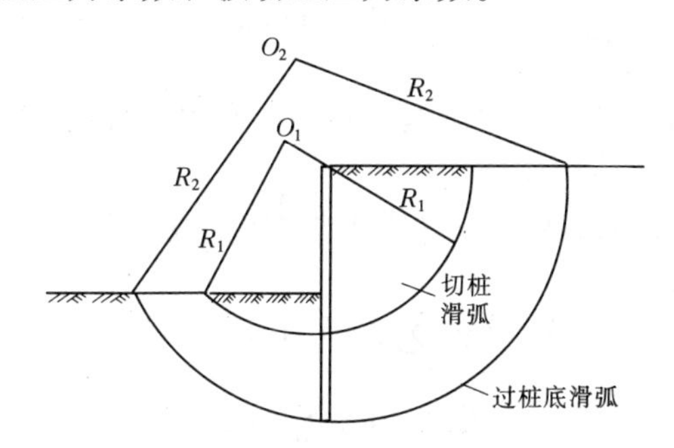

图 4-7　排桩支护整体稳定性验算

当验算重力式支护结构（如水泥土墙等）的整体稳定安全性时，分析中考虑圆弧通过围护墙体底部以及圆弧切墙两种可能模式，墙体的强度指标取 $\varphi = 0^\circ$，$c = (1/10 \sim 1/15)q_u$，其中，q_u 为水泥土的无侧限抗压强度。当 $q_u > 0.8$ MPa 时可不计算切墙圆弧的稳定安全系数。

二、考虑支锚及注浆花管的整体稳定性验算

当采用桩锚支护结构体系或土钉墙支护体系时，由于锚杆和土钉的存在，其整体稳定性分析与上述支护结构有所不同，此时，圆弧滑动面可能穿越部分或全部的锚杆或土钉。因此，采用圆弧滑动面条分法来计算基坑整体稳定性时，需要考虑锚杆或土钉对整体稳定性的贡献。

另外，在基坑支护中，当基坑内侧或外侧土体较为软弱时，可采用插花管注浆的方法来加固地基。在进行基坑整体稳定性验算时，由于圆弧滑动面可能穿越部分花管，此时则需要考虑花管对基坑整体稳定的影响。

考虑支锚或土钉、花管的整体稳定性计算图式如图 4-8 所示。

采用瑞典条分法进行验算，整体稳定性安全系数为

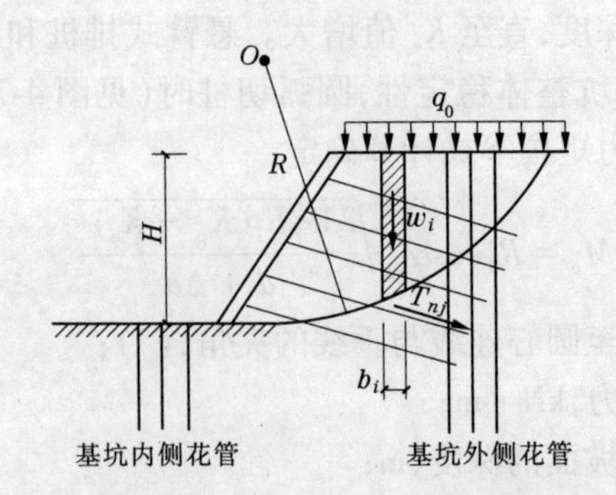

图4-8　支锚(土钉墙)的整体稳定性计算图式

$$K = \frac{M_k}{M_q} \tag{4-3}$$

$$\begin{aligned} M_k = & \sum c_i l_i + \sum (q_0 b_i + \Delta G_i) \cos\theta_i \tan\varphi_i + \\ & \sum T_{nj} \left[\cos(\alpha_j + \theta_j) + \frac{1}{2}\sin(\alpha_j + \theta_j) \tan\varphi_i \right] / s_x + \\ & \sum \sum \gamma_{sk} T_{ukj} \left[\cos(\alpha_{kj} + \theta_{kj}) + \frac{1}{2}\sin(\alpha_{kj} + \theta_{kj}) \tan\varphi_{kj} \right] / s_{kj} \end{aligned} \tag{4-4}$$

$$M_q = \gamma_0 \sum_{i=1}^{n} (q_0 b_i + w_i) \sin\theta_i \tag{4-5}$$

$$T_{nj} = \pi d_{nj} \sum q_{sik} l_{nj} \tag{4-6}$$

式中　s_x——计算滑动体单元厚度,m;

T_{nj}——第j根锚杆(土钉)在圆弧滑裂面外锚固体与土体的抗拉力标准值,kN;

α_j——锚杆(土钉)与水平面之间的夹角,(°);

θ_j——第j根锚杆(土钉)与滑弧交点的切线与水平面夹角,(°);

d_{nj}——第j根锚杆(土钉)锚固体直径,m;

q_{sik}——锚杆穿越第i层土体与锚固体摩阻力值标准值,kPa;

l_{nj}——第j根锚杆在圆弧滑裂面外穿越第i层稳定土体内的长度,m;

γ_{sk}——第k种花管的强度发挥系数;

T_{ukj}——第k种花管类型中,第j根花管的滑移面外部的抗拉强度值,kN;

α_{kj}——第k种花管类型中,第j根花管与水平面夹角,(°);

θ_{kj}——滑面中点切线与水平面的交角,(°);

φ_{kj}——第k种花管类型中,第j根花管处的土体固结快剪的内摩擦角,(°);

s_{kj}——第k种花管类型中,第j根花管的水平间距,m;

其他符号意义同前。

需要注意的是,锚杆参与稳定计算的取值,通常取锚杆抗拉力和滑弧外锚固体与土体摩擦阻力两者之中的较小值;花管参与稳定计算的取值,同样取花管抗拉力和滑弧外花管与土体摩擦阻力两者之中的较小值。

三、特殊情况下的整体稳定性验算

（一）基坑内外存在地下水位差时的整体稳定性验算

基坑内外存在地下水位差时，在计算抗滑力矩时浸润线以上土体取天然重度，浸润线以下部分土体重量按浮重度计算，而在滑动力的计算中则仍采用饱和重度。

（二）坑内土体加固时的整体稳定性计算

基坑内侧采取加固土体措施时，在计算整体稳定性时在加固范围内的土条采用加固土的土层参数；有地下水时，加固土土层参数按水位以上、以下分别取值。

（三）各种支护结构的整体稳定性计算

（1）复合土钉支护稳定性计算，不应考虑水泥土帷幕、水泥土桩及直径小于250 mm微型桩的作用；对直径不小于300 mm的超前支护钢筋混凝土排桩，可考虑桩身抗剪强度的作用，并应验算基坑底面以下桩的水平承载力。

（2）对于重力式支护结构，如水泥土墙，应考虑支护结构整体稳定性的影响。计算最危险滑动面上土条重时，水泥土墙采用墙体实际重度；当墙体两侧同时有地下水时，墙体重度的取值通常按照水位以下采用浮重度、水位以上采用实际重度来考虑。计算水位取主动侧水位高度。

（3）对于双排桩支护结构，可将双排桩等效为一个单排桩进行稳定计算，其中桩长一致，等效单排桩的桩径为前后排桩的外轮廓线间距。

第三节　抗隆起稳定性分析

基坑土体的开挖过程，实际上就是对基坑底部土体的一个卸载过程。支护结构外侧土体因支护内侧土体应力的解除，向基坑内侧挤出，从而导致基坑底部土体隆起，特别是当基坑底部为软土，基坑支护结构嵌固深度不足时，基坑底部土体的隆起将导致基坑整体失稳。因此，应对基坑底部为软土的情况进行基坑底部土体抗隆起稳定性验算。

当基坑不满足抗隆起稳定性要求时，可以采用以下两种方法来提高基坑的抗隆起稳定性：其一是增加支护结构的嵌固深度；其二是改变基坑底部土体的工程性质，如采用地基处理的方法（花管注浆法等）使基坑内土体的抗剪强度增大。

一、黏性土基坑不排水条件下的抗隆起稳定性分析

对于黏性土基坑抗隆起稳定性问题，通常由于基坑开挖时间较短且黏性土渗透性较差，可采用总应力分析方法，主要有Terzaghi以及Bjerrum等所提出的基于承载力模式的极限平衡法。这一类方法一般是在指定的破坏面上进行验算的。

（一）Terzaghi的方法

Terzaghi分析黏土基坑抗隆起稳定性的模式如图4-9所示。基坑开挖深度为H，基坑宽度为B，土体不排水强度为S_u，坚硬土层的埋深距基坑开挖底面的距离为T。基于地基承载力模式，Terzaghi给出的抗隆起稳定系数为

$$\frac{\gamma H}{S_u}=5.7+H/B_1 \tag{4-7}$$

式中　$\gamma H/S_u$——抗隆起稳定系数；

5.7——考虑地基完全粗糙时的地基承载力系数 N_c 值；

B_1——计算宽度，当 $T \geqslant B/\sqrt{2}$ 时，$B_1=B/\sqrt{2}$，当 $T<B/\sqrt{2}$ 时，$B_1=T$。

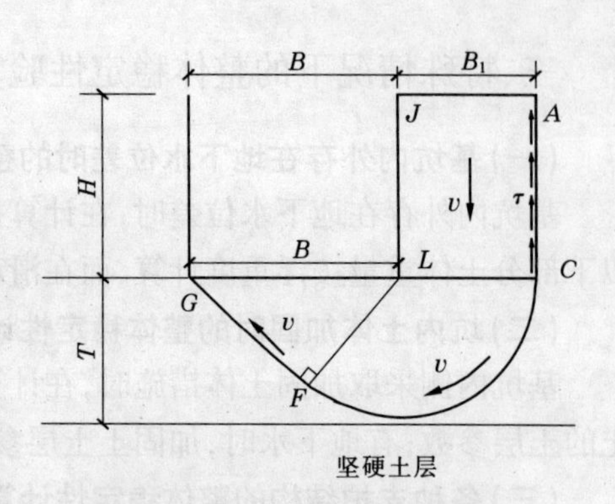

图 4-9　Terzaghi 抗隆起分析模式

一般认为，Terzaghi 的抗隆起分析模式适用于比较浅或比较宽的基坑抗隆起分析问题，即适用于 $H/B<1.0$ 的情况。

(二) Bjerrum 和 Eide 的方法

对于 $H/B \geqslant 1.0$ 的基坑，一般认为 Bjerrum 和 Eide提出的抗隆起分析模式更加合适，如图 4-10 所示。值得注意的是，当坚硬土层深度较浅时，可能形不成图 4-10 中所示的破坏模式，此时需要对地基承载力系数 N_c 加以修正。

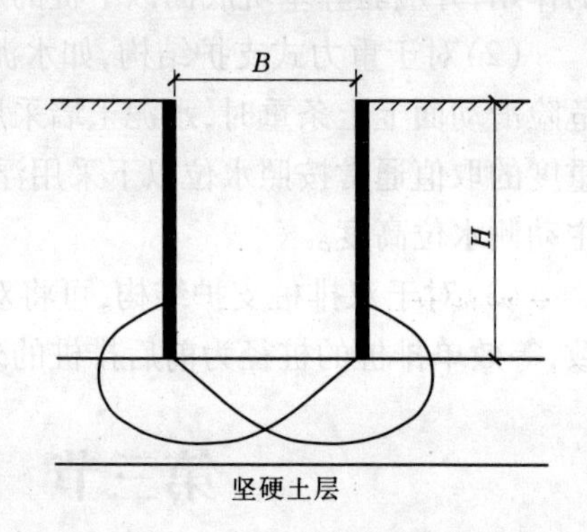

图 4-10　Bjerrum 和 Eide 抗隆起分析模式

二、同时考虑 c、φ 时抗隆起稳定性分析

目前，在我国基坑工程中，同时考虑 c、φ 的抗隆起分析方法主要有两种：一种是基于地基承载力模式的抗隆起稳定性分析，另一种是基于圆弧滑动模式的抗隆起稳定性分析。

(一) 基于地基承载力模式的抗隆起稳定性分析

1.基于 Prandtl 和 Terzaghi 的地基承载力公式的计算方法

如图 4-11 所示，计算时，以支护结构底面所在的平面作为极限承载力的基准面，按下式计算：

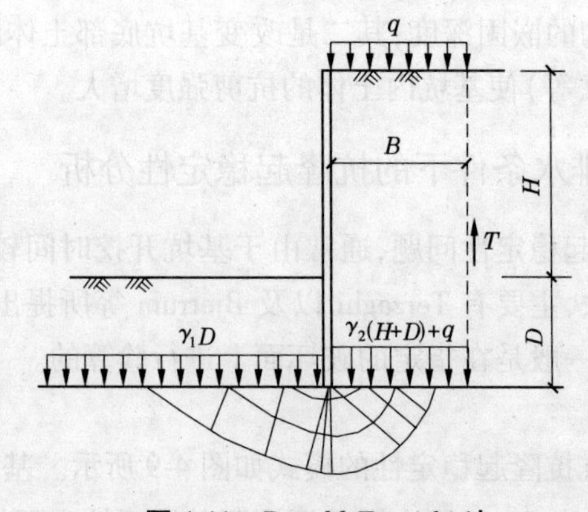

图 4-11　Prandtl-Terzaghi 法

$$K_{wz} = \frac{\gamma_1 D N_q + c N_c}{\gamma_2 (H + D) + q} \tag{4-8}$$

式中　K_{wz}——抗隆起稳定性安全系数，采用 Prandtl 公式时，要求 $K_{wz} \geqslant 1.1 \sim 1.2$，采用 Terzaghi 公式时，要求 $K_{wz} \geqslant 1.15 \sim 1.25$；

c——围护墙底滑裂面深度内土体的加权黏聚力；

γ_1——坑内开挖面以下至围护墙底，各土层天然重度的加权平均值；

γ_2——坑外地表至围护墙底，各土层天然重度的加权平均值；

N_q、N_c——地基承载力系数，当采用 Prandtl 公式时，分别为

$$N_q = \tan^2\left(45^\circ + \frac{\varphi}{2}\right) e^{\pi\tan\varphi}, \quad N_c = (N_q - 1)\frac{1}{\tan\varphi}$$

当采用 Terzaghi 公式时，分别为

$$N_q = \frac{1}{2}\left\{\exp\left[\left(\frac{3}{4}\pi - \varphi/2\right)\tan\varphi\right] / \cos\left(45^\circ + \frac{\varphi}{2}\right)\right\}^2, \quad N_c = (N_q - 1)\frac{1}{\tan\varphi}$$

其他符号含义如图 4-11 所示。

式(4-8)是以围护墙墙底作为计算基准面，按基坑开挖后坑内外土体自重和竖向荷载作用下，防止墙底及其下地基土的承载力和稳定性丧失来判断坑底的抗隆起稳定性，适用于各类地基土情况。但是，该公式只能反映支护墙体、地面土体强度对抗隆起的影响，无法考虑地基承载力中基础宽度对地基承载力的贡献。特别是当土体内摩擦角较大时，由于地基承载力系数增长迅速，所求的安全系数过大。

2.《河南省基坑工程技术规范》(DBJ 41/139—2014)的方法

因基坑外的荷载及由于土方开挖造成基坑内外的压差，使支护桩端以下土体向上隆起时(见图 4-12)，抗隆起稳定性应满足下式要求：

$$\frac{N_c \tau_0 + \gamma t}{\gamma(h + t) + q_0} \geqslant K_D \tag{4-9}$$

式中　K_D——抗隆起稳定性安全系数，可取 1.8；

N_c——承载力系数，$N_c = 5.14$；

τ_0——由十字板试验或三轴不固结不排水剪切试验确定的总抗剪强度，kPa；

γ——土的重度，kN/m^3；

h——基坑开挖深度，m；

t——支护结构入土深度，m；

q_0——地面均布荷载，kPa。

(二)基于圆弧滑动模式的抗隆起稳定性分析

进行基坑底抗隆起稳定性验算时，滑动面设定为由绕内支撑点(当有多道支撑时，取最下道支撑点)经过墙底的圆弧和平行于墙背的竖直直线所组成，如图 4-13 所示。

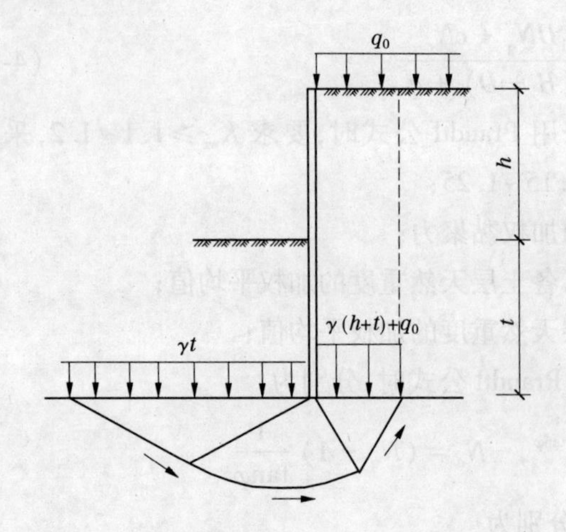

图 4-12　支护结构底端平面抗隆起稳定性验算

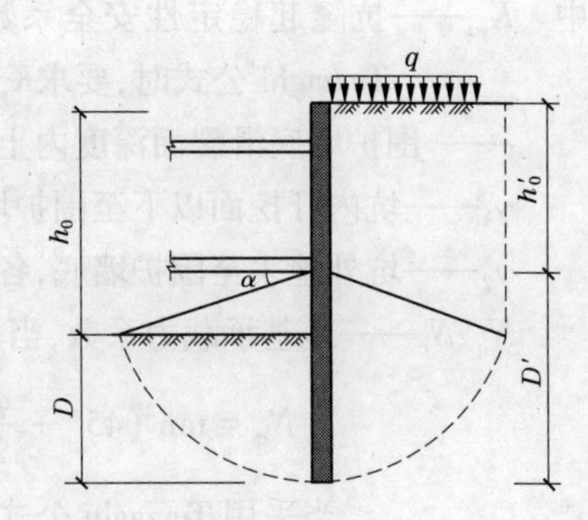

图 4-13　坑底隆起的圆弧滑动验算简图

考虑插入基坑开挖面以下的墙体对抗隆起的作用,隆起滑动力矩 M_{SL} 和抗隆起力矩 M_{RL} 可分别按下式计算:

$$M_{SL}=\frac{1}{2}(\gamma h_0'+q)D'^2+\frac{1}{3}\gamma D'^3\sin\alpha+\frac{1}{6}\gamma D'^2(D'-D)\cos^2\alpha \tag{4-10}$$

$$M_{RL}=R_1K_a\tan\varphi+R_2\tan\varphi+R_3c \tag{4-11}$$

式中

$$R_1=\frac{1}{2}D'\gamma h_0'^2+qD'h_0'+\frac{1}{4}\pi(q+\gamma h_0')D'^2+\gamma D'^3\left[\frac{1}{3}+\frac{1}{3}\cos^3\alpha-\frac{1}{2}\left(\frac{\pi}{2}-\alpha\right)\sin\alpha+\frac{1}{2}\sin^2\alpha\cos\alpha\right]$$

$$R_2=\frac{1}{4}\pi(q+\gamma h_0')D'^2+\gamma D'^3\left[\frac{2}{3}+\frac{2}{3}\cos\alpha-\frac{1}{2}\left(\frac{\pi}{2}-\alpha\right)\sin\alpha-\frac{1}{6}\sin^2\alpha\cos\alpha\right]$$

$$R_3=h_0'D'+(\pi-\alpha)D'^2$$

$$K_a=\tan^2(45°-\varphi/2)$$

则基坑底部土体的抗隆起稳定安全系数为

$$K_L=M_{RL}/M_{SL} \tag{4-12}$$

式中　K_L——抗隆起稳定性安全系数,一级基坑工程取 2.5,二级基坑工程取 2.0,三级基坑工程取 1.7。

滑动面上的地基土抗剪强度指标 c 和 φ,一般取直剪固结快剪试验峰值,也有取峰值的 70%的情况。但必须注意土性指标、计算方法与安全度的统一和体系的配套,不应混淆使用。

由于该法设定滑动面位置通过墙底,带有假定性,适用于墙体入土深度较大($D/H>0.8$)且墙底地基土软弱,以及坑外地表竖向荷载较大,或对地表变形与沉降要求严格等情况。当墙体入土深度 D 值较小($D/H<0.3\sim0.4$)且墙底地基土较好时,采用该法就不尽合理了。

第四节　抗倾覆、抗滑移稳定性分析

对于重力式支护结构，通常需要进行支护结构的抗倾覆和抗滑移稳定性验算；对于桩墙式锚撑式支护结构，达到最终挖土深度后，应验算支护结构的抗倾覆稳定性。

一、抗倾覆稳定性验算

(一)重力式支护结构

验算重力式支护结构的抗倾覆稳定性时，通常假定支护结构绕其前趾转动，如图4-14所示，其验算表达式为：

$$\frac{E_p h_p + (G - u_m B)\, a_G}{E_a h_a} \geqslant K_{ov} \tag{4-13}$$

式中　K_{ov}——抗倾覆安全系数，其值不小于1.3；

E_a、E_p——主动、被动土压力合力，kN/m；

h_a、h_p——主动土压力合力作用点、被动土压力合力作用点至墙趾的竖向距离，m；

G——重力式支护墙体的自重，kN/m；

B——重力式支护墙体的厚度，m；

u_m——重力式支护墙底面上的水压力，kPa，墙底位于含水层时，可取 $u_m = \gamma_w(h_{wa} + h_{wp})/2$，在地下水位以上时，取 $u_m = 0$；

h_{wa}、h_{wp}——基坑内侧、外侧墙底处的压力水头，m。

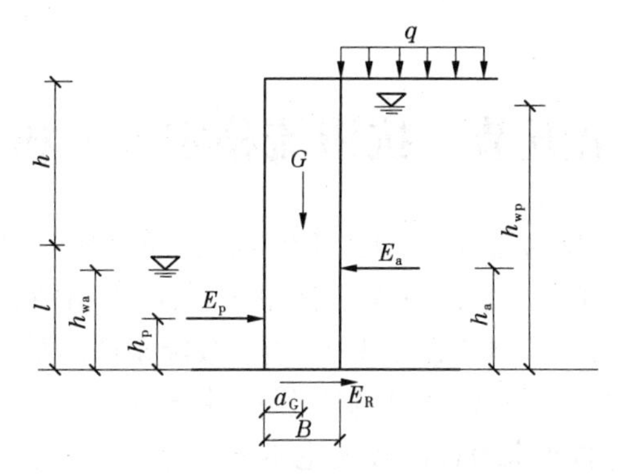

图4-14　重力式支护结构抗倾覆、抗滑移计算简图

(二)桩墙锚撑式支护结构

基坑开挖达到最终挖土深度后，桩墙锚撑式支护结构的抗倾覆稳定性应满足下式：

$$\frac{M_{Ep} + M_T}{M_{Ea}} \geqslant K_{ov} \tag{4-14}$$

$$M_T = \sum \frac{T_i d_i}{s_i} \tag{4-15}$$

式中　M_{Ea}——支护结构底部以上主动侧水土压力对支护结构最底部点的弯矩；

M_{Ep}——支护结构底部以上被动侧水土压力对支护结构最底部点的弯矩；

M_T——锚杆拉力或内支撑水平作用力对支护结构底部点的弯矩；

T_i——第 i 个支撑对支护墙体的水平作用力，当锚杆按 θ 角设置时，$T_i = T_{ki}\cos\theta$，其中，T_{ki} 为锚杆锚固力；

d_i——第 i 个支撑点至支护墙体底部的距离；

s_i——第 i 个支撑的水平间距。

应当注意，在进行桩墙式支护结构抗倾覆稳定性验算时，支护桩和地下连续墙自重在验算时不予考虑，这一点与重力式支护结构不同。此外，当进行双排桩抗倾覆稳定性验算时，通常将双排桩等效为一个单排桩来计算主动土压力和被动土压力，计算方法同单桩。同时，还需考虑前后排桩之间土的自重，考虑的范围为双排桩的外轮廓线间距。

二、抗滑移稳定性验算

对于重力式支护结构，尚需进行抗滑移稳定性验算，如图 4-14 所示。抗滑移稳定性可按下式进行验算：

$$\frac{E_R}{E_s} = \frac{E_p + (G - u_m B)\tan\delta + cB}{E_a} \geqslant K_{sl} \tag{4-16}$$

式中　K_{sl}——抗滑移安全系数，其值不小于 1.2；

E_s——沿墙底面的滑动力，kN/m，包括基坑外侧土压力和水压力；

E_R——沿墙底的抗滑动力，kN/m；

c——黏聚力，kPa，可取墙底土层的黏聚力；

δ——墙底与土的外摩擦角，(°)，可取墙底土层的内摩擦角；

其他符号意义同前。

第五节　抗渗流稳定性分析

土体渗流破坏主要表现为管涌、流土(流砂)和突涌。其中，管涌和流土是两个不同的概念，发生的土质条件和水力条件不同，破坏的现象也不相同。在基坑工程中，能否发生管涌主要取决于土质条件。通常在砂土中，当其级配条件满足时，在水力梯度较小的条件下也会发生管涌。而在地下水位较高的软土中，由于软土很少具有不连续级配，通常没有产生管涌的土质条件，即便水力梯度较大也不会发生管涌，而是会容易发生流土破坏，此时应当验算流土破坏的稳定性。目前，有些规范中规定验算的条件实际上是验算流土是否会发生的水力条件，而不是管涌发生的条件。为此，这一部分验算统称为抗渗流稳定性验算。

此外，当基坑上部为不透水层，坑底下某深度处有承压水时，基坑开挖可能会引起承压水头压力冲破基坑底部不透水层，造成突涌现象。因此，当基坑坑底以下存在承压水层时，通常还需要进行基坑底部突涌验算。

防止基坑产生渗流破坏的关键在于围护结构的防渗帷幕要连续封闭且有足够的入土深度。防渗帷幕墙的连续封闭，应选择合理有效的截水帷幕形式，有切实可靠的施工质量保证。防渗帷幕墙体的入土深度一般通过抗渗流稳定性分析来确定。但应注意，所确定的防渗帷幕墙的入土深度，还应同基坑内降水设计和降深要求相匹配，避免抽取坑外地下水时影响坑外环境安全。

一、抗渗流稳定性验算

在含水饱和的土层中进行基坑开挖时，随时都要考虑水压力的影响，为确保基坑稳定，有必要验算在渗流情况下存在发生流土和管涌现象的可能性，即进行抗渗流稳定性验算。

抗渗流稳定性验算可采用 Terzaghi 方法、临界水力梯度法以及《河南省基坑工程技术规范》(DBJ 41/139—2014)的方法，下面分别加以介绍。

(一)Terzaghi 方法

如图 4-15 所示的基坑，作用在渗流范围 B 上的全部渗透压力 J 为

$$J=\gamma_w hB \tag{4-17}$$

式中　h——在 B 范围内从墙底到基坑底面的水头损失，一般可取 $h\approx h_w/2$；

γ_w——水的重度；

B——渗流发生的范围，根据试验结果，首先发生在离坑壁大约等于挡墙插入深度的一半范围内，即 $B\approx D/2$。

$$W=\gamma' DB \tag{4-18}$$

式中　γ'——土的浮重度；

D——支护墙体的插入深度。

若满足 $W>J$ 的条件，则渗流破坏就不会发生，即必须满足以下条件：

$$K=\frac{W}{J}=\frac{2\gamma' D}{\gamma_w h_w} \tag{4-19}$$

式中　K——抗渗流稳定安全系数，一般取 $K\geqslant 1.5$。

(二)临界水力梯度法

采用临界水力梯度法进行抗渗流稳定性验算如图 4-16 所示。要避免基坑产生流土破坏，需要在渗流出口处满足

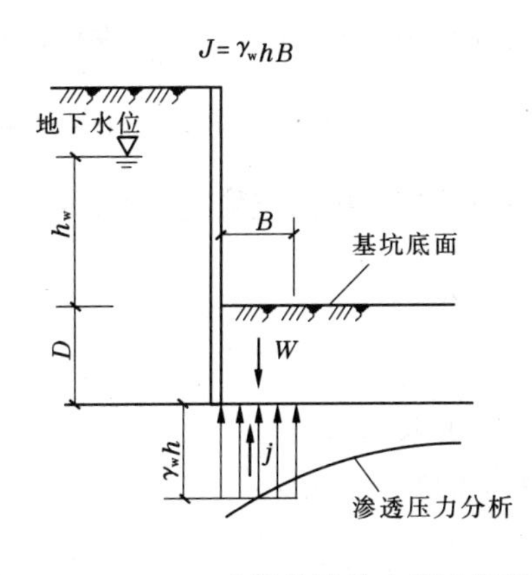

图 4-15　Terzaghi 法抗渗流稳定性验算简图

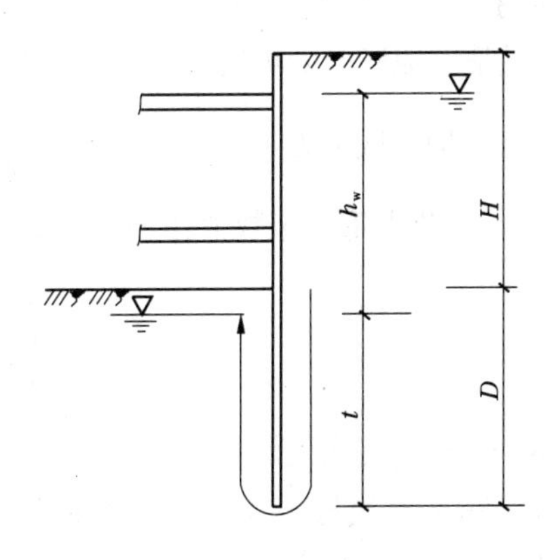

图 4-16　临界水力梯度法验算简图

$$\gamma' \geqslant i\gamma_w \tag{4-20}$$

式中 i——渗流出口处的水力梯度;

γ'——渗流路径上土体的加权平均有效重度;

其他符号含义同前。

在计算水力梯度 i 时,渗流路径近似取最短的路径,即紧贴支护结构位置的路径来求得最大水力梯度值:

$$i = \frac{h_w}{h_w + 2t} \tag{4-21}$$

其中,h_w 和 t 的含义如图 4-16 所示。

因此,抗渗流稳定安全系数为

$$K = \frac{i_c}{i} = \frac{\gamma'}{\gamma_w i} = \frac{\gamma'(h_w + 2t)}{\gamma_w h_w} \tag{4-22}$$

抗渗流稳定安全系数 K 的取值具有很强的地区经验性,如上海市标准《基坑工程技术规范》(DG/T J08-61—2010)中取 1.5~2.0,当基坑开挖面以下土为砂土,砂质粉土或黏性土与粉土中有明显薄层粉砂夹层时取大值。

另外,当围护结构厚度较大或采用多排截水帷幕时,式(4-21)、式(4-22)中的最短渗流路径没有考虑围护墙底或截水帷幕底的水平渗流路径,结果偏于保守。此时,渗流路径的总长度可表示为

$$L = \sum L_h + m\sum L_v \tag{4-23}$$

式中 L——最大渗流路径长度;

$\sum L_h$——渗流水平段总长度;

$\sum L_v$——渗流垂直段总长度;

m——渗流垂直段换算为水平段的换算系数,单排帷幕墙时,取 m=1.50,多排帷幕墙时,取 m=2.0。

(三)《河南省基坑工程技术规范》(DBJ 41/139—2014)的方法

《河南省基坑工程技术规范》(DBJ 41/139—2014)中,当支护桩以下一定范围内无透水层时,可以基坑地底面处坑内外水头差 h' 作为计算压力差,但由于水头差至支护桩底时已损失 50%,故支护桩底面处的水压力为 $\gamma_w\left(\frac{1}{2}h' + t\right)$ (t 为支护桩嵌固深度)(见图 4-17),此值必须小于上覆土重一定数值作为安全储备,即按下式进行抗渗流稳定性验算:

$$\frac{\gamma_{sat} t}{\gamma_w(\frac{1}{2}h' + t)} \geqslant K_h \tag{4-24}$$

式中 K_h——基坑底土层抗渗流稳定性安全系数,可取 1.1;

γ_{sat}——基坑底土层 t 深度范围内土的饱和重度,kN/m^3;

h'——基坑内外地下水位的水头差,m;

γ_w——水的重度,kN/m^3。

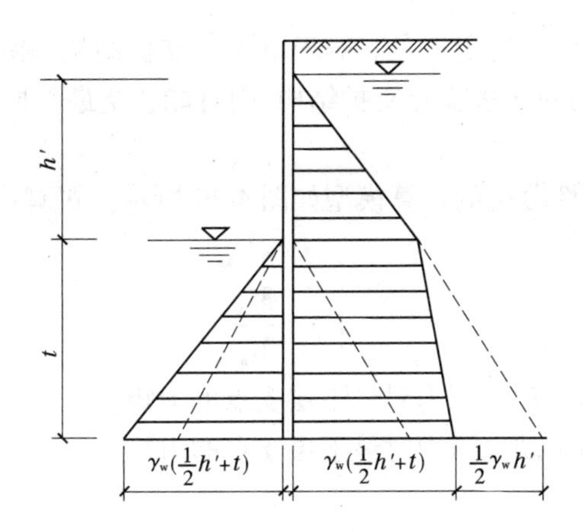

图 4-17　基坑抗渗流稳定性验算

二、承压水冲溃坑底(亦称突涌)的验算

当基坑下存在不透水层且不透水层又位于承压水层之上时,应验算基坑坑底是否会被承压水冲溃,若有可能冲溃,可采用以下两种方法:一是做截水帷幕,截断承压水层,同时采用减压井降水的方法来保证安全;二是在基坑底部进行地基加固,加大土体重度。

抗承压水稳定性验算的计算图示如图 4-18 所示,计算原则为自基坑底部到承压水上

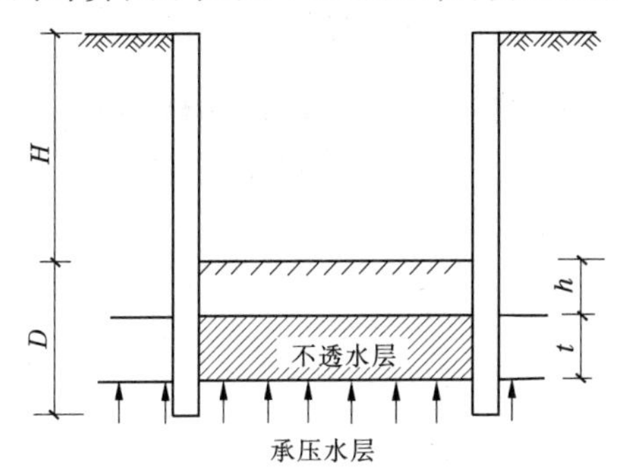

图 4-18　抗承压水稳定性验算的计算图示

界面范围内(即 $h+t$)土体的自重应力应大于承压水的压力,即

$$K=\frac{\sigma_{cz}}{p_w}=\frac{\gamma_m(h+t)}{p_w}\geqslant 1.1 \tag{4-25}$$

式中　K——抗承压水稳定安全系数;

σ_{cz}——基坑开挖面以下至承压水层顶板间土体的自重应力;

p_w——承压水的水头压力;

γ_m——坑底至承压水顶板间土的加权重度,水下取饱和重度。

第六节　支护结构踢脚稳定性分析

对于有内支撑或锚杆支护体系,支护结构在水平荷载作用下,基坑土体有可能在支护

结构产生踢脚破坏时产生不稳定现象。对于单支点支护结构,踢脚破坏产生于以支点处为转动点的失稳破坏;而对于多支点支护结构,则可能会绕最下层支点处转动而产生踢脚失稳现象。

支护结构踢脚稳定性分析的计算模型如图 4-19 所示。踢脚稳定安全系数 K_T 验算公式如下:

$$K_T = \frac{M_p}{M_a} \tag{4-26}$$

式中 M_p——基坑内侧被动土压力对最下层支点的力矩;

M_a——基坑外侧主动土压力对最下层支点的力矩。

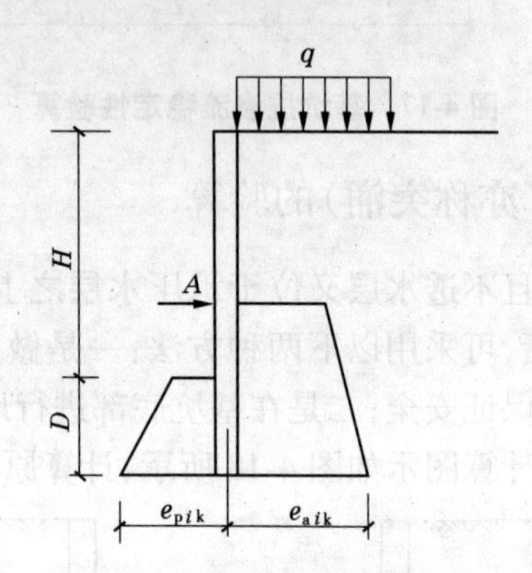

图 4-19 支护结构踢脚稳定性分析的计算模型

第五章　排桩与地下连续墙支护结构

第一节　概　述

基坑开挖时,由于场地限制不能无支护放坡开挖或采用重力式支护,开挖深度在6~10 m 以上时,可采用桩墙式支护结构。桩墙式支护结构是指由围护墙和内支撑或外拉锚系统所组成的基坑支护体系。在软土地基中,基坑围护墙一般由围护结构和防渗止水结构两部分组成,也可由一个同时具有挡土和防渗止水功能的墙体组成。

桩墙式支护结构常用的形式有排桩支护结构和地下连续墙支护结构两种。排桩支护结构一般是由钻孔灌注桩、人工挖孔桩、钢板桩、钢筋混凝土板桩等组成的连续排桩墙。排桩支护结构需要设置专门的防渗与止水结构,如连续搭接的水泥土搅拌桩帷幕或不插型钢的水泥土搅拌连续墙、高压喷射注浆帷幕(旋喷、摆喷、定喷)和注浆帷幕等。近年来也有采用咬合桩和带止水构造的钢板桩等新型排桩支护结构,不另设防渗帷幕。地下连续墙支护结构则是由现浇或预制钢筋混凝土地下连续墙组成的围护墙,墙体有自防渗和止水功能。

桩墙式支护结构除围护墙外,还应有稳定可靠的内支撑或外拉锚、围檩与立柱等结构。采用内支撑和围檩结构体系时,支撑和围檩结构的常用形式有钢结构和钢筋混凝土结构。支撑立柱在基坑开挖面以上的结构形式有组合型钢格构式立柱、型钢立柱和钢管立柱等。基坑开挖面以下的立柱桩常用钻孔灌注桩和预制桩。当基坑周边环境条件容许和满足设计要求时,也可采用有围檩的坑外锚拉结构体系。

另外,按基坑开挖深度及支护结构受力情况,桩墙式支护结构可分为以下几种:

(1)悬臂式支护结构。当基坑开挖深度不大时,即可利用悬臂作用挡住墙后土体。

(2)单支点支护结构。当基坑开挖深度较大时,不能采用悬臂式支护结构,可以在支护结构顶部附近设置一单支撑(或拉锚)。

(3)多支点支护结构。当基坑开挖深度较深时,可设置多道支撑(或拉锚),以减小桩墙的内力和变形。

桩墙式支护体系的形式多种多样,至今仍处在创新和发展之中,应用范围十分广泛。桩墙式支护是目前基坑工程中应用最多的支护形式。在实际工程中,应根据场地工程地质与水文地质条件、施工条件、环境条件以及基坑使用条件、建设规模等因素,通过技术与经济的综合比较确定桩墙式支护结构的形式。

桩墙式支护结构的设计与验算应包括下列主要内容:

(1)支护桩墙插入深度的确定;

(2)支护结构体系(桩墙、内支撑或锚杆)的内力分析和结构强度设计;

(3)基坑内外土体的稳定性验算;

(4)基坑降水设计和抗渗流稳定性验算;

(5)基坑周围地面变形的控制措施;

(6)施工监测设计。

基坑支护体系的设计是一项综合性很强的工作,应做到设计要求明确,施工工况合理,决不能出现漏项的情况。

第二节 支护结构的内力分析

支护结构的内力分析是基坑工程设计中的重要内容。随着基坑工程的发展和计算技术的进步,支护结构的内力分析方法也经历了不同的发展阶段,从早期的古典分析法(静力平衡法、等值梁法等)到解析法(弹性支点法)再到复杂的数值分析法。本节主要介绍静力平衡法、等值梁法和弹性支点法。

一、静力平衡法和等值梁法

静力平衡法又称自由端法,适用于底端自由支撑的悬臂式支护结构和单支点支护结构。

等值梁法又称假想铰法,可以求解多支撑(锚杆)支护结构的内力。首先,假定支护结构弹性曲线反弯点即假想铰的位置。假想铰的弯矩为零,于是可把支护结构划分为上、下两段,上部为简支梁,下部为一次超静定结构,这样即可按照弹性结构的连续梁求解挡土结构的弯矩、剪力和支撑轴力。

(一)悬臂式支护结构

悬臂式支护结构主要靠插入土内深度形成嵌固端,以平衡上部土、水压力及地面荷载形成的侧压力。悬臂式支护结构可采用静力平衡法进行内力计算。

1.计算桩(墙)上的土压力

悬臂式支护结构桩(墙)两侧的主动土压力和被动土压力可采用朗肯土压力理论计算,如图 5-1 所示。

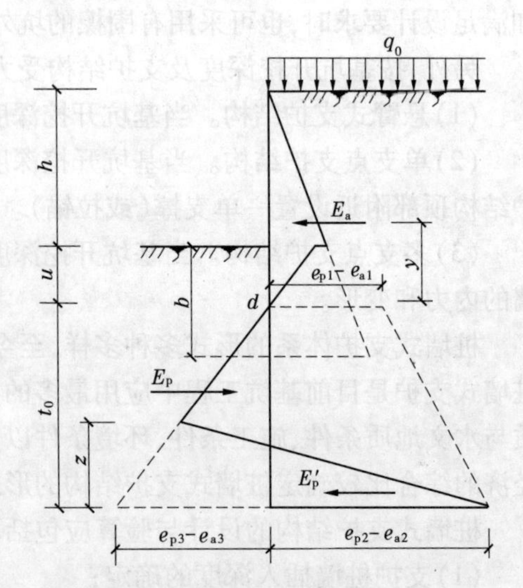

图 5-1 静力平衡法计算悬臂式支护结构

2.计算桩(墙)的嵌固深度

(1)计算桩底墙后主动土压力 e_{a3} 及墙前被动土压力 e_{p3},然后进行叠加,求出第一个土压力为零的点 d,该点离坑底距离为 u。

(2)计算 d 点以上土压力合力 E_a,求出 E_a 至 d 点的距离 y。

(3)计算 d 点处墙后主动土压力 e_{a1} 及墙前被动土压力 e_{p1}。

(4)计算桩底墙前主动土压力 e_{a2} 和墙后被动土压力 e_{p2}。

(5)根据作用在挡墙结构上的全部水平作用力平衡条件和绕挡墙底部自由端力矩总和为零的条件：

$$\sum H=0 \qquad E_a+[(e_{p3}-e_{a3})+(e_{p2}-e_{a2})]\frac{z}{2}-(e_{p3}-e_{a3})\frac{t_0}{2}=0 \tag{5-1}$$

$$\sum M=0 \qquad E_a(t_0+y)+\frac{z}{2}[(e_{p3}-e_{a3})+(e_{p2}-e_{a2})]\frac{z}{3}-(e_{p3}-e_{a3})\frac{t_0}{2}\frac{t_0}{3}=0 \tag{5-2}$$

整理后可得 t_0 的四次方程式，求解上述四次方程，即可得桩嵌入 d 点以下的深度 t_0 值。

为安全起见，实际嵌入坑底面以下的入土深度为

$$t=u+1.2t_0 \tag{5-3}$$

3.计算桩(墙)最大弯矩

桩(墙)最大弯矩的作用点，即剪力为零的点。假定剪力为零的点在基坑底面以下深度为 b 时，有：

$$\frac{b^2}{2}\gamma K_p-\frac{(h+b)^2}{2}\gamma K_a=0 \tag{5-4}$$

式中　K_a、K_p——主动土压力系数和被动土压力系数。

由式(5-4)解得 b 后，可求得最大弯矩：

$$M_{max}=\frac{(h+b)^3}{6}\gamma K_a-\frac{b^3}{6}\gamma K_p \tag{5-5}$$

(二)单支点支护结构

悬臂式支护结构通常适用于开挖深度较浅的基坑工程，随着高层建筑、地下空间利用的迅猛发展，基坑开挖深度越来越大。当基坑开挖深度较大时，可以在支护结构顶部附近设置一道单支撑(或拉锚)形成单支点支护结构。

单支点支护结构与悬臂式支护结构有很大区别：单支点支护结构由于顶端有支撑而不致移动，因而形成一铰接的简支点；桩(墙)埋入土内的部分，入土较浅时为简支，入土较深时则为嵌固。

下面介绍单支点支护结构的内力计算方法。

1.静力平衡法

图5-2为单支点支护结构的断面。桩的右侧为主动土压力，左侧为被动土压力。可采用下列方法确定桩的最小入土深度 t_{min} 和水平向每延米所需支点力(或锚固力) R。

取单位长度的支护结构，对 A 点取矩，即令 $M_A=0$，且水平力的合力 $\sum H=0$，则有：

$$M_{Ea1}+M_{Ea2}-M_{Ep}=0 \tag{5-6}$$

$$R=E_{a1}+E_{a2}-E_p \tag{5-7}$$

式中　M_{Ea1}、M_{Ea2}——基坑底以上及以下主动土压力合力对 A 点的力矩；

M_{Ep}——被动土压力合力对 A 点的力矩；

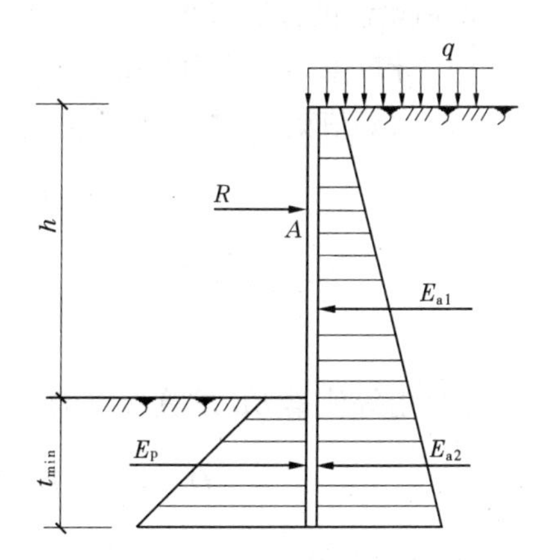

图5-2　单支点桩墙式支护的静力平衡法计算简图

E_{a1}、E_{a2}——基坑底以上及以下主动土压力合力；

E_p——被动土压力合力。

由式(5-6)、式(5-7)可求出桩的最小入土深度，桩的最大弯矩在桩顶以下剪力为零的位置。

2.等值梁法

将桩(墙)体视为一端弹性嵌固而另一端简支的梁。桩(墙)两侧作用着分布荷载，即主动土压力与被动土压力，如图 5-3 所示。在计算过程中所要求的量仍是桩的入土深度、支撑反力和跨中最大弯矩。

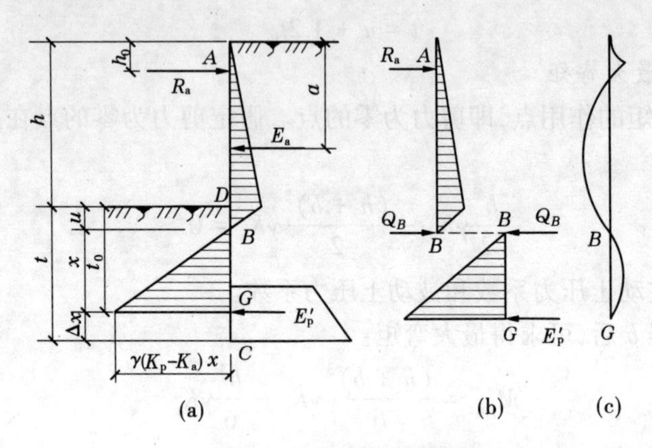

图 5-3　等值梁法计算简图

单支点支护结构下端为弹性嵌固时，其弯矩图如图 5-3(c)所示，若在得出此弯矩图前已知弯矩零点的位置，并在弯矩零点处将梁(即桩体)断开以简支来计算，不难看出所得该段的弯矩图将同整梁计算时一样，此梁段即称为整梁段的等值梁。对于下端为弹性支撑的单支点支护结构，其净土压力零点位置与弯矩零点位置很接近，因此可在净土压力零点处将桩(墙)断开作为两个简支梁来计算。这种简化计算法就称为等值梁法。

等值梁法的计算步骤如下：

(1)计算主动土压力与被动土压力，求出净土压力零点 B 的位置(即求 u)。

(2)由等值梁 AB 根据平衡方程计算支撑反力 R_a 及 B 点剪力 Q_B：

$$R_a = \frac{E_a(h + u - a)}{h + u - h_0} \tag{5-8}$$

$$Q_B = \frac{E_a(a - h_0)}{h + u - h_0} \tag{5-9}$$

(3)由等值梁 BG 求算板桩的入土深度，取 $\sum M_G = 0$，当土质均匀且为砂性土时则有：

$$Q_B x = \frac{1}{6}[K_p\gamma(u + x) - K_a\gamma(h + u + x)]x^2$$

由此可求得：

$$x = \sqrt{\frac{6Q_B}{\gamma(K_p - K_a)}} \tag{5-10}$$

桩的最小入土深度为：

$$t_0 = u + x \tag{5-11}$$

为安全起见，按桩底土层软硬条件不同，取经验嵌固系数1.1~1.2，即$t=(1.1\sim1.2)t_0$。

(4)由等值梁求算最大弯矩M_{max}值。

影响支护桩嵌固深度的因素主要是基坑底下的土质条件，插入深度应由计算确定。用静力平衡法或等值梁法计算，其计算结果一般偏于安全，尤其是当作用在支护结构上的水压力、土压力计算方法不同时，影响很大。在$\varphi=0$的软土地区，如采用朗肯土压力理论，则其计算结果明显不合理。通常情况下，按静力平衡条件确定的插入深度较整体稳定性验算所需的插入深度要大，故插入深度应按多种验算条件，并结合工程经验，经综合分析后确定。

等值梁法的关键问题是确定假想铰B点的位置。通常可假设为土压力为零的那一点或是挡土结构入土面的那点，也可假定B点距离基坑开挖面深度为y，该y值可根据地质条件和结构特性确定，一般为(0.1~0.2)倍的开挖深度。

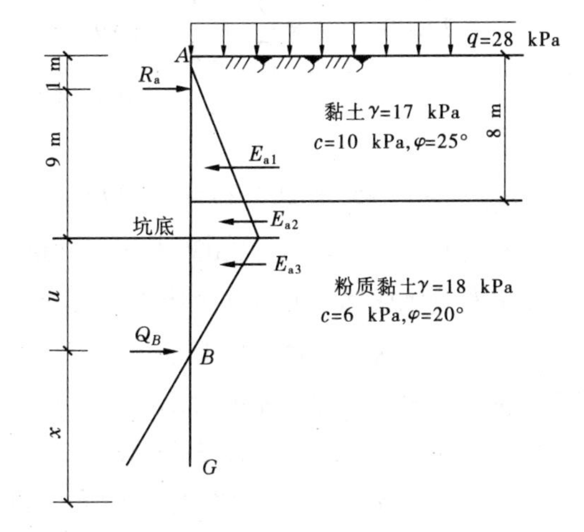

图5-4　例5-1计算简图

【例5-1】　某基坑深度为10.0 m，采用单支点支护结构，地质资料和地面荷载如图5-4所示，采用等值梁法计算桩（墙）的最大入土深度和最大弯矩。

解：(1)主动土压力计算。

①计算E_{a1}。

$K_{a1} = \tan^2(45° - 25°/2) = 0.405\ 9$

$2c_1\sqrt{K_{a1}} = 2 \times 10 \times \sqrt{0.405\ 9} = 12.742$

临界深度为：

$$z_0 = \frac{2c_1}{\gamma_1\sqrt{K_{a1}}} - \frac{q}{\gamma_1} = \frac{2 \times 10}{17 \times \sqrt{0.405\ 9}} - \frac{28}{17} = 0.20(\mathrm{m})$$

黏土层底面主动土压力强度为：

$$p_{a1} = (q + \gamma_1 h_1)K_{a1} - 2c_1\sqrt{K_{a1}} = (28 + 17 \times 8) \times 0.405\ 9 - 12.742 = 53.826(\mathrm{kPa})$$

主动土压力为：

$$E_{a1} = \frac{1}{2}p_{a1}(h_1 - z_0) = \frac{1}{2} \times 53.826 \times (8 - 0.20) = 209.921(\mathrm{kN/m})$$

E_{a1}距坑底的距离为：

$$b_1 = 2 + \frac{8 - 0.20}{3} = 4.6(\mathrm{m})$$

②计算E_{a2}。

第二层土

$K_{a2}=\tan^2(45°-20°/2)=0.490\ 3$

$2c_2\sqrt{K_{a2}}=2\times 6\times\sqrt{0.490\ 3}=8.403$

第二层土顶面主动土压力强度为:

$p'_{a2}=(q+\gamma_1 h_1)K_{a2}-2c_2\sqrt{K_{a2}}=(28+17\times 8)\times 0.490\ 3-8.403=72.006(\text{kPa})$

坑底标高处主动土压力强度为:

$p_{a2}=(q+\gamma_1 h_1+\gamma_2 h_2)K_{a2}-2c_2\sqrt{K_{a2}}=72.006+18\times 2\times 0.490\ 3=89.657(\text{kPa})$

$$E_{a2}=\frac{p'_{a2}+p_{a2}}{2}h_2=\frac{72.006+89.657}{2}\times 2=161.663(\text{kN/m})$$

E_{a2} 距坑底的距离为:

$$b_2=\frac{72.006\times 2\times\frac{2}{2}+\frac{1}{2}\times(89.657-72.006)\times 2\times\frac{1}{3}\times 2}{161.663}=0.964(\text{m})$$

③计算 E_{a3}。

$K_{p2}=\tan^2(45°+20°/2)=2.039\ 6$

$2c_2\sqrt{K_{p2}}=2\times 6\times\sqrt{2.039\ 6}=17.138$

桩左侧坑底标高处被动土压力强度为:

$p'_{p1}=2c_2\sqrt{K_{p2}}=17.138\ \text{kPa}$

桩左侧再向下深度 u 处被动土压力强度为:

$p_{p1}=\gamma_2 uK_{p2}+p'_{p2}=17.138+18\times 2.039\ 6u=36.713u+17.138$

桩右侧与 p_{p1} 对应深度处主动土压力强度为:

$p_{a3}=p_{a2}+\gamma_2 uK_{a2}=89.657+18\times 0.490\ 3u=8.825u+89.657$

支护桩两侧主动土压力和被动土压力强度之差为:

$p_{a3}-p_{p1}=(8.825u+89.657)-(36.713u+17.138)=72.519-27.888u$

令 $72.519-27.888u=0$

土压力零点位置

$u=2.60\ \text{m}$

呈三角形分布的土压力强度之差的最大值为:

$e_{a1}=89.657-17.138=72.519(\text{kPa})$

则

$$E_{a3}=\frac{1}{2}e_{a1}u=\frac{1}{2}\times 72.519\times 2.60=94.275(\text{kN/m})$$

E_{a3} 距坑底的距离为:

$$b_3=\frac{1}{3}\times 2.60=0.87(\text{m})$$

(2)上段等值梁计算。

对等值梁 B 点求矩,设 E_{ai} 距坑底距离为 b_i:

$$R_a(9+u)=E_{a1}(b_1+u)+E_{a2}(b_2+u)+E_{a3}(-b_3+u)$$

$$R_a=\frac{E_{a1}(b_1+u)+E_{a2}(b_2+u)+E_{a3}(-b_3+u)}{9+u}$$

$$=\frac{209.921\times(4.6+2.60)+161.663\times(0.964+2.60)+94.275\times(-0.87+2.60)}{9+2.60}$$

$$=194.03(\mathrm{kN/m})$$

$$Q_B=\frac{E_{a1}(9-b_1)+E_{a2}(9-b_2)+E_{a3}(9+b_3)}{9+u}$$

$$=\frac{209.921\times(9-4.6)+161.663\times(9-0.964)+94.275\times(9+0.87)}{9+2.60}$$

$$=271.83(\mathrm{kN/m})$$

(3)下段等值梁计算。

对另一段等值梁求矩,得:

$$x=\sqrt{\frac{6Q_B}{\gamma_2(K_{p2}-K_{a2})}}=\sqrt{\frac{6\times271.83}{18\times(2.0396-0.4903)}}=7.65(\mathrm{m})$$

$$t_0=u+x=2.60+7.65=10.25(\mathrm{m})$$

桩的最小入土深度为

$$t=1.2t_0=1.2\times10.25=12.30(\mathrm{m})$$

桩长为

$$L=10+12.30=22.30(\mathrm{m})$$

(4)计算最大弯矩。

先求 $Q=0$ 的位置,再求该点的弯矩。设该点在 B 点下深度为 z,则:

$$\frac{1}{2}\gamma_2z^2K_{p2}-\frac{1}{2}\gamma_2z^2K_{a2}+R_a=\sum_{i=1}^{3}E_{ai}$$

$$z=\sqrt{\frac{2(\sum_{i=1}^{3}E_{ai}-R_a)}{\gamma_2(K_{p2}-K_{a2})}}=\sqrt{\frac{2Q_B}{\gamma_2(K_{p2}-K_{a2})}}=\sqrt{\frac{2\times271.83}{18\times(2.0396-0.4903)}}=4.41(\mathrm{m})$$

R_a 至零剪应力的距离为 $9+2.60+4.41=16.01(\mathrm{m})$

E_{a1} 至零剪应力的距离为 $4.6+2.60+4.41=11.61(\mathrm{m})$

E_{a2} 至零剪应力的距离为 $0.964+2.60+4.41=7.974(\mathrm{m})$

E_{a3} 至零剪应力的距离为 $-0.868+2.60+4.41=6.14(\mathrm{m})$

$$M_{max}=11.16\times209.921+7.974\times161.663+6.14\times94.275-16.01\times194.03-\frac{1}{2}\times18\times(2.0396-0.4903)\times\frac{1}{3}\times4.41^3=705.61(\mathrm{kN\cdot m/m})$$

可见,计算的最大弯矩较大,可考虑采用多支点支撑。

(三)多支点支护结构

当基坑比较深、土质较差,单支点支护结构不能满足基坑支挡的强度和稳定性要求时,可以采用多支点支护结构。多支点支护结构可有效地降低支护桩(墙)的弯矩,从而减小支护结构的截面尺寸。支撑层数及位置应根据土质、基坑深度、支护结构、支撑结构的材料强度和施工要求等因素确定。

目前,对多支点支护结构的计算方法有很多,一般有等值梁法(连续梁法)、逐层开挖支撑力不变法、弹性支点法、有限元法等。

1.等值梁法

多支点支护结构等值梁法的计算原理与单支点支护结构的等值梁法基本相同。计算时,把多支点支护结构当作刚性支撑的连续梁来计算(即支座无位移),对每一施工阶段建立静力计算体系,按各个施工阶段的情况分别进行计算。以图 5-5 所示的多支点支护结构为例,具体步骤如下:

(1)在设置支撑 A 以前的开挖阶段[见图 5-5(a)],可将挡墙作为一端嵌固在土中的悬臂桩。

(2)在设置支撑 B 以前的开挖阶段[见图 5-5(b)],挡墙是两个支点的静定梁,两个支点分别是 A 及土中净土压力为零的一点。

(3)在设置支撑 C 以前的开挖阶段[见图 5-5(c)],挡墙是具有三个支点的连续梁,三个支点分别为 A、B 及土中净土压力为零的点。

(4)在浇筑底板以前的开挖阶段[见图 5-5(d)],挡墙是具有四个支点的三跨连续梁。

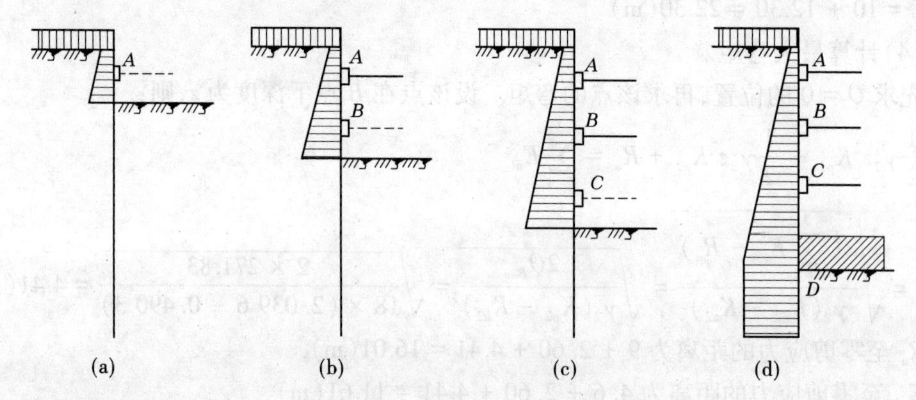

图 5-5 各施工阶段的计算简图

以上各施工阶段,挡墙在土内的下端支点,取净土压力的零点,即地面以下的主动土压力与被动土压力平衡点。但是对第二阶段以后的情况,也有其他一些假定,常见的有:

(1)最下一层支撑以下,主动土压力弯矩和被动土压力弯矩平衡点,即零弯矩点。

(2)开挖工作面以下,其深度相当于开挖深度 20%左右的一点。

(3)上端固定的半无限长弹性支撑梁的第一个不动点。

(4)对于最终开挖阶段,其连续梁在土内的理论支点取在基坑底面以下 $0.6t$(t 为基坑底面以下墙的入土深度)处。

2.逐层开挖支撑力不变法

逐层开挖支撑力不变法是等值梁法的一种简化计算方法，其计算方法是根据实际施工情况，按每层支撑受力后不因下阶段支撑及开挖而改变数值的假定进行的，即：

(1)每层支撑受力后不因下阶段开挖及支撑设置而改变数值，钢支撑施加轴力，锚杆施加预应力。

(2)设置第一层支撑后，第二层开挖时其变形很小，认为不再变化，第二层支撑设置后开挖第三层土方，认为第二层支撑变形不再变化。

(3)第一层支撑阶段，挖土深度满足第二层支撑施工的需要，第二层支撑时，挖土深度满足第三层支撑施工的需要。

(4)每层支撑安装后，其支点计算时可按简支考虑。

(5)逐层开挖支撑时都须考虑基坑下零弯点距离，即近似认为净土压力为零的点。

下面以图5-6所示的多支点支护结构为例，简要介绍逐层开挖支撑力不变法的步骤：

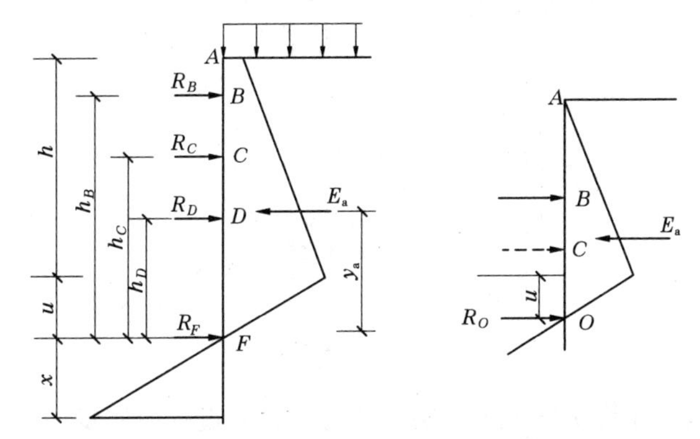

图5-6　逐层开挖支撑力不变法计算简图

(1)求 R_B 支点水平力。基坑开挖到 B 点以下若干距离(满足支撑或锚杆施工的距离)，在未做 B 点支撑(锚杆)时必须考虑悬臂桩的要求，如弯矩、位移等。在做第一层支撑 B 点时，要满足第二阶段挖土第二层支撑 C 点尚未施工时的承载力要求。具体算法是：按理论公式求出或按图表(见表5-1)经验查得零弯矩点距离 u；然后求出 O 点以上的土压力 E_a(包括主动土压力、水压力及地面荷载产生的侧压力)，此时，C 点尚未支撑或未做锚杆，这部分水平压力将由 R_B 及被动土压力部分 R_O 承担。对 O 点取矩可求出 R_B，$R_O=E_a-R_B$。

表5-1　各阶段弯矩零点距坑底面距离 u 的数值

砂性土		黏性土	
$\varphi=20°$	$0.25h$	$N<2$	$0.4h$
$\varphi=25°$	$0.16h$	$2\leqslant N<10$	$0.3h$
$\varphi=30°$	$0.08h$	$10\leqslant N<20$	$0.2h$
$\varphi=35°$	$0.035h$	$N\geqslant 20$	$0.1h$

注：φ 为土的内摩擦角，h 为各阶段基坑开挖深度，N 为标准贯入试验锤击数。

(2)求 C 点支撑的支撑力 R_C。在第二层支撑 C 点施工时须考虑第三阶段挖土在 D 点尚未支撑时的各种水平力。同样要求出基坑下的零弯点的距离,与前述相同,求出 R_C。

(3)用同样方法求出 R_D,如果还有支撑,则用同样方法求出支撑力。

(4)如将桩(墙)视为梁,支撑点为支点,则在该连续梁上各支点力为已知,可以求出各断面弯矩。一般简支梁最大弯矩在剪力为零处。对于连续梁,往往支座负弯矩大于跨中弯矩,可求出几个支座负弯矩,选取最大的作为截面设计和配筋的依据。

【例 5-2】　某工程基坑深 12.8 m,采用桩锚支护,设置三层锚杆,地面超载按 $q=105$ kPa 考虑,场地土层参数如图 5-7 所示,采用连续梁法和逐层开挖支撑力不变法分别对支护结构进行设计计算。

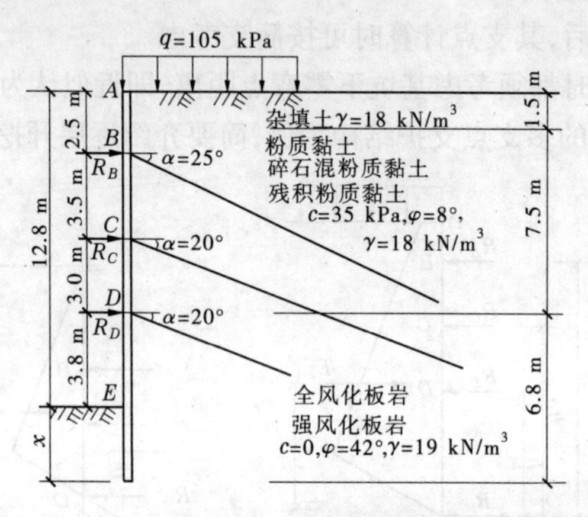

图 5-7　例 5-2 图

解:上面的杂填土和粉质黏土按一层土考虑。计算过程分四步:

第一步:基坑开挖至 B 点下一定深度处(考虑到施工机械要求,设为 0.5 m),在第一层锚杆施工之前,此时桩墙处于悬臂状态,按悬臂支护结构计算。由于开挖深度不大,此处不再进行计算。

第二步:第一层锚杆施工完毕后,基坑继续开挖至 C 点下 0.5 m 处,第二层锚杆尚未施工之前,此时,支护结构处于单支点支护状态,开挖深度 $h=6.5$ m。

第三步:第二层锚杆施工完毕后,基坑开挖至 D 点下 0.5 m 处,第三层锚杆尚未施工之前,开挖深度 $h=9.5$ m。

第四步:第三层锚杆施工完毕,基坑开挖至设计开挖深度 $h=12.8$ m 处。

(1)第二步施工,计算简图如图 5-8 所示,开挖深度 $h=6.5$ m,单支撑点。

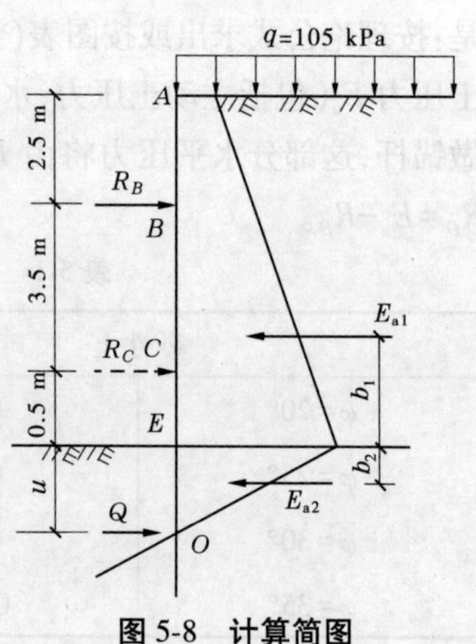

图 5-8　计算简图

$$K_{a1}=\tan^2(45°-8°/2)=0.755\ 7$$

$$K_{p1}=\tan^2(45°+8°/2)=1.323\ 3$$

$$p_{aA}=qK_{a1}-2c_1\sqrt{K_{a1}}=105\times0.755\ 7-2\times35\times\sqrt{0.755\ 7}$$

$=18.50(\text{kN/m}^2)$

$p_{aE}=p_{aA}+\gamma_1 hK_{a1}=18.50+18\times6.5\times0.7557=106.92(\text{kN/m}^2)$

$$E_{a1}=\frac{p_{aA}+p_{aE}}{2}h=\frac{18.50+106.92}{2}\times6.5=407.62(\text{kN/m})$$

E_{a1}距开挖面的距离为：

$$b_1=\frac{18.5\times6.5\times6.5/2+0.5\times(106.92-18.50)\times6.5\times6.5/3}{407.62}=2.486(\text{m})$$

开挖面以下深度 u 处的主动土压力强度为：

$p_a=p_{aE}+\gamma_1 uK_{a1}=106.92+18\times0.7557u=106.92+13.603u$

开挖面处的被动土压力为：

$p_{pE}=2c_1\sqrt{K_{p1}}=2\times35\times\sqrt{1.3233}=80.52(\text{kPa})$

开挖面以下深度 u 处的被动土压力强度为：

$p_p=p_{pE}+\gamma_1 uK_{p1}=80.52+18\times1.3233u=80.52+23.819u$

令

$\Delta p=p_a-p_p=(106.92+13.603u)-(80.52+23.819u)=26.4-10.216u$

土压力零点位置为：

$\Delta p=26.4-10.216u=0$

$u=2.584\text{ m}$

该部分三角形分布的土压力为：

$$E_{a2}=\frac{106.92-80.52}{2}\times2.584=34.11(\text{kN/m})$$

E_{a2}位于开挖面以下，距开挖面的距离为：

$$b_2=\frac{1}{3}\times2.584=0.861(\text{m})$$

对等值梁 AO 的 O 点取矩，可得：

$$\begin{aligned}R_B&=\frac{E_{a1}(b_1+u)+E_{a2}(-b_2+u)}{4+u}\\&=\frac{407.62\times(2.486+2.584)+34.11\times(-0.861+2.584)}{4+2.584}\\&=322.81(\text{kN/m})\end{aligned}$$

此时尚未开挖至设计深度，不需要进行桩墙的入土深度计算。

(2)第三步施工，计算简图如图 5-9(a)所示，开挖深度 $h=9.5$ m，2 个支撑点。

上部 9 m 厚土层底主动土压力强度为：

$p_{a1}=p_{aA}+\gamma_1 hK_{a1}=18.50+18\times9\times0.7557=140.92(\text{kPa})$

主动土压力为：

$$E_{a1}=\frac{p_{aA}+p_{a1}}{2}h=\frac{18.50+140.92}{2}\times9=717.39(\text{kN/m})$$

E_{a1}距开挖面的距离为：

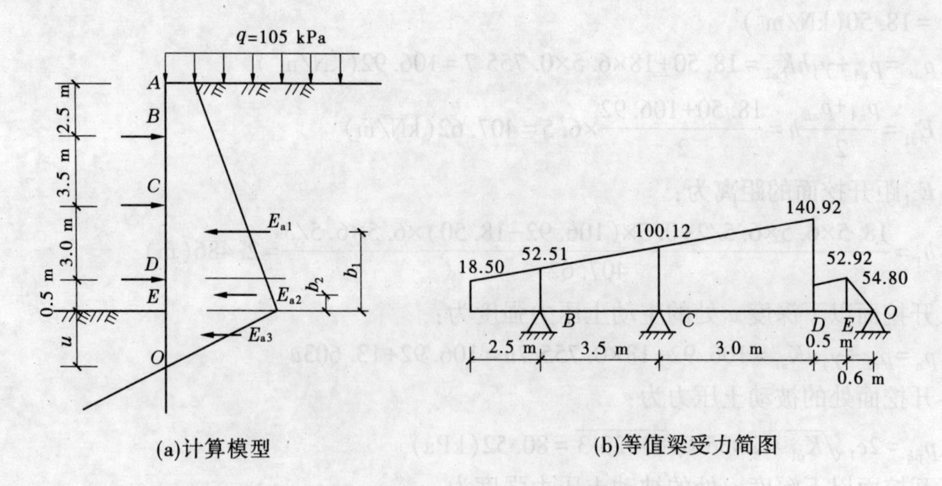

(a)计算模型 (b)等值梁受力简图

图5-9 第三步施工计算简图

$$b_1=0.5+\frac{18.50\times9\times9/2+0.5\times(140.92-18.50)\times9\times9/3}{717.39}=3.848(\text{m})$$

计算其下0.5 m厚(开挖面以上)无黏性土的主动土压力E_{a2}:

$$K_{a2}=\tan^2(45°-42°/2)=0.198\ 2$$

$$K_{p2}=\tan^2(45°+42°/2)=5.044\ 7$$

$$p_{aD下}=(q+\gamma_1h_1)K_{a2}=(105+18\times9)\times0.198\ 2=52.92(\text{kPa})$$

$$p_{aE}=p_{aD下}+\gamma_2h_2K_{a2}=52.92+19\times0.5\times0.198\ 2=54.80(\text{kPa})$$

$$E_{a2}=\frac{p_{aD下}+p_{aE}}{2}h_2=\frac{52.92+54.80}{2}\times0.5=26.93(\text{kN/m})$$

E_{a2}距开挖面距离为:$b_2=0.249$ m

计算土压力零点位置

$$u=\frac{p_{aE}}{\gamma_2(K_{p2}-K_{a2})}=\frac{54.80}{19\times(5.044\ 7-0.198\ 2)}=0.595(\text{m})$$

下面采用两种不同的方法计算C点支撑力。

①采用逐层开挖支撑力不变法进行计算:

求E点下三角形上的土压力合力为E_{a3}:

$$E_{a3}=\frac{1}{2}\times54.80\times0.595=16.3(\text{kN/m})$$

E_{a3}距开挖面的距离为

$$b_3=\frac{1}{3}\times0.595=0.20(\text{m})$$

对于等值梁AO,对O点取矩,可得:

$$E_{a1}(b_1+u)+E_{a2}(b_2+u)+E_{a3}(-b_3+u)=R_B(7+u)+R_C(3.5+u)$$

将$R_B=322.81$ kN/m代入上式,计算得到$R_C=186.77$ kN/m。

②按等值梁计算,受力图如图5-9(b)所示,采用弯矩分配法可求得:

固端弯矩 $M_B=-93.24\ \text{kN}\cdot\text{m/m}$，$M_C=-161.12\ \text{kN}\cdot\text{m/m}$

支撑反力 $R_B=189\ \text{kN/m}$，$R_C=453.1\ \text{kN/m}$

由以上计算可知，按连续梁计算，C 点支撑力计算值偏大。

(3)第四步施工，计算简图如图 5-10(a)所示，开挖深度 $h=12.8$ m，3 个支撑点。

上一步已求得 $E_{a1}=717.39$ kN/m，E_{a1}距开挖面的距离为：

$b_1=3.8+(3.848-0.5)=7.148(\text{m})$

$p_{aE}=p_{aD下}+\gamma_2 h_3 K_{a2}=52.92+19\times3.8\times0.1982=67.23(\text{kPa})$

$$E_{a2}=\frac{p_{aD下}+p_{aE}}{2}h_3=\frac{52.92+67.23}{2}\times3.8=228.29(\text{kN/m})$$

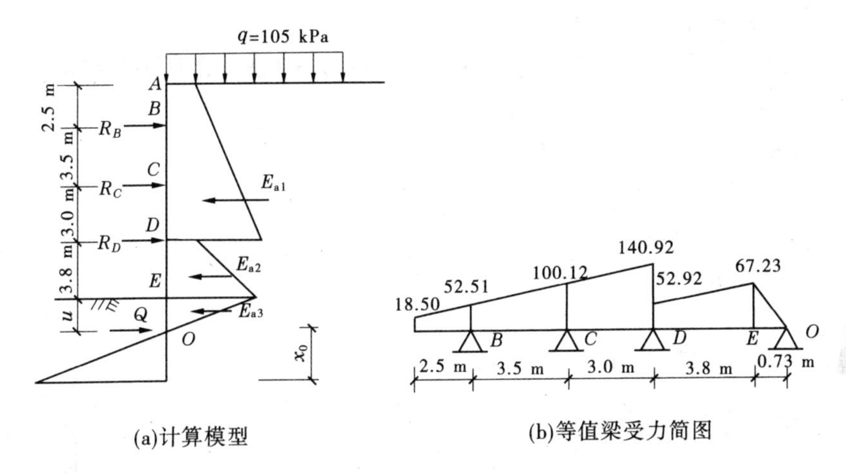

图 5-10 第四步施工计算简图

E_{a2}距开挖面的距离为：

$$b_2=\frac{52.92\times3.8\times3.8/2+0.5\times(67.23-52.92)\times3.8\times3.8/3}{228.29}=1.82(\text{m})$$

计算土压力零点位置为：

$$u=\frac{p_{aE}}{\gamma_2(K_{p2}-K_{a2})}=\frac{67.23}{19\times(5.0447-0.1982)}=0.73(\text{m})$$

采用两种不同的方法计算 D 点支撑力。

①采用逐层开挖支撑力不变法进行计算：

求 E 点下三角形上的土压力合力为 E_{a3}：

$$E_{a3}=\frac{1}{2}\times67.23\times0.73=24.54(\text{kN/m})$$

E_{a3}距开挖面距离为：

$$b_3=\frac{1}{3}\times0.73=0.243(\text{m})$$

对于等值梁 AO，对 O 点取矩，可得：

$E_{a1}(b_1+u)+E_{a2}(b_2+u)+E_{a3}(-b_3+u)=R_B(10.3+u)+R_C(6.8+u)+R_D(3.8+u)$

把上一步求得的 $R_B=322.81$ kN/m、$R_C=186.77$ kN/m 代入上式，得 $R_D=282.27$ kN/m。

对等值梁 AO，对 B 点取矩，得：

$E_{a1}(10.3-b_1)+E_{a2}(10.3-b_2)+E_{a3}(10.3+b_3)=Q(10.3+u)+3.5R_C+6.5R_D$

计算可得：

$Q=178.37$ kN/m

②按等值梁法计算，受力图如图5-10(b)所示，采用弯矩分配法可求得：

固端弯矩

$M_B=-93.24$ kN·m/m，$M_C=-161.12$ kN·m/m，$M_D=-145.54$ kN·m/m

支撑反力

$R_B=215.8$ kN/m，$R_C=284.6$ kN/m，$R_D=386.5$ kN/m，$Q=98.4$ kN/m

(4)计算桩的最小入土深度。

等值梁在土压力零点的支撑反力按逐层开挖支撑力不变法计算取值，$Q=178.37$ kN/m。

$$x=\sqrt{\frac{6Q}{\gamma_2(K_{p2}-K_{a2})}}=\sqrt{\frac{6\times 178.37}{19\times(5.0447-0.1982)}}=3.41(\text{m})$$

$t_0=u+x=0.73+3.41=4.14(\text{m})$

桩的最小入土深度为：

$t=1.2t_0=1.2\times 4.14=4.97(\text{m})$

桩长为：

$L=12.8+4.97=17.77(\text{m})=17.8$ m

二、弹性支点法

弹性支点法也称侧向弹性地基反力法或土抗力法，它是在弹性地基梁分析方法基础上形成的一种方法。弹性支点法主要用于多支点支护结构的内力计算，悬臂式和单支点支护结构也可采用此法计算。

弹性支点法将挡土结构视为竖向放置的弹性地基梁，支撑或锚杆简化成弹簧支座，基坑内开挖面以下土体采用文克尔地基模型来模拟，支护结构外侧作用已知的水压力和主动土压力。图5-11为弹性支点法计算简图。

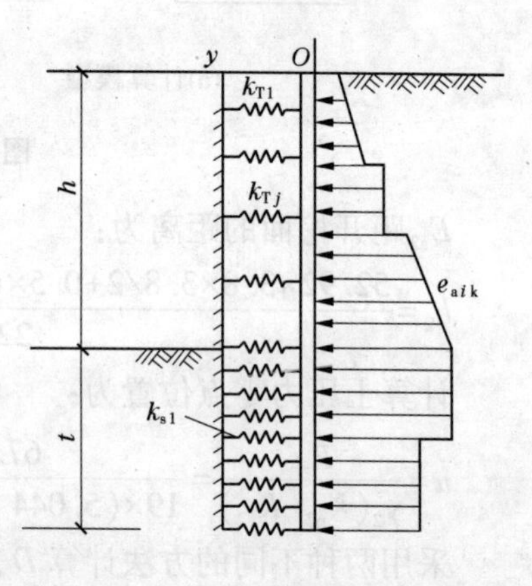

图5-11 弹性支点法计算简图

对文克尔地基模型而言，地基上任一点所受压强 p 与该点地基变形量 y 成正比，该点变形量与其他各点压强无关，即

$$p=k(z)y \tag{5-12}$$

式中 p——地基上任一点的压强；

$k(z)$——地面下 z 深度处的水平基床系数，我国常采用 $k(z)=mz$；

y——压力作用点的地基变形量；

m——地基土水平抗力系数的比例系数。

(一)计算原理

取宽度为 b_0 的支护结构作为分析对象，则支护结构变形的挠曲方程为：

$$EI\frac{d^4y}{dz^4}-e_{aik}b_s=0 \quad (0\leqslant z<h_n) \tag{5-13}$$

$$EI\frac{d^4y}{dz^4}+mb_0(z-h_n)y-e_{aik}b_s=0 \quad (z\geqslant h_n) \tag{5-14}$$

式中　EI——支护结构计算宽度的抗弯刚度；

z——支护结构顶部至计算点的距离；

y——计算点的水平变形；

h_n——第 n 工况基坑开挖深度；

b_s——荷载计算宽度，排桩可取桩中心距，地下连续墙取单位宽度；

b_0——抗力计算宽度，地下连续墙取单位宽度，排桩可按式(5-15)和式(5-16)计算，当求得的抗力计算宽度大于排桩间距时应取排桩间距；

e_{aik}——作用在支护结构上 z 深度处的水平荷载标准值。

圆形桩：

$$b_0=0.9(1.5d+0.5) \quad (d\leqslant 1\ \text{m}) \tag{5-15}$$

$$b_0=0.9(d+1) \quad (d>1\ \text{m}) \tag{5-16}$$

矩形桩或工字形桩：

$$b_0=1.5b+0.5 \quad (b\leqslant 1\ \text{m}) \tag{5-17}$$

$$b_0=b+1 \quad (b>1\ \text{m}) \tag{5-18}$$

式中　d——桩的直径，m；

b——矩形桩或工字形桩的宽度，m。

(二)支锚水平刚度系数的确定

支锚的水平刚度系数 k_T 应根据支撑体系的布置、支撑构件的材质、轴向刚度、是否施加预应力等条件确定。当支撑体系为平面整体结构时，宜按平面整体计算。

1.锚杆

锚杆的水平刚度系数 k_T 应由锚杆基本试验确定，当无试验资料时，可按下式计算：

$$k_T=\frac{3E_sE_cAA_cb_a}{[3E_cA_cl_f+E_sA(l-l_f)]s} \tag{5-19}$$

式中　A、A_c——锚杆杆体和锚固体截面面积，m^2；

l、l_f——锚杆的长度和锚杆自由段长度，m；

E_s——锚杆杆体的弹性模量，kPa；

E_c——锚杆的复合弹性模量，kPa；

b_a——挡土结构计算宽度，m；

s——锚杆的水平间距，m。

$$E_c=\frac{AE_s+(A_c-A)E_m}{A_c} \tag{5-20}$$

式中　E_m——锚固体中注浆体的弹性模量。

2.支撑体系

支撑体系(含具有一定刚度的冠梁)或它与锚杆混合的支撑体系水平刚度系数 k_T 应

按支撑体系与排桩、地下连续墙的空间协同分析方法确定;亦可根据空间作用协同分析方法直接确定支撑体系及排桩或地下连续墙的内力和变形。

对水平对撑,当支撑腰梁或冠梁的扰度可忽略不计时,水平刚度系数 K_T 可按下式计算:

$$k_T = \frac{\alpha_R E A b_a}{\lambda l_0 s} \tag{5-21}$$

式中　λ——支撑不动点调整系数;支撑两对边基坑的土性、深度、周边荷载等条件相近,且分层对称开挖时,取 $\lambda=0.5$;支撑两对边基坑的土性、深度、周边荷载等条件或开挖时间有差异时,对土压力较大或先开挖的一侧,取 $\lambda=0.5\sim1.0$,且差异大时取大值,反之取小值;对土压力较小或后开挖的一侧,取 $(1-\lambda)$;当基坑一侧取 $\lambda=1$ 时,基坑另一侧应按固定支座考虑;对竖向斜撑构件,取 $\lambda=1$;

α_R——支撑松弛系数,对混凝土支撑和预加轴向压力的刚支撑,取 $\alpha_R=1.0$,对不预加轴向压力的刚支撑,取 $\alpha_R=0.8\sim1.0$;

E——支撑材料的弹性模量,kPa;

A——支撑截面面积,m^2;

l_0——受压支撑构件的长度,m;

s——支撑水平间距,m。

(三)土水平抗力系数的比例系数 m 的确定

开挖面以下土水平抗力系数的比例系数 m 应根据单桩水平荷载试验结果按下式计算:

$$m = \frac{\left(\frac{H_{cr}}{x_{cr}} v_x\right)^{5/3}}{b_0 (EI)^{2/3}} \tag{5-22}$$

式中　H_{cr}、x_{cr}——单桩水平临界荷载及其对应的位移;

v_x——桩顶位移系数,可查表 5-2 确定(先假定 m,试算 α);

其他符号含义同前。

表 5-2　桩顶位移系数 v_x

换算深度 αh_d	≥4.0	3.5	3.0	2.8	2.6	2.4
v_x	2.441	2.502	2.727	2.905	3.163	3.526

注:表中 $\alpha=\sqrt[5]{mb_0/(EI)}$。

当无试验或缺少当地经验时,第 i 土层水平抗力系数的比例系数 m_i 可按下列经验公式计算:

$$m_i = \frac{1}{\Delta}(0.2\varphi_{ik}^2 - \varphi_{ik} + c_{ik}) \tag{5-23}$$

式中　φ_{ik}、c_{ik}——第 i 层土的固结不排水(快)剪内摩擦角和黏聚力的标准值；

Δ——基坑地面处的位移量,以 mm 计,按地区经验取值,无经验时可取 10。

值得注意的是,采用式(5-21)计算 m 值时,公式中的 Δ 取值难以确定,从而计算得到的 m 值可能与本地区的经验取值范围相差较大,且当 φ_k 较大时,计算出的 m 值偏大,可能导致计算得到的被动侧土压力大于被动土压力。

因此,在确定 m 值时很大程度上仍依赖于当地的工程经验。

(四)主动侧土压力的计算

作用在挡土结构上的主动侧土压力的计算可参考《建筑基坑支护技术规程》(JGJ 120—2012)中的规定(第三章第四节内容),或采用朗肯土压力理论来计算。

(五)支护结构内力的计算

考虑土体分层(m 值不同)及水平支撑(或锚杆)的存在等实际情况,需要沿着竖向将弹性地基梁划分为若干单元,列出每个单元的上述微分方程,一般可采用杆系有限元法进行求解。在划分单元时,尽量考虑土层的分布、地下水位、支撑的位置、基坑开挖深度等因素。

分析多道支撑分层开挖时,根据基坑开挖、支撑情况划分施工工况,按照施工工况的顺序进行支护结构的变形和内力计算,计算中需考虑各工况下边界条件、荷载形式等的变化,并取上一工况的支护结构位移作为下一工况的初始值。因此,弹性支座的反力可由下式来计算:

$$T_j = k_{Tj}(y_j - y_{0j}) + T_{0j} \tag{5-24}$$

式中　T_j——第 j 道支撑的弹性支座反力；

k_{Tj}——第 j 道支撑的水平刚度系数；

y_j——由弹性支点法计算得到的第 j 道支撑处的侧向位移；

y_{0j}——由弹性支点法计算得到的第 j 道支撑设置之前该处的侧向位移；

T_{0j}——第 j 道支撑的预加力。

采用数值方法,按上述方法求解式(5-13)和式(5-14),得到桩的变形 y 值,进而可求得各土层的弹性抗力。求得土层的弹性抗力值后,再以静力平衡方法计算支护结构的内力。

第三节　排桩支护结构

排桩支护结构是利用常规的各种桩体(例如钻孔灌注桩、挖孔桩、预制桩及混合桩等),按一定间距或连续咬合排列,形成的地下挡土结构。

按照单个桩体成桩工艺的不同,支护桩桩型大致有以下几种:钻孔灌注桩、预制混凝土桩、人工挖孔桩、压浆桩、SMW 工法桩(型钢水泥土搅拌桩)等。这些单个桩体可在布置上采取不同的排列形式形成挡土结构,用来支挡不同地质和施工条件下基坑开挖时产生的水压力、土压力。常用的排桩支护体系可分为:

(1)柱列式排桩支护。当土质较好、地下水位较低时,可利用土拱作用,以稀疏钻孔灌注桩或挖孔桩支挡土体,如图 5-12(a)所示。

(2)连续排桩支护。在软土中一般不能形成土拱,支挡结构应该连续密排,如图5-12(b)所示。密排的钻孔桩可互相搭接,或在桩身混凝土强度尚未形成时,在相邻桩之间做一根素混凝土树根桩把钻孔桩连起来,如图5-12(c)所示;也可采用钢板桩、钢筋混凝土板桩,如图5-12(d)、(e)所示。

(3)组合式排桩支护。在地下水位较高的软土地区,可采用钻孔灌注排桩与水泥土搅拌桩防渗墙组合的方式,如图5-12(f)所示。

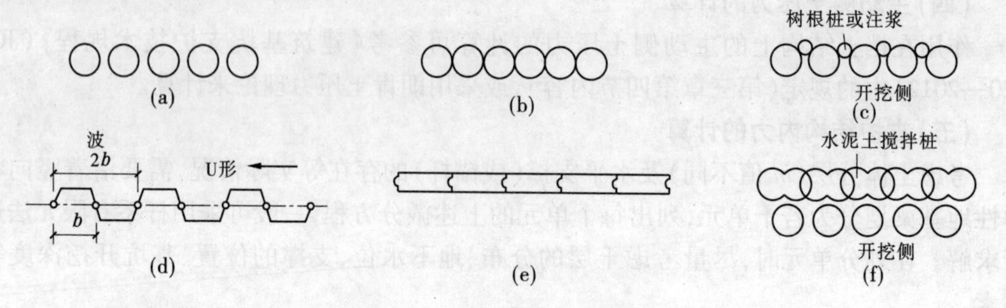

图5-12　排桩支护结构的类型

下面以钻孔灌注桩为例,简要介绍一下排桩支护结构的设计内容。

一、排桩支护结构的设计

(一)桩体材料

灌注桩可采用水下混凝土浇筑,混凝土强度等级不宜低于C25(常取C30),所用水泥通常为42.5级普通硅酸盐水泥。

桩体中纵向受力钢筋采用HRB400级或HRB500级,常用螺纹钢筋;螺旋箍筋常用HPB235级,圆钢。

(二)桩体平面布置及入土深度

桩体平面布置主要是选择合适的桩径、桩距及桩的平面布置形式。

桩径的选择主要是要考虑地质条件、基坑深度、支撑形式、支撑或锚杆的竖向间距、允许变形等条件综合确定。一般而言,当基坑面积较大,水平支撑造价很高时,可以考虑采用较大的桩径以减小支撑道数。而当基坑呈条形且宽度较小时,例如地铁区间隧道基坑,可考虑设置多道水平支撑以减小桩径和桩的内力与变形以降低造价。对于悬臂式排桩,支护桩的桩径宜大于或等于600 mm;对于锚拉式排桩或支撑式排桩,支护桩的桩径宜大于或等于400 mm。

桩间距可根据桩径、桩长、开挖深度、垂直度等情况来确定,根据工程经验,对大直径或黏性土,排桩的净间距在900 mm以内,对小直径或砂土,排桩的净间距在600 mm以内较为常见;当土质较好时,可以充分利用土拱效应适当扩大桩距,桩距最大可为2.5~3.5倍的桩径。

桩的入土深度需要考虑围护结构的抗隆起、抗滑移、抗倾覆及整体稳定性,具体计算方法参见第四章。由于排桩支护体系的整体性不如地下连续墙,因此在同等条件下,桩体入土深度的确定,应保障其安全度略高于地下连续墙。在初步设计时,软土地区桩体入土深度通常取开挖深度的1.0~1.2倍作为预估值。

(三)桩体内力与变形计算

排桩支护体系的受力形式与地下连续墙类似,因此在计算排桩支护结构的内力和变形时,通常采用与地下连续墙相同的计算方法。需要注意的是,由于排桩之间不能传递剪力和水平向弯矩,因而其横向的整体性远不如地下连续墙。为保证排桩支护体系的整体性,在实际工程中,一般可通过设置水平向的围檩来加强桩的整体性。

在设计计算时,将排桩支护体系按抗弯刚度相等的原则等价为一定厚度的地下连续墙进行内力分析,仅考虑桩体受力和变形,具体步骤如下:

(1)设桩径为 D,桩净距为 t,则单根桩可等价为长 $D+t$ 的地下连续墙,令等价后的地下连续墙厚为 h,按刚度相等的原则可得:

$$h = 0.838D\sqrt[3]{1/(1 + t/D)} \tag{5-25}$$

若采用一字相切排列,$t \ll D$,则 $h=0.838D$。

根据等效地下连续墙的长度和厚度,计算相应的截面抗弯刚度 EI。

(2)按厚度为 h 的地下连续墙,计算出每延米墙的弯矩 M_w、剪力 V_w 计算值和位移 U_w。

(3)计算单桩的弯矩 M 和剪力 V 设计值,然后进行截面和配筋计算。

$$M = 1.25\gamma_0(D + t)M_w \tag{5-26}$$

$$V = 1.25\gamma_0(D + t)V_w \tag{5-27}$$

$$U = U_w \tag{5-28}$$

式中　γ_0——基坑侧壁重要性系数。

需要注意的是,用现行方法计算排桩的抗弯刚度时,通常是把桩视为理想弹性材料。但实际上,当桩承受较大弯矩时,桩身出现裂缝,从而导致桩身刚度显著下降。因此,在进行排桩支护体系设计时,当桩身弯矩较大时,应考虑桩身因裂缝开展导致的桩身刚度下降。此时,作用在桩身上的弯矩可进行一定折减。一般条件下,桩身弯矩折减系数可取0.85,如当地有实际经验可按当地经验取值。

(4)桩的配筋计算。

在实际工程中,排桩支护体系中的单桩以圆形截面为主。圆形截面桩的配筋可采用全对称形式,也可采用不对称形式,计算简图如图5-13所示。

①全对称配筋。

全对称配筋的计算公式如下:

$$\alpha\alpha_1 f_c A\left(1 - \frac{\sin 2\pi\alpha}{2\pi\alpha}\right) + (\alpha - \alpha_t)f_y A_s = 0 \tag{5-29}$$

$$M \leqslant \frac{2}{3}\alpha_1 f_c A r\frac{\sin^3\pi\alpha}{\pi} + f_y A_s r_s\frac{\sin\pi\alpha + \sin\pi\alpha_t}{\pi} \tag{5-30}$$

式中　M——截面弯矩设计值;

A——圆形截面面积;

A_s——全部纵向钢筋的截面面积;

r——圆形截面的半径;

r_s——纵向钢筋重心所在的圆周半径;

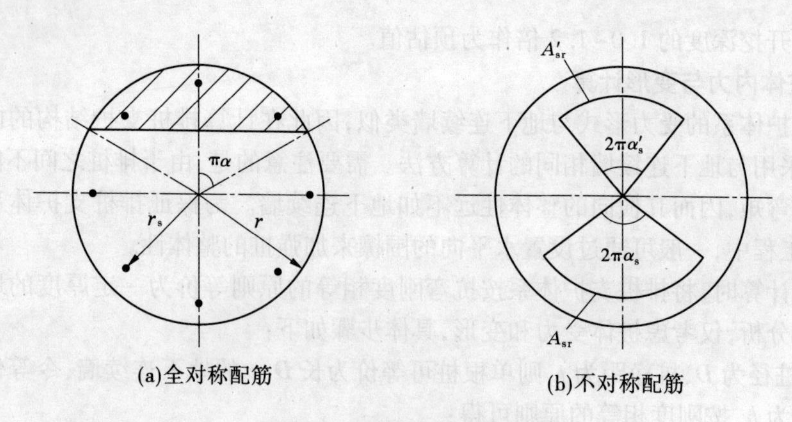

(a)全对称配筋　(b)不对称配筋

图 5-13　桩的配筋计算简图

α——受压区混凝土截面面积与全部纵筋截面面积的比值;

α_t——纵向受拉钢筋截面面积与 A_s 的比值,$\alpha_t=1.25-2\alpha$,当 $\alpha>0.625$ 时,取 $\alpha_t=0$;

α_1——受压区混凝土矩形应力图的应力值与混凝土轴心抗压强度设计值的比值,当混凝土强度等级不超过 C50 时,α_1 取为 1.0,当混凝土强度等级为 C80 时,α_1 取为 0.94,其间按线性内插法确定;

f_c——混凝土轴心抗压强度设计值;

f_y——普通钢筋抗拉强度设计值。

对称配筋时,配筋率 ρ 的范围为 0.6%~5%。当纵向钢筋级别为 HRB400、RRB400 时,$\rho_{min}=0.5\%$;当混凝土强度等级为 C60 及以上时,$\rho_{min}=0.7\%$。

②不对称配筋。

不对称配筋时,计算公式如下:

$$\alpha\alpha_1 f_c A\left(1-\frac{\sin 2\pi\alpha}{2\pi\alpha}\right)+f_y(A'_{sr}-A_{sr})=0 \tag{5-31}$$

$$M\leqslant\frac{2}{3}\alpha_1 f_c A r\frac{\sin^3\pi\alpha}{\pi}+f_y A_{sr} r_s\frac{\sin\pi\alpha_s}{\pi\alpha_s}+f_y A'_{sr} r_s\frac{\sin\pi\alpha'_s}{\pi\alpha'_s} \tag{5-32}$$

式中 A_{sr}、A'_{sr}——均匀配置在圆心角 $2\pi\alpha_s$ 和 $2\pi\alpha'_s$ 内沿周边的纵向受拉钢筋和受压钢筋截面面积;

r_s——纵向钢筋重心所在圆周的半径,$r_s=r-c-0.01$ m,c 为混凝土保护层厚度;

α_s——对应于周边均匀受拉钢筋的圆心角(rad)与 2π 的比值,α_s 宜在 1/6~1/3 取值,通常可取 0.25;

α'_s——对应于周边均匀受压钢筋的圆心角(rad)与 2π 的比值,一般取 $\alpha'_s\leqslant 0.5\alpha$;

α——对应于受压区混凝土截面面积的圆心角(rad)与 2π 的比值;

其他符号含义同前。

③箍筋配筋。

支护桩的箍筋按一般受弯构件计算,斜截面的受剪承载力计算公式为:

$$V\leqslant 0.7f_t bh_0+1.25f_{yv}A_{sv}h_0/s \tag{5-33}$$

式中 V——构件斜截面上的最大剪力设计值;

f_{yv}——箍筋抗拉强度设计值；

b——以 $1.76r$ 代替；

h_0——以 $1.6r$ 代替；

f_t——混凝土轴心抗拉强度设计值；

A_{sv}——配置在同一截面内箍筋各肢的全截面面积，$A_{sv}=nA_{sv1}$，其中，n 为在同一截面内箍筋的肢数，A_{sv1} 为单肢箍筋的截面面积；

s——沿构件长度方向的箍筋间距。

④构造配筋。

支护桩按一般受弯构件要求配筋，满足以下规定：

$$\rho_{sv}=A_{sv}/(bs) \tag{5-34}$$

$$\rho_{sv}\geqslant 0.24f_t/f_{yv} \tag{5-35}$$

式中　ρ_{sv}——箍筋配筋率。

⑤加强箍筋。

当需要对某一深度位置上抗裂剪力设计进行加强时，一般需要对这一位置上下一段范围内采取箍筋加密、加强措施。

(四)桩体配筋构造

1.纵向受力钢筋

支护桩的纵向受力钢筋宜选用 HRB400 级、HRB500 级钢筋，根数不宜少于 8 根，净间距不应小于 60 mm；支护桩顶部设置钢筋混凝土冠梁时，纵向钢筋锚入冠梁的长度宜取冠梁厚度；冠梁按结构受力构件设置时，桩身纵向受力钢筋深入冠梁的锚固长度应符合《混凝土结构设计规范》(GB 50010—2010)对钢筋锚固的有关规定；当不能满足锚固长度的要求时，其钢筋末端可采取机械锚固措施。

当采用沿截面周边配置非均匀纵向钢筋时，受压区的纵向钢筋根数不少于 5 根；当施工方法不能保证钢筋方向时，不应采用沿截面周边配置非均匀纵向钢筋的形式。

当沿桩身分段配置纵向受力主筋时，纵向钢筋的锚固长度应符合《混凝土结构设计规范》(GB 50010—2010)的相关规定。

纵向受力钢筋的保护层厚度不应小于 35 mm；当采用水下灌注混凝土工艺时，不应小于 50 mm。

2.箍筋

箍筋可采用螺旋式箍筋，箍筋直径不应小于纵向受力钢筋最大直径的 1/4，且不应小于 6 mm；箍筋间距宜取 100~200 mm，且不应大于 400 mm 及桩的直径。

3.加强箍筋

钢筋笼宜每隔 1 000~2 000 mm 布置一根直径不小于 12 mm 的焊接加强箍筋，以增加钢筋笼的整体刚度，有利于钢筋笼吊放和浇筑水下混凝土时的整体性，防止吊放时钢筋笼的变形。加强箍筋宜选用 HPB300 级和 HRB400 级钢筋，也可考虑采用钢板加工成钢环作为加强箍筋。当纵向受力钢筋较多、直径较大时，宜选用直径较大的加强箍筋。

此外，在加工钢筋笼时，箍筋、加强箍筋与纵向受力钢筋焊接时，要注意沿钢筋笼对称进行，防止箍筋、加强箍筋在焊接应力下变形。

支护桩的配筋构造如图 5-14 所示。

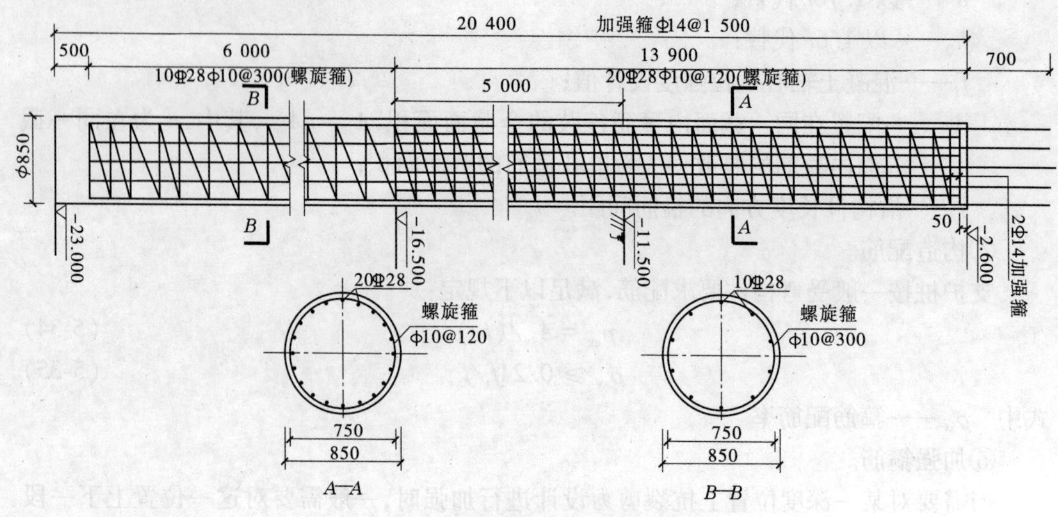

图 5-14　钻孔灌注桩配筋实例

(五)冠梁设计

排桩支护结构顶部应设钢筋混凝土冠梁连接,冠梁宽度(沿垂直于基坑边线方向)不宜小于桩径,冠梁高度(竖直方向)不宜小于桩径的 0.6 倍。冠梁钢筋应符合国家标准《混凝土结构设计规范》(GB 50010—2010)对梁的构造配筋要求。冠梁用作支撑或锚杆的传力构件或按空间结构设计时,应按受力构件进行截面设计。

(六)防渗设计

当基坑开挖深度大于工程所在场地的地下水位高度时,除咬合排桩(桩与桩之间相互咬合排列的一种排桩支护结构)兼具隔水作用外,其他排桩支护结构形式通常需要设置截水帷幕,进行防渗设计。排桩支护结构截水帷幕的设置方法如图 5-15 所示。

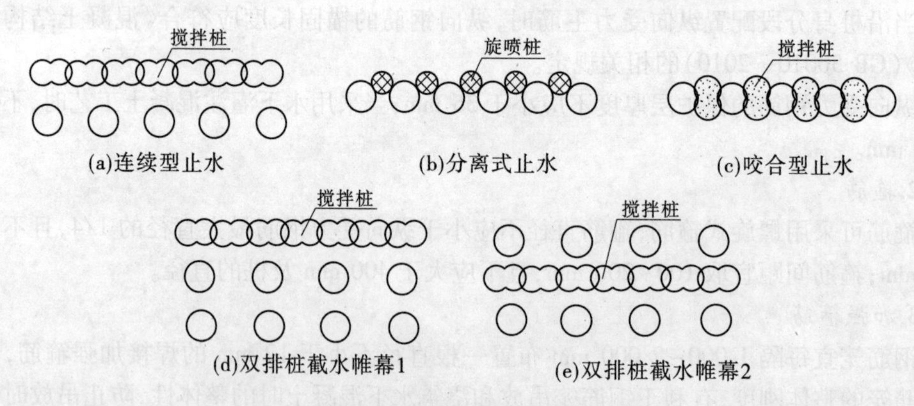

图 5-15　排桩支护结构截水帷幕的设置方法

最常见的截水帷幕是采用水泥土搅拌桩相互搭接形成一排或多排连续的水泥土搅拌桩墙,如图 5-15(a)所示。当因场地狭窄等无法同时设置排桩和截水帷幕时,可采用图 5-15(b)、(c)的形式。需要注意的是,在两根桩之间设置旋喷桩截水帷幕时,常因桩距大小不一致或旋喷桩沿深度方向因土层特性的变化而致使旋喷桩桩径不一致而导致漏水；当采用图5-15(c)所示的截水帷幕时，通常先施工水泥土搅拌桩，在其硬结之前，在每两组搅拌桩之间施工钻孔灌注桩，相邻两组搅拌桩之间的净距应小于钻孔灌注桩的直径。当采用双排桩支护结构时，视场地条件，可在双排桩之间或之后设置水泥搅拌桩截水帷幕，如图5-15(d)、(e)所示。

截水帷幕的深度应满足如下要求：

(1)当坑内存在水头差时，粉土和砂土应进行抗渗流稳定性验算，渗流的水力梯度不应超过临界水力梯度。

(2)当上部为不透水层，坑底下某深度处有承压水时，坑内土体应满足抗承压水突涌稳定性的要求。

截水帷幕要求插入到坑底以下相对不透水土层中3~4 m。目前，国内常规单轴和双轴搅拌机施工的水泥土搅拌桩截水帷幕深度大致可达15~18 m，三轴搅拌桩施工的截水帷幕可达35 m，TRD工法可达60 m左右。截水帷幕应紧贴支护排桩，其净距不宜大于200 mm。在截水帷幕顶宜设置15 cm的混凝土面层，并与灌注桩顶圈梁浇成一体，防止地表水的渗入；当土层的渗透性较大且环境要求严格时，宜在截水帷幕和支护桩之间注浆。截水帷幕的渗透系数不宜大于1×10^{-6} cm/s。

另外，当基坑底下存在承压含水层且坑底抗突涌不满足要求，且由于施工设备能力限制使得截水帷幕深度无法达到截断承压含水层时，可对承压含水层采取降低水头的措施。

二、排桩支护结构的施工

排桩支护体系中各类桩的施工质量检验要求与作承重结构的桩相同，可参考《建筑桩基技术规范》(JGJ 94—2008)，但在桩位偏差方面，轴线和垂直轴线方向不宜超过50 mm，垂直度偏差不宜大于0.5%。对于钻孔灌注桩桩底沉渣不宜超过100 mm，如支护结构兼作承重结构时，桩底沉渣按承重结构桩的要求执行。此外，考虑到支护桩桩间距较小，宜采取隔桩施工，并应在灌注混凝土24 h后进行邻桩成孔施工。对于非均匀配筋的支护桩，钢筋笼在绑扎、吊装和埋设时，应保证钢筋笼的安放方向与设计方向一致。

冠梁的施工与普通地基梁的施工相同，施工前，应将支护桩桩顶浮浆凿除并清理干净，桩顶以上出露的钢筋长度应达到设计要求。

第四节　桩锚支护结构

桩锚支护结构就是采用锚杆来取代内支撑，给支护排桩提供锚拉力，以减小支护排桩的位移和内力，并将基坑的变形控制在允许范围内。

桩锚支护结构主要由支护桩、土层锚杆、围檩(腰梁)和冠梁四个部分组成，如图5-16所示，在基坑地下水位较高的地方，支护桩后通常还设有截水帷幕(例如水泥土墙)。目前，桩锚支护结构可应用于从几米到几十米的深基坑中。

与排桩内支撑支护结构相比，桩锚支护结构具有以下特点：

(1)土方开挖和地下结构施工方便。由于采用锚杆取代了基坑内支撑，坑内施工的空间大,基坑内土方开挖和地下结构施工更为便利。

(2)锚杆是在基坑开挖过程中,逐层开挖、逐层设置的,故上、下排锚杆的间距除由支护桩的强度要求控制外,还必须考虑变形控制的要求。

(3)由于锚杆在软黏土中会因土的流变和锚固体与周围土体的接触面的流变而产生锚固力损失和变形逐渐增大的现象,故锚杆不宜在软黏土土层中应用。

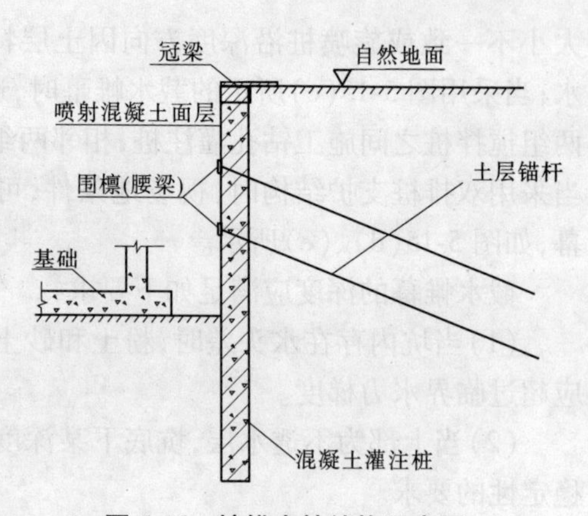

图 5-16 桩锚支护结构示意图

桩锚支护结构的设计计算与排桩支护结构设计基本相同,包括支护桩嵌固深度的计算、支护桩内力计算、支点力计算、支护桩配筋计算、腰梁和冠梁计算等;主要不同点在于,桩锚支护结构需要根据计算得到的支点力来进行土层锚杆的设计计算。

土层锚杆是在土层中沿水平向或斜向形成钻孔,再在钻孔中安放钢拉杆,并在拉杆尾部一定范围内注浆,形成锚固体,最终形成锚杆。锚杆一端锚固在基坑外较好的土层中,另一端通过腰梁与支护桩连接,形成桩锚支护体系。通过锚杆的锚拉作用,可以把支护结构上的水平荷载传递到远处的稳定土层中。

在基坑支护工程中,为增强锚杆的锚固作用和减小变形,通常采用预应力锚杆,土层锚杆的施工长度可达 30 m 以上,在黏性土中的最大锚固力可达 1 000 kN 以上。

土层锚杆宜在土质较好的条件下使用,在未经处理的下列土层中不宜采用:

(1)有机质含量较高的土层;

(2)液限 ω_L>50%的土层;

(3)相对密实度 D_r>0.3 的土层。

一、锚杆的构造

锚杆支护体系由挡土结构物与土层锚杆系统两部分组成,如图 5-17 所示。挡土结构物包括灌注桩、挖孔桩及各种类型的板桩等。土层锚杆是由外露的锚头、拉杆和锚固体三个部分组成的。

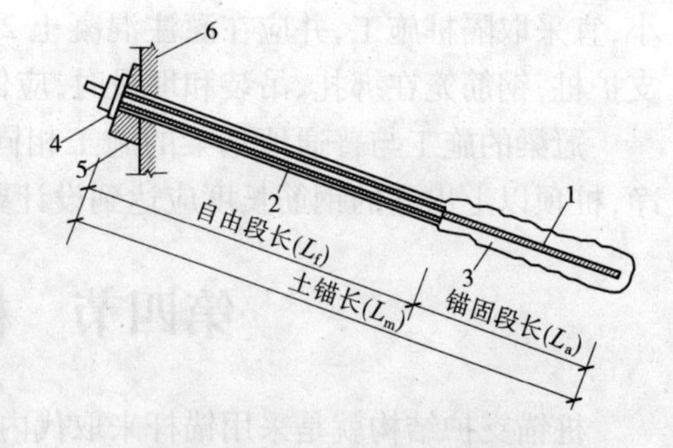

1—锚杆(索);2—自由段;3—锚固段;
4—锚头;5—垫块;6—围护结构

图 5-17 土层锚杆系统的构造示意图

锚头的作用是将拉杆和支护结构连接起来,对支护结构起支点作用,将支护结构的支撑力通过锚头传递给拉杆。锚头由锚具、台座和承压板三个部分组成。锚具能将拉杆、承压板和支护结构牢固地连接在一起,通过锚具可以对拉杆施加预应力并实施预应力锁定。台座可由钢板或混凝土做成,在拉杆方向不垂直时用以调整拉杆受力方向,并固定拉杆位置。承压板一般为 20~40 mm 厚的钢板,其作用是使拉杆的集中力扩散。

拉杆把来自于锚杆端部的拉力传递给锚固体。拉杆杆体材料可选择类型较多,需要根据拉杆的预加力值、土层条件、施工等因素综合确定。预应力值较低或非预应力的锚杆通常采用普通钢筋,即HRB400级和HRB500级热轧钢筋、冷拉热轧钢筋、热处理钢筋及冷轧带肋钢筋、中空螺纹钢管等。预应力值较大的锚杆通常采用高强钢丝和钢绞线,有时也采用精轧螺纹钢筋和中空螺纹钢管。此外,近年来还出现了用等截面钢管代替锚杆杆体的钢管、高强玻璃纤维锚杆等新型锚杆体系。

锚固体是由水泥砂浆或水泥浆等材料将拉杆与土体黏结在一起形成的,其作用是将拉杆的拉力通过锚固体与土体之间的摩擦力传递到锚固体周围的土层中去。锚固体的形式有圆柱型、扩大端部型及连续球型,如图5-18所示。对于拉力不高、临时性挡土结构,可采用圆柱型锚固体;锚固于砂性土、硬黏性土层并要求较高承载力的锚杆,可采用扩大端部型锚固体;锚固于淤泥质土层并要求较高承载力的锚杆,可采用连续球型锚固体。

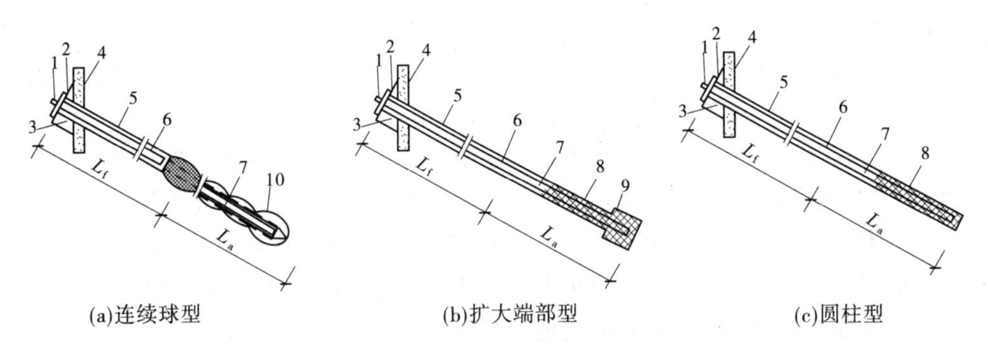

1—锚具;2—承压板;3—台座;4—围护结构;5—钻孔;6—注浆防腐处理;7—预应力筋;8—圆柱型锚固体;9—端部扩大头;10—连续球体;L_f—自由段长度;L_a—锚固段长度

图5-18　锚固体的形式

二、锚杆的设计计算

在基坑工程中采用锚杆结构时,应充分研究土层锚杆工程的安全性、经济性和施工可行性,在设计前必须做好以下基础工作:

(1)认真调查与锚固工程有关的工程地质和水文地质条件,以及场地周边环境条件。

(2)通过勘察,掌握锚固工程范围内土层种类与土的物理力学性质指标和化学性能。

通过上述工作,对该场地是否适宜采用锚杆支护结构做出可行性判定,尤其是要考虑锚杆对周围环境及邻近场地后期开发使用的影响。

锚杆设计内容包括以下方面:

(1)确定锚杆设计轴力、锚杆的抗力安全系数及极限承载力。

(2)确定锚杆布置和安放角度。

(3)确定锚杆施工工艺并进行锚固体设计(长度、直径、形状等),确定锚杆结构和杆件断面。

(4)计算锚杆自由段和锚固段长度。

(5)锚头和腰梁设计,确定锚杆锁定荷载值、张拉荷载值。

(6)必要时进行整体稳定性分析。

(7)浆体强度设计并提出施工技术要求。

(8)对试验和监测的要求。

本节主要介绍锚杆设计中前6项内容。

(一)锚杆的布置

土层锚杆的布置应满足以下要求:

(1)土层锚杆的锚固段不宜设置在未经处理的软弱土层、不稳定土层和不良地质地段,且锚固体上覆土层厚度不宜小于4 m。

(2)锚固体应设置在主动土压力滑动楔形破裂面以外,锚杆锚固段在最危险滑动面以外的有效计算长度应满足稳定性要求,且锚固段长度不宜小于6 m,自由段长度不应小于5 m,并应超过潜在滑裂面1.5 m。此外,锚杆的锚固区离既有建筑物的距离不宜小于5~6 m。

(3)锚杆间距应根据地层情况、锚杆杆体所能承受的拉力等进行经济比较后确定。锚杆间距太大,将增大腰梁应力和截面;间距过小则容易产生群锚效应,使锚杆抗拔力减小而造成危险。因此,锚杆的水平间距不宜小于1.5 m,上、下排垂直间距不宜小于2 m。当工程需要必须设置更近时,可考虑设置不同的倾角和锚固长度以避免群锚效应。

(4)锚杆倾角一般采用水平向下15°~25°,不应大于45°,亦不应小于10°。锚杆的水平分力随锚杆倾角的增大而减小,倾角太大将降低锚固效果,且作用于支护结构上的垂直分力增加,可能会造成挡土结构和周围地基沉降。

(二)杆体材料设计

锚杆杆体材料宜用钢绞线、高强钢丝或高强精轧螺纹钢筋等。因其抗拉强度高,可减小钢材用量;运输安装方便,在狭窄空间也可施工;预应力损失也相对较小。国内常用的钢绞线锚索有7 Φ 5和7 Φ 4两种。7 Φ 5锚索,预应力筋强度标准值$f_{ptk}=1\ 570\ \text{N/mm}^2$,$A=138\ \text{mm}^2$;7 Φ 4锚索,$f_{ptk}=1\ 470\ \text{N/mm}^2$,$A=88\ \text{mm}^2$。

当锚杆承载力值较小(抗拔极限承载力小于500 kN),或锚杆长度小于20 m时,锚杆杆体也可采用HRB400级、HRB500级螺纹钢筋。

设计时,锚杆预应力筋的截面面积应按下式设计:

$$A_p \geqslant \gamma_0 \gamma_F \frac{N_k}{f_{py}} \tag{5-36}$$

式中　γ_0——支护结构重要性系数,安全等级为一级、二级、三级的支护结构,γ_0分别不应小于1.1、1.0、0.9;

γ_F——作用基本组合的综合分项系数,不应小于1.25;

N_k——锚杆轴向拉力标准值,kN;

f_{py}——锚杆预应力钢筋抗拉强度设计值,kPa;

A_p——预应力钢筋的截面面积,m^2。

(三)锚固体设计

锚固体设计就是针对特定的地层条件和锚杆形式,确定锚杆的抗拉承载力和锚杆的锚固段长度。

锚杆的极限抗拔承载力应符合下式要求：

$$\frac{R_k}{N_k} \geqslant K_t \tag{5-37}$$

式中　K_t——锚杆抗拔安全系数，安全等级为一级、二级、三级的支护结构，K_t 分别不应小于 1.8、1.6、1.4；

N_k——锚杆轴向拉力标准值，kN；

R_k——锚杆极限抗拔承载力标准值，kN。

锚杆的轴向拉力标准值 N_k 可按下式计算：

$$N_k = \frac{F_h s}{b_a \cos\alpha} \tag{5-38}$$

式中　F_h——挡土构件计算宽度内的弹性支点水平反力，kN；

s——锚杆水平间距，m；

b_a——挡土结构计算宽度，m；

α——锚杆倾角，(°)。

土层锚杆的抗拔力受土层性质、灌浆和锚杆形式的影响。其中，灌浆对锚杆抗拔力起很大的作用，当采取措施（如在锚固端头加堵浆器）增大灌浆压力后，水泥浆会更多地渗入到周围土层中，增加了锚固体与土层的摩阻力，从而增加了锚杆的抗拔力。另外，可以采用二次灌浆方式提高锚杆的极限抗拔力。二次灌浆使得水泥浆冲破有一定强度的注浆体，浆液向土体渗透和扩散，形成不规则的水泥浆嵌固体，使锚杆的抗拔力大大提高。

锚杆极限抗拔承载力应通过抗拔试验确定，也可按下式进行估算，但应通过抗拔试验进行验证：

$$R_k = \pi d \sum q_{sk,i} l_i \tag{5-39}$$

式中　d——锚杆的锚固体直径，m；

l_i——锚杆的锚固段在第 i 土层中的长度，m，锚固段的长度为锚杆在理论直线滑动面以外的长度；

$q_{sk,i}$——锚固体与第 i 土层的极限黏结强度标准值，kPa，应根据工程经验并结合表 5-3取值。

（四）锚杆长度的确定

锚杆的总长度 L 可由下式确定：

$$L = L_a + L_f \tag{5-40}$$

式中　L_a——锚杆锚固段长度，m，根据锚杆满足承载力极限状态条件计算确定；

L_f——锚杆自由度长度，m。

锚杆自由段长度可由下式计算（见图 5-19），同时不应小于 5 m，并应超过潜在滑裂面进入稳定土层 1.5 m：

表5-3 锚杆的极限黏结强度标准值

土的名称	土的状态或密实度	$q_{sk,i}$(kPa)	
		一次常压注浆	二次加压注浆
填土		16~30	30~45
淤泥质土		16~20	20~30
黏性土	$I_L>1$	18~30	25~45
	$0.75<I_L\leqslant 1$	30~40	45~60
	$0.50<I_L\leqslant 0.75$	40~53	60~70
	$0.25<I_L\leqslant 0.50$	53~65	70~85
	$0<I_L\leqslant 0.25$	65~73	85~100
	$I_L\leqslant 0$	73~90	100~130
粉土	$e>0.90$	22~44	40~60
	$0.75\leqslant e\leqslant 0.90$	44~64	60~90
	$e<0.75$	64~100	80~130
粉细砂	稍密	22~42	40~70
	中密	42~63	75~110
	密实	63~85	90~130
中砂	稍密	54~74	70~100
	中密	74~90	100~130
	密实	90~120	130~170
粗砂	稍密	80~130	100~140
	中密	130~170	170~220
	密实	170~220	220~250

注:1.采用泥浆护壁成孔工艺时,应按表中数值取低值后再根据具体情况适当折减。

2.采用套筒护壁成孔工艺时,可取表中的高值。

3.采用扩孔工艺时,可在表中数值基础上适当提高。

4.采用二次压力分段劈裂注浆工艺时,可在表中二次压力注浆数值基础上适当提高。

5.当砂土中的细粒含量超过总质量的30%时,表中数值应乘以0.75。

6.对有机质含量为5%~10%的有机质土,应按表中数值取值后适当折减。

7.当锚杆锚固段长度大于16 m时,应按表取值后适当折减。

$$L_f \geqslant \frac{(a_1 + a_2 - d\tan\alpha)\sin\left(45° - \frac{\varphi_m}{2}\right)}{\sin\left(45° + \frac{\varphi_m}{2} + \alpha\right)} + \frac{d}{\cos\alpha} + 1.5 \tag{5-41}$$

式中 α——锚杆倾角,(°);

a_1——锚杆的锚头中点至基坑底面的距离，m；

a_2——基坑底面至基坑外侧主动土压力强度与基坑内侧被动土压力强度等值点 O 的距离，m；对成层土，当存在多个等值点时应按其中最深的等值点计算；

d——挡土构件的水平尺寸，m；

φ_m——O 点以上各土层按厚度加权的等效内摩擦角，(°)。

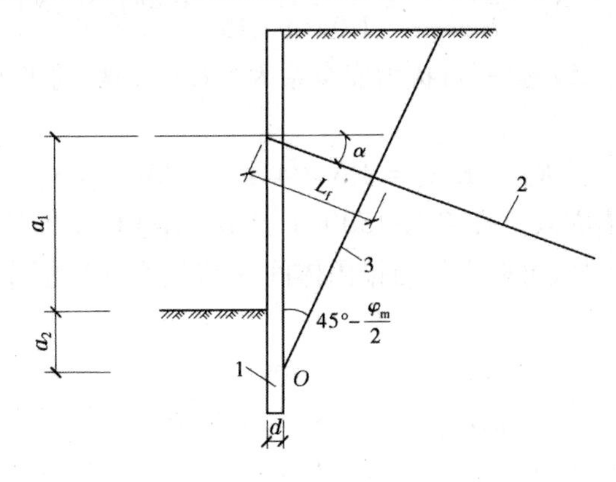

1—挡土构件；2—锚杆；3—理论直线滑动面

图 5-19　理论直线滑动面

【例 5-3】　试根据例 5-1 的地质条件和计算结果，进行土层锚杆设计。已知支护桩墙的计算宽度为 1 000 mm。

解：仅对基坑开挖到设计标高后进行验算。

支护桩的总长度为 22.6 m，基坑深度为 10 m，桩入土深度为 12.6 m，土压力零点位置在坑底下 2.6 m 处，单层锚杆，锚杆与水平面的倾角取为 15°，锚杆水平间距按 2.2 m 布置。

(1)确定自由段长度。锚固点至坑底的距离 $a_1=9$ m，基坑底面至土压力零点的距离 $a_2=2.6$ m，挡土构件水平尺寸 $d=1.0$ m。土压力零点以上土层按厚度的加权平均内摩擦角为

$$\varphi_m=\frac{25\times 8.0+(2.0+2.6)\times 20}{12.6}=23.17°$$

锚杆倾角 $\alpha=15°$，锚杆自由段长度为

$$L_f\geqslant\frac{(a_1+a_2-d\tan\alpha)\sin(45-\frac{\varphi_m}{2})}{\sin\left(45+\frac{\varphi_m}{2}+\alpha\right)}+\frac{d}{\cos\alpha}+1.5$$

$$=\frac{(9.0+2.6-1.0\times\tan15°)\times\sin\left(45°-\frac{23.17°}{2}\right)}{\sin\left(45°+\frac{23.17°}{2}+15°\right)}+\frac{1.0}{\cos15°}+1.5$$

$$=9.1(\mathrm{m})$$

取锚杆自由段长度 $L_f=9.5$ m。

(2)确定锚固段长度。由例5-1可知,挡土构件计算宽度内的弹性支点水平反力 $F_h=194.03$ kN/m(题中的 R_a),锚杆水平间距 $s=2.2$ m,挡土结构计算宽度 $b_a=1.0$ m,锚杆的轴向拉力标准值为

$$N_k=\frac{F_b s}{b_a\cos\alpha}=\frac{194.03\times 2.2}{1.0\times\cos 15^\circ}=441.9(\text{kN})$$

基坑安全等级按二级考虑,抗拔力安全系 $K_t=1.6$,锚杆的极限抗拔承载力标准值 R_k 为

$$R_k\geqslant K_t N_k=1.6\times 441.9=707.1(\text{kN})$$

取 $R_k=708$ kN,锚固段直径 D 按150 mm计算,锚杆位于粉质黏土中,因所需锚固力较大,采用二次压力注浆,可取土体与锚固体间黏结强度标准值 $q_{sk}=60$ kPa,锚固段长度为

$$L_a=\frac{R_k}{\pi D q_{sk}}=\frac{708}{3.14\times 0.15\times 60}=25.1(\text{m})$$

锚杆总长度 $L=9.5+25.1=34.6(\text{m})\approx 35$ m。

(3)确定锚杆预应力截面面积。采用7 Φ 5钢绞线,预应力强度标准值 $f_{py}=1\ 570$ N/mm^2。对二级基坑,结构重要性系数取 $\gamma_0=1.0$,作用基本组合的分项系数取 $\gamma_F=1.25$ m,锚杆轴向拉力设计值为

$$N=\gamma_0\gamma_F N_k=1.0\times 1.25\times 441.9=552.4(\text{kN})$$

预应力筋的截面面积为

$$A_p\geqslant\frac{N}{f_{py}}=\frac{552.4}{1\ 570\times 10^{-3}}=351.8(\text{mm}^2)$$

351.8/138=2.5(根)≈3根,即采用3×7 Φ 5钢绞线,实际 $A=414$ mm^2,可满足要求。

需要说明的是,本例题采用锚杆支护,锚固点距离地面太近,仅1 m,锚固点应适当向下移动。另外,锚杆长度偏长。

(五)桩锚支护结构的稳定性验算

桩锚支护结构的整体破坏形式有两种:一种是从桩脚向外推移,整个体系沿着一条滑缝下滑,造成土体破坏,如图5-20所示;另一种是支护桩、锚杆的共同作用超过土的安全范围,从桩脚处剪力面开始向墙拉裂的方向形成一条深层滑缝,造成倾覆,如图5-21所示。

1.整体稳定性验算

桩锚支护结构的整体稳定性验算通常采用圆弧滑动条分法进行计算,可参考第四章第二节相关内容。

2.锚杆深部破裂面稳定性验算

锚杆深部破裂面失稳是由于锚杆长度不足,锚杆设计拉力过大,从而导致围护结构底部到锚杆锚固段中点附近产生深层剪切滑移,使支护结构倾覆,如图5-21所示。锚杆深层滑移稳定性验算可按德国学者克兰茨(Kranz)方法进行。单层锚杆围护墙的深层滑移稳定性验算如图5-22所示,采用作图分析法,具体步骤如下:

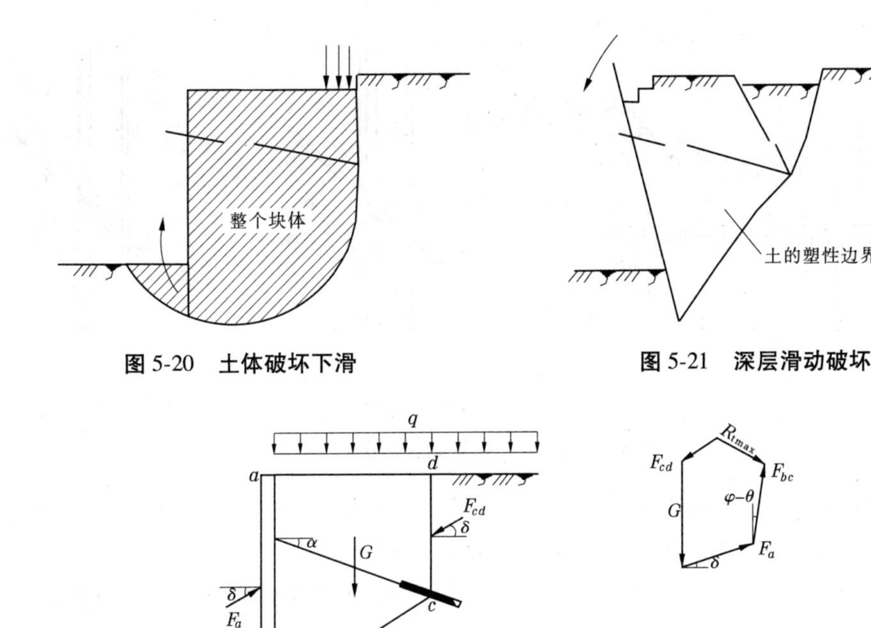

图 5-20　土体破坏下滑

图 5-21　深层滑动破坏

图 5-22　单层锚杆围护墙的深层滑移稳定性验算

(1)通过锚固段中点 c 与围护墙的假想支撑点 b 连成一直线,再过 c 点作竖直线交地面于 d 点,确定土体稳定性验算的范围。

(2)力系验算,包括土体自重及地面超载 G,围护墙主动土压力的合力 F_a,cd 面上土体主动土压力的合力 F_{cd},bc 面上的合力 F_{bc}。

(3)作多边形,求出力多边形的平衡力,即锚杆拉力 R_{tmax};

(4)按下式计算深层滑移稳定性安全系数 K_{ms}:

$$K_{ms}=\frac{R_{tmax}}{N_t} \tag{5-42}$$

式中　N_t——土层锚杆设计轴向拉力,$N_t=\dfrac{T_d}{\cos\theta}$;

K_{ms}——深层滑移稳定安全系数,可取 1.2~1.5,一级基坑取 1.5。

两层及两层以上土锚挡墙深层滑移稳定性,其验算方法与单层锚杆相同。所不同的是滑动楔体中存在与锚杆排数相同的多个滑裂面,需对每一个滑裂面进行验算,确保每一个滑裂面都满足规定的安全度要求。

此外,当锚固段的中点低于基坑开挖面时,可不进行深层滑移稳定性验算。

(六)腰梁的设计

腰梁的立面图和构造图如图 5-23 所示。腰梁的主要作用就是将锚杆和支护桩结合起来共同承担支护桩上的水土压力作用。

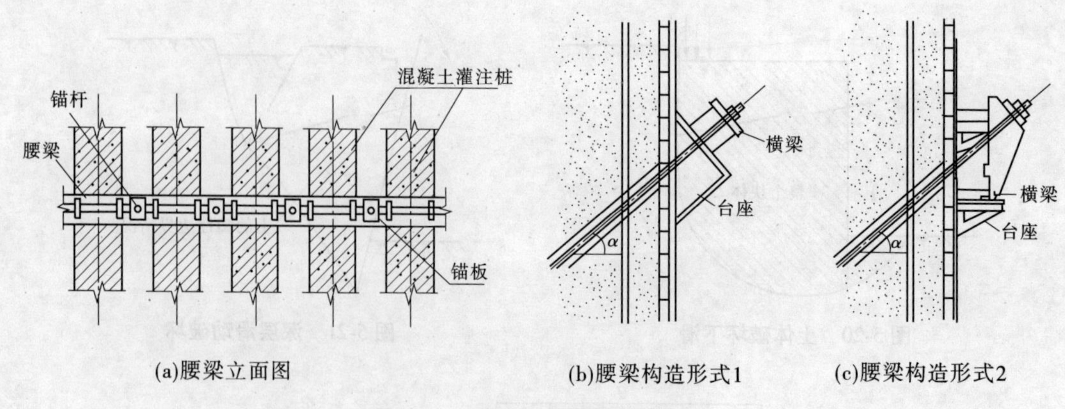

(a)腰梁立面图　(b)腰梁构造形式1　(c)腰梁构造形式2

图5-23　腰梁的立面图和构造图

腰梁的材料一般为型钢(I型钢)或钢筋混凝土。钢腰梁可按承受弯矩及剪力的钢梁来设计,钢筋混凝土腰梁则可按照一般钢筋混凝土梁进行设计。

在实际工程中,锚杆通常需要施加预加力,锚杆的预加力通过腰梁传递给支护桩上的台座,从而对支护桩起到支撑作用。因此,在设计腰梁时,一般将腰梁视为五跨连续梁进行计算,即以台座为固支点,而锚杆的拉力则视为集中力作用在连续梁上。

需要注意的是,腰梁有两种设置方法:一种是斜的,如图5-23(b)所示,腰梁与锚杆轴向一致,此时,作用在腰梁上的集中力即为锚杆的轴向力 N;另一种是水平的,如图5-23(c)所示,与锚杆成 α 角,计算腰梁时,腰梁上的作用力为锚杆作用力的竖向分力 $N\sin\alpha$。

三、桩锚支护结构的施工

桩锚支护结构的施工顺序总体如下:

(1)施工截水帷幕与支护排桩。

(2)施工桩顶冠梁。

(3)开挖土方至第一层锚杆标高以下的设计开挖深度,挂网喷射桩间混凝土面层。

(4)逐根施工锚杆。

(5)安装围檩与锚具,待锚杆达到设计龄期后逐根张拉锁定。

(6)继续开挖下一层土方并施工下一排锚杆直至基坑开挖完毕。

锚杆的施工顺序为:钻孔→锚杆的制作与安装→灌浆→预应力张拉。施工时要求锚杆钻孔直径不小于100 mm,杆体与孔壁之间应注浆密实,砂浆强度等级不低于C20。

灌浆材料采用水泥浆时,水灰比宜取0.5~0.55;采用水泥砂浆时,水灰比宜取0.4~0.45,灰砂比宜取0.5~1.0,拌和用砂宜选用中粗砂。

注浆管端部至孔底的距离不宜大于200 mm;注浆及拔管过程中,注浆管口应始终埋入注浆液面内,应在水泥浆液从孔口溢出后停止注浆;注浆后液面下降时,应进行孔口补浆。

采用二次压力注浆工艺时,注浆管应在锚杆末端 $L_a/4\sim L_a/3$(L_a 为锚杆的锚固段长度)范围内设置注浆孔,孔间距宜取 500~800 mm,每个注浆截面的注浆孔宜取 2 个,二次压力注浆液宜采用水灰比 0.5~0.55 的水泥浆;二次注浆管应固定在杆体上,注浆管的出浆口应有逆止构造;二次压力注浆应在水泥浆初凝后、终凝前进行,终止注浆压力不应小于 1.5 MPa。

锚杆应在锚固体的强度达到 15 MPa 或设计强度的 75%后进行张拉锁定;锁定时的锚杆拉力应考虑锁定过程的预应力损失量;预应力损失量宜通过对锁定前、后锚杆拉力的测试确定;缺失测试数据时,锁定时的锚杆拉力可取锁定值的 1.1~1.15 倍。

第五节　双排桩支护结构

一、概述

当场地土较为软弱或基坑开挖深度较大、基坑面积很大时,悬臂支护单桩的抗弯刚度往往不能满足变形控制的要求,但当设置水平支撑又对施工及造价造成很大影响时,可采用双排桩支护结构。

双排桩支护体系是指在地基土中设置两排平行桩,前后两排桩桩体呈矩形或梅花形布置,在两排桩桩顶用刚性冠梁和连梁将两排桩连接,沿坑壁平行方向形成门架式空间结构,这种结构具有较大的侧向刚度,可以有效地限制基坑的变形。

双排桩常见的平面布置形式如图 5-24 所示。

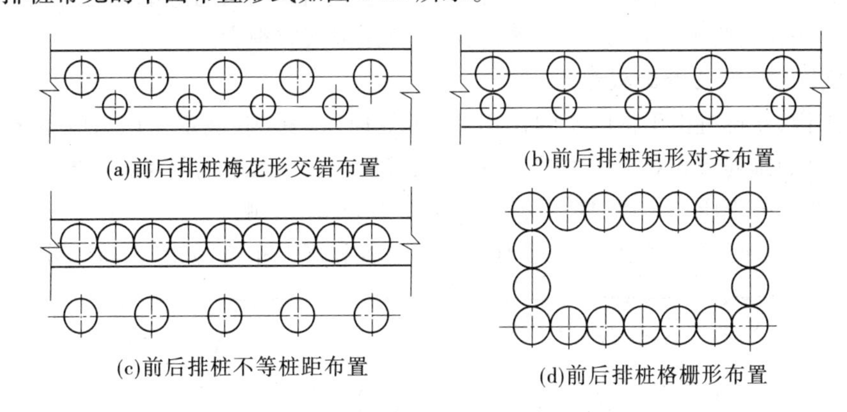

图 5-24　双排桩常见的平面布置形式

一般情况下,双排桩呈悬臂式。但随着基坑开挖深度的增加和对基坑变形限制的提高,目前也出现了双排桩+锚杆的支护形式。此时,双排桩具有更大的抗侧移刚度,能够很好地控制支护结构变形,从而减小基坑开挖对周边环境的影响。

与单排桩支护结构相比,双排桩支护结构具有很多优点:

(1)单排桩支护结构完全依靠嵌入坑底土体内足够的深度来承受桩后的土压力并维持其稳定性,因而坑顶位移和桩身变形较大。双排桩支护结构通过冠梁和连梁与前后排桩形成一个空间门架式结构,整体抗侧移刚度大,支护桩位移明显减小,桩身内力也有所下降,可以支护比单排桩更深的基坑而无须设置内支撑,可以用较小直径的双排桩来代替大直径的单排桩。

(2)双排桩为超静定结构,能够在复杂多变的外荷载作用下自动调整结构本身的内力,使之能适应复杂而又往往难以预计的荷载条件。

(3)双排桩支护结构与桩锚支护结构相比,占用场地少,对环境要求低,在密集的建筑区更具有优势。

(4)双排桩锚杆支护结构比单排桩锚杆支护结构要经济很多,所需支护桩直径更小,可适用于更深的基坑。

二、双排桩的设计计算

双排桩的设计计算较为复杂,首先是作用在双排桩结构上的土压力难以确定,特别是桩间土的作用对前后排桩的影响难以确定,从而导致作用在前后排桩的主动土压力产生变化;其次,由于双排桩支护结构是一个空间门架式结构,其简化计算模型难以建立。

(一)双排桩的内力计算

目前,众多学者对双排桩支护结构的内力计算进行研究,建立了一些计算模型及方法,下面简要介绍三种常见计算方法。

1.桩间土静止土压力模型

假定前排桩桩前受被动土压力,后排桩桩后受主动土压力,桩间土压力为静止土压力,并采用经典土压力理论确定土压力值,以此可求得门式刚架的弯矩及轴向力。这种土压力确定方法较为简单,但反映的因素较少,计算结果误差很大。

2.前后排桩土压力分配模型

一般来说,双排桩由于桩间土的作用和"拱效应"的影响,确定土压力的不定因素很多,前后排桩的排列形式对土压力的分布也起关键作用。因此,需要考虑不同布桩形式的情况下,桩间土的土压力传递对前后排桩的土压力分布的影响。

双排桩前后排桩的布置形式一般有梅花形布置和矩形布置,如图5-25所示。

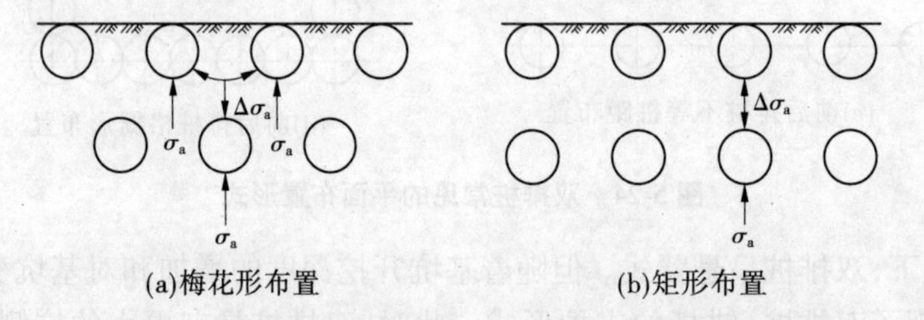

图5-25 双排桩不同布桩形式时桩间土对土压力的传递

1)双排桩梅花形布置

如图5-25(a)所示,由于前、后排桩梅花形布置,所以土体一侧均有主动土压力 σ_a,桩间土的存在会对前、后排桩产生土压力 $\Delta\sigma_a$。桩间土宽度一般很小,一般认为前、后排桩受到桩间土的压力相同。使前排桩的土压力增大,后排桩的土压力减小,于是前、后排桩土压力 p_{af} 和 p_{ab} 分别为

前排桩　　$p_{af} = \sigma_a + \Delta\sigma_a$　　(5-43)

后排桩　　$p_{ab} = \sigma_a - \Delta\sigma_a$　　(5-44)

假定不同深度下 $\Delta\sigma_a$ 与 σ_a 的比值相同,即

$$\Delta\sigma_a = \beta\sigma_a \tag{5-45}$$

式中 β 为比例系数,则式(5-45)可写为

$$p_{af} = (1 + \beta)\sigma_a \tag{5-46}$$

$$p_{ab} = (1 - \beta)\sigma_a \tag{5-47}$$

关于比例系数 β,如图 5-26 所示的基坑开挖示意图,则比例系数 β 可以确定如下:

$$\beta = \frac{2L}{L_0} - \left(\frac{L}{L_0}\right)^2 \tag{5-48}$$

$$L_0 = H\tan(45° - \varphi/2)$$

式中　H——基坑挖深;

L——双排桩排距;

φ——土体内摩擦角。

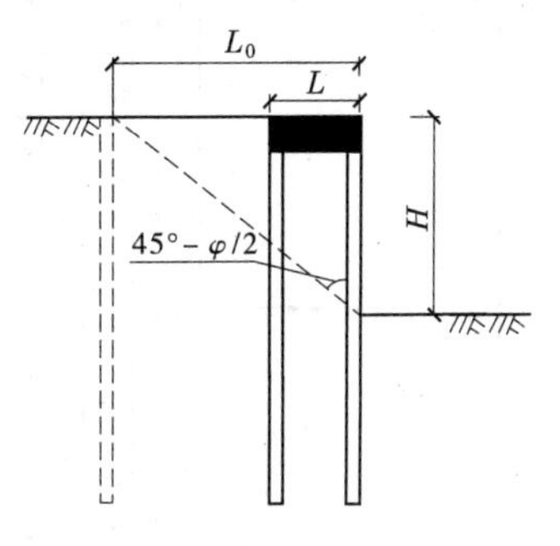

图 5-26　β 计算简图

2)双排桩矩形布置

如图 5-25(b)所示,前、后排桩呈矩形布置,那么主动土压力可以假定作用在后排桩上,桩间土压力同样取 $\Delta\sigma_a$,则前、后排桩的土压力分别为

前排桩　　$p_{af} = \Delta\sigma_a = \beta\sigma_a$　　(5-49)

后排桩　　$p_{ab} = \sigma_a - \Delta\sigma_a = (1 - \beta)\sigma_a$　　(5-50)

同理,$\beta = 2L/L_0 - (L/L_0)^2$,$L_0 = H\tan(45° - \varphi/2)$。

3.《建筑基坑支护技术规程》(JGJ 120—2012)的方法

根据双排桩工程实例总结及通过模型试验与工程实测的研究,《建筑基坑支护技术规程》(JGJ 120—2012)提出了一种双排桩内力计算的简化实用方法。该方法仅适用于前后排桩矩形布置的形式,其计算模型如图 5-27 所示。该计算模型作用在结构两侧的荷载与单排桩相同,不同的是如何确定夹在前后排桩之间土体的反力与变形关系,其采用土的侧限约束假定,认为桩间土对前后排桩的土反力与桩间土的压缩变形有关,将桩间土看作水平向单向压缩体,按土的压缩模量确定水平刚度系数;同时,该模型考虑了基坑开挖桩间土应力释放后存在一定的初始压力对计算土反力的影响,采用桩间土自重占滑动体自重的比例关系确定其初始压力。

采用图 5-27 所示计算模型时,作用在单根后排桩上的主动土压力计算宽度应取排桩间距,前排桩土反力计算宽度与前述单排桩土反力计算宽度相同,如图 5-28 所示。前、后排桩间土对桩侧的压力可按下式计算:

$$p_c = k_c\Delta v + p_{c0} \tag{5-51}$$

式中　p_c——前、后排桩桩间土对桩侧的压力,kPa,可按作用在前、后排桩上的压力相等考虑;

k_c——桩间土的水平刚度系数,kN/m³;

Δv——前、后排桩水平位移的差值,m,当其相对位移减小时为正值,当其相对位移增加时,取 $\Delta v=0$;

p_{c0}——前、后排桩间土对桩侧的初始压力,kPa。

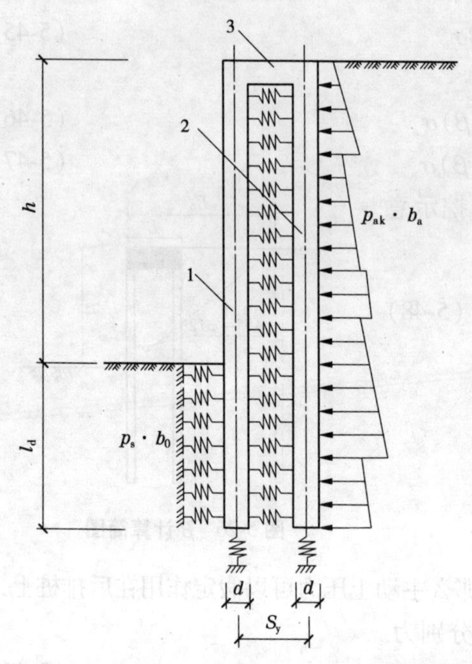

1—前排桩;2—后排桩;3—刚架梁

图 5-27 双排桩计算

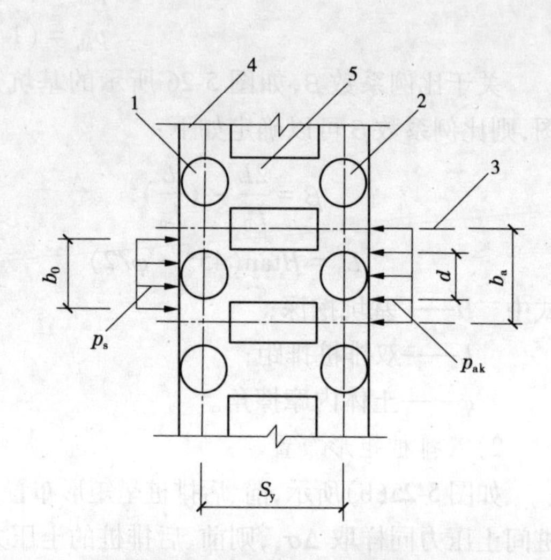

1—前排桩;2—后排桩;3—排桩对称中心线;

4—桩顶冠梁;5—刚架梁

图 5-28 双排桩桩顶连梁及计算宽度

桩间土的水平刚度系数可按下式计算:

$$k_c=\frac{E_s}{S_y-d} \tag{5-52}$$

式中 E_s——计算深度处,前、后排桩间土的压缩模量,kPa,当为成层土时,应按计算点的深度分别取相应土层的压缩模量;

S_y——双排桩的排距,m;

d——桩的直径,m。

前、后排桩间土对桩侧的初始压力可按下式计算:

$$p_{c0}=(2\alpha-\alpha^2)p_{ak} \tag{5-53}$$

$$\alpha=\frac{S_y-d}{h\tan(45^\circ-\varphi_m/2)} \tag{5-54}$$

式中 p_{ak}——支护结构外侧,第 i 层土中计算点的主动土压力强度标准值,kPa;

h——基坑深度,m;

φ_m——基坑底面以上各土层按厚度加权的等效内摩擦角平均值,(°);

α——计算系数,当计算的 $\alpha>1$ 时,取 $\alpha=1$。

(二)稳定性验算

双排桩整体稳定性验算与单排桩相同,可采用第四章第二节中圆弧滑动条分法进行计算。双排桩的嵌固稳定性验算与单排悬臂桩类似,应满足作用在后排桩的主动土压力与作用在前排桩嵌固段上的被动土压力的力矩平衡条件。但与单排桩不同的是,在双排桩的抗倾覆稳定性验算中,其将双排桩与桩间土整体作为力的平衡分析对象,考虑了土与桩自重的抗倾覆作用。计算模型如图 5-29 所示。

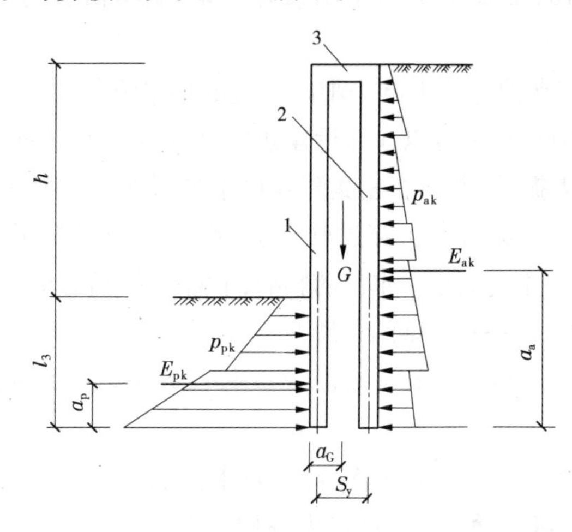

1—前排桩;2—后排桩;3—钢架梁

图 5-29　双排桩抗倾覆稳定性验算

$$\frac{E_{pk}a_p + Ga_G}{E_{ak}a_a} \geqslant K_e \tag{5-55}$$

式中　K_e——嵌固稳定性安全系数;安全等级为一级、二级、三级的双排桩,K_e 分别不应小于 1.25、1.2、1.15;

E_{ak}、E_{pk}——基坑外侧主动土压力、基坑内侧被动土压力标准值,kN;

a_a、a_p——基坑外侧主动土压力、基坑内侧被动土压力合力作用点至双排桩底端的距离,m;

G——双排桩、钢架梁和桩间土的自重之和,kN;

a_G——双排桩、钢架梁和桩间土的重心至前排桩边缘的水平距离,m。

第六节　地下连续墙

一、概述

地下连续墙是区别于传统施工方法的一种较为先进的地下工程结构形式和施工工艺。它是在地面上用特殊的成槽设备,沿着深基坑工程的周边,例如地下结构物的边墙,在泥浆护壁的情况下,开挖出一条狭长的深槽,在槽内放置钢筋笼并浇筑水下混凝土,筑成一段钢筋混凝土墙,然后将若干墙段连成整体,形成一条连续的地下连续墙体。

地下连续墙施工技术起源于欧洲,1950 年在意大利米兰的工程中首先采用了护壁泥浆地下连续墙施工,20 世纪 50~60 年代该项技术在西方发达国家及苏联得到推广。经过

50 多年的改进与推广,地下连续墙技术现已在世界各主要工业国中成为深基坑支护的一种重要手段,在土木工程界被广泛采用。

(一)地下连续墙的优点

地下连续墙技术与其他施工工艺相比具有一系列特殊的优点及其适用条件,具体如下:

(1)可在沉井、板桩支护等施工方法难以实施的环境下作业,对邻近建筑物和地面交通影响较小。例如,法国与日本可以在邻近建筑物 0.5 m 与 0.2 m 以外进行地下连续墙作业。施工时无噪声、无振动,并可在密集建筑群中进行地下工程和深基础施工。

(2)能适应不同的地质条件。可穿过软土层、砂层、砾石或碎石层,进入微风化基岩。深度可达 50 m 甚至更深,不受高地下水位的影响,不需要采取降水措施,因而可避免由于降水对邻近建筑物的影响。在一些复杂的条件下,它几乎成为唯一可采用的有效的施工方法。

(3)符合安全要求。全部工作在地面上进行,劳动条件得到改善,且便于机械化施工。

(4)承载能力高、刚度大。由于其整体性、防水性能和耐久性较好,又有满足不同要求的强度和刚度,因此具有多种功能,可作为各种土木工程的永久性结构,也可兼作临时支护设施。地下连续墙可用于高层建筑、地下铁道、地下贮库、地下厂房、给水排水构筑物、竖井、船坞、船闸、码头和水坝等工程。

(5)可结合逆作法施工,缩短施工总工期。

(二)地下连续墙的缺点

当然,地下连续墙施工方法也存在一定的局限性和不足,具体如下:

(1)对于岩溶地区承压水头很高的砂砾层或很软的黏土,如不采取其他辅助措施,目前尚难采用地下连续墙工艺。

(2)如施工不当或土层条件特殊,容易出现不规则超挖和槽壁坍塌。

(3)现浇地下连续墙的墙面通常较粗糙,如果对墙面要求较高,墙面的平整处理增加了工期和造价。

(4)地下连续墙如仅用作施工期间的临时挡土结构,当基坑开挖深度较小时造价较高,不如采用其他支护形式经济。

(5)需要有一定数量的施工机械和具有一定技术水平的专业施工队伍,限制了该技术的广泛推广;施工现场组织不善时可能造成现场潮湿和泥泞,影响施工,而且增加了对废弃泥浆的处理工作。

(三)地下连续墙的功能分类

按使用功能要求,地下连续墙可作为下列一种或兼作多种结构使用:

(1)临时性挡土结构。在建筑物施工期间可作为基坑的支护结构。

(2)永久性挡土结构。在建筑物使用期间起挡土作用。

(3)防渗结构。用以隔阻渗透水流,将水力梯度和渗流量控制在允许值之内。

(4)竖向承载结构。用作深基础。

(5)可作为其他地下结构使用。

(四)地下连续墙的结构形式

目前,工程中应用的地下连续墙的结构形式主要有壁板式、T形、Π形、格形以及预应力或非预应力U形折板式等几种形式,如图5-30所示。

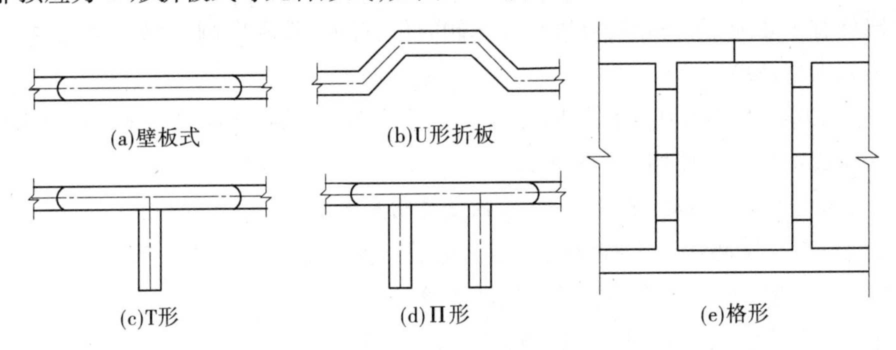

图5-30　地下连续墙的常用结构形式

1.壁板式

壁板式在地下连续墙工程中应用最多,适用于各种直线和圆弧段墙段。壁板式可分为直线壁板式[如图5-30(a)所示]和折线壁板式[如图5-30(b)所示],其中,折线壁板式多用于模拟弧形段或转角位置。

2.T形和Π形地下连续墙

如图5-30(c)和(d)所示,这两种地下连续墙适用于基坑开挖深度较大、支撑竖向间距较大、受到条件限制墙厚无法增加的情况,采用加肋的方式来增加墙体的抗弯刚度。

3.格形地下连续墙

如图5-30(e)所示,是一种将壁板式和T形地下连续墙两种形式组合在一起的结构形式,多用于船坞及特殊条件下无法设置水平支撑的基坑工程,也可用于大型工业基坑工程中;但由于受自身施工工艺的约束,一般槽段数量较多,施工较复杂。

二、地下连续墙设计

(一)规划设计

根据地下连续墙的使用功能、地基岩土条件和施工技术水平,通过方案比较,进行地下连续墙结构设计,直至做出施工计划。

(二)设计原则

地下连续墙结构设计应采用极限状态设计法,满足下列三方面的要求。

1.地基承载力和稳定性的要求

(1)如侧向承载墙所产生的侧向位移不受严格限制,则可允许墙侧部分土体达到极限平衡状态。

(2)基坑开挖期间,为防止基坑土体剪切破坏和丧失稳定性,应具有足够的安全性。

(3)侧向承载墙应具有抗倾覆和抗滑移的稳定性。

(4)在基坑开挖期间,应满足抗渗流稳定性要求,防止流砂、管涌等现象发生。

(5)竖向承载墙应满足地基承载力验算的要求。

2.墙体和地基变形的要求

(1)侧向承载墙的侧向位移不应超过该工程所允许的限定值。同时,作为竖向承载墙或当墙外有重要地下设施时,宜进行墙体侧向位移的计算和监测,以免影响墙体的竖向承载能力和周围环境。

(2)当地基持力层为强风化软质岩石或土层时,竖向承载墙应进行地基变形验算,以免影响房屋或结构物的使用功能和外观。

3.墙体和支撑(或锚碇,下同)构件的强度与刚度要求

(1)地下连续墙墙体对于所承受的侧向荷载和竖向荷载,必须具有足够的承载力和刚度,必要时应进行墙体抗裂和裂缝宽度的验算。

(2)地下连续墙的支撑体系应进行合理的布置,支撑构件应具有足够的承载力和刚度。

(三)设计内容

地下连续墙墙体的结构设计,应根据建筑物的安全等级、场地条件和地基岩土条件的类别、结构特点和功能要求,确定其结构形式、平面布置、墙体宽度和埋深以及单元(槽段)形状和长度,并按各施工阶段和使用阶段的实际情况,分别对下列有关项目进行相应的计算:

(1)作用效应的计算。

(2)墙体和支撑构件的内力及其承载力。

(3)墙体和支撑构件的变形。

(4)基坑土体稳定性验算。

(5)地下连续墙的地基承载力和地基变形。

(6)防渗与抗渗稳定性。

根据工程的特点和要求,在地下连续墙的结构设计中应选用合理的墙体与主体结构构件的连接形式。兼作多种功能使用的地下连续墙,应同时满足各种功能的设计要求。在地下连续墙结构设计中应考虑地下连续墙在施工期间和使用期间与场地周围环境条件的相互影响,防止影响施工作业或危害邻近建筑(包括地下结构、地下管线等设施)事故的发生。

(四)墙体厚度和槽段宽度

地下连续墙的厚度一般为 0.5~1.2 m,而随着成槽设备大型化和施工工艺的改进,墙身厚度可达 2 m 以上。在具体工程中,地下连续墙的厚度应根据成槽机械的规格、墙体的抗渗要求、墙体的受力和变形计算等综合确定。地下连续墙常用的厚度为 0.6 m、0.8 m、1.0 m 和 1.2 m。

确定地下连续墙单元槽段的平面形状和成槽宽度时需综合考虑众多因素,如墙段的结构受力特征、槽壁稳定性、周边环境的保护要求以及施工条件等。一般来说,直线壁板

式槽段宽度不宜大于 6 m,T 形、折线形等槽段各肢宽度总和不宜大于 6 m。

(五)地下连续墙的入土深度

在基坑工程中,地下连续墙既作为承受侧向水压力、土压力的受力结构,同时又兼具隔水作用。因此,地下连续墙入土深度的确定需要综合考虑挡土和隔水两个方面的要求。

1.根据稳定性确定入土深度

作为挡土受力的围护墙体,地下连续墙底部需要插入基底以下足够深度并进入较好的土层,以满足嵌固深度和基坑各项稳定性要求。工程经验表明,在软土地层中,地下连续墙的嵌固深度一般接近或大于开挖深度方能满足稳定性要求;当基底以下为密实的砂层或岩层等承载力较好的岩层时,地下连续墙的嵌固深度可大大减小。

2.根据隔水要求确定入土深度

地下连续墙通常兼作截水帷幕,应满足基坑抗渗流稳定性的要求,这就需要根据基底以下的水文地质条件和地下水控制要求来确定入土深度。当根据地下水控制要求需隔断地下水或增加地下水绕流路径时,地下连续墙底部需要进入隔水层隔断坑内外水力联系,或插入基底以下足够深度以确保形成可靠的隔水边界。

(六)内力、变形计算及承载力验算

1.内力与变形计算

地下连续墙的内力可采用等值梁法、静力平衡法等方法计算得到,具体计算方法可参见本章第二节相关内容,但这些方法无法进行地下连续墙的变形计算。因此,目前地下连续墙的内力和变形通常采用平面弹性支点法进行计算,具体方法可参见本章第二节相关内容。另外,对于具有明显空间效应的深基坑工程,可采用空间弹性地基板法进行计算;而对于复杂的基坑工程,则需要采用连续介质有限元法进行计算。

在进行地下连续墙的内力和变形计算时,应按照主体工程地下结构的梁板布置以及施工条件等因素,合理确定支撑标高和基坑分层开挖深度等计算工况,并按基坑内外实际状态选择计算模式,考虑基坑分层开挖、支撑分层设置,以及换撑拆撑等工况在时间上的先后顺序和空间上的不同位置,进行各种工况下的连续完整的设计计算。

2.承载力验算

应根据各工况内力计算包络图对地下连续墙进行截面承载力验算和配筋计算。常规的壁板式地下连续墙需进行正截面受弯、斜截面受剪承载力验算,当需竖向承载时,还需进行竖向受压承载力验算。对于圆筒形地下连续墙,除上述验算内容外,尚需进行环向受压承载力验算。

当地下连续墙仅用作基坑围护结构时,应按照承载能力极限状态对地下连续墙进行配筋计算,当地下连续墙在正常使用阶段又作为主体结构时,应按照正常使用极限状态根据裂缝控制要求进行配筋计算。

三、地下连续墙的构造要求

(一)墙身混凝土的构造要求

地下连续墙墙身混凝土强度等级不应低于 C30,水下浇筑时混凝土强度等级按相关规范要求提高。墙体和槽段接头应满足防渗设计要求,混凝土抗渗等级不宜小于 P6 级。地下连续墙主筋保护层在基坑内侧不宜小于 50 mm,在基坑外侧不宜小于 70 mm。

地下连续墙的混凝土浇筑面宜高出设计标高以上 300~500 mm,凿去浮浆层后的墙顶标高和墙体混凝土强度应满足设计要求。

(二)钢筋笼的构造要求

地下连续墙钢筋笼由纵向钢筋、水平钢筋、封口钢筋和构造钢筋构成,如图 5-31 所示,具体要求如下:

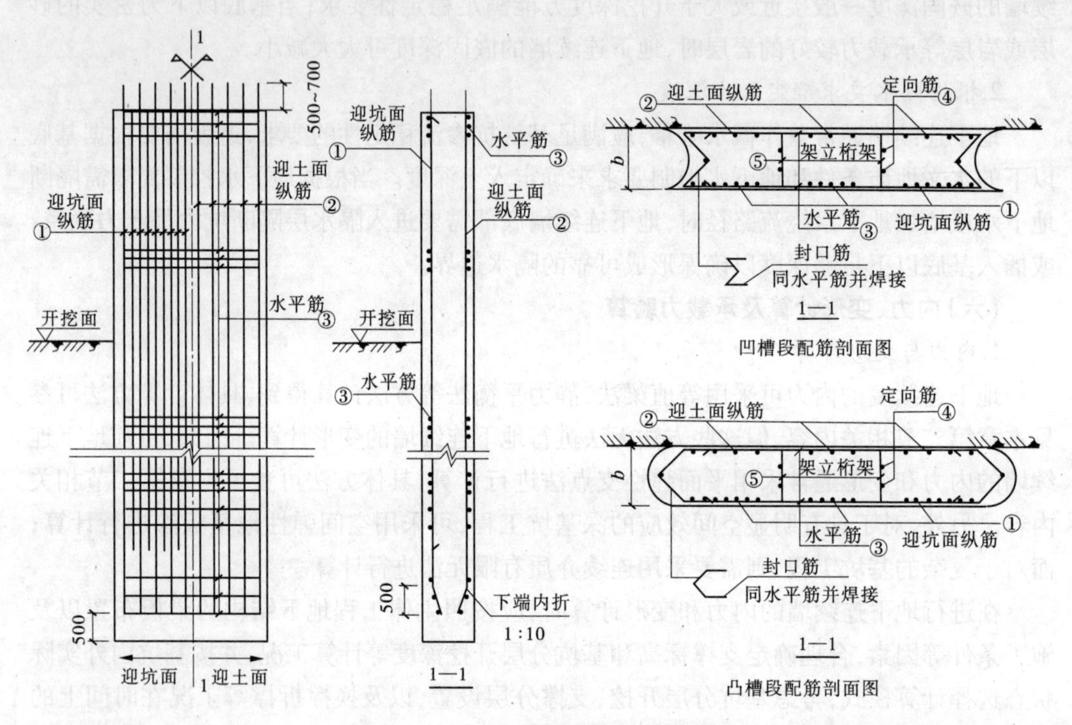

图 5-31　地下连续墙槽段典型配置图

(1)纵向钢筋沿墙身均匀配置,且可按受力大小沿墙体深度分段配置;纵向钢筋宜采用 HRB400 级或 HRB500 级钢筋,钢筋直径不宜小于 16 mm,钢筋的净距不宜小于75 mm。当地下连续墙纵向钢筋配筋量较大,钢筋布置无法满足净距要求时,实际工程中常采用将相邻两根钢筋合并绑扎的方法来调整钢筋净距,以确保混凝土浇筑密实。纵向钢筋应尽量减少钢筋接头,并有一半以上通长配置。

(2)水平钢筋及构造钢筋宜选用 HPB300 级或 HRB400 级钢筋,直径不宜小于 12 mm,水平钢筋间距宜取 200~400 mm。

(3)封口钢筋直径同水平钢筋,竖向间距同水平钢筋或按水平钢筋间距间隔设置;封口钢筋与水平钢筋宜采用等强焊接。

(4)此外,应根据吊装过程中钢筋笼的整体稳定性和变形要求配置架立桁架等构造加强钢筋。

钢筋笼两侧的端部和接头管或相邻墙段混凝土接头面之间应留有不大于 150 mm 的

间隙,钢筋下端 500 mm 长度范围内宜按 1∶10 收成闭合状,且钢筋笼的下端与槽底之间宜留有不小于 500 mm 的间隙。

单元槽段的钢筋笼宜在加工平台上装配成一个整体,一次性整体沉入槽中;当单元槽段的钢筋笼必须分段装配沉放时,上、下段钢筋笼的连接宜采用机械连接,并采取地面预拼装措施,以便上、下段钢筋笼快速连接,接头的位置宜选在受力较小处,并相互错开。

另外,在墙体转折处或纵横墙体相交处,钢筋笼的构造如图 5-32 所示。

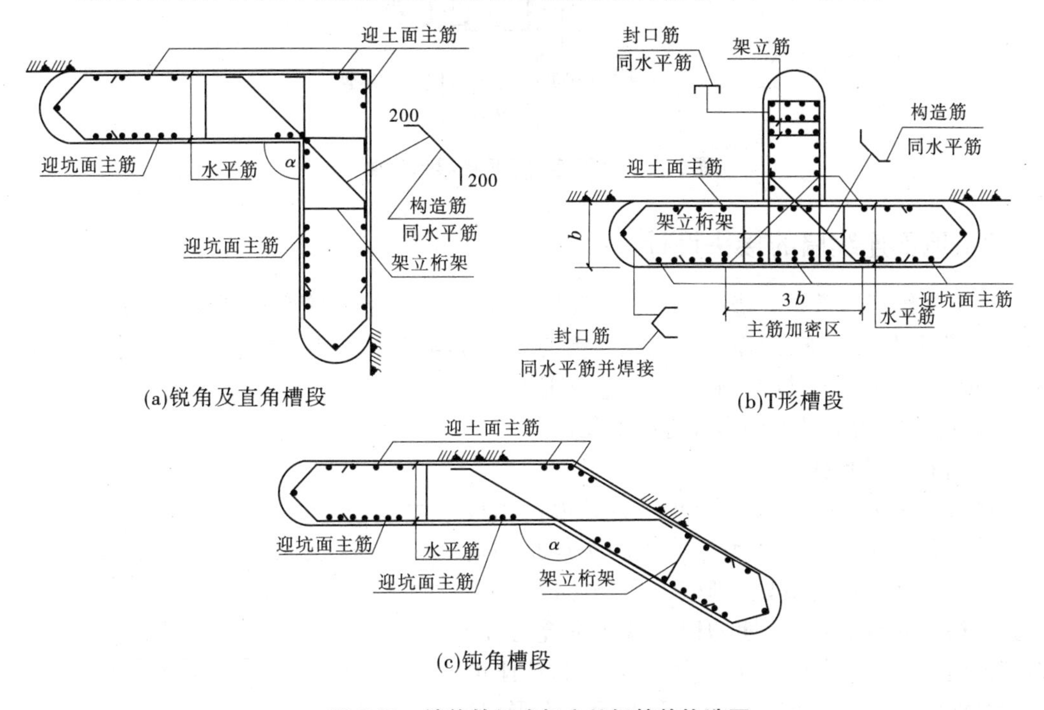

图 5-32　墙体转折或相交处钢筋笼构造图

①转角槽段。转角槽段小于 180°角侧水平钢筋锚入对边墙体内应满足锚固长度要求,且宜与对边水平钢筋焊接,并宜设置斜向构造钢筋,以加强转角槽段吊装过程中的整体刚度。

②T 形槽段。T 形槽段外伸腹板宜设置在迎土面一侧,以防止影响主体工程施工。根据相关规范进行 T 形槽段截面设计和配筋计算,翼板侧受拉区钢筋可在腹板两侧各 1 倍墙厚范围内均布。

(三)墙顶圈梁的构造要求

地下连续墙顶部应设置封闭的钢筋混凝土圈梁,如图 5-33 所示。地下连续墙采用分幅施工时,墙顶设置通长的顶圈梁有利于增强地下连续墙的整体性。顶圈梁宽度不宜小于墙厚,高度不宜小于墙厚的 0.6 倍。顶圈梁宜与地下连续墙迎土面平齐,以便保留导墙,对墙顶以上土体起到挡土护坡的作用,避免对周围环境产生不利影响。顶圈梁钢筋应符合国家标准《混凝土结构设计规范》(GB 50010—2010)对梁的构造配筋要求。顶圈梁用作支撑或锚杆的传力构件或按空间结构设计时,尚应按受力构件进行截面设计。

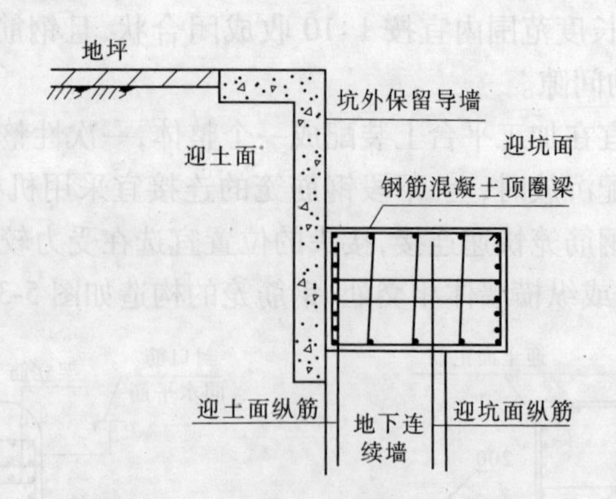

图 5-33　地下连续墙顶圈梁示意图

四、地下连续墙的接头设计

地下连续墙通常是分槽段施工,各槽段之间的连接质量直接影响到墙体的整体受力特性、变形和防渗性能,因而倍受重视。槽段接头应满足受力和防渗要求,并要求施工简便、质量可靠,对下一槽段的施工不会造成困难。

目前,常用的槽段连接形式有以下几种。

(一)接头管接头

接头管接头(见图5-24)是地下连续墙使用最广泛的一种接头形式。该类型接头的优点是构造简单、施工方便、工艺成熟、刷壁方便,并且易于清除先期槽段侧壁泥浆,后期槽段下放钢筋笼方便,造价低廉。由于接头管接头属柔性接头,接头刚度差,整体性较差;其抗剪能力差,受力后易变形;接头呈光滑圆弧面,易产生接头渗水。

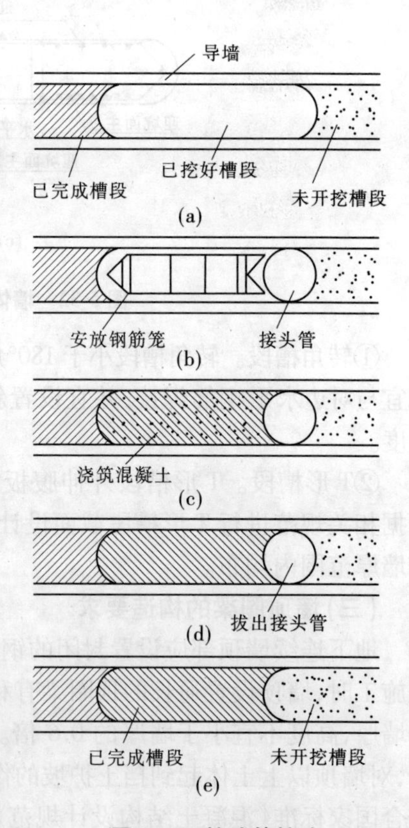

图 5-34　接头管接头

(二)十字钢板接头、I型钢接头、V形接头

这三种接头是目前大型地下连续墙施工中常用的三种接头。这些接头能够有效地传递基坑外的水土压力和竖向力作用,整体性好,特别是当地下连续墙作为主体结构的一部分时,在受力和防水方面均有较大的安全性。

1.十字钢板接头

十字钢板接头是由十字钢板和滑板式接头箱组成的,如图5-35所示。优点是接头处设置了穿孔钢板,增长了渗水路径,防渗漏性能较好,抗剪性能较好。缺点是工序多、施工复杂、难度较大,且刷壁和清除槽段侧壁泥浆有一定困难;抗弯性能不理想;接头处钢板用量大,造价较高。因此,该接头通常在对地下连续墙的整体刚度和防渗有特殊要求时采用。

2.I 型钢接头

该接头是一种隔板式接头,如图 5-36 所示。该型接头能有效地传递基坑外水压力、土压力和竖向应力,整体性较好,且型钢接头不需要拔出,增强了钢筋笼的强度及墙身的刚度和整体性;型钢接头不仅能挡住混凝土外流,还可起到止水作用,大大减小了墙身在接头处的渗漏机会,比接头管的半圆弧接头防渗能力强;吊装方便,接头处的夹泥容易刷洗,不影响接头的质量。

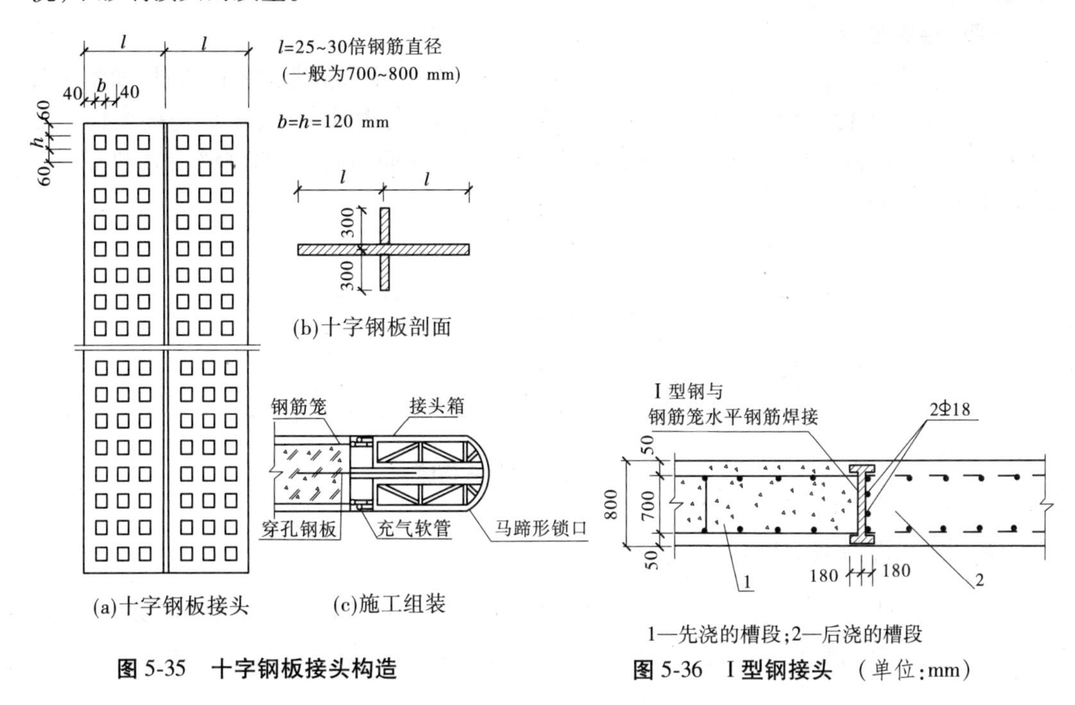

图 5-35　十字钢板接头构造

图 5-36　I 型钢接头　(单位:mm)

但在施工中应当注意,I 型钢接头在防混凝土绕流方面易出现一些问题,尤其是接头位置出现塌方时,若处理不当可能会造成接头渗漏,或出现大量涌水的现象。

3.V 形接头

该接头也是一种隔板式接头,如图 5-37 所示。该接头施工方便,多用于超深地下连续墙。优点是:设有隔板和罩布,能防止先施工槽段的混凝土外溢;钢筋笼和化纤罩布均在地面制作,工序少,施工方便;刷壁清浆方便,易保证接头混凝土质量。缺点是:化纤布施工困难,受风吹、坑壁碰撞、塌方挤压时易损坏;刚度差,受力后易变形,造成接头漏水。

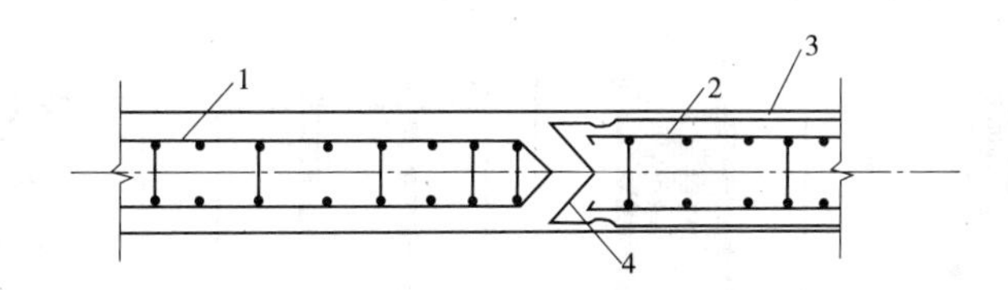

1—后浇槽段钢筋;2—已浇槽段钢筋笼;3—罩布(化纤布);4—钢隔板

图 5-37　V 形接头构造

(三)铣接头

铣接头是利用铣槽机可直接切削硬岩的能力直接切削已成槽段的混凝土,在不采用接头管、接头箱的情况下形成止水良好、致密的地下连续墙接头。

铣接头相对于其他传统接头形式,施工中不需要其他配套设备,可节省 I 型钢或钢板等材料,浇筑混凝土时无混凝土绕流问题。但该接头只能配合铣槽机进行作业,无法与其他成槽机械配合。

(四)接头箱接头

接头箱接头的施工方法与接头管接头相类似,只是以接头箱来代替接头管,如图 5-38 所示。该接头的优点是整体性好,刚度大,受力变形小,防渗效果好;缺点是接头构造复杂,施工工序多,施工麻烦,刷壁清浆困难,伸出的接头钢筋易碰弯,给刷壁清浆和安放后浇槽段钢筋笼带来一定困难。

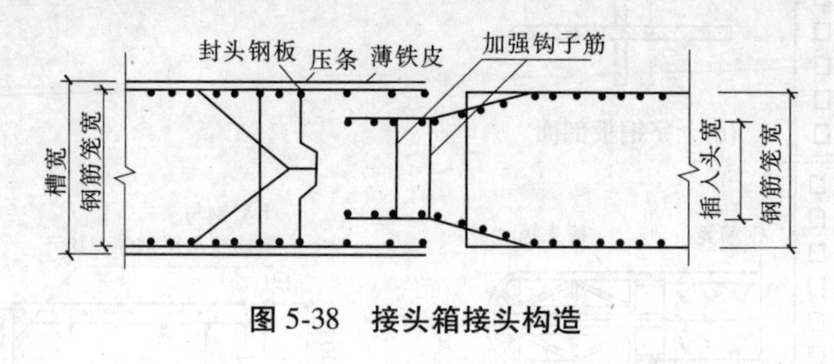

图 5-38　接头箱接头构造

五、地下连续墙的施工

地下连续墙的施工包括修筑导墙、制备护壁泥浆、开挖槽段、埋设墙段接头装置(如接头管等)、安放钢筋笼、清除孔底沉渣、导管浇灌(水下)混凝土等工序。其工艺流程如图 5-39 所示。

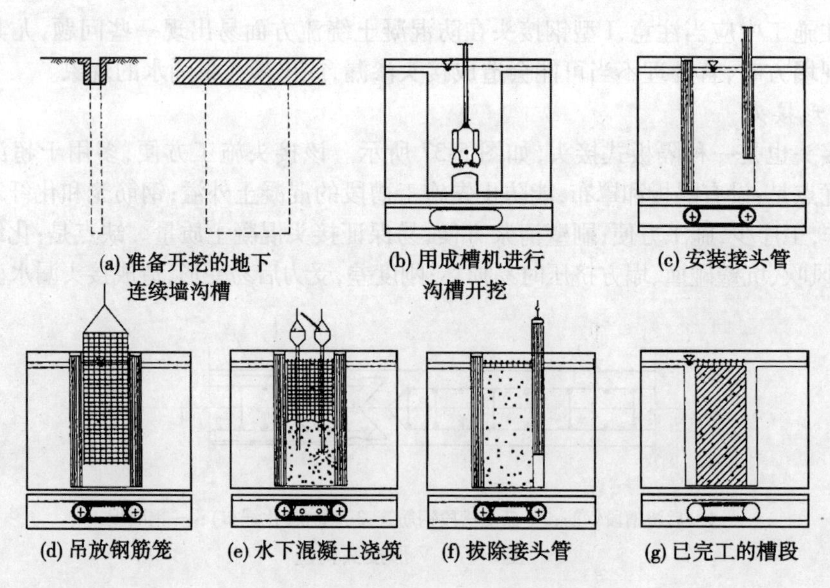

图 5-39　地下连续墙施工程序示意图

（一）修筑导墙

导墙一般为现浇钢筋混凝土结构，主要作用是：挖槽、造孔导向；储存泥浆；维护槽壁稳定，避免塌方；支撑造孔开槽机械设备的荷载等。

常见的导墙断面形式有三种，如图 5-40 所示。

（二）护壁泥浆的制备

护壁泥浆的制备与管理是地下连续墙施工的关键工序之一。护壁泥浆的主要作用如下：

（1）护壁作用。泥浆在槽壁上会形成一层透水性很低的泥皮，能有效防止槽壁剥落，还可以减少槽壁的透水性。

（2）携渣作用。泥浆具有一定的黏度，它能将钻头式成槽机成槽时挖下的土渣悬浮起来，便于土渣随同泥浆一同排出槽外。

（3）冷却和润滑作用。泥浆可降低钻具连续冲击或回转而引起的升温，又具有润滑作用，从而降低钻具的磨损。

目前，工程中大量使用的主要是膨润土泥浆。膨润土泥浆是以膨润土为主及 CMC（羧甲基钠纤维素，又称人造糨糊、增黏剂、降失水剂）、纯碱（分散剂）等为辅的泥浆制备材料，利用 pH 值接近中性的水按一定比例进行拌制而成。

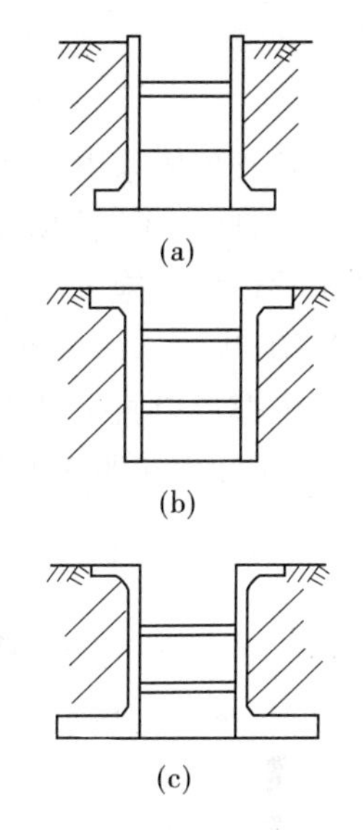

图 5-40　常见导墙断面形式

（三）挖槽和清槽

挖槽是地下连续墙的主要工序，其技术要点是：

（1）槽段划分。即确定单元槽段的长度，它既是进行一次性挖掘的长度，也是一次性浇筑混凝土的长度，应综合考虑地质条件、对邻近建筑物的影响、钢筋笼吊装和混凝土的供给能力确定，一般情况下，单元槽段长度 4～6 m。

（2）槽段开挖。常用钻抓机成槽或多头钻成槽机开挖等。

（3）清槽。无论采用何种施工方法，必须对残留在槽底的土渣、杂物进行清除，可采用吸力泵、空气压缩机和潜水泵等进行排渣。

（四）钢筋笼的制作与吊放

钢筋笼一般在工厂平台上制作，要求非常平直。吊装时按单元槽段组成整体吊装，或分段连接。钢筋笼的吊放应缓慢进行，放到设计标高后，将其搁置在导墙上定位。

（五）灌注混凝土

在槽内泥浆中通过导管向槽中灌注混凝土，导管数量与槽段长度和管径有关。槽段长度不大于 6 m 时，混凝土宜采用两根导管同时浇筑；槽段长度大于 6 m 时，混凝土宜采用三根导管同时浇筑。每根导管分担的浇筑面积应基本均等。钢筋笼就位后应及时浇筑混凝土。混凝土浇筑过程中，导管埋入混凝土面的深度宜为 2.0～4.0 m，浇筑液面的上升速度不宜小于 3 m/h。混凝土浇筑面宜高于地下连续墙设计顶面 500 mm。

另外，混凝土的密实度只能依靠其自重和灌注时产生的局部振动来实现，因此混凝土拌和料级配及流动性要求严格，施工工艺要求较高。

(六)槽段的连接

地下连续墙单元之间靠接头连接,接头通常要满足受力和防渗要求,而施工又要求简单。地下连续墙常采用的接头形式可参见本章内容。

第七节　内支撑体系

基坑支护体系由两部分组成:一是围护桩墙;二是内支撑或者土层锚杆,它们与支护桩墙一起,增强了围护结构的整体稳定性,不仅直接关系到基坑的安全和土方开挖,对基坑的工程造价和施工进度影响也很大。作用在挡墙上的水土压力可以由内支撑有效地传递和平衡,也可以由坑外设置的土锚维持其平衡;支撑系统还能减少支护结构的位移。

内支撑可以直接平衡两端围护墙上所受到的侧压力,构造简单,受力明确。在软土地区,特别是在建筑密集的城市中,内支撑应用较为广泛。

一、内支撑体系设计

(一)支撑材料的选择

目前,基坑工程中采用的内支撑系统,按其材料可分为钢管支撑、型钢支撑和钢筋混凝土支撑。根据实际工程情况,有时也会在同一个基坑中采用钢结构和钢筋混凝土的组合式支撑。

钢支撑具有自重小、安装拆除方便,且可以重复使用等优点。根据土方开挖进度,钢支撑可以做到随挖随撑,并可施加预紧力,这对控制墙体变形是十分有利的。因此,在一般情况下,应优先采用钢支撑。然而,钢支撑整体刚度较差,安装节点较多,当节点构造不合理,或施工不当、不符合设计要求时,往往容易造成节点变形和钢支撑变形,进而造成基坑支护体系过大的水平位移。有时甚至由于节点破坏,造成断一点而整体破坏的严重后果。对此,应通过合理设计、严格现场管理和提高施工技术水平等措施加以控制。

现浇钢筋混凝土支撑具有较大的刚度,适用于各种复杂平面形状的基坑。现浇节点不会产生松动而增加墙体位移。工程实践表明,在钢支撑施工技术水平不高的情况下,钢筋混凝土支撑具有更高的可靠性。但混凝土支撑存在自重大、材料不能重复使用、安装和拆除需要较长工期等缺点。当采用爆破方法拆除支撑时,会出现噪声、振动以及碎块飞出等危害,在市区施工时应予注意。此外,由于混凝土支撑从钢筋、模板、浇捣至养护的整个施工过程需要较长的时间,难以做到随挖随撑,这对控制墙体变形是不利的,大型基坑的下部支撑采用钢筋混凝土时应特别慎重。

(二)内支撑体系的结构形式

1.单跨压杆式支撑

如图5-41所示,当基坑平面呈窄长条状且短边的长度不很大时,采用该种形式具有受力明确、施工安装方便等优点。

2.多跨压杆式支撑

当基坑平面尺寸较大、支撑杆件在基坑短边长度下的极限承载力尚不能满足围护体系的要求时,就需要在支撑杆件中部设置若干支点,从而组成了多跨压杆式支撑体系,如

图 5-42 所示。

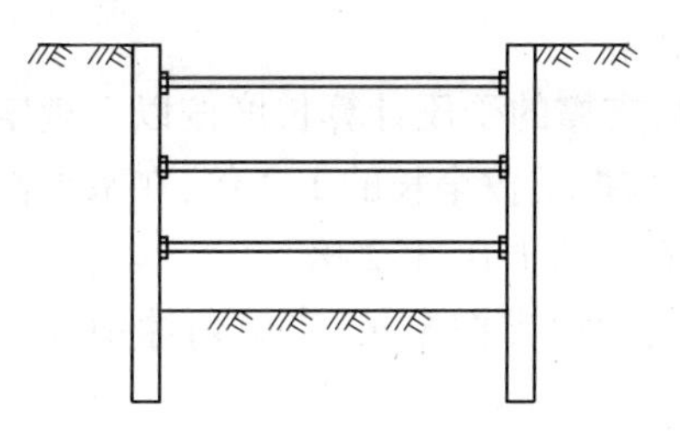

图 5-41　单跨压杆式支撑

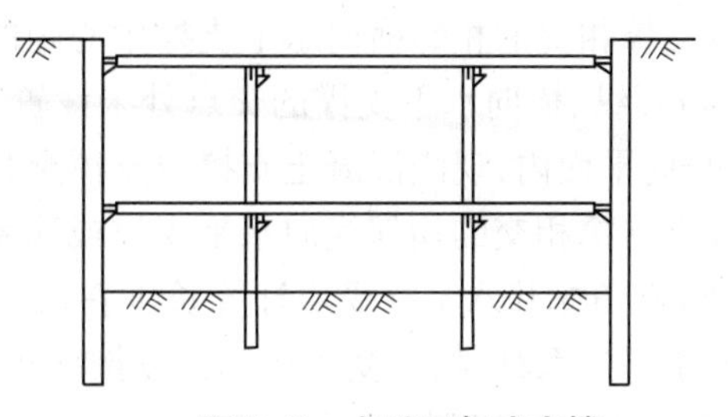

图 5-42　多跨压杆式支撑

(三)内支撑布置的基本形式

一般情况下,内支撑布置的基本形式有水平支撑体系和竖向斜撑体系两种。

(1)水平支撑体系由围檩(布置在围护墙内侧,并沿水平方向四周兜转的圈梁)、水平支撑和立柱组成,如图 5-43 所示。水平支撑包括:贯通基坑全长或全宽的对撑或对撑桁架,位于基坑角部两邻边之间的斜角撑或斜撑桁架,位于对撑或对撑桁架端部的八字撑,由围檩和靠近基坑边的对撑为弦杆的边桁架,支撑之间的连系杆等。

水平支撑体系整体性好,水平力传递可靠,平面刚度较大,适合于大小深浅不同的各种基坑,适用范围较广。

(2)竖向斜撑体系由围檩、竖向斜撑、斜撑基础、水平连系杆以及立柱等组成,如图 5-44所示。

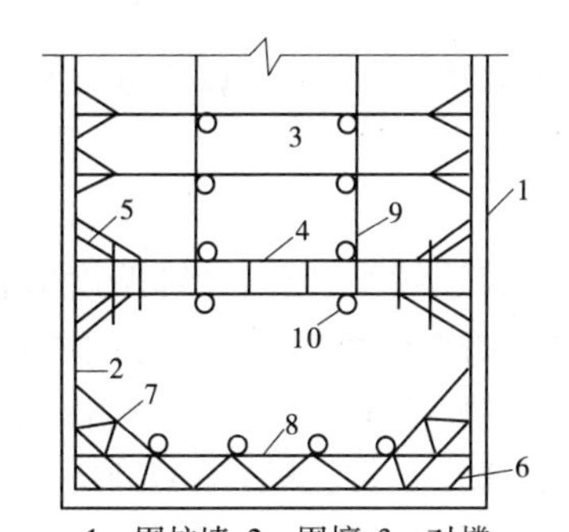

1—围护墙;2—围檩;3—对撑;
4—对撑桁架;5—八字撑;6—斜角撑;
7—斜撑桁架;8—边桁架;9—连系杆;10—立柱

图 5-43　水平支撑体系

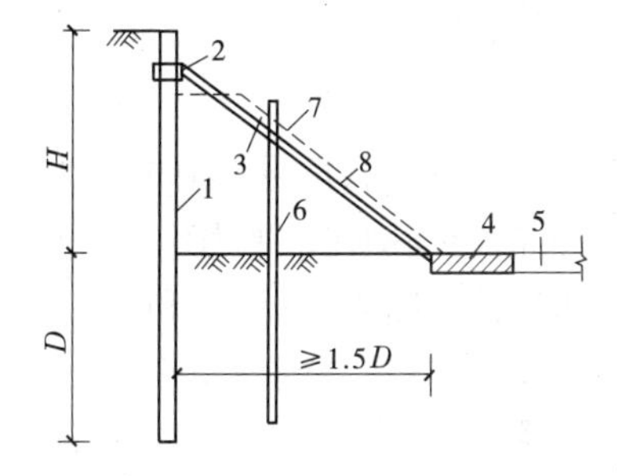

1—围护墙;2—檩条;3—斜撑;4—斜撑基础;
5—基础压杆;6—立柱;7—土坡;8—连系杆

图 5-44　竖向斜撑体系

竖向斜撑体系要求土方采取“盆形”开挖,即先开挖中部土方,沿四周围护墙边预留土坡,待斜撑安装后,再挖除四周土坡。基坑变形受到土坡和斜撑基础变形的影响,一般适用于环境保护要求不高、开挖深度不大的基坑。对于平面尺寸较大、形状复杂的基坑,采用竖向斜撑方案可以获得较好的经济效果。

(四)内支撑的受压计算长度

内支撑的受压计算长度可按下述方法确定:

(1)竖向平面内,取相邻立柱的中心距。

(2)水平面内,取与计算支撑相交的横向水平支撑的中心距。

(3)对于钢支撑,当纵、横向支撑不在同一平面内相交时,平面内的受压计算长度取与计算支撑相交的相邻横向水平支撑中心距的 1.5 倍。

(4)当纵、横向水平支撑的交点处未设置立柱时,支撑的受压计算长度按以下规定确定:在竖向平面内,现浇混凝土支撑取支撑全长,钢支撑取支撑全长的 1.2 倍;在水平面内取与计算支撑相交的相邻横向水平支撑或连系杆中心距的 1.0~1.2 倍。

(5)斜角撑和八字撑受压计算长度在两个平面内均取支撑全长;当斜角撑中间没有立柱或水平连系杆时,其受压计算长度按前述方法确定。

(五)内支撑体系的设计计算

1.内力变形的计算

作用于内支撑上的荷载主要由以下几部分构成:水平荷载有由水土压力和基坑外的地面荷载及相邻建筑物引起的围护墙侧向压力,对于钢支撑还有给主撑施加的预加轴力以及温度变化等引起的水平荷载;竖向荷载主要有支撑结构自重以及支撑顶面的施工活荷载,通常取 4 kPa。

内支撑体系的空间计算模型通常采用以下几种计算方法:将支撑结构从整个支护结构中截离出来,在截离处作用着支护结构按简化平面计算模型计算得到的水平反力以及其他荷载(如预加轴力),用空间杆系模型程序对支撑系统进行计算。

当支撑体系平面形状比较规则,支撑杆件相互正交时,可按下列简化方法计算:

(1)支撑轴力。按围护墙沿围檩长度方向的水平反力乘以支撑中心距计算。当支撑和围檩斜交时,按水平反力沿支撑长度方向的投影计算。

(2)竖向荷载作用下,支撑的内力和变形按单跨或多跨梁计算,计算跨度取相邻立柱的中心距。

(3)立柱轴向力,取纵、横向支撑的支座反力之和。

(4)混凝土围檩在水平力作用下的内力和变形按多跨连续梁计算,计算跨度取相邻支撑点的中心距。钢围檩的内力和变形按简支梁计算,计算跨度取相邻水平支撑的中心距。

(5)当水平支撑与围檩斜交时,尚应考虑水平力在围檩长度方向引起的轴向力作用。

对于平面形状较为复杂的支撑体系,可按空间杆系模型计算,计算模型的边界条件按以下原则确定:

(1)在支撑与围檩、立柱的节点处,以及围檩转角处设置竖向铰支座或弹簧。

(2)基坑四周与围檩长度方向正交的水平荷载为不均匀分布,或者支撑刚度在平面内分布不均匀,可在适当位置上设置避免模型整体平移或转动的水平约束。

2.支撑构件截面承载力的计算

开挖面以下立柱的竖向和水平承载力按单桩承载力验算,立柱应按偏心受压杆件计算。截面的弯矩应包括下列各项:

(1)竖向荷载对立柱截面形心的偏心弯矩。

(2)水平支撑标高处大小为支撑轴向力的 1/50 的水平力对立柱产生的弯矩。

(3)土方开挖时,作用于立柱的侧向土压力引起的弯矩。

立柱受压的计算长度取竖向相邻层的水平支撑的中心距,最下面一道支撑以下的立柱取改道支撑以下的支撑线至开挖面以下 5 倍的立柱直径(或边长)处的距离。

通常情况下,围檩截面承载力可按水平向受弯构件来计算。当围檩与水平支撑斜交或围檩作为边桁架的弦杆时,应按偏心受压构件计算,围檩的受压计算长度取相邻支撑点的中心距。对于钢围檩,当拼接点按铰接考虑时,其受压计算长度取相邻支撑点中心距的1.5倍。

支撑杆件截面承载力应按偏心受压构件来计算。截面偏心弯矩包括由竖向荷载产生的弯矩以及支撑轴力对构件初始偏心矩产生的弯矩。构件截面的初始偏心矩可取支撑计算长度的2/1 000~3/1 000,对于混凝土支撑不宜小于20 mm,对于钢支撑则不宜小于40 mm。现浇钢筋混凝土支撑在竖向平面内的支座弯矩可乘以0.8~0.9的折减系数,但跨中应相应增加。当支撑的内力计算未考虑预加轴力或温度变化的影响时,截面验算时的支撑轴力宜乘以1.1~1.2的增大系数。

(六)内支撑系统的构造要求

1.立柱

基坑开挖面以上的立柱宜采用格构式钢柱、钢管或H型钢。基坑开挖面以下的立柱宜采用直径不小于650 mm的钻孔灌注桩(可利用工程桩),或与开挖面以上的立柱截面相同的钢管或H型钢。当采用钻孔灌注桩时,其上部钢立柱在桩内的插入长度不小于钢立柱长边的4倍,并与桩内钢筋笼焊接。立柱桩在基坑开挖面以下的插入深度宜大于基坑开挖深度的2倍,且应穿过淤泥或淤泥质土层。立柱的长细比应不大于25。

2.围檩

钢围檩的截面宽度宜大于300 mm,可采用H型钢、I型钢或槽钢以及它们的组合。钢围檩的现场拼接点位置应尽量靠近支撑点,且不宜超过围檩计算跨度的三分点以外。钢围檩安装前,应在围檩墙上设置牛腿。安装牛腿可采用角钢或直径不小于25 mm的钢筋与围护墙主筋或预埋件焊接组成钢筋牛腿,其间距不宜大于2 m,牛腿焊接由计算确定。钢围檩与钢筋混凝土围护墙之间应留设宽度不小于60 mm的水平向通长孔隙,并用强度等级不低于C30的细石混凝土填实。支撑杆件与围檩斜交时,在围檩与围护墙之间应设置由计算确定的剪力传递构造。此时,嵌填混凝土的宽度应满足剪力传递构件的锚固要求。

钢筋混凝土围檩应与钢筋混凝土杆件整体浇筑在同一平面内,基坑平面转角处的纵横向围檩应按刚节点处理。围檩的宽度不应小于其水平向计算宽度的1/8,截面高度不应小于支撑的截面高度。围檩与围护墙之间不应留有间隙,与围护墙之间可通过吊筋连接。吊筋的间距一般不大于1.5 m,直径应根据围檩及水平支撑的自重由计算确定。当与地下连续墙之间传递水平剪力时,应在墙体上沿围檩长度方向预留由计算确定的剪力钢筋或剪力槽。

3.支撑杆件

钢支撑构件可采用钢管、型钢及其组合截面。钢支撑受压杆件长细比不应大于150,受拉杆件长细比不应大于200。钢支撑杆件的构造应符合《钢结构设计标准》(GB 50017—2017)的有关规定,构件的拼接宜采用螺栓连接,必要时可采用焊接连接,拼接点的强度不应低于构件的截面强度。现浇混凝土支撑杆件的构造应符合《混凝土结构设计规范》(GB 50010—2010)的有关规定,混凝土的强度等级不应低于C25,支撑构件的截面高度不宜小于其竖向平面内计算长度的 1/20。

4.连接节点

立柱与水平支撑的连接可采用铰接构造,但连接件在竖向和水平向的连接强度应大于支撑轴力的 1/50。当采用钢牛腿连接时,钢牛腿的强度和稳定性应由计算确定。钢支撑杆件与钢围檩的连接可采用焊接或螺栓连接,节点处支撑与围檩的翼缘和腹板均应焊接加劲板。加劲板的厚度不小于 10 mm,焊缝高度不小于 6 mm。

5.钢筋混凝土结构配筋

支撑杆件与围檩的纵向钢筋直径不宜小于 16 mm,沿截面四周纵向钢筋的最大间距应小于 200 mm;箍筋直径不应小于 8 mm,间距不应大于 250 mm;支撑的纵向钢筋在围檩内的锚固长度不宜小于 30 倍的钢筋直径。

二、内支撑体系的施工

内支撑体系的施工应满足下列要求:

(1)内支撑安装及浇筑的容许偏差应符合有关规定。

(2)支护施工与挖土的关系。

钢支撑安装应采用开槽架设,对于现浇钢筋混凝土支撑,必须在混凝土强度达到设计强度的 80%以上才能开挖内支撑以下的土方,确保先支后挖。土方分层分区开挖时,内支撑可随着开挖进度分区安装,且一个区段内的内支撑应形成整体。当内支撑顶面需要运行挖土机械时,内支撑顶面的安装标高宜低于坑内土面 20~30 cm,钢支撑与基坑土之间的空隙应用粗砂回填,并在挖土机及土方车辆的通道处架设走道板。

(3)换撑。

利用主体结构换撑时,主体结构的楼板或底板混凝土强度应达到设计强度的 80%以上。在主体结构与支护墙之间可设置可靠的传力结构。在主体结构楼盖局部缺少部位时,应在适当部位设置临时内支撑体系,内支撑截面应力按换撑传力要求,由计算确定。当主体结构的底板和楼板分块施工或设置后浇带时,应在分块或后浇带的适当部位设置可靠的传力构件。

(4)止水构造措施。

立柱穿过主体结构底板以及内支撑穿越主体结构地下室外墙的部位,必须采取可靠的止水构造措施。

(5)预加轴力。

千斤顶必须有计量装置。施加预加轴力的机具设备及仪表应由专人使用和管理,并定期维护校验,正常情况下每半年校验一次。使用中发现有异常现象时应重新校验。内支撑安装完毕后,应及时检查各节点的连接情况,经确定符合要求后方可施加预压力,预压力的施加宜在内支撑的两端同步对称进行。预压力应分级施加,重复进行,一般情况下,预压力的控制值不宜小于内支撑设计轴力的 50%,但也不宜过高,当预压力控制值取用内支撑设计轴力的 80%以上时,应防止支护结构的外倾、损坏及对坑外环境的影响。预压力加至要求的额定值后,应再次检查各连接点的情况,必要时对节点进行加固,待额定压力稳定后予以锁定。内支撑端部的八字撑可在主支护施加压力后安装。

第六章　重力式水泥土墙

第一节　概　述

一、重力式水泥土墙的概念

重力式水泥土墙是由水泥土桩相互搭接成格栅或实体的重力式支护结构，它是依靠其本身的自重和刚度来对基坑侧壁土体进行支护的，是重力式围护结构的主要形式。它既可单独作为一种支护方式使用，也可与混凝土灌注桩、预制桩、钢板桩等结合，形成组合式支护结构，同时还可作为其他支护方式的截水帷幕。近些年来，以水泥土为主体的复合重力式围护墙得到了一定的发展，主要有水泥土结合钢筋混凝土预制板桩、钻孔灌注桩、型钢、斜向或竖向土锚等结构形式。例如，图6-1就是一种拱形水泥土墙与钻孔灌注桩组合而成的复合重力式围护结构。水泥土墙还有加筋和非加筋之分。其中，型钢水泥土搅拌墙（SMW 工法，Soil Mixed Wall）是一种常用的加筋工法，它是在连续套接的三轴水泥土搅拌桩内插入型钢形成的复合挡土隔水结构。

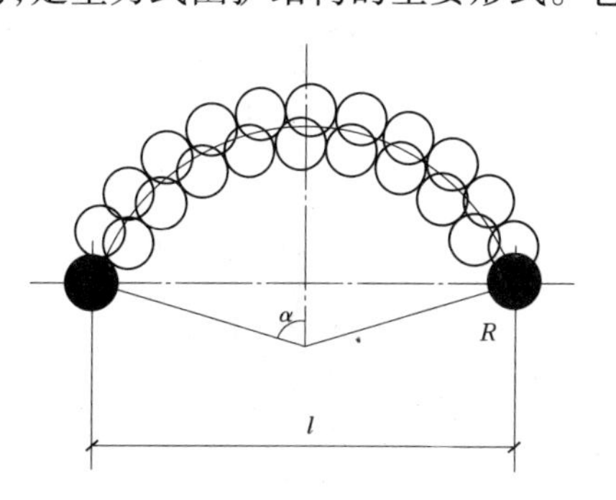

图6-1　水泥土连拱墙

当基坑周围场地开阔，且周围环境对墙体的位移限制不严格时，采用水泥土挡墙具有施工简单、造价较低、挖土方便等优点，是开挖深度不大于7 m的浅基坑的首选围护结构形式。

重力式水泥土墙的主要组成构件是水泥土桩。根据施工工艺的不同，可将水泥土桩分为两类：水泥土搅拌桩和高压喷射注浆桩（旋喷桩）。

水泥土搅拌桩是利用一种特殊的搅拌头或钻头，在地基中钻进至一定深度后，喷出固化剂，使其沿着钻孔深度与地基土强行拌和而形成的加固土桩体，固化剂常采用水泥或石灰。

高压喷射注浆桩则是将固化剂形成高压喷射流，借助高压喷射流的切削和混合作用，使固化剂和土体混合，达到加固土体的目的。高压喷射注浆有单管法、二管法和三管法等，固化剂常采用水泥浆体。

限于工程造价问题，在基坑支护结构中较多采用水泥土搅拌桩，只有在搅拌桩难以施工的地层才使用旋喷桩。

二、重力式水泥土墙的特点及破坏模式

重力式水泥土墙是一种无支撑自立式挡土墙,依靠墙体自重、墙底摩阻力和墙前基坑开挖面以下土体的被动土压力稳定墙体,以满足围护墙的整体稳定、抗倾覆稳定、抗滑移稳定和控制墙体变形等要求。

重力式水泥土墙可近似看作软土地基中的刚性墙体,其变形主要表现为墙体水平平移、墙顶前倾、墙底前滑以及几种变形的叠加。与此相对应,水泥土墙的破坏模式主要有以下几种:

(1)由于墙体入土深度不够,或由于墙底土体软弱,抗剪强度不足等,导致墙体及附近土体整体滑移破坏,基底土体隆起,如图 6-2(a)所示。

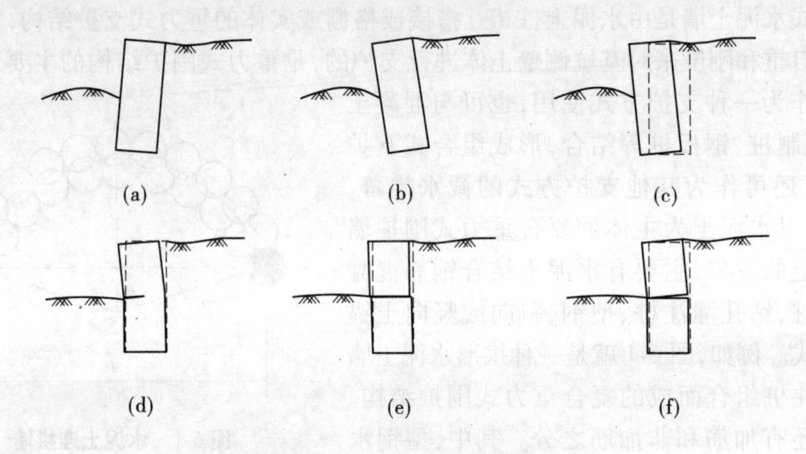

图 6-2　重力式水泥土墙的破坏模式

(2)由于墙体后侧挤土施工、基坑边堆载、重型施工机械作用等引起墙后土压力增加,或者由于墙体抗倾覆稳定性不够,导致墙体倾覆,如图 6-2(b)所示。

(3)由于墙前被动区土体强度较低,设计抗滑稳定性不够,导致墙体变形过大或整体刚性移动,如图 6-2(c)所示。

(4)当设计墙体抗压强度、抗剪强度或抗拉强度不够,或者由于施工质量达不到设计要求时,导致墙体压、剪或拉等破坏,如图 6-2(d)~(f)所示。

三、重力式水泥土墙的适用条件

由于重力式水泥土墙是一种重力式挡土结构,且受施工工艺的限制,在实际基坑工程中应用时常需要考虑以下因素。

(一)土质条件

重力式水泥土墙适用于淤泥质土、含水量较高而地基承载力小于 120 kPa 的黏土、粉土、砂土等软土地基。对于地基承载力较高、黏性较大或较密实的黏土或砂土,可采用先行钻孔套打、添加外加剂或其他辅助方法施工。

当土中含有高岭石、多水高岭石、蒙脱石等矿物时,应用效果较好;当土中含有伊利石、氯化物和水铝英石等矿物时,加固效果较差。土的原始抗剪强度小于 20~30 kPa 时,

应用效果也较差。

重力式水泥土墙用于泥炭土或土中有机质含量较高、pH 值较低(pH<7)以及地下水具有侵蚀性时,宜通过现场试验确定其适用性。

此外,当地表杂填土层较厚或土层中含有直径大于 100 mm 的石块时,应慎重采用重力式水泥土墙。

(二)基坑开挖深度

采用重力式水泥土墙的基坑开挖深度起先一般不超过 5 m。自 20 世纪 90 年代起,采用重力式水泥土墙的基坑开挖深度开始超过 6 m,部分工程甚至达到 14 m。然而,重力式水泥土墙用于支护开挖深度超过 7 m 的基坑工程时,墙体最大位移可能达到 20 cm 以上,工程风险较大。鉴于目前施工机械、工艺和控制质量的水平,开挖深度不宜大于 7 m。

此外,由于重力式水泥土墙侧向位移控制能力在很大程度上取决于桩身的搅拌均匀性和强度指标,相比其他基坑围护墙体来说,位移控制能力较弱。因此,在基坑周边环境保护要求较高的情况下,采用重力式水泥土墙时,基坑开挖深度一般控制在 5 m 范围内。

(三)环境条件

一方面,由于水泥土桩的施工工艺限制,在施工中可能由于注浆压力的挤压作用而使周边土体产生一定的隆起或侧移;另一方面,基坑开挖阶段围护墙体水平位移较大,会使基坑外一定范围内土体产生沉降和变位。

因此,在基坑周边 1~2 倍的开挖深度范围内存在对沉降和变形较敏感的建筑物或地下管线时,应慎重选用重力式水泥土墙。

第二节　重力式水泥土墙的设计计算

一、设计原则

水泥土桩的桩身材料是一种具有一定刚性的脆性材料,其抗拉强度比抗压强度小得多,在工程中要充分利用其抗压强度高的优点,回避其抗拉强度低的缺点。

进行挡土结构设计时应综合考虑下列因素:

(1)基坑的几何尺寸、形状、开挖深度;

(2)工程地质、水文地质条件,土层分布及其物理力学性质,地下水情况;

(3)支护结构所受的荷载及其大小;

(4)基坑周围的环境、建筑、道路交通及地下管线情况。

二、设计内容及步骤

重力式水泥土墙设计主要包括水泥土桩的类型选择、墙体布置方式、水泥土墙嵌固深度、墙体厚度以及相应的稳定性、墙身应力、地基承载力和格仓压力验算等内容。

重力式水泥土墙的设计步骤如下:

(1)根据适用条件选择水泥土搅拌桩的类型。

(2)初步选择水泥土搅拌桩的长度和墙体厚度,并进行嵌固深度、墙体厚度以及正截面承载力验算,确定嵌固深度和墙体厚度,同时确定为满足墙身正截面承载力计算要求的水泥土强度要求。

(3)根据基坑形状、场地尺寸以及地质条件等布置水泥土墙。水泥土桩之间的搭接宽度应根据挡土及截水要求确定,当考虑截水作用时,桩的有效搭接宽度不小于 150 mm;当不考虑截水作用时,搭接宽度不宜小于 100 mm。

(4)提出搅拌或旋喷的技术要求:对于水泥土搅拌桩墙,施工前应进行成桩工艺及水泥掺入量或水泥浆的配合比试验,以确定相应的水泥掺入比或水泥浆水灰比;采用高压旋喷桩时,施工前应通过试喷试验,确定不同土层旋喷固结体的最小直径、高压喷射施工技术参数等。

三、水土压力的计算

在重力式水泥土墙的计算中,作用于墙体上的主动土压力、被动土压力和水压力可参照《建筑基坑支护技术规程》(JGJ 120—2012)相关规定进行(参见第三章有关内容)。当有设计经验时,也可按图 6-3 给出的模式进行计算。

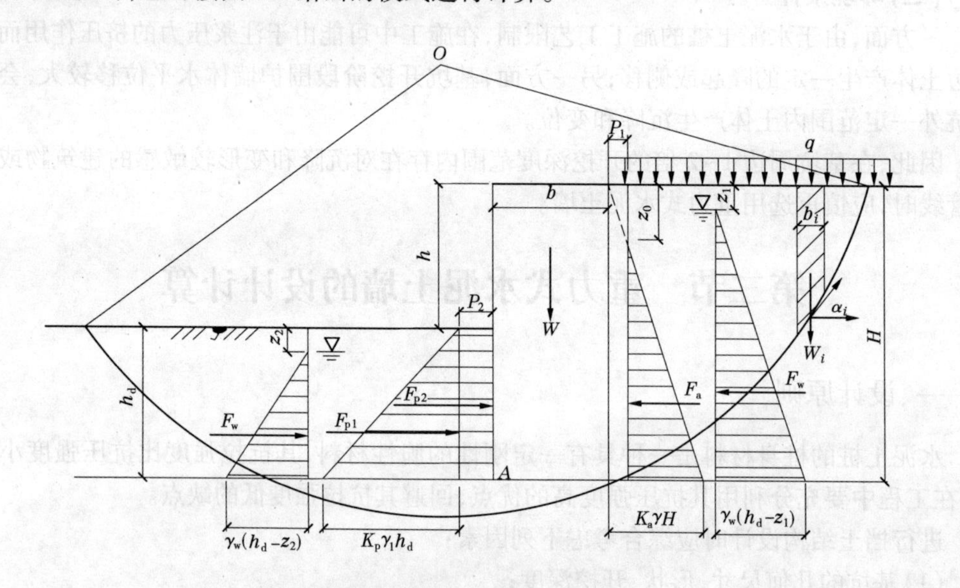

图 6-3 重力式水泥土墙的设计计算模式

土体作用在围护墙上的侧压力,黏性土应按水土合算原则计算;粉性土、砂性土应按水土分算原则计算。

在水土压力计算中,为简化计算,通常将墙底以上各层土的物理力学性质指标按各层土的厚度加权平均计算,即

$$\gamma = \sum_{i=1}^{n} \gamma_i h_i / H \tag{6-1}$$

$$\varphi = \sum_{i=1}^{n} \varphi_i h_i / H \tag{6-2}$$

$$c = \sum_{i=1}^{n} c_i h_i / H \tag{6-3}$$

式中　c_i——墙底以上第 i 层土的黏聚力,kPa;

φ_i——墙底以上第 i 层土的内摩擦角,(°);

γ_i——墙底以上第 i 层土的有效重度,kN/m³;

h_i——墙底以上第 i 层土的高度,m;

H——墙的高度,m,$H=\sum h_i$。

四、嵌固深度与墙体厚度的计算

确定墙宽和插入深度时,应考虑土层分布的特性、周围环境条件和地面荷载情况。

(一)嵌固深度的确定

重力式水泥土墙的嵌固深度应符合坑底抗隆起稳定性要求确定:

(1)隆起稳定性可按第四章第三节式(4-8)进行验算,但公式中 γ_2 应取基坑外墙底面以上土的重度,γ_1 应取基坑内墙底以上土的重度,D 应取水泥土墙的嵌固深度,c、φ 应取水泥土墙底面以下土的黏聚力、内摩擦角。

(2)当重力式水泥土墙底面以下有软弱下卧层时,抗隆起稳定性验算的部位应包括软弱下卧层,相应公式中的 γ_1、γ_2 应取软弱下卧层顶面以上土的重度,D 应以 T 代替,T 为坑底至软弱下卧层顶面的土层厚度。

当基坑底为碎石土及砂土,以及基坑内排水且作用有渗透水压力时,水泥土墙嵌固深度除满足整体稳定性要求外,尚需满足抗渗流稳定性条件。有关抗渗流稳定性的验算,可参见第四章第五节。

通常,当基坑开挖深度不大于 5 m 时,一般可按经验确定水泥土墙的嵌固深度:

$$h_d = (0.8 \sim 1.4)h \tag{6-4}$$

式中　h——基坑开挖深度,m;

h_d——水泥土墙插入基坑底以下的深度,m。

(二)墙体厚度的确定

初步设计时,一般可根据经验公式来初步确定水泥土墙的厚度:

$$b = (0.7 \sim 1.0)h \tag{6-5}$$

重力式水泥土墙采用格栅状布置时,鉴于加固土的重度与天然土的重度相近似,可按桩体与它所包围的土体共同作用考虑,通常取格栅状外包线宽度作为挡墙宽度。

五、稳定性验算

重力式水泥土墙的稳定性验算主要包括整体稳定、坑底抗隆起稳定、墙体绕前趾的抗倾覆稳定、沿墙底的抗滑移稳定和抗渗流稳定等,具体验算方法可参见第四章有关章节。

六、墙身应力验算

重力式水泥土墙的墙身正截面应力验算包括拉应力验算、压应力验算和剪应力验算三个方面。验算时,应对下列部位进行正截面应力验算:

(1)基坑底面以下主动土压力、被动土压力强度相等处。

(2)基坑底面处。

(3)水泥土墙的截面突变处。

重力式水泥土墙墙身的正截面应力应符合下式要求：

拉应力
$$\frac{6M_i}{B^2} - \gamma_{cs} z \leqslant 0.15 f_{cs} \tag{6-6a}$$

压应力
$$\gamma_0 \gamma_F \gamma_{cs} z + \frac{6M_i}{B^2} \leqslant f_{cs} \tag{6-6b}$$

剪应力
$$\frac{E_{aki} - \mu G_i - E_{pki}}{B} \leqslant \frac{1}{6} f_{cs} \tag{6-6c}$$

式中 M_i——水泥土墙验算截面的弯矩设计值,kN·m/m;

B——验算截面处水泥土墙的宽度,m;

γ_{cs}——水泥土墙的重度,kN/m^3;

z——验算截面至水泥土墙顶的垂直距离,m;

f_{cs}——水泥土开挖龄期时的轴心抗压强度设计值,kPa,应根据现场试验或工程经验确定;

γ_F——荷载综合分项系数;

E_{aki}、E_{pki}——验算截面以上的主动土压力标准值、被动土压力标准值,kN/m,验算截面在坑底以上时,取 $E_{pki}=0$;

G_i——验算截面以上的墙体自重,kN/m;

μ——墙体材料的抗剪断系数,取0.4~0.5。

七、地基承载力验算

虽然水泥土墙是一种重力式挡墙,但加固后的墙重与原状土相比增加不大(一般仅增加3%左右),因此基底承载力一般可满足要求,不必进行验算。

当基底土质很差,或为较厚的软弱土层时,应对地基承载力进行验算,验算可按式(6-7)进行,验算时计算截面选取在墙底处。

$$p = \gamma_{cs} H + q \leqslant f_a \tag{6-7a}$$

$$p_{max} = \gamma_{cs} H + q + \frac{Mx_1}{I} \leqslant 1.2 f_a \tag{6-7b}$$

$$p_{min} = \gamma_{cs} H + q - \frac{Mx_1}{I} \geqslant 0 \tag{6-7c}$$

式中 p——基底平均压力设计值,kPa;

H——水泥土墙的高度,m;

p_{max}、p_{min}——基底边缘最大压力设计值、最小压力设计值,kPa;

f_a——经深度、宽度修正后的地基承载力特征值,kPa;

x_1——挡土墙在计算截面处的截面形心至最大应力点的距离,m。

八、墙体变形计算

水泥土墙的水平位移是工程中关心的重要问题，它直接影响到周围建筑、道路和地下管线的安全。水平位移的计算可采用经验公式、非岩石地基土中刚性墙体 m 法和非线性有限元法进行计算。

非线性有限元计算，一般可假定为平面应变问题，水泥土墙体为弹性体，土体为均质各向同性材料。由于基坑开挖是一个卸载过程，土体的本构关系可采用邓肯—张非线性弹性模型或其他可考虑卸载影响的弹塑性本构模型。

水泥土挡墙墙顶位移也可采用经验公式进行计算，当插入深度 $h_d=(0.8\sim1.4)h$、墙宽 $b=(0.7\sim1.0)h$ 时，可采用下列经验公式进行估算：

$$\delta=\frac{0.18\zeta K_a L h^2}{h_d b} \tag{6-8}$$

式中　δ——墙顶水平位移计算值，cm；

L——基坑的最大边长，m，超过 100 m 时，按 100 m 计算；

ζ——施工质量系数，取 0.8～1.5；

K_a——主动土压力系数，当 $K_a<0.55$ 时，取 $K_a=0.55$。

对于边长 L 较大的基坑，宜在中间局部增加墙宽，形成土墩，以减小墙体位移。

九、格仓压力验算

重力式水泥土墙平面布置多为格栅形，格栅中间的土体对水泥土墙会产生一定的侧压力，即格仓压力。因此，当水泥土墙采用格栅布置时，水泥土的置换率，淤泥不宜小于 0. 8，淤泥质土不宜小于 0.7，一般黏性土、黏土及砂土不宜小于 0.6，格栅长宽比不宜大于 2。必要时，可进行格仓压力验算（见图 6-4）。

根据 Yousom 的理论可得到格仓压力的近似计算公式：

$$q_x=\frac{\gamma A}{uK\tan\varphi}\left(1-\frac{cu}{\gamma A}\right) \tag{6-9}$$

式中　A——格子的土体面积，m^2；

u——格子的周长，按图 6-4 规定的边框线计算，m；

γ——格子内土的重度，kN/m^3；

c——格子内土的黏聚力，kPa；

φ——内摩擦角，(°)；

K——土的侧向压力系数；

q_x——水泥土隔墙所受的格仓压力，kN。

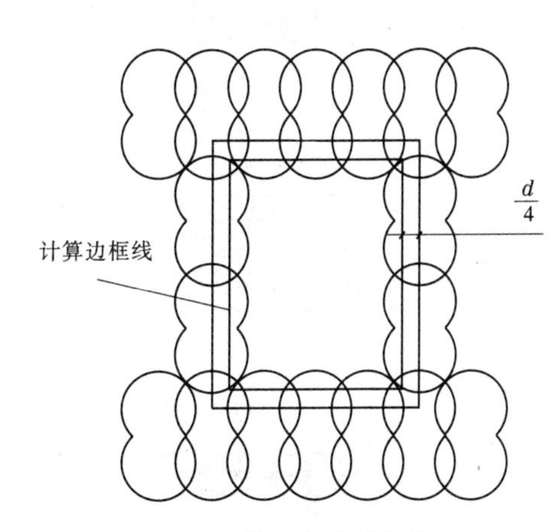

图 6-4　格仓压力计算图

由式(6-9)可知，若 $cu/(\gamma A)\geqslant1$，则 $q_x\leqslant0$，即可忽略格仓压力的作用。因此，在水泥土墙布置时，使其满足下式即可：

$$A \leqslant \delta \frac{cu}{\gamma}$$

式中 δ——计算系数,对黏性土取 $\delta=0.5$,对砂土、粉土取 $\delta=0.7$。

第三节 重力式水泥土墙的构造要求

一、重力式水泥土墙的布置要求

(一)平面布置要求

重力式水泥土墙的墙体宽度可按经验确定,对淤泥质土,不宜小于 $0.7h$;对淤泥,不宜小于 $0.8h$。

重力式水泥土墙宜采用水泥土桩相互搭接成格栅状的结构形式,也可采用水泥土桩相互搭接成实体(壁状布置)的结构形式。常见的布置形式为格栅形布置,可节省工程量。

重力式水泥土墙是将水泥土桩相互搭接而成的,挡墙宽度较小时可采用壁状布置;当壁状的挡墙宽度不够时,可加大宽度,做成格栅形支护结构,即在支护结构宽度内,不需整个土体都进行搅拌加固,可按一定间距将土体加固成相互平行的纵向壁,再沿横向按一定间距设加固肋体,用肋体将纵向壁连接起来。

水泥土桩施工工艺不同,其平面布置要求也稍有差别。当采用双轴搅拌桩时,平面布置形式如图 6-5 所示;当采用三轴搅拌桩时,其平面布置形式如图 6-6 所示;当采用高压旋喷注浆时,其平面布置形式如图 6-7 所示。

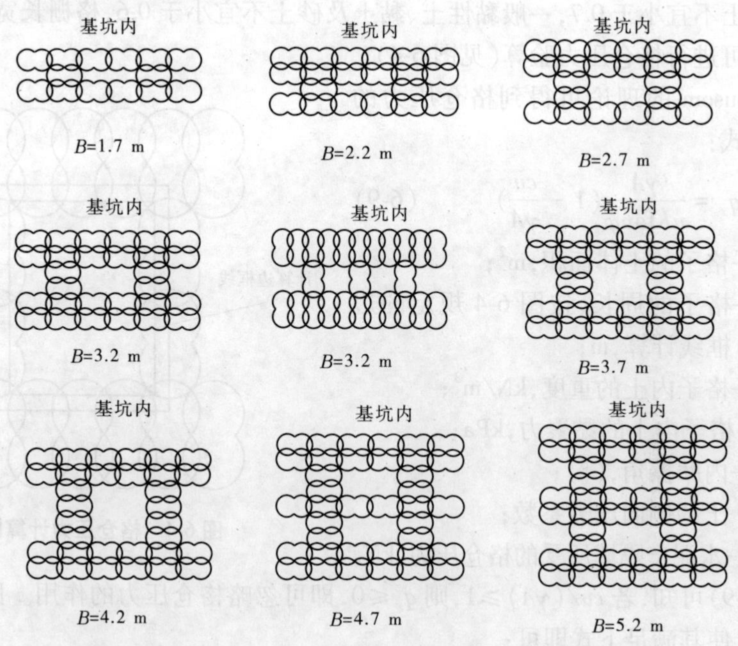

图 6-5 双轴搅拌桩围护墙的平面布置形式

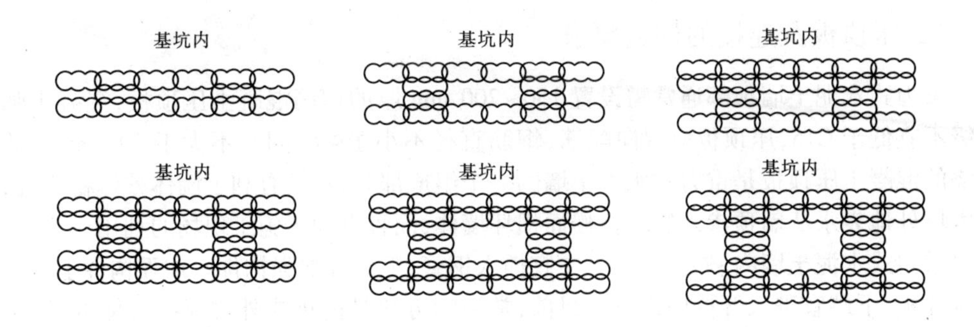

图 6-6　三轴搅拌桩围护墙的平面布置形式

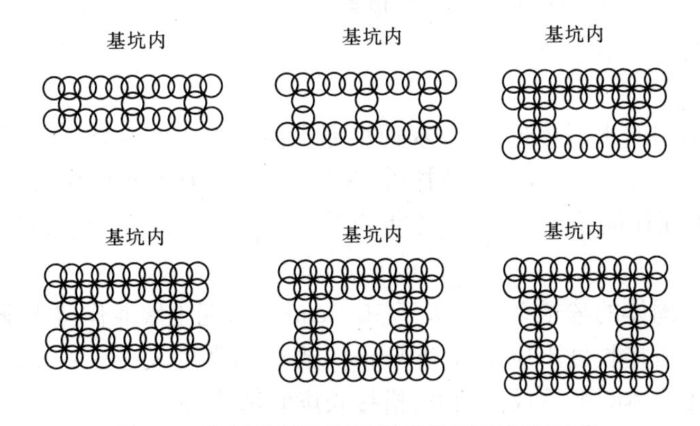

图 6-7　高压旋喷注浆围护墙的平面布置形式

需要注意的是,由于采用搭接施工,水泥土的实际工程量略大于按置换率确定的计算量。

(二)竖向布置要求

重力式水泥土墙的嵌固深度,对淤泥质土,不宜小于 $1.2h$;对淤泥,不宜小于 $1.3h$。

重力式水泥土墙竖向布置形式主要有等断面布置、台阶形布置等,如图 6-8 所示。常用的形式为台阶形布置。

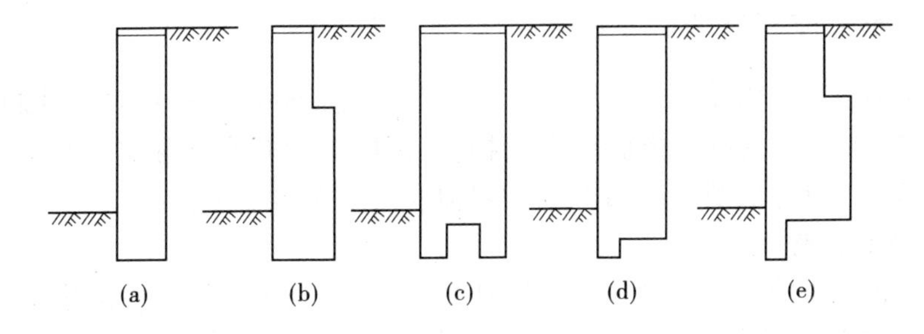

图 6-8　搅拌桩支护结构的几种竖向布置形式

二、压顶板及连接的构造要求

重力式水泥土墙顶部通常需设置150~200 mm厚的钢筋混凝土压顶板,混凝土强度等级不宜低于C15,压顶板应双向配筋,钢筋直径不小于ϕ 8,间距不大于200 mm。墙顶现浇的混凝土压顶板是重力式水泥土墙的一个组成部分,不但有利于墙体整体稳定性,防止因坑外地表水从墙顶渗入挡墙格栅而损坏墙体,而且有利于施工现场的利用。

重力式水泥土墙内、外排加固土中宜插入钢管、毛竹等加强构件。加强构件上端应进入压顶板,下端宜进入开挖面以下。目前,常用的方法是内排或外排搅拌桩体内插钢管,深度至开挖面以下,对开挖较浅的基坑,可插毛竹,毛竹直径不宜小于50 mm。

水泥土加固体与压顶板之间应设置连接钢筋。连接钢筋上端应锚入压顶板,下端应插入水泥土加固体中1~2 m,梅花形间隔布置。

三、加固体技术要求

(1)水泥土常用的水泥掺合量为:双轴水泥土搅拌桩12%~15%(按每立方米加固体所拌和的水泥重量计),三轴水泥土搅拌桩18%~22%,高压喷射注浆桩不少于25%。

(2)水泥土加固体的强度以28 d龄期的无侧限抗压强度q_u为标准,q_u应不低于0.8 MPa。

(3)水泥土加固体的渗透系数不大于10^{-7} cm/s,水泥土墙兼作截水帷幕。

(4)水泥土桩搭接长度不应小于150 mm。当墙体宽度大于3.2 m时,前后墙厚度不宜小于1.2 m。在墙体圆弧段或折角处,搭接长度宜适当加大。

(5)重力式水泥土墙转角及两侧剪力较大的部位应采取搅拌桩满打、加宽或加深墙体等措施对围护墙进行加强。

(6)当基坑开挖深度有变化时,围护墙体宽度和深度变化较大的断面附近应对墙体进行加强。

第四节　重力式水泥土墙的施工技术

一、水泥土搅拌桩的施工技术

水泥土搅拌桩是用搅拌机械将水泥、石灰等和地基土相拌和,从而达到加固地基的目的。搅拌桩一般采用连续搭接布置,作为挡土结构的搅拌桩宜布置成格栅式。目前,国内有单轴、双轴、三轴等机型,本节主要介绍双轴水泥土搅拌桩施工技术。

(一)施工机械

水泥土搅拌桩的施工方法分为喷浆和喷粉两种。图6-9为国内常用的SJBF45型双轴水泥土搅拌机,其主机主要由滑轮组、电动机、减速器、搅拌轴、搅拌头、输浆管、保持架等组成。该机械每施工一次可形成一幅双联“8”字形的水泥土搅拌桩。

在水泥土搅拌桩施工中,除水泥土搅拌机外,还需要如下配套设备:灰浆泵、灰浆搅拌机、灰浆集料斗以及桩架等。

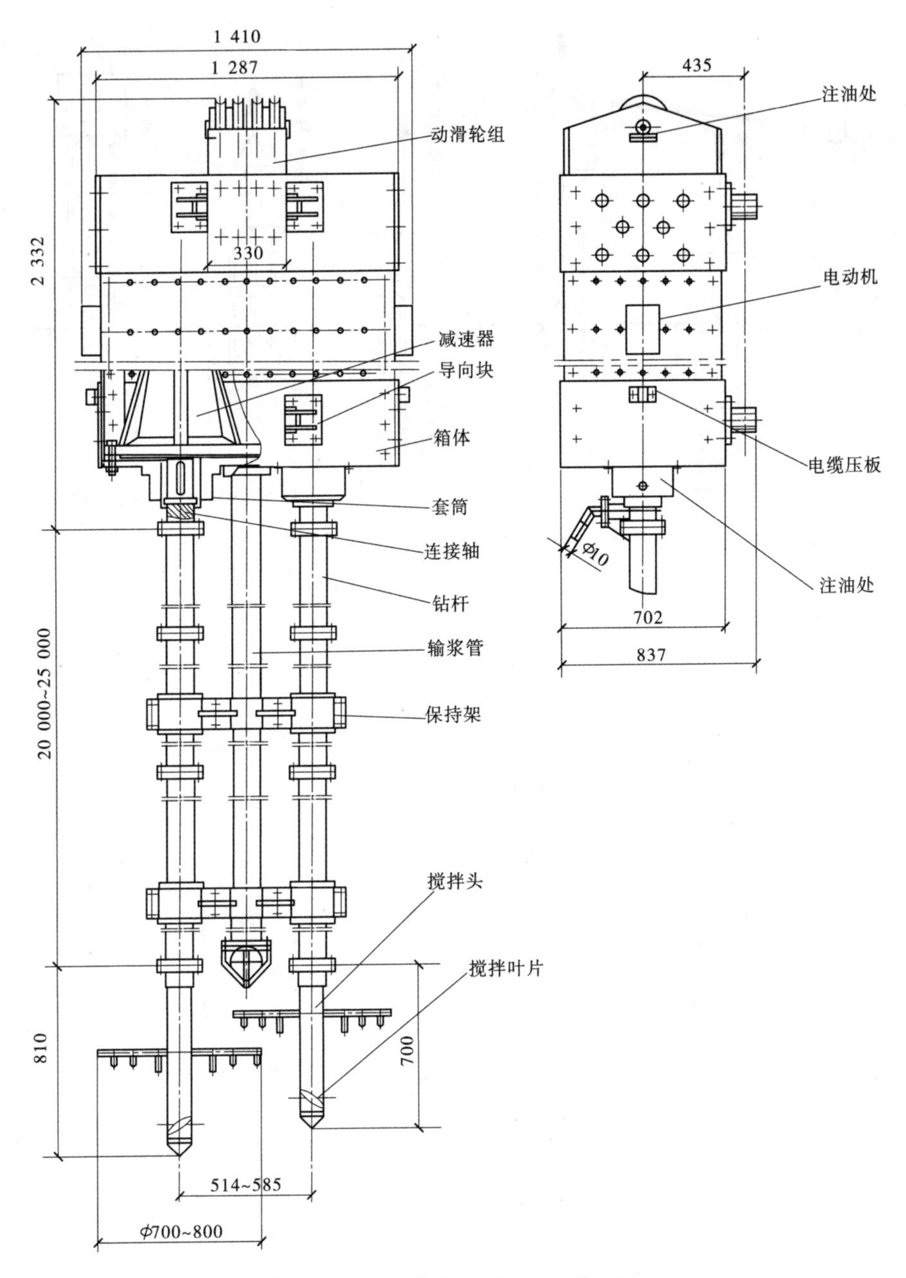

图 6-9　SJBF45 型双轴水泥土搅拌机

(二)施工工艺

以双轴水泥土搅拌机为例,水泥土搅拌桩的施工顺序如图 6-10 所示。

水泥土搅拌桩的施工工艺流程如图 6-11 所示。

(1)定位。用起重机(或桩架)悬吊搅拌机到达指定桩位,对中。

(2)预搅下沉。待水泥土搅拌桩机及相关设备运行正常后,启动搅拌机,放松桩架钢丝绳,使搅拌机沿导向架旋转切土下沉,钻进速度一般小于 1.0 m/min。

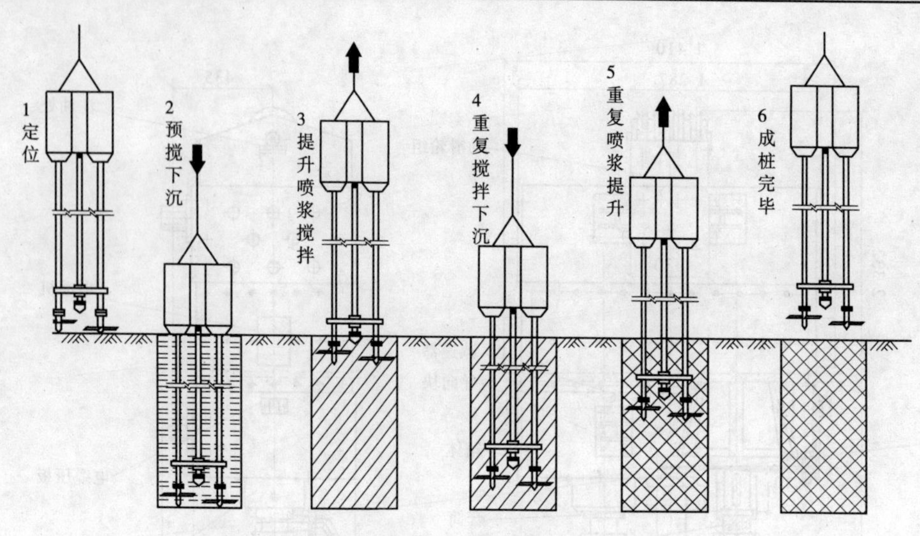

图 6-10　水泥土搅拌桩的施工顺序

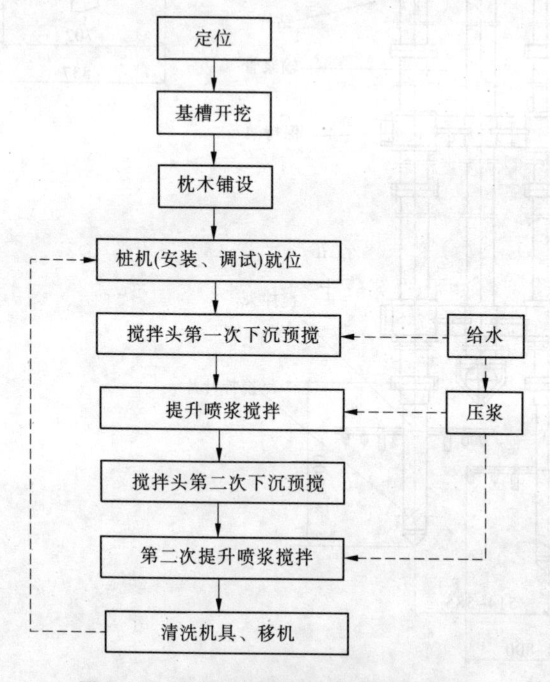

图 6-11　水泥土搅拌桩的施工工艺流程

(3)制备水泥浆。待水泥土搅拌机下沉到一定深度后，即开始按设计确定的配合比拌制水泥浆。水泥浆采用普通硅酸盐水泥，P · O 42.5 级，严禁使用快硬型水泥。制浆时，水泥浆拌和时间不得少于 5~10 min，制备好的水泥浆不得离析、沉淀，每个存浆池必须配备专门的搅拌机进行搅拌，以防止水泥离析、沉淀，已配置好的水泥浆在倒入存浆池时，应加筛过滤，以免浆内结块。水泥浆的存放时间不得超过 2 h，否则应予以废弃。单桩水泥用量严格按设计计算量，浆液配合比一般为水泥∶清水 = 1∶(0.45~0.55)。

(4)提升喷浆搅拌。待水泥土搅拌机下沉至设计深度后，开启灰浆泵，将水泥浆压入地基。确认水泥浆已到桩底后，边喷浆，边搅拌，同时，按设计确定的提升速度提升搅拌机。为保证喷浆的均匀性，平均提升速度应≤0.5 m/min，确保喷浆量，以满足桩身强度要求。喷浆时，喷浆压力一般控制在0.5～1.0 MPa，流量控制在30～50 L/min。在水泥土搅拌成桩过程中，当遇到故障停止喷浆时，应在12 h内采取补喷措施，补喷重叠长度不小于1.0 m。

（5）重复喷浆提升。当搅拌头提升至设计标高后，为使土和水泥浆搅拌均匀，再次重复搅拌至桩底，第二次喷浆搅拌并提升至地面停机，复搅时下沉速度≤1 m/min，提升速度≤0.5 m/min。

（6）移位。钻机移至下一个根桩，重复上述步骤，进行下一根桩的施工。

（7）清洗。当施工告一段落后，向已经排空的集料斗内注入适量清水，开启灰浆泵，清洗全部管路中残存的水泥浆，并将黏附在搅拌头上的软土清洗干净。

上述施工工艺称为“四搅两喷”，即四次搅拌，两次喷浆。在施工中需要注意的是，相邻桩施工时间间隔保持在16 h以内，若超过16 h，应在搭接部位采取加桩防渗措施。

二、高压喷射注浆桩的施工方法

高压喷射注浆桩是利用钻机把带有喷嘴的注浆管钻入（或置入）至土层预定的深度后，以20～40 MPa的压力把浆液或水从喷嘴中喷射出来，形成喷射流冲击破坏土层至预定形状的空间，当能量大、速度快和脉动状的喷射流的动压力大于土层结构强度时，土颗粒便从土层中剥落下来，一部分细粒土随浆液或水冒出地面，其余土颗粒在射流的冲击力、离心力和重力等作用下，与浆液搅拌混合，并按一定的浆土比例和质量大小有规律地重新排列。这样注入的浆液将冲下的部分土混合凝结成加固体，从而达到加固土体的目的。

高压喷射注浆桩的施工方法有以下几种。

（一）单管法、二管法和三管法

单管法、二管法和三管法是目前使用最多的方法。这三种方法的加固原理基本一致，其施工工艺流程如图6-12所示。

单管法和二管法中的喷射管较细，因此当第一阶段贯入土中时，可借助喷射管本身喷射，只是在必要时才在地基中预先成孔（孔径一般为6～10 cm），然后放入喷射管进行喷射施工。当采用三管法时，喷射管直径通常为7～9 cm，结构复杂，因此有时需要预先钻一个直径为15 cm的孔，然后置入喷射管进行喷射施工。预成孔可采用一般钻探机械，也可采用振动机械。

高压喷射注浆法的常用施工参数如表6-1所示。

（二）RJP工法

RJP工法全称为Rodin Jet Pile工法，是在三管法工法基础上开发出来的，它仍使用三管，分别输送水、气、浆，与原三管法不同的地方是，水泥浆用高压喷射，并在其外围环绕空气流，进行第二次冲击切削土体。RJP工法固结体直径大于三管法。该工法示意图如图6-13所示。

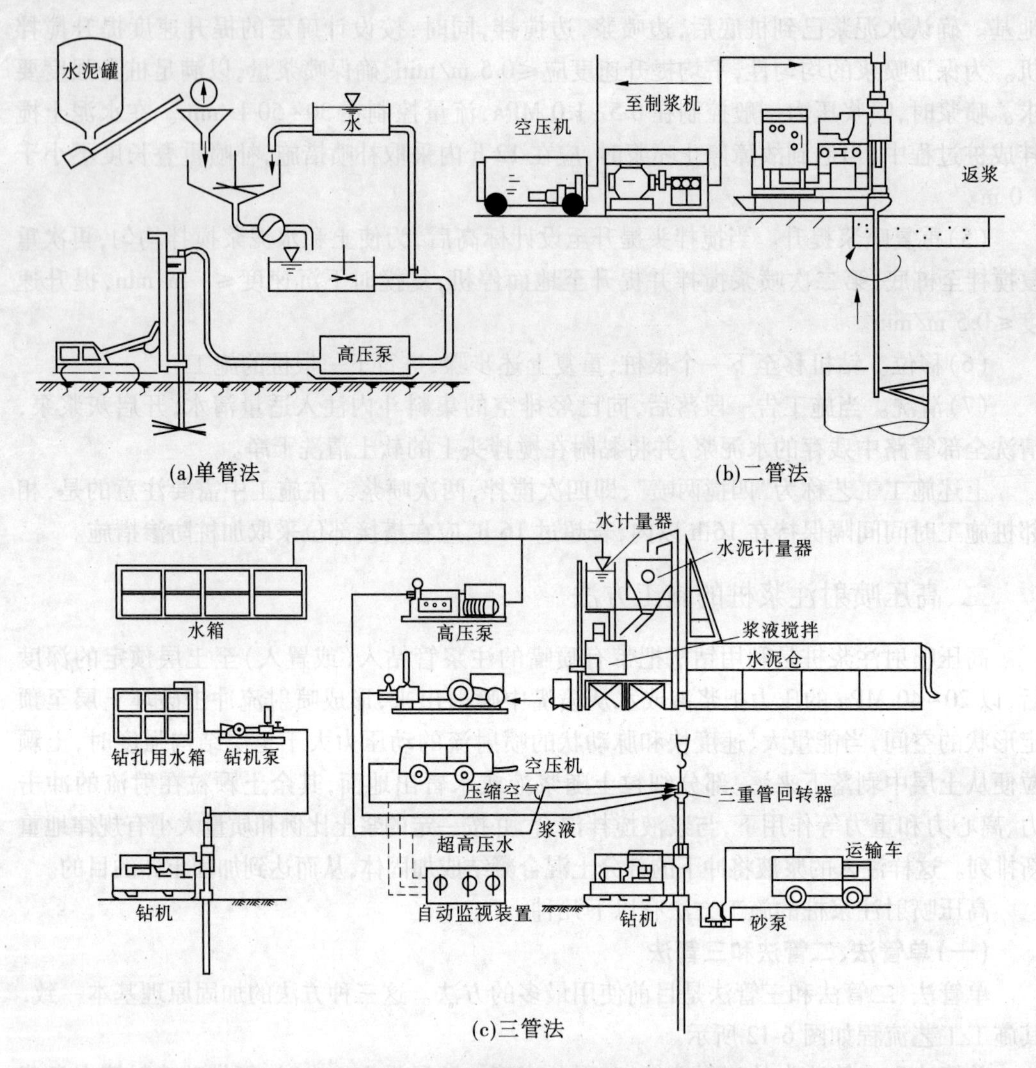

图 6-12 高压喷射注浆法施工工艺流程

表 6-1 高压喷射注浆法的常用施工参数

项目	单管法	二管法	三管法	
喷射方法	喷射注浆	浆液、空气喷射	水、空气喷射,浆液注入	
硬化剂	水泥浆	水泥浆	水泥浆	
常用压力(MPa)	15.0~20.0	15.0~20.0	高压 20.0~40.0	低压 0.5~3.0
喷射量(L/min)	60~70	60~70	60~70	80~150
压缩空气(kPa)	不使用	500~700	500~700	
旋转速度(r/min)	16~20	5~16	5~16	
桩径(cm)	30~60	60~150	80~200	
提升速度(cm/min)	15~25	7~20	5~20	

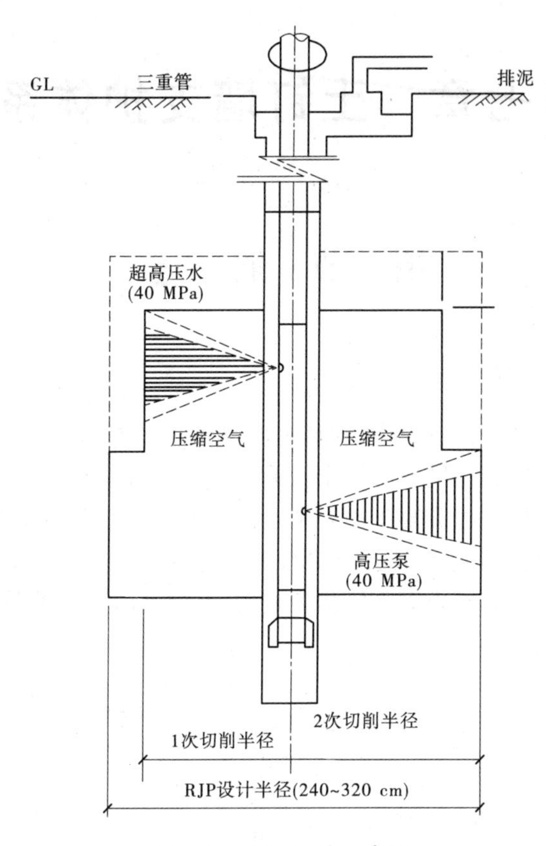

图 6-13　RJP 工法示意图

(三)SSS-MAN 工法

SSS-MAN 工法需要预先打入一个导孔置入多重管,利用压力大于或等于 40 MPa 的高压水射流,旋转运动切削破坏土体,被冲下的土、砂和砾石等立即用真空泵从管中抽出到地面,如此反复冲切土体和抽泥,并以自身的泥浆护壁,便在土中冲出一个较大的空洞,依靠土中自身泥浆的重力和喷射余压使空洞不坍塌。装在喷头上的超声波传感器及时测出空洞的直径和形状,由电脑绘制出空洞图形。当空洞的形状、大小和高低符合设计要求后,立即通过多重管注浆充洞填穴。

(四)MJS 工法

MJS 工法是一种多孔管的工法,以高压水泥浆加四周环绕空气流的复合喷射流,冲击切削破坏土体,并从管中抽出泥浆,固结体的直径较大。浆液凝固时间长短可通过速凝剂喷嘴注入速凝剂液量调控,最短凝固时间可做到瞬时凝固。施工时根据地压的变化,调整喷射压力、喷射量、空气压力和空气量,就可增大固结效果或减小对周边的影响。固结体的形状不但可以做成圆形,还可以做成半圆形。

第七章　土钉墙支护体系

第一节　概　述

一、土钉墙支护的概念

土钉墙支护是在基坑开挖过程中,将较密排列的细长杆件(土钉)置于原位土体中,注入水泥浆或水泥砂浆形成与周围土体全长紧密结合的加筋注浆体,并在坡面上喷射钢筋混凝土面层,通过土钉、喷射混凝土面层和土钉范围内的土体共同工作形成的重力式支护结构。土钉墙支护充分利用了土层介质的自承力,形成自稳结构,承担较小的变形压力,土钉主要承受拉力。同时,由于土钉排列较密,通过高压注浆扩散后使土体性能提高。

土钉墙支护简图如图7-1所示。

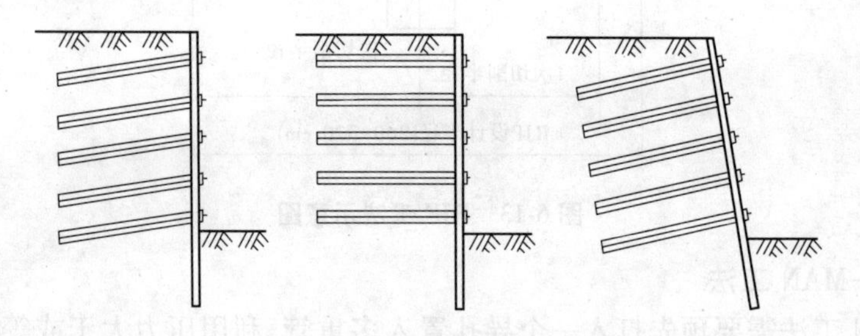

图7-1　土钉墙支护简图

土钉墙支护技术的发展始于20世纪70年代,其设计思想源于20世纪50年代形成的隧洞围岩支护的“新奥法”,即在充分考虑结构体本身自承能力的前提下进行支护设计。土钉墙支护技术是用于土体开挖和边坡稳定的一种新的挡土技术。由于其在实际施工中可做到边开挖边支护,具有节约投资、施工占地少、进度快、安全可靠等优点,在深基坑开挖支护工程中得到广泛的应用。

二、土钉墙的基本结构

土钉墙主要由土钉、面层、被加固的原位土体以及必要的防排水系统组成,如图7-2所示。其结构参数与土体特性、地下水状况、支护面坡度、周边环境、使用年限及要求等因素相关。

(一)土钉类型

土钉是土钉墙支护结构中的主要受力构件。常用的土钉有以下几种。

1.钻孔注浆型

钻孔注浆型土钉是先用钻机等机械设备在土体中钻孔,成孔后置入杆体(一般采用

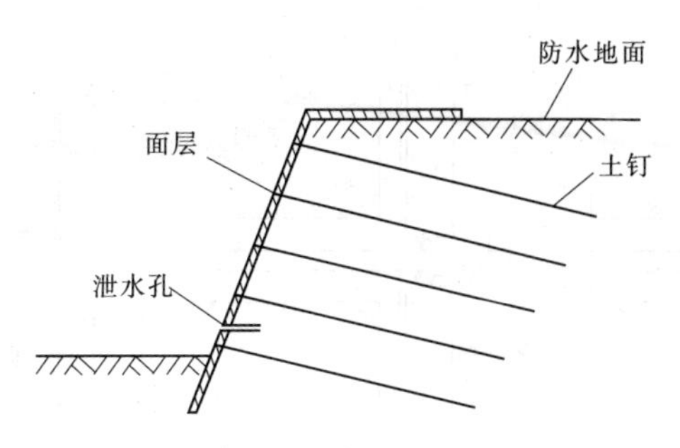

图 7-2　土钉墙的基本结构

HRB335 级带肋钢筋制作)，然后沿全长注水泥浆。钻孔注浆型土钉几乎适用于各种土层，抗拔力较高，质量较可靠，造价较低，是最常用的土钉类型。

2.直接打入型

直接打入型土钉是在土体中直接打入钢管、角钢等型钢，以及钢筋、毛竹、圆木等，不再注浆。由于直接打入型土钉直径小，与土体间的黏结摩阻力强度低，承载力低，钉长又受到限制，所以布置较密，可用人力或振动冲击钻、液压锤等机具打入。直接打入型土钉的优点是无需预先钻孔，对原位土的扰动较小，施工速度快，但在坚硬黏土中很难打入，不适用于服务年限大于 2 年的永久性支护工程，杆体采用金属材料时造价稍高，国内应用较少。

3.打入注浆型

打入注浆型土钉是在钢管中部及尾部设置注浆孔成为钢花管，直接打入土中后压灌水泥浆形成土钉。钢花管注浆土钉具有直接打入型土钉的优点且抗拔力较高，特别适合于成孔困难的淤泥、淤泥质土等软弱土层及各种填土及砂土层，应用较为广泛。

(二)面层及连接件

(1)面层。土钉墙的面层不是主要受力构件，但可以约束坡面的变形，并将土钉连成整体。

土钉墙的墙面坡度需要视场地环境条件而定，坡度越小，土体稳定性越好，设计出的土钉墙就越经济。

面层一般采用喷射混凝土，并在其中配置钢筋网。此外，面层也可采用现浇，或用水泥砂浆代替混凝土。

(2)连接件。连接件是面层的一部分，不仅要把面层和土钉可靠地连接在一起，还要使土钉之间相互连接。

土钉与面层的连接一般采用锚板螺栓连接或钢筋焊接连接。重要的工程或支护面层侧压力较大时，可采用锚板螺栓连接方式[见图 7-3(a)]；一般工程可在土钉端头部两侧沿土钉长度方向焊接短段钢筋[见图 7-3(b)]，并与面层内连接相邻土钉端部的通长加强筋相互焊接。

(三)防排水系统

水流入边坡是造成土钉墙支护失稳的重要原因。一方面，土体的含水量增加会使土的自重增加，土体的滑动力增大，同时水的渗流会对边坡土体产生一定的动水压力。另一

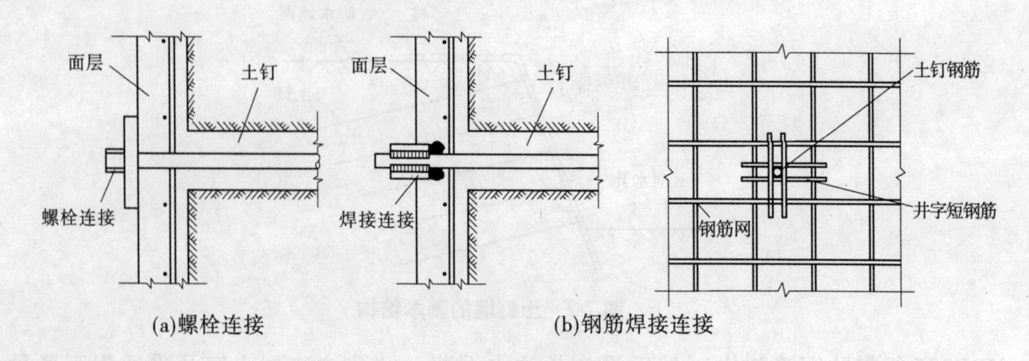

图 7-3　土钉与面层的连接

方面,土体内含水量增加会使土体的内摩擦角大大减小,抗剪强度降低,同时会使土钉的承载能力和对土的约束能力降低,最终可能导致边坡失稳,因而土钉墙支护应设置防排水系统。

土钉墙支护的防排水系统包括以下三个部分:

(1)地表防水。

基坑四周支护范围内的地表应加以修整,采用水泥砂浆或混凝土护面,并修筑散水坡和排水沟,防止地表水向下渗透。

(2)坡面泄水。

在边坡面层中可根据具体情况设置导流管,将面层后面的积水引到坑内排走。导流管的直径一般不小于 40 mm,长度为 400~600 mm,间距为 1.5~2.0 m。

(3)坡底排水。

基坑底面设置排水沟和集水井,以排除积聚在基坑内的渗水和雨水。排水沟一般距离坡脚 0.5~1.0 m,内部砂浆抹面,防止渗漏。

当土中地下水高于基坑底面时,应采取降水或截水措施。

三、土钉墙支护的特点及适用范围

排桩等支护体系虽然可以承受土体的侧压力,并限制土体的位移,但它没有改变土体内的受力性质,属于被动制约机制的支护结构;而土钉墙与土体形成复合土体,提高了土体的强度和整体刚度,属于主动制约机制的支护结构。

(一)土钉墙的优点

(1)土钉与土体形成复合土体,共同工作,提高了土体的稳定性和承载能力。

(2)土钉墙增强了土体破坏的延性,延缓了土体失稳的发展过程。这为施工人员及早发现险情、阻止灾害、加固土体提供了充足的时间。

(3)若对土钉墙施工进行信息化管理,边施工边监测,并根据试验、监测情况及时调整土钉的间距和长度,可减少施工风险,保障施工安全。

(4)土钉墙工程施工机具轻便,技术工艺简单易行,有利于文明施工。土钉成孔主要采用小型钻机或洛阳铲等,整个施工过程设备轻便,占用场地小,对环境干扰小,有利于文明施工。钻孔、注浆和喷射混凝土等工艺成熟,易于掌握,便于推广。

(5)和其他支护方法相比,可缩短基坑施工工期。一般支护方法(如排桩、地下连续墙、水泥土墙等)需要在土方开挖前施工,单独占用施工工期。而土钉墙可与土方开挖组成流水施工,节约工期。

(6)经济效益较好。基坑侧壁单位面积上土钉墙支护所需的材料用量要比排桩等支护方法少得多,而且机械使用费用低廉,其总成本相对较低。与排桩支护相比,土钉墙支护可节约造价1/3以上。

(二)土钉墙的局限性

(1)土钉的位置必须考虑周围建筑基础、地下管道的限制。

(2)由于土钉墙施工与土方开挖配合进行,分层分段施工,每层各段先挖土,后做土钉,这就要求每层土方开挖后,该层土钉到达设计强度之前,土方边坡能够保持稳定。设计时必须对这些工况进行验算,施工时必须从施工开始就进行监测。

(3)在软土中不宜单独采用土钉墙支护,因为在软土中土钉与土体之间的摩阻力较低,土钉承载力较小,土体变形较大,而且成孔困难。在上海、深圳等软土地区多采用复合土钉墙支护。

(4)土钉墙的变形会比具有预应力支撑或锚杆的排桩和地下连续墙支护略大。

(三)土钉墙的适用范围

土钉墙支护适用于地下水位以上或经降水后的杂填土、黏性土、粉土及有一定胶结能力和密实程度的砂土层。

土钉墙支护在以下土层中不适用:

(1)含水丰富的粉细砂、中细砂及含水较为丰富的中粗砂、砾砂和卵石层。

(2)缺少黏聚力、过于干燥的砂层及相对密度较小、均匀度较好的砂层。

(3)淤泥质土、淤泥等软弱土层。

(4)膨胀土。

(5)强度过低的土,如新近填土等。

除地质条件外,土钉墙还不适用于以下条件:

(1)对变形要求较为严格的基坑,土钉墙不适合于一级基坑工程。

(2)较深的基坑,通常认为,土钉墙适用于深度不大于12 m的基坑支护工程。

(3)建筑物地基为灵敏度较高的土层。

(4)对用地红线有严格限制的场地。

第二节　土钉墙支护体系的工作性能分析

一、土钉墙的作用机制

(一)整体作用机制

土体的抗剪强度较低,抗拉强度几乎为零,但土体具有一定的整体性,在基坑开挖时存在使土体保持直立的临界高度,超过这个高度土体将发生突发性、整体性破坏。在土体中放置土钉与土体共同工作,形成复合土体,从而有效地提高了土体的整体刚度,弥补了土体抗拉强度、抗剪强度的不足。土钉与土体间通过相互作用和应力重分布,使土体自身结构强度的潜力得到充分发挥,改变了土体的破坏形态。土钉是一种主动制约机制,从这个意义上来说,可将土钉加固视为一种土体改良。

土钉与土体间的相互作用改变了基坑侧壁的变形与破坏形态,显著提高了基坑侧壁的整体稳定性。此外,土钉墙延缓了塑性变形发展阶段,而且明显地呈现出渐进变形与开裂破坏并存且逐步扩展的现象,即把突发性的脆性破坏转变为塑性破坏,直至丧失承受更大荷载的能力,一般也不会发生整体性滑塌破坏。

(二)土钉的作用

土钉在土钉墙中起主导作用,其作用可概括为以下几点:

(1)箍束骨架作用。土钉制约着土体变形,使土钉之间能够形成土拱从而使复合土体获得了较大的承载力,并将复合土体构成一个整体。

(2)承担主要荷载作用。由于土钉有较高的抗拔强度、抗剪强度和抗弯刚度,因而当土体进入塑性状态后,应力逐渐向土钉转移,延缓了复合土体塑性区的开展及渐进开裂面的出现。当土体开裂时,土钉分担作用更为突出。

(3)应力传递与扩散作用。依靠土钉与土的相互作用,土钉将所承受的荷载沿全长向周围土体扩散及向深处土体传递,复合土体内的应力水平及集中程度比素土侧壁大大降低,从而推迟了开裂的形成与发展。

(4)对坡面的约束作用。在坡面上设置的与土钉连成一体的钢筋混凝土面层是发挥土钉有效作用的重要组成部分。土钉使面层与土体紧密接触从而使面层有效地发挥作用。

(5)加固土体作用。往土钉孔洞内进行压力注浆时,浆液顺着土体中裂隙扩渗,形成网状胶结,从而提高了原位土的强度。对于打入型土钉,打入过程中土钉位置处原有土体被强制性挤向四周,使土钉周边一定范围内的土层受到压缩,密实度提高。

(三)面层的作用

钢筋混凝土面层的作用主要有以下几点:

(1)承受作用到面层上的土压力,防止坡面局部坍塌,并将压力传递给土钉,这在松散的土体中尤为重要。

(2)限制土体侧向膨胀变形。

(3)通过与土钉紧密连接及相互作用,增强了土钉的整体性,使全部土钉共同发挥作用,在一定程度上均衡了土钉个体之间受力不均匀的程度。

(4)防止雨水、地表水冲刷边坡及渗透,是土钉墙防水系统的重要组成部分。

(四)土钉墙的受力过程分析

土钉墙受力时,荷载首先通过土钉与土之间的相互摩擦作用,其次通过面层与土之间的土-结构相互作用,逐步施加及转移到土钉上。土钉墙受力大致可分为四个阶段:

(1)土钉安设初期基本不受拉力或承受较小的力,面层完成后,对土体的卸载变形有一定的限制作用,可能会承受较小的压力并将其传递给土钉。此阶段土压力主要由土体承担。

(2)随着下一层土方开挖,边坡土体产生向坑内位移的趋势,主动土压力一部分通过钉、土摩擦作用直接传递给土钉,一部分作用在面层上,使面层与土钉连接处产生应力集中,对土钉产生拉力。此时,土钉受力特征为:离面层近处受力较大,越远越小;最下边2~3排土钉离开挖面较近,承担了主要荷载,有阻止土体应力及位移向上排土钉传递的作用。土钉通过应力传递及扩散等作用,调动周边更大范围内土体共同受力,体现了土钉主动约束机制,土体进入塑性变形阶段。

(3)土体继续开挖,各排土钉的受力继续加大,土体塑性变形不断增加,土体发生剪胀,钉、土之间局部相对滑动,使剪应力沿土钉向土层内部传递,受力较大的土钉拉力峰值从靠近面层处向中部转移,土钉通过钉土摩阻力分担应力的作用增大,约束作用加强,下排土钉分担了更多的荷载。土钉拉力在水平及竖直方向上均表现为中间大、两头小的枣核状。土体中逐渐出现剪切裂缝,地表开裂,土钉逐渐进入受弯、拉、剪等复合应力状态,其刚度开始发挥功效,通过分担及扩散作用,抑制和延缓了剪切破裂面的扩展,土体进入渐进性开裂破坏阶段。

(4)土体达到抗剪强度,但剪切位移继续增加,土体开裂剩余残余强度,土钉承受主要荷载,土钉在弯剪、拉剪等复合应力状态下注浆体破裂,钢筋屈服,破裂面贯通,土体进入破坏阶段。

二、土钉墙支护的工作性能

(1)土钉墙支护面位移沿高度呈线性变化,类似绕趾部向外转动。最大水平位移发生在顶部。墙体内的水平变形随离开墙面距离的增加而减小。最大水平位移 δ_{max} 受土质影响较大,较好土层中 δ_{max}/h 一般为 0.1%~0.5%,有时可达 1%;软弱土层中较大,有时高达 2%以上。

(2)土钉在土体内空间排列形成空间骨架,起约束土体变形的作用,并与土体共同承担外荷载。在土体进入塑性状态后应力重分布,土钉分担应力增加,并在可能的破坏面上达到峰值,破坏时土体碎裂,土钉屈服或被拉出。

(3)同一深度处土钉的拉力沿其长度变化,最大拉力部位随着基坑的开挖,从开始时靠近面层的端部,逐渐向里转移,最大值一般在土体可能失稳的破坏面上。

(4)土钉拉应力沿深度变化,中间大、两头小,接近梯形分布。临近破坏时底部土钉拉应力显著增大,复合土体通过土钉的传递与扩散作用,将滑裂域内部分拉应力传递到后边稳定的土体中,并扩散在较大的范围内,降低了应力集中程度。

(5)土钉墙墙体后的土压力沿高度分布呈中间大、上下小的形态。压力的合力值远低于经典土压力理论给出的计算值,这表明土钉墙支护不同于一般的挡土墙,土压力的减小体现了土体与土钉的整体作用效果。

(6)土钉墙破坏时明显带有平移和转动性质,类似于重力式挡墙,其破坏形式有内部稳定破坏(局部滑动面破坏)和外部整体稳定破坏(滑移与倾覆)。

第三节　土钉墙支护体系设计

一、土钉墙的设计内容与设计原则

(一)土钉墙的设计内容

土钉墙的设计主要包括如下内容:

(1)根据工程类比和工程经验,选择合适的筋体材料、注浆材料和注浆方式,计算确定土钉的长度、直径、间距和倾角等。

(2)进行土钉墙内部稳定性、整体稳定性分析和抗滑移稳定性分析。

(3)进行土钉墙基底承载力验算、沉降估算,当不满足要求时应选择复合土钉墙支护或采用其他支护形式。

(4)进行土钉抗拔承载力验算和筋体材料抗拉承载力验算。

(5)进行面层混凝土配筋设计和构造设计。

(6)对需要控制基坑周边环境位移的工程尚应进行支护变形估算。土钉墙变形估算可采用增量法结合工程经验确定。

(二)土钉墙的设计原则

土钉墙设计时,应遵循下述原则:

(1)土钉墙的墙面坡度应根据场地条件确定。

(2)土钉的设计。

由于土钉墙施工是分层施工,每层是先挖土,后做土钉,所以设计时必须逐层验算土体的整体稳定性,考虑该层土钉未施工时的最不利工况。当基坑开挖至设计深度时,最危险滑动面可能会深入基坑底面土中一定深度,因为此时滑动面外的土钉长度较短,对整体稳定性影响较小。

第一排土钉距地面的高度应根据边坡自稳高度确定,并考虑成孔所必需的施工高度。

各排土钉的水平间距和竖向间距、土钉的长度应满足土钉抗拉承载力和分层施工时土钉墙整体稳定性的要求。设计时可以首先根据经验假定土钉的水平间距和竖向间距,然后根据土钉抗拉承载力要求初步确定土钉的长度,根据分层施工时土钉墙的整体稳定性要求加长土钉。

设计时,可以取基坑侧壁单位面积上土钉材料用量(或当土钉的直径一定时,取基坑侧壁单位延长米多排土钉的总长度)作为优化指标,对土钉墙设计进行优化。优化时,可以采用不同的水平间距和竖向间距,分别计算各排土钉的长度,从中选取基坑侧壁单位面积上土钉材料用量最少的(或基坑侧壁单位延长米多排土钉的总长度最小的)设计,作为最优土钉墙设计。

(3)面层的设计。

面层的厚度和长度一般按构造设置,然后进行面板的跨中和支座截面的抗弯强度和抗冲切强度验算。抗弯强度验算时,面层可以看成以土钉为支撑点的连续板,荷载为水土侧压力和超载引起的侧向压力,按抗弯构件复核面层强度和配筋。抗冲切强度验算以一根土钉承受的极限荷载，验算土钉与面层连接部位的抗冲切能力。

二、土钉墙的设计参数与构造设计

（一）基坑侧壁平面、剖面尺寸以及分段施工高度设计

基坑侧壁的平面、剖面尺寸是根据基础尺寸、建筑红线等因素确定的，同时土钉墙墙面坡度不宜大于1∶0.2。分段施工高度主要由设计的土钉竖向间距确定，但由于混凝土面层内钢筋网的搭接长度要求，因此分段施工高度必须大于土钉竖向间距，一般低于土钉300～500 mm，如土钉竖向间距为1 500 mm，则分段施工高度为1 800～2 000 mm。

（二）土钉布置方式、间距以及直径、长度、倾角设计

土钉可采用矩形或梅花形布置。土钉水平间距可取1～2 m，垂直间距应根据土层条件和计算确定，宜为0.8～2 m，砂土层中取小值。土钉筋体宜选用直径16～32 mm的HRB400、HRB500级钢筋。土钉筋体采用钢管时，钢管的外径不宜小于48 mm，壁厚不宜小于3 mm，钢管的注浆孔应设置在钢管末端$l/2$～$2l/3$范围内，每个注浆界面对称布置2个5～8 mm的注浆孔。锚固体直径一般为80～150 mm。成孔注浆型土钉的成孔直径一般为70～120 mm。土钉的长度应由计算确定，一般为开挖深度的0.6～1.5倍。土钉与水平面夹角宜为5°～20°。

此外，土钉应沿全长设置定位支架，其间距一般为1.5～2.5 m，土钉钢筋保护层厚度不宜小于20 mm。

（三）注浆设计

注浆材料宜采用水泥浆或水泥砂浆，其强度不宜低于20 MPa。水泥浆的水灰比宜为0.50～0.55；水泥砂浆的水灰比宜为0.40～0.45，灰砂比宜为1∶0.5～1∶1，拌和用砂宜选用中粗砂，按重量计的含泥量不得大于3%。水泥浆、水泥砂浆应拌和均匀，随拌随用，一次拌和的水泥浆、水泥砂浆应在初凝前用完。

根据土质的不同和土钉倾角大小的不同，注浆方式可采用重力无压注浆、低压（0.4～0.6 MPa）注浆、高压（1～2 MPa）注浆、二次注浆等方式。当采用重力无压注浆时，土钉倾角宜大于15°；当土质较差，土钉倾角水平或较小时，可采用低压注浆或高压注浆，此时应配有排气管；当必须提供较大的土钉抗拔力时，可采用二次注浆。

（四）喷射混凝土面层及土钉和面层的连接设计

喷射混凝土面层的厚度一般为80～150 mm，混凝土强度等级不低于C20。面层中应配置钢筋网和通长的加强钢筋。钢筋网宜采用HPB300级钢筋，钢筋直径一般为6～10 mm，间距一般为150～250 mm，钢筋网间的搭接长度应大于300 mm。加强钢筋的直径一般为14～20 mm，当充分利用土钉杆体的抗拉强度时，加强钢筋的截面面积不应小于土钉杆体截面面积的1/2。此外，当面层厚度大于120 mm时，宜设置二层钢筋网。

土钉必须与面层有效连接，应设置承压板或加强钢筋等构造措施。承压板应与土钉螺栓连接，承压板一般采用厚度不小于70 mm、内配构造钢筋的多边形混凝土预制板；加强钢筋应与土钉钢筋焊接连接，加强钢筋一般采用长度不小于0.4 m、直径不小于16 mm的HRB335级、HRB400级钢筋焊接成井字架，如图7-3所示。

(五)坡顶防护及防排水设计

土钉墙墙顶应采用砂浆或混凝土护面,坡顶护面在坡顶 1 m 内应配置与墙面内相同的钢筋,1 m 外在地表做防水处理即可。

当地下水位高于基坑底面时,应采取降水或截水措施。

坡顶和坡脚处应设置排水措施。排水措施主要是设置排水沟,坡顶排水沟应设置在最可能产生滑动面的位置;坡脚排水沟应设置在基坑内离坡脚 0.5~1.0 m 处;排水沟的尺寸视现场实际情况确定。

三、土钉墙的设计计算

(一)土钉墙整体稳定性验算

土钉墙整体稳定性验算是指边坡土体中可能出边的滑动破坏面发生在土钉墙内部,并穿过全部或部分土钉。验算时,通常采用圆弧滑动条分法,并假定滑动面上的土钉只承受拉力,且达到滑动面以外的锚固段的极限抗拔承载力与杆体受拉承载力两者中的较小值。

土钉墙整体稳定性验算可参考第四章第二节。当基坑面以下存在软弱下卧层时,整体稳定性验算滑动面中应包括由圆弧和软弱土层层面组成的复合滑动面。

实际工程中,还需要对下述情况进行土钉墙整体稳定性复核:

(1)分层开挖超挖或开挖深度超过基坑设计深度时。

(2)开挖面发现地质情况与勘察成果不符或临空面发现有软弱土层或流砂时。

(3)施工过程中基坑侧壁或基底发生水浸泡可能影响基坑安全时。

(二)土钉墙外部稳定性验算

土钉墙与土体组成复合土体,其整体工作性能类似于重力式挡墙,可将土钉加固的整个土体视作重力式挡土墙分别验算。验算时,墙体宽度等于最下一道土钉的水平投影长度,验算项目如下:

(1)整个土钉墙支护体系沿底面水平滑动,见图 7-4(a)。

(2)整个土钉墙支护体系绕基坑底角倾覆,并验算此时支护底面的地基承载力,见图 7-4(b)。

(3)整个土钉墙支护连同外部土体沿深部的圆弧破坏面失稳,见图 7-4(c)。

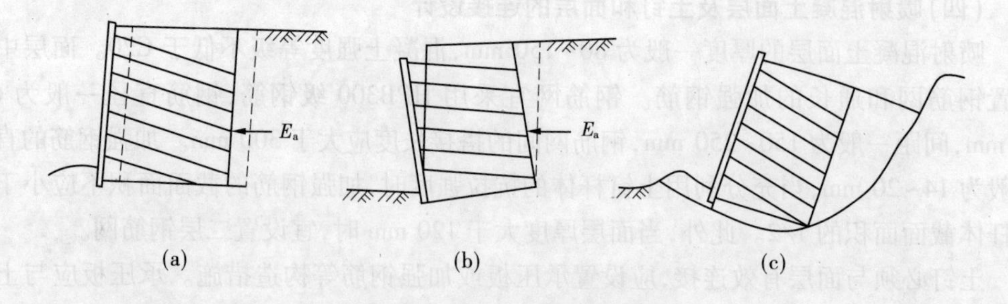

图 7-4 外部整体稳定性验算

前面两项验算可以参考本书第四章的相关计算公式,计算时可近似取墙体背面的土压力为水平作用的朗肯主动土压力。抗水平滑移的安全系数应不小于1.2;抗整体倾覆的安全系数应不小于1.3,且此时的墙体底面最大竖向压力应不大于墙底土体作为地基持力层的地基承载力设计值的1.2倍。

(三)土钉承载力计算

土钉承载力计算简图如图7-5所示。

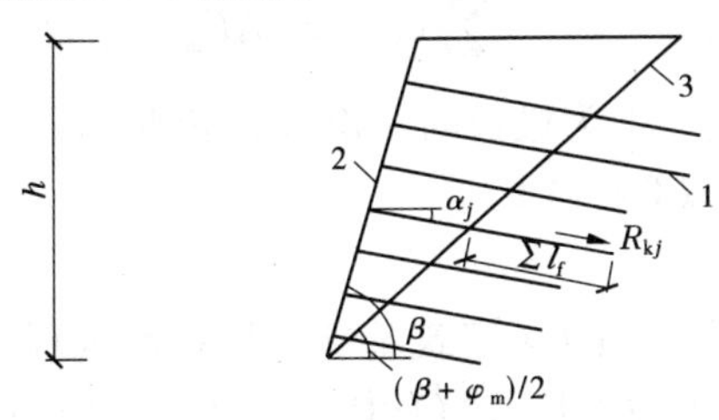

1—土钉;2—喷射混凝土面层;3—滑动面

图7-5　土钉抗拔承载力计算

土钉的极限抗拔承载力应符合下式要求:

$$\frac{R_{kj}}{N_{kj}} \geqslant K_t \tag{7-1}$$

式中　R_{kj}——第j层土钉的极限抗拔承载力标准值,kN;

N_{kj}——第j层土钉轴向荷载标准值,kN;

K_t——土钉抗拔安全系数,安全等级为二级、三级的土钉墙,K_t分别不应小于1.6、1.4。

1.土钉轴向荷载的计算

土钉轴向荷载可按下式计算:

$$N_{kj} = \frac{1}{\cos\alpha_j}\zeta\eta_j p_{akj} s_{xj} s_{zj} \tag{7-2}$$

式中　α_j——第j层土钉与水平面之间的夹角,(°);

s_{xj}——第j层土钉与相邻土钉的平均水平距离,m;

s_{zj}——第j层土钉与相邻土钉的平均垂直距离,m;

p_{akj}——第j层土钉处的主动土压力强度标准值,kPa,按第三章第四节计算;

η_j——第j层土钉轴向拉力调整系数;

ζ——墙面倾斜时的主动土压力折减系数,可按下式计算:

$$\zeta = \tan\frac{\beta-\varphi_m}{2}\left(\frac{1}{\tan\dfrac{\beta+\varphi_m}{2}} - \frac{1}{\tan\beta}\right) / \tan^2\left(45^\circ - \frac{\varphi_m}{2}\right) \tag{7-3}$$

式中　β——土钉墙坡面与水平面的夹角,(°);

φ_m——基坑底面以上各土层按厚度加权的等效内摩擦角平均值,(°)。

土钉轴向拉力调整系数可按下式计算:

$$\eta_j = \eta_a - (\eta_a - \eta_b)\frac{z_j}{h} \tag{7-4}$$

式中 z_j —第 j 层土钉至基坑顶面的垂直距离,m;

h —基坑深度,m;

η_a ——计算系数,可按下式计算:

$$\eta_a = \frac{\sum_n (h - \eta_b z_j)\Delta E_{aj}}{\sum_n (h - z_j)\Delta E_{aj}} \tag{7-5}$$

其中 ΔE_{aj} ——作用在以 s_{xj}、s_{zj} 为边长的面积内的主动土压力标准值,kN;

η_b ——经验系数,可取 0.6~1.0;

n ——土钉层数。

上述土钉轴向荷载的计算方法是《建筑基坑支护技术规程》(JGJ 120—2012)给出的方法。此外,《河南省基坑工程技术规范》(DBJ 41/139—2014)还给出了另外一种确定土钉轴向荷载的计算方法,如下式所示:

$$N_{kj} = \frac{1}{\cos\alpha_j}\zeta p_j s_{xj} s_{zj} \tag{7-6}$$

式中 p_j ——土钉深度位置的土体侧压力,可按下式计算:

$$p_j = p_{ja} + p_q \tag{7-7}$$

p_{ja} ——由土体自重引起的侧压力,kPa,可按图 7-6 给出的模式计算,也可采用朗肯土压力模型计算,但应对下部土钉承担的土压力进行折减,折减系数可根据土层情况和土钉墙计算宽度取 0.6~1.0;

p_q ——地表及土体中附加荷载引起的侧压力,kPa。

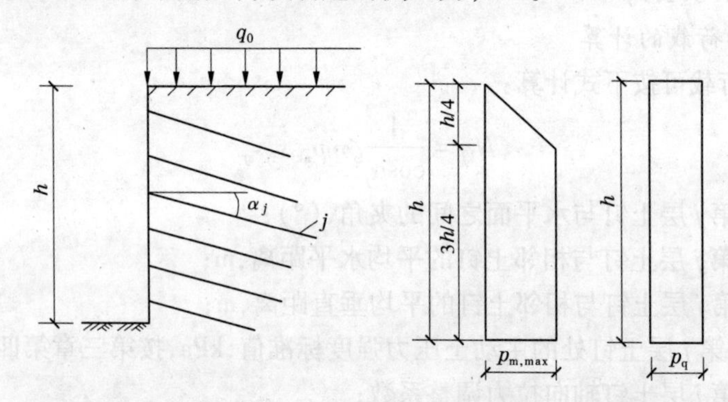

图 7-6 土体侧压力分布简图

下部土钉位置土体自重引起的侧压力值(图 7-6 中的 $p_{m,max}$)可按下式计算:

$$p_{m,max} = \frac{8E_a}{7h} \tag{7-8}$$

$$E_a = \frac{K_a}{2}\gamma h^2 \tag{7-9}$$

式中 h ——基坑开挖深度,m;

E_a ——主动土压力合力,kN/m;

γ ——基坑底面以上各层土的重度,kN/m^3,按不同土层分层厚度取加权平均值,有地下水作用时应考虑地下水变化造成的重度变化；

K_a ——主动土压力系数，可按基坑底面以上各层土分别计算后取加权平均值。

对比两种计算方法，《建筑基坑支护技术规程》(JGJ 120—2012)中，土钉墙的土压力分布模式仍采用朗肯主动土压力模式，采用式(7-4)对土钉承受的轴向拉力进行调整；《河南省基坑工程技术规范》(DBJ 41/139—2014)直接对土钉墙主动土压力分布模式进行调整，间接改变了土钉承受的轴向拉力。实际工程设计时，两种方法的计算结果相差不大。

2.土钉极限抗拔承载力的确定

单根土钉的极限抗拔承载力一般应通过土钉抗拔试验确定，也可按下式估算：

$$R_{kj} = \pi d_j \sum q_{ski} l_i \tag{7-10}$$

式中　d_j ——第 j 层土钉锚固体直径，m，当采用成孔注浆型土钉时，按成孔直径取值，当采用打入式钢管土钉时，按钢管直径计算；

l_i ——第 j 层土钉滑动面以外的部分在第 i 土层中的长度，m，直线滑动面与水平面的夹角取 $(\beta + \varphi_m)/2$，如图 7-5 所示；

q_{ski} ——第 j 层土钉与第 i 土层的极限黏结强度标准值，kPa，可按表 7-1 取值。

表 7-1　土钉的极限黏结强度标准值

土的名称	土的状态	q_{sk}(kPa)	
		成孔注浆土钉	打入钢管土钉
素填土		15～30	20～35
淤泥质土		10～20	15～25
黏性土	$0.75<I_L\leq1$	20～30	20～40
	$0.25<I_L\leq0.75$	30～45	40～55
	$0<I_L\leq0.25$	45～60	55～70
	$I_L\leq0$	60～70	70～80
粉土		40～80	50～90
砂土	松散	35～50	50～65
	稍密	50～65	65～80
	中密	65～80	80～100
	密实	80～100	100～120

实际工程设计时，对安全等级为三级的土钉墙，可直接采用式(7-10)确定单根土钉的极限抗拔承载力，但对安全等级为二级的土钉墙，尚应通过土钉抗拔试验对式(7-10)的计算结果进行验证。

此外，按上述公式确定的土钉抗拔承载力标准值大于土钉杆体的抗拉强度标准值时，应取 $R_{kj} = f_{yk}A_s$，其中，f_{yk} 为土钉杆体的抗拉强度标准值。

3.土钉杆体配筋截面面积的计算

单根土钉配筋截面面积可按下式计算:

$$A_s \geqslant \frac{N_j}{f_y} \tag{7-11}$$

式中 A_s——土钉杆体的截面面积,m^2;

N_j——第 j 层土钉的轴向拉力设计值,kN;

f_y——土钉杆体的抗拉强度设计值,kPa。

四、土钉墙的施工

土钉墙施工前必须熟悉地质资料、设计图纸及周围环境,降水系统应确保正常运行,必需的施工设备(如挖掘机、钻机、压浆泵、搅拌机等)应能正常运转。现场应确定好基坑开挖平面以及基础轴线、水准基点、变形观测点等并明确标识。施工中应对土钉位置、钻孔直径、深度及角度,注浆配比、压力及注浆量,墙面厚度及强度、土钉应力等进行检查。每段支护施工完成后,应检查坡顶或坡面位移,以及坡顶沉降及周围环境的变化,如有异常情况应及时采取措施,恢复正常后方可继续施工。

土钉墙支护应科学地安排土方开挖、出土、支护以及基础工程施工等工序,互相密切配合,尽量缩短支护时间。

(一)施工工艺

基坑开挖和土钉墙施工应按照设计要求自上而下分段分层进行,施工可按下列顺序进行:

(1)按设计要求开挖工作面,修整边坡,埋设喷射混凝土厚度控制标志。

(2)喷射第一层混凝土。

(3)钻孔安设土钉、注浆、安设连接件。

(4)绑扎钢筋网,喷射第二层混凝土。

(5)重复(1)~(4)直至开挖深度。

(6)设置坡顶、坡面和坡脚的防排水系统。

(二)施工机具

土钉墙的施工机具主要包括挖土机、成孔、孔内注浆及混凝土喷射等机具。

成孔机具可选用冲击钻机、螺旋钻机、回转钻机以及洛阳铲等,选择的钻机要适应现场土质和环境条件,保证钻进和抽出过程中不塌孔,在易塌孔的土体中钻孔时宜采用套管成孔或挤压成孔。

孔内注浆采用注浆泵,其规格、压力和注浆量应满足施工要求。

混凝土喷射采用混凝土喷射机并配适当的空压机,喷射机的输送距离应满足施工现场要求,供水设备应保证喷头处有足够水量,喷头处的水压不小于2 MPa。空压机应满足喷射机工作风压和风量的要求,可选用风压大于0.5 MPa、风量大于9 m^3/min的空压机。

第四节 复合土钉墙

土钉墙由于自身固有的缺陷在许多情况下应用受到限制,特别是在土质较差、开挖深度较大、地下水位较高时,其变形往往无法达到要求。针对这种情况,近年来,许多学者和工程技术人员将土钉墙与其他支护构件复合使用,这样复合土钉墙技术应运而生。

所谓复合土钉墙,是将土钉墙与其他的一种或几种支护技术(如有限放坡、截水帷幕、微型桩、水泥土墙、锚杆等)有机组合成的复合支护体系,它是一种改进或加强型土钉墙。复合土钉墙能克服单纯土钉墙的技术弱点和缺陷,扩大土钉墙的使用范围,在很多情况下,甚至能够取代排桩或地下连续墙支护方式,支护工期大大缩短,费用大大降低,取得显著经济效益和社会效益。因此,越来越多的工程开始使用复合土钉墙进行基坑支护。

一、复合土钉墙的类型

目前,复合土钉墙主要有以下几种实用类型,如图 7-7 所示。

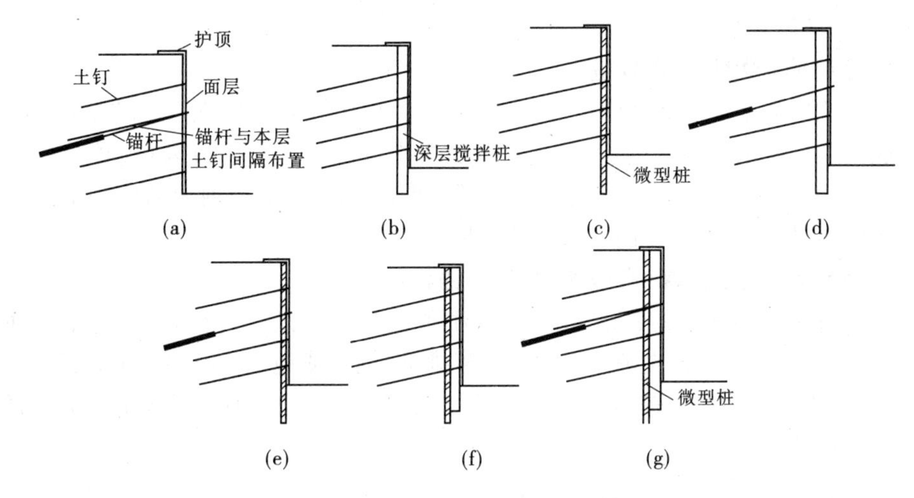

图 7-7　复合土钉墙的类型

(一)土钉墙+预应力锚杆

土坡较高或对边坡的水平位移要求较严格时经常采用这种形式[见图 7-7(a)]。预应力锚杆可以增加边坡的稳定性。此外,如需要限制坡顶位移,可将锚杆布置在边坡的上部。因锚杆造价较高,为降低成本,通常将锚杆与土钉间隔布置,效果较好。

(二)土钉墙+截水帷幕

这种复合形式在南方地区较为常见,多用于土质较差、基坑开挖深度不深的情况[见图 7-7(b)]。截水帷幕可采用深层搅拌法、高压喷射注浆法及压力注浆法等方法形成,其中搅拌桩截水帷幕效果较好,造价低,但在卵石层等地层中搅拌桩难以施工,多以旋喷桩或摆喷桩代替。

(三)土钉墙+微型桩

土钉墙+微型桩支护形式见图 7-7(c)。当地层中没有砂层等强透水层或地下水位较低,截水帷幕效用不大,且土体较为软弱(如填土、软塑状黏性土等),需要设置竖向构件来增强整体性、复合体强度及开挖面的自立性,此种情况下,可采用断续的、不起挡水作用的微型桩来取代截水帷幕,与土钉墙组成复合支护体系,可有效减小基坑变形。这种复合土钉支护在地质条件较差时及北方地区较为常用。

(四)土钉墙+截水帷幕+预应力锚杆

这是应用最为广泛的一种复合土钉墙支护体系[见图7-7(d)]。这种支护体系一方面通过截水帷幕能有效地降低地下水对基坑工程施工的影响;另一方面通过设置预应力锚杆来提高复合土钉墙的稳定性并限制其位移,满足周围环境对支护结构变形的限制要求。

(五)土钉墙+微型桩+预应力锚杆

当基坑开挖面离建筑物红线和周边建筑物很近,而土质的自稳性又较差时,开挖前需要对土质进行加固,这时可使用各类微型桩进行超前支护,开挖后再实施土钉墙+预应力锚杆来保证土体的稳定性,限制土钉墙的位移。因而,这种支护形式变形小、稳定性好,在不需要截水帷幕的地区能满足大多数工程的实际需要,应用较为广泛,特别在北方地区应用较多[见图7-7(e)]。

(六)土钉墙+微型桩+搅拌桩

搅拌桩抗弯强度及抗剪强度较低,在淤泥类软土中强度更低,在软土较厚时往往不能满足基底抗隆起要求,或者不能满足局部抗剪要求,此时,可在土钉墙+搅拌桩复合支护的基础上,加入微型桩构成此种复合支护体系[见图7-7(f)]。这种复合支护形式在软土地区应用较多,但在土质较好时一般不会采用。

(七)土钉墙+截水帷幕+微型桩+预应力锚杆

当基坑开挖深度较大、变形要求高、地质条件和环境条件复杂时,可采用这种形式[见图7-7(g)]。这种复合支护体系常可代替排桩+锚杆或地下连续墙支护方式。但应注意,这种复合支护体系构件较多,工序较复杂,工期较长,在支护体系选型时应充分进行技术经济比较后选用。

二、复合土钉墙的特点及适用条件

复合土钉墙施工方便灵活,可与多种支护技术并用,具有单纯土钉墙的全部优点,又克服了其大多缺陷,大大拓宽了土钉墙的应用范围,从而得到了广泛的工程应用。目前,通常只有在基坑开挖不深、地质条件及周边环境较为简单的情况下使用单纯土钉墙支护,更多时采用的是复合土钉墙支护。

复合土钉墙的主要特点有:

(1)与单纯土钉墙相比,对土层的适用性更广、更强,几乎可适用于各种土层,如杂填土、新近填土、砂砾层、软土等。

(2)整体稳定性、抗隆起及抗渗流等各种稳定性大大提高,基坑风险相应降低。

(3)增加了支护深度,能够有效地控制基坑水平位移等变形。

(4)与桩锚、桩撑等传统支护手段相比,保持了土钉墙造价低、工期快、施工方便、机械设备简单等优点。

与土钉墙相比,复合土钉墙的适用范围更广。预应力锚杆复合土钉墙适用于地下水位以上或降水的非软土基坑,且基坑深度不宜大于15 m。水泥土桩复合土钉墙用于非软土基坑时,基坑深度不宜大于12 m;用于淤泥质土基坑时,基坑深度不宜大于6 m;高水位的碎石土、砂土层中不宜采用。微型桩复合土钉墙适用于地下水位以上或降水的基坑,用于非软土基坑时,基坑深度不宜大于 12 m;用于淤泥质土基坑时,基坑深度不宜大于 6 m。

三、复合土钉墙的设计

复合土钉墙设计内容和设计步骤与土钉墙基本相同,但由于复合土钉墙是在土钉墙的基础上与其他支护构件复合而成的,因此复合土钉墙设计也存在与土钉墙不同之处。

(1)设计时,首先根据基坑周边条件、工程地质资料及使用要求等,进行复合土钉墙支护体系的选型,以及各支护构件的选型与布置。

(2)复合土钉墙整体稳定性分析时,除考虑土体、土钉的作用外,还需适当考虑其他支护构件(如截水帷幕、微型桩、预应力锚杆等)对整体稳定性的有利作用。例如,对于微型桩、水泥土桩复合土钉墙,滑弧穿越其嵌固段的土条可适当考虑桩的抗滑作用。对于预应力锚杆复合土钉墙,应考虑预应力锚杆对整体稳定性的贡献,但宜对锚杆的作用进行适当折减。

(3)土钉墙与截水帷幕结合的复合土钉墙,还应进行地下水渗透稳定性验算。

(4)复合土钉墙墙基承载力的验算,需要考虑插入坑底以下桩、墙的竖向承载力作用。

(一)复合土钉墙整体稳定性分析

复合土钉墙的整体稳定性分析也采用圆弧滑动条分法,计算简图如图 7-8 所示。计算时,在土钉墙整体稳定性分析的基础上,综合考虑锚杆、截水帷幕及微型桩对整体稳定性的贡献,按式[7-12(a)]进行计算。

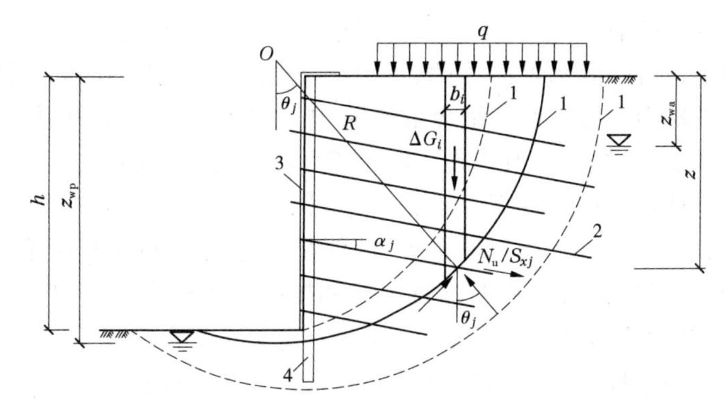

图 7-8　复合土钉墙整体稳定性计算简图

$$K_s = K_{s0} + \gamma_1 K_{s1} + \gamma_2 K_{s2} + \gamma_3 K_{s3} + \gamma_4 K_{s4} \tag{7-12a}$$

$$K_{s0} = \frac{\sum c_i l_i + \sum (w_i + q_0 b_i)\cos\theta_i \tan\varphi_i}{\sum (w_i + q_0 b_i)\sin\theta_i} \tag{7-12b}$$

$$K_{s1} = \frac{\sum N_{u,j}\cos(\theta_j + \alpha_j) + \sum N_{u,j}\sin(\theta_j + \alpha_j)\tan\varphi_j}{s_{x,j}\sum (w_i + q_0 b_i)\sin\theta_i} \tag{7-12c}$$

$$K_{s2} = \frac{\sum P_{u,j}\cos(\theta_j + \alpha_j) + \sum P_{u,j}\sin(\theta_j + \alpha_j)\tan\varphi_j}{s_{x,j}\sum (w_i + q_0 b_i)\sin\theta_i} \tag{7-12d}$$

$$K_{s3} = \frac{f_{v3}A_3}{\sum (w_i + q_0 b_i)\sin\theta_i} \tag{7-12e}$$

$$K_{s4} = \frac{f_{v4}A_4}{s_{x,j}\sum (w_i + q_0 b_i)\sin\theta_i} \tag{7-12f}$$

式中 K_s——整体稳定安全系数；

K_{sm}——土、土钉、锚杆、截水帷幕及微型桩产生的抗滑力矩与土体的下滑力矩比，$m=0、1、2、3、4$；

γ_n——土钉、锚杆、截水帷幕及微型桩产生的抗滑力矩复合作用时的组合系数，$n=1、2、3、4$；

$s_{x,j}$——第 j 层土钉、锚杆或微型桩的水平间距，土钉局部间距不均匀时可取平均值；

$N_{u,j}$——第 j 层土钉在稳定区(即圆弧外)的极限抗力；

$P_{u,j}$——第 j 层锚杆在稳定区(即圆弧外)的极限抗力；

α_j——第 j 层土钉或锚杆的倾角；

f_{vx}——截水帷幕或微型桩的抗剪强度设计值，$x=3、4$；

A_x——单位计算长度内截水帷幕的截面面积或单条微型桩的截面面积，$x=3、4$；

其他符号含义同前。

需要注意的是，锚杆、截水帷幕、微型桩、土钉和土体的抗力不能同时达到极限状态，因而需要对构件的抗力进行折减。组合系数 γ_n 体现了某种构件的可靠性对支护结构体系安全的影响，实质上是抗力分项系数。γ_n 可参考《复合土钉墙基坑支护技术规范》(GB 50739—2011)的具体规定进行取值。

此外，研究表明，对于复合土钉墙来说，即使是土钉墙处于整体临界稳定状态时(整体稳定安全系数 $K_s=1$)，复合土钉墙的抗滑移和抗倾覆安全系数仍较大，说明复合土钉墙即使会发生倾覆或滑移失稳破坏，发生的概率也远远小于内部稳定破坏。因此，复合土钉墙只要满足整体稳定性要求，一般可不进行抗倾覆和抗滑移稳定性验算。

(二)复合土钉墙墙基承载力验算

对直径小于 250 mm 的微型桩，可考虑插入坑底以下桩、墙的竖向承载力的作用，按下式验算基坑底面处基底承载力：

$$f_{ak} + (\pi d\sum q_{sik}l_i + q_p A_p)\frac{1}{2sB} \geqslant \gamma(h + t) + q_0 \tag{7-13a}$$

$$1.2f_{ak} \geqslant p_m \tag{7-13b}$$

式中 f_{ak}——基坑底面土承载力特征值，kPa；

B——复合土钉墙计算宽度，m；

s——微型桩水平间距，m；

p_m——基底压力最大值，kPa；

q_{sik}——插入深度桩长所在 i 土层极限桩侧阻力标准值，kPa；

q_p——微型桩桩端阻力特征值，kPa；

γ——土钉支护体的重度，kN/m³；

t——微型桩入土深度，m；

q_0——地面均布荷载，kPa。

对直径大于 250 mm 的混凝土微型桩和连续水泥土桩墙，可采用地基承载力修正方法（如图 7-9 所示）按下式验算桩端平面处基底承载力。

$$\frac{f_{ak}+\tan^2(45°+\varphi/2)\gamma_m(t-0.5)}{\gamma(h+t)+q_0}\geqslant 1.0 \tag{7-14}$$

式中　γ_m——被动区桩端以上土的加权平均重度，kN/m³，水位以下取有效重度；

φ——桩端土层土的内摩擦角，(°)；

γ——主动区土的重度，kN/m³，水位以下取有效重度；

其他符号含义同前。

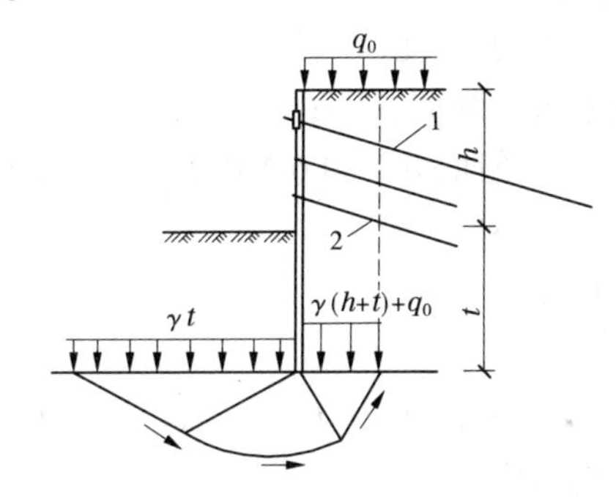

1—预应力锚杆；2—土钉

图 7-9　复合土钉支护结构底端平面承载力验算

四、防渗帷幕墙的设计

与传统的土钉墙相比，复合土钉墙可采用水泥土搅拌桩等超前支护做防渗帷幕，解决了抗渗、隔水和土体自立性问题，但应保证开挖期间水泥土搅拌桩不发生弯折、剪切破坏。

（一）防渗设计

水泥土搅拌桩帷幕的防渗性能依赖于水泥掺入量及养护龄期，当水泥掺入比大于10%时，墙体的防渗性能是可以保证的，基坑抗渗流稳定性由水泥土桩的插入深度来保证，可参考第四章抗渗流稳定性的相关内容。

（二）水泥土搅拌桩的抗冲剪、抗弯折计算

当基坑开挖超过一定深度时，在墙后主动水土压力的作用下，水泥土搅拌桩可能发生冲剪及弯折破坏。水泥土桩底部强度验算见图 7-10。

在验算时，通常假定：①计算跨度为最后一层土钉面到开挖面的距离，再加上 0.5 倍墙体的厚度；②取相应深度处的水压力为荷载集度，计算水土压力值。

1.抗冲剪验算

水泥土搅拌桩帷幕的抗冲剪能力为：

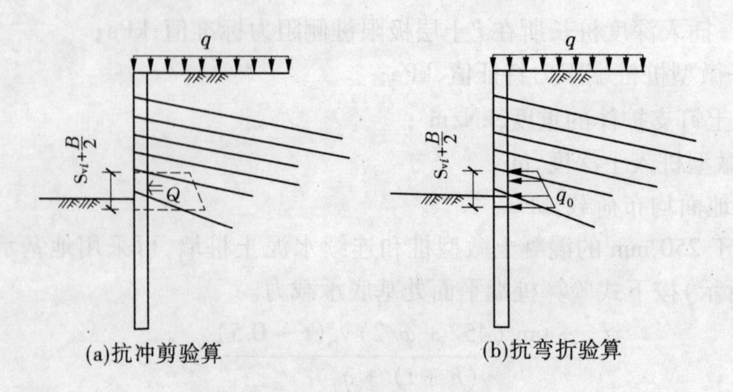

图 7-10 水泥土桩底部强度验算

$$V = 2BC_{u0} \tag{7-15a}$$

$$C_{u0} = c_0 + \gamma_0 h_0 \tan\varphi_0 \quad 或 \quad C_{u0} = (0.2 \sim 0.3) f_{cu} \tag{7-15b}$$

式中 B——防渗帷幕墙的宽度,m;

C_{u0}——水泥土搅拌桩的抗剪强度,kPa;

f_{cu}——水泥土的无侧限抗压强度,kPa;

c_0——水泥土的黏聚力,一般取 0.1~0.6 MPa;

γ_0——水泥土的重度,kN/m³;

φ_0——水泥土的内摩擦角。

水土压力产生的剪力为:

$$Q = [K_a \gamma_0 h_0 + \gamma_w (h_0 - D_w) - 2c_0](S_{vi} + 0.5B) \tag{7-16}$$

式中 h_0——验算截面的平均深度,m;

γ_w——水的重度,取 10 kN/m³;

D_w——地下水位埋置深度,m;

S_{vi}——最末一排土钉到开挖面之间的距离,m。

抗冲剪系数为:

$$K_c = \frac{V}{Q} \tag{7-17}$$

式中 K_c——抗冲剪安全度,当 5 m<h<7 m 时,K_c=2.0,当 7 m<h<8 m 时,K_c=2.5。

2.抗弯折验算

抗弯折验算是把最末一层土钉的着力点到开挖面之间未经加固的水泥土墙,视为一上下简支的单向受弯板,计算跨度为 S_{vi}+0.5B,支撑条件视为自由支撑。弯矩值为:

$$M = \frac{1}{8} q_0 (S_{vi} + 0.5B)^2 \tag{7-18a}$$

$$q_0 = \gamma h_0 \tan^2\left(45^\circ - \frac{\varphi}{2}\right) - 2c + \gamma_w (h - D_w) \tag{7-18b}$$

式中 q_0——深度 h_0 处的水土压力集度;

c——相应深度处土体黏聚力,kPa;

φ——内摩擦角,取固结快剪试验峰值平均值。

抗弯折应力为：

$$\sigma_{\mathrm{L}} = \frac{M}{W} = 3q_0\left(\frac{S_{\mathrm{vi}}}{B} + 0.5\right)^2/4 \tag{7-19}$$

式中　W——抗弯模量，$W=\frac{B^2}{6}$。

验算截面应力应满足：

$$\sigma_{\max} = \gamma_0 h_0 + \sigma_{\mathrm{L}} < 0.5f_{\mathrm{cu}} \tag{7-20}$$

$$|\sigma_{\min}| = |\gamma_0 h_0 - \sigma_{\mathrm{L}}| < 0.5\sigma_{\mathrm{t}} = 0.1f_{\mathrm{cu}} \tag{7-21}$$

式中　σ_{t}——水泥土抗拉强度，kPa，一般取 $0.2f_{\mathrm{cu}}$。

五、复合土钉墙的构造要求

复合土钉墙的构造要求基本与土钉墙、水泥土重力式围护墙、锚杆、微型桩的单项支护构造要求相同，但在复合土钉墙中，还需要注意以下几个方面：

(1)微型桩、水泥土复合土钉墙，应采用微型桩、水泥土桩与土钉墙面层贴合的垂直墙面。

(2)为解决变形控制和在不良土层中需要有较高抗拔力的问题，复合土钉墙中的土钉常采用新型预加应力土钉、二次注浆型土钉和打入注浆型钢花管加强土钉，如图 7-11 所示。

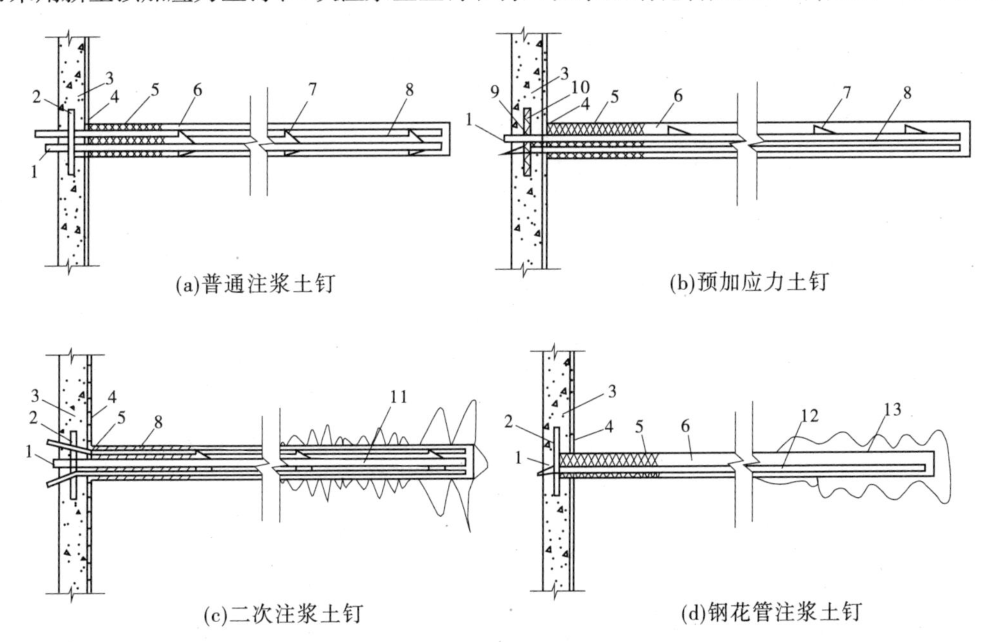

图 7-11　土钉构造详图

(3)采用预应力锚杆复合土钉墙时，宜采用钢绞线锚杆，也可采用 HRB400 级、HRB500 级钢筋或精轧螺纹钢及无缝钢管。用于减小地面变形时，锚杆宜布置在土钉墙的较上部位；用于增强面层抵抗土压力的作用时，锚杆应布置在土压力较大及墙背较软弱的部位。锚杆拉力设计值不应大于土钉墙墙面的局部受压承载力,以防止面层局部发生冲剪破坏。此外,锚杆与喷射混凝土面层之间应设置槽钢或混凝土腰梁连接,腰梁规格应根据锚杆拉力设计值经计算确定,并与面层紧密接触。

(4)采用微型桩垂直复合土钉墙时,微型桩应根据施工工艺对土层特性和基坑周边环境的适用性选用微型钢管桩、型钢桩或灌注桩等桩型,并宜同时设置预应力锚杆。微型桩的直径、规格应根据对复合墙面的强度要求确定,并应与喷射混凝土面层贴合。采用成孔后插入微型钢管桩、型钢桩的工艺时,成孔直径宜取 130~300 mm,钢管直径宜取 48~250 mm,工字钢型号宜取 I10~I22,孔内应灌注水泥浆或水泥砂浆并充填密实。采用微型混凝土灌注桩时,其直径宜取 200~300 mm。此外,微型桩的间距应满足土钉墙施工时桩间土的稳定性要求,微型桩伸入坑底的长度宜大于桩径的 5 倍,且不应小于 1 m。

(5)采用水泥土桩复合土钉墙时,水泥土桩应根据水泥土桩的施工工艺对土层特性和基坑周边环境条件的适用性选用搅拌桩、旋喷桩等桩型。水泥土桩应与喷射混凝土面层贴合,其伸入坑底的长度宜大于桩径的 2 倍,且不小于 1 m。水泥土桩桩身 28 d 无侧限抗压强度不宜小于 1 MPa。当水泥土桩用作截水帷幕时,可选用深层搅拌桩、高压旋喷桩、长螺旋压灌水泥土桩咬合施工形成,咬合尺寸宜为 200~250 mm;截水帷幕的最小厚度不宜小于 500 mm,渗透系数不应大于 10^{-6} cm/s;嵌固深度应符合截水要求,且宜穿越透水层 1~2 m。

第八章　支护结构与主体结构相结合及逆作法

第一节　概　述

一、支护结构与主体结构相结合及逆作法的概念

支护结构与主体结构相结合是指采用主体地下结构的一部分构件（如地下室外墙、水平梁板、中间支承柱和桩）或全部构件作为基坑开挖阶段的支护结构，不设置或仅设置部分临时支护结构的一种设计和施工方法。而逆作法一般是先沿建筑物地下室轴线施工地下连续墙或沿基坑的周围施工其他临时围护墙，同时在建筑物内部的有关位置浇筑或打下中间支承桩和柱，作为施工期间于底板封底之前承受上部结构自重和施工荷载的支承；然后施工地面一层的梁板结构，作为地下连续墙或其他围护墙的水平支撑，随后逐层向下开挖土方和浇筑各层地下结构，直至底板封底；同时，由于地面一层的楼面结构已经完成，为上部结构的施工创造了条件，因此可以同时向上逐层进行地上结构的施工；如此地面上、下同时进行施工，直至工程结束。逆作法可以分为全逆作法、半逆作法及部分逆作法。逆作法必然是采用支护结构与主体结构相结合，对施工地下结构而言，逆作法仅仅是一种自上而下的施工方法。相对而言，支护结构与主体结构相结合的范畴更广，支护结构与主体结构相结合既有可能采用顺作法施工，也有可能采用逆作法施工。

二、支护结构与主体结构相结合的类型

（一）周边地下连续墙“两墙合一”结合坑内临时支撑系统顺作法施工

周边地下连续墙“两墙合一”结合坑内临时支撑系统是高层和超高层建筑深基础或多层地下室的传统施工方法，在深基坑工程中得到了广泛的应用。其一般流程是：先沿建筑物地下室边线施工地下连续墙，作为地下室的外墙和基坑的围护结构。同时，在建筑物内部的有关位置浇筑或打下临时支承立柱及立柱桩，一般立柱桩应尽量利用工程桩，当不能利用工程桩时需另外加设。施工中采用自上而下分层开挖，并依次设置临时水平支撑系统。开挖至坑底后，再由下而上施工主体地下结构的基础底板、竖向墙、柱构件及水平楼板构件，并依次自下而上拆除临时水平支撑系统，进而完成地下结构的施工。周边地下连续墙“两墙合一”结合坑内临时支撑系统采用顺作施工方法，主体结构的梁板与地下连续墙直接连接并不再另外设置地下室外墙。图 8-1 为周边地下连续墙“两墙合一”结合坑内临时支撑系统的基坑在开挖到坑底和地下室施工完成时的情形。

周边地下连续墙“两墙合一”结合坑内临时支撑系统的结构体系包括三部分，即采用“两墙合一”连续墙的围护结构、采用杆系结构的临时水平支撑体系和竖向支承系统。

“两墙合一”地下连续墙刚度大、强度高、整体性好、止水效果好,目前的施工工艺已非常成熟,并且其经济效益显著。“两墙合一”的地下连续墙设计需根据工程的具体情况选择合适的结构形式及与主体结构外墙的结合方式,在构造上选择合适的接头形式,并妥善地解决与主体结构的连接及后浇带、沉降缝和有关防渗构造措施。

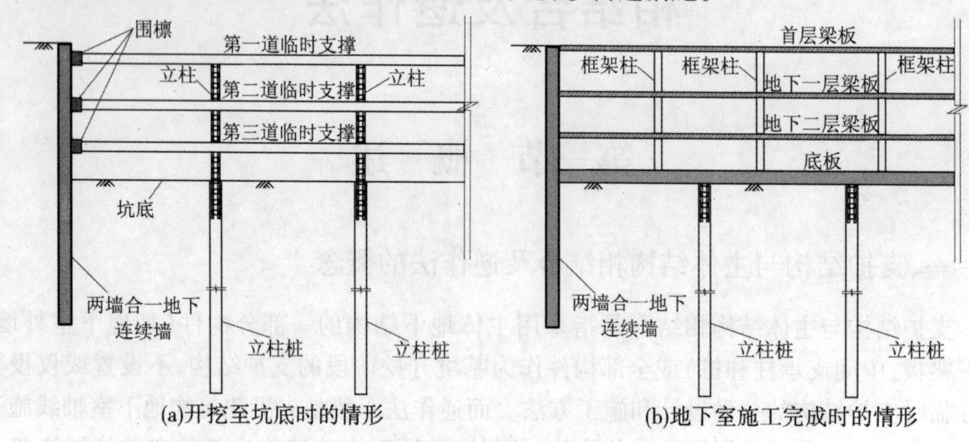

图 8-1 周边地下连续墙两墙合一结合坑内临时支撑系统的基坑

临时水平支撑体系一般采用钢筋混凝土支撑或钢支撑。钢支撑一般适合于形状简单、受力明确的基坑,而钢筋混凝土支撑适合于形状复杂或有特殊要求的基坑。相对而言,钢支撑由于可以回收利用因而造价较低,在施加预应力的条件下其控制变形的能力不低于钢筋混凝土支撑;但钢筋混凝土支撑的整体性和稳定性高于钢支撑。连续墙上一般设置圈梁和围檩,并与水平支撑系统建立可靠的连接,通过圈梁和围檩均匀地将连续墙上传来的水土压力传给水平支撑。

竖向支承系统承受水平支撑体系的自重和有关的竖向施工荷载,一般采用临时钢立柱及其下的立柱桩。立柱桩的布置应尽量利用主体工程的工程桩,当不能利用工程桩时需施设临时立柱桩。立柱的布置需避开主体结构的梁、柱及承重墙的位置。临时立柱和立柱桩根据竖向荷载的大小选择合适的结构形式和间距。在拆除第一道临时支撑后方可割除临时立柱。

(二)周边临时围护体结合坑内水平梁板体系替代支撑逆作法施工

周边临时围护体结合坑内水平梁板体系替代支撑总体而言采用逆作法施工,适用于面积较大、地下室为两层、挖深为 10 m 左右的超高层建筑的深基坑工程,且采用地下连续墙围护方案相对于采用临时围护并另设地下室外墙的方案在经济上并不具有优势。以盆式开挖为例,其一般流程是:首先施工主体工程桩和立柱桩,期间可同时施工周边的临时围护体;然后周边留土、基坑中部开挖第一层土,之后进行地下首层结构的施工,并在首层水平支撑梁板与临时围护体之间设置型钢换撑;然后进行地下二层土的开挖,进而施工地下一层结构,并在地下一层水平支撑梁板与临时围护体之间设置型钢换撑,期间可根据工程工期的需要同时施工地上一层结构;开挖基坑中部土体至坑底并浇筑基坑中部的底板;开挖基坑周边的留土并浇筑周边底板,期间可同时施工地上的二层结构;最后施工地下室周边的外墙,并填实地下室外墙与临时围护体之间的空隙,同时完成地下室范围内的外包混凝土施工,至此即完成了地下室工程的施工。图 8-2 为周边临时围护体结合坑内水平梁板体系替代支撑的基坑在开挖到坑底和地下室施工完成时的情形。

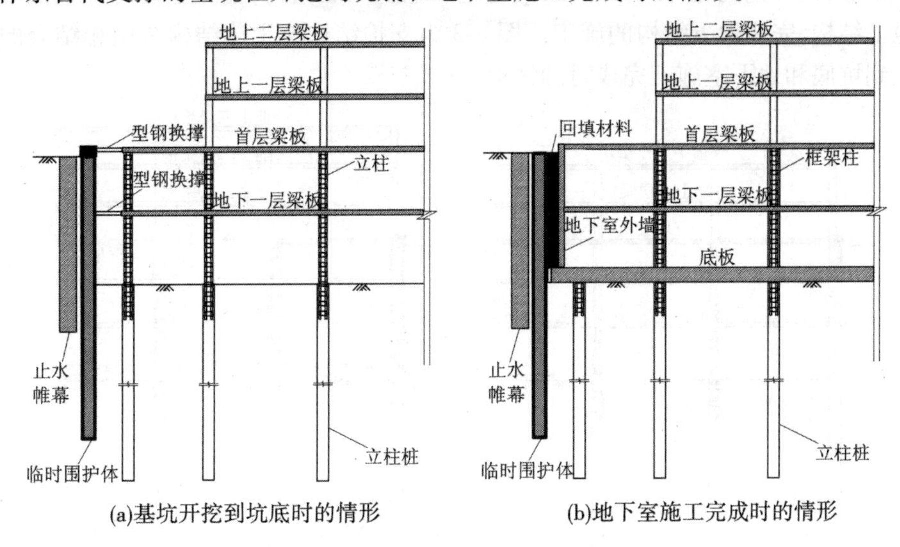

(a)基坑开挖到坑底时的情形　　(b)地下室施工完成时的情形

图 8-2　周边临时围护体结合坑内水平梁板体系替代支撑的基坑

周边临时围护体结合坑内水平梁板体系替代支撑的结构体系包括临时围护体、水平梁板支撑和竖向支承系统。临时围护体可以采用钢筋混凝土钻孔灌注桩、SMW 工法和钻孔咬合桩等方式。作为周边的临时围护结构,需满足变形、强度和良好的止水性能要求。具体采用何种临时围护体,需根据基坑的开挖深度、基坑的形状、施工条件、周边环境变形控制要求等多个因素确定。

该类型的水平支撑与主体地下结构的水平梁板相结合。由于采用了临时围护体,需考虑主体水平梁板结构与临时围护体之间的传力问题。需要指出的是,围护桩与内部水平梁板结构之间设置的临时支撑主要作为传递水平力的用途,因此在支撑设计中,在确保水平力传递可靠性的基础上,弱化水平支撑与结构的竖向连接刚度,可缓解由于围护桩与立柱桩之间差异沉降过大,引发的边跨结构次应力,严重还将导致结构开裂等不利后果。

该类型的竖向支承系统与主体结构相结合。立柱和立柱桩的位置和数量根据地下室的结构布置和制定的施工方案经计算确定。由于边跨结构需从结构外墙朝内退一定距离,该距离的控制可根据具体情况调整,但尽量退至于结构外墙相邻柱跨,以便利用一柱一桩作为边跨结构的竖向支承结构;当局部位置需内退距离过大时,可选择增设边跨临时立柱的处理方案。

(三)支护结构与主体结构全面相结合逆作法施工

支护结构与主体结构全面相结合,即围护结构采用“两墙合一”的地下连续墙,既作为基坑的围护结构又作为地下室的外墙;地下结构的水平梁板体系替代水平支撑;结构的立柱和立柱桩作为竖向支承系统。支护结构与主体结构全面相结合的总体设计方案一般采用逆作法施工,以盆式开挖为例,其一般流程为:首先施工地下连续墙、立柱和工程桩;然后周边留土、基坑中部开挖第一层土;之后进行地下首层结构的施工;开挖第二层土,并施工地下一层结构的梁板,同时可根据工期上的安排接高柱子和墙板施工地上一层结构;

开挖第三层土,并施工地下二层结构,同时施工地上二层结构;基坑中部开挖到底并浇筑底板,基坑周边开挖到底并施工底板,同时施工地上三层结构;施工立柱的外包混凝土及其他地下结构,完成地下结构的施工。图8-3为支护结构与主体结构全面相结合的基坑在开挖到坑底和地下室施工完成时的情形。

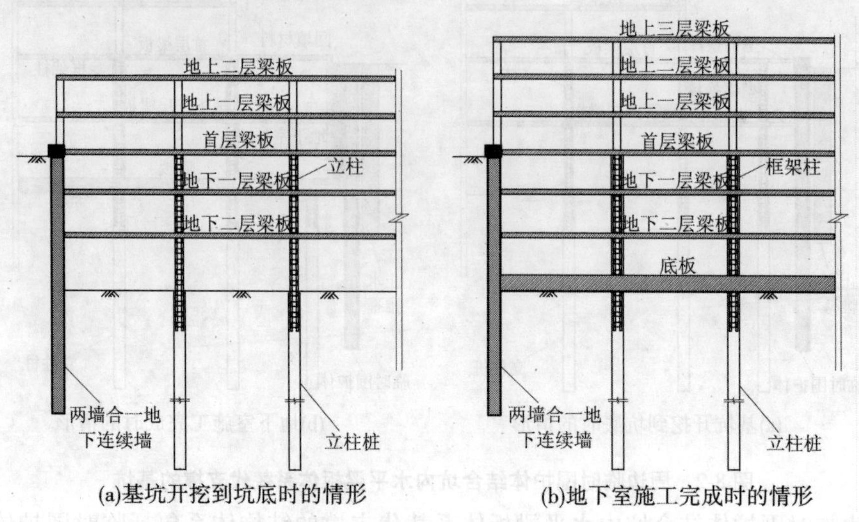

图8-3　支护结构与主体结构全面相结合的基坑

支护结构与主体结构全面相结合适合于大面积的基坑工程、开挖深度大的基坑工程、复杂形状的基坑工程、上部结构施工工期要求紧迫的基坑工程,尤其是周边建筑物和地下管线较多、环境保护极其严格的基坑工程。

三、支护结构与主体结构相结合及逆作法的优点与适用范围

支护结构与主体结构相结合应用于2层以上的地下室甚至是8层的地下室,其深度也从几米到三十几米,并且应用范围也从高层建筑地下室拓展到地铁车站、市政、人防工程等领域。该支护方法在这些工程的成功应用取得了较好的经济效益和社会效益,得到了工程界越来越多的重视,并成为一项很有发展前途和推广价值的深基坑支护技术。

与常规的临时支护方法相比,采用支护结构与主体结构相结合施工高层和超高层建筑的深基坑和地下结构具有诸多的优点,如由于可同时向地上和地下施工,因而可以缩短工程的施工工期;水平梁板支撑刚度大,挡土安全性高,围护结构和土体的变形小,对周围的环境影响小;采用封闭逆作施工,施工现场文明;已完成的地面层可充分利用,地面层先行完成,无须架设栈桥,可作为材料堆置场或施工作业场;避免了采用临时支撑的浪费现象,工程的经济效益显著,有利于实现基坑工程的可持续发展等。

支护结构与主体结构相结合适用于如下基坑工程:

(1)大面积的地下工程,一般边长大于100 m的大基坑更为合适。

(2)大深度的地下工程,一般大于或等于2层的地下室工程更为合适。

(3)复杂形状的地下工程。

(4)周边状况苛刻,对环境要求很高的地下工程。

(5)作业空间较小和上部结构工期要求紧迫的地下工程。

第二节　支护结构与主体结构相结合的设计

基坑工程中的支护结构包括围护结构、水平支撑体系和竖向支承系统。从构件相结合的角度而言,支护结构与主体结构相结合包括三种类型,即地下室外墙与围护墙体相结合、结构水平梁板构件与水平支撑体系相结合、结构竖向构件与支护结构竖向支承系统相结合。下面简要介绍支护结构与主体结构相结合的有关类型和设计原则。

一、墙体相结合的设计

通常采用地下连续墙作为主体地下室外墙与围护墙的结合,即两墙合一。两墙合一地下连续墙施工噪声和振动低、刚度大、整体性好、抗渗能力良好;在使用阶段可直接承受使用阶段主体结构的垂直荷载,充分发挥其垂直承载能力,减小基础底面的地基附加应力;可节省常规地下室外墙的工程量;可减少直接土方开挖量,且无须再施工换撑板带和进行回填土工作,经济效益明显。两墙合一的墙体通常采用现浇地下连续墙,由于采用现场浇筑,墙体的深度以及槽段的分幅灵活、适用性强,除槽段分缝外,在竖向无水平施工缝。

(一)两墙合一结合方式

当采用地下连续墙与主体地下结构外墙相结合时,其设计方法因地下连续墙布置方式,即与主体结构的结合方式不同而有差别。地下连续墙与主体结构地下室外墙的结合方式主要有四种:单一墙、分离墙、重合墙和复合墙,如图 8-4 所示。

(1)单一墙。单一墙即将地下连续墙直接用作主体结构地下室外边墙,如图 8-4(a)所示。此种结合形式壁体构造简单,地下室内部不需要另做受力结构层。但此种方式主体结构与地下连续墙连接的节点需满足结构受力要求,地下连续墙槽段接头要有较好的防渗性能。在许多土建工程中常在地下连续墙内侧做一道建筑内墙(砖衬墙),两墙之间设排水沟,以解决渗漏问题。一般情况下,通过采取一定的构造措施,单一墙可以满足常规地下工程的需要。

(2)分离墙。分离墙是在主体结构物的水平构件上设置支点,即将主体结构物作为地下连续墙的支点,起着水平支撑作用,如图 8-4(b)所示。这种布置形式的特点是地下连续墙与主体结构结合简单,且各自受力明确。地下连续墙的功用在施工和使用时期都起着挡土和防渗的作用,而主体结构的外墙或柱子只承受垂直荷载。当起着支撑地下连续墙水平横撑作用的主体结构各层楼板间距较大时,地下连续墙可能强度不足,可在水平构件之间设几个中间支点,并将主体结构的边墙加强。此时,可根据主体结构的刚度近似地计算中间支点的弹簧系数,进而计算出地下连续墙的内力。分离墙形式,除温度变化、干燥等引起横梁伸缩而产生的作用力外,主体结构承受的其他荷载对地下连续墙的影响均不予考虑。

(3)重合墙。重合墙是把主体结构的外墙重合在地下连续墙的内侧,在两者之间填充隔绝材料,使之成为仅传递水平力不传递剪力的结构形式,如图 8-4(c)所示。这种形

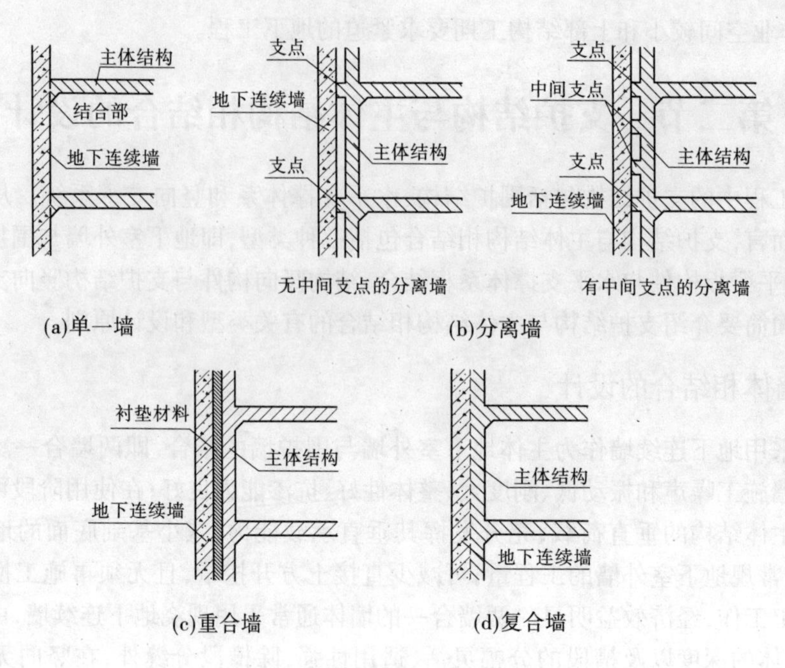

图 8-4 地下连续墙的结合方式

式的地下连续墙与主体结构地下室外墙所产生的垂直方向变形不相互影响,但水平方向的变形则相同。从受力条件看,这种形式较单一墙和分离墙均为有利。这种结构还可以随着地下结构物深度的增大而增大主体结构外边墙的厚度,即使地下连续墙厚度受到限制时,也能承受较大应力。但是由于地下连续墙表面凹凸不平,于施工不利、衬垫材料厚薄不等,使应力传递不均匀。

(4)复合墙。复合墙[如图 8-4(d)所示]是将地下连续墙与主体结构地下室外墙做成一个整体,即通过把地下连续墙内侧凿毛或用剪力块将地下连续墙与主体结构外墙连接起来,使之在结合部位能够传递剪力。复合墙结构形式的墙体刚度大,防渗性能较单一墙好,且框架节点处(内墙与结构楼板或框架梁)构造简单。该种结构形式地下连续墙与主体结构边墙的结合比较重要,一般在浇捣主体结构边墙混凝土前,需将地下连续墙内侧凿毛,清理干净并用剪力块将地下连续墙与主体结构连成整体。此外,新老混凝土之间因干燥收缩不同而产生的应变差会使复合墙产生较大的内力,有时也需要考虑。

(二)设计计算原则

(1)两墙合一地下连续墙的设计与计算需考虑地下连续墙在施工期、竣工期和使用期不同的荷载作用状况和结构状态,应同时满足各种情况下承载能力极限状态和正常使用极限状态的设计要求。应验算三种应力状态:在施工阶段由作用在地下连续墙上的侧向主动土压力、水压力产生的应力;主体结构竣工后,作用在墙体上的侧向主动土压力、水压力以及作用在主体结构上的垂直、水平荷载产生的应力;主体结构建成若干年后,侧向土压力、水压力已从施工阶段回复到稳定状态,土压力由主动土压力变为静止土压力,水位回复到静止水位,此时只计算荷载增量引起的内力。

(2)施工阶段,在水平力的作用下,两墙合一地下连续墙可采用竖向弹性地基梁法进行分析。墙体内力计算应按照主体工程地下结构的梁板布置以及施工条件等因素，合理确定支撑标高和基坑分层开挖深度等计算工况，并按基坑内外实际状态选择计算模式，考虑基坑分层开挖与支撑进行分层设置及换撑拆除等在时间上的顺序先后和空间上的位置不同，进行各种工况下的连续完整的设计计算。

（3）正常使用阶段，由于主体地下结构梁板以及基础底板已经形成，通过结构环梁和结构壁柱等构件与墙体形成了整体框架，因而墙体的约束条件发生了变化，应根据结构梁板与墙体的连接节点的实际约束条件及侧向的水土压力，取单位宽度地下连续墙作为连续梁进行设计计算，尤其是结构梁板存在错层和局部缺失的区域应进行重点设计。正常使用阶段设计主要以裂缝控制为主，计算裂缝应满足相关规范规定的裂缝宽度要求。

（4）墙体承受竖向荷载时，应分别按承载能力极限状态和正常使用极限状态验算地下连续墙的竖向承载力和沉降量。有条件时，地下连续墙竖向承载力应由现场静荷载试验确定；无试验条件时，可参照确定钻孔灌注桩竖向承载力的方法选用。地下连续墙墙底持力层应选择压缩性较低的土层，且采取墙底注浆加固措施。

（5）人防区域的地下连续墙，应采用防爆荷载对地下连续墙进行设计计算。有关构造应满足相关人防规范要求。

（6）两墙合一地下连续墙的钢筋和混凝土的设计与施工及相关结构构造应满足正常使用阶段防渗和耐久性要求。

（7）现浇地下连续墙验算正截面承载力和节点构造设计时，应对混凝土强度设计值和钢筋锚固强度设计值乘以折减系数 0.85~0.90。

（8）墙顶承受竖向偏心荷载，或地下结构内设有边柱与托梁时，应考虑其对墙体和边柱的偏心作用。墙顶圈梁（或压顶梁）与墙体及上部结构的连接处应验算截面受剪承载力。

（9）地下连续墙内侧设置内衬墙时，对结合面能承受剪力作用的复合墙，和结合面不能承受剪力作用的重合墙，应根据地下结构施工期和使用期的不同情况，按内外墙实际受载过程进行墙体内力与变形计算。复合墙的内力与变形计算，以及截面承载力设计时，墙体计算厚度可取内外墙厚之和，并按整体墙计算。重合墙的内外墙内力可按刚度分配计算。

（10）两墙合一地下连续墙与地下结构内部梁板等构件的连接，应满足主体工程地下结构受力与设计要求，一般按整体连接刚性构造考虑。接头处钢筋采用焊接或机械连接。

（11）两墙合一地下连续墙的倾斜度和墙面平整度，以及预埋件位置，均应满足主体工程地下结构设计要求。一般墙面倾斜度不宜大于 1/300。

（12）由于两墙合一地下连续墙在正常使用阶段作为永久地下室外墙，因此涉及与主体结构构件连接、墙体在正常使用阶段的整体性能、与主体结构的沉降协调、后浇带与沉降缝位置的构造处理、连续墙与后连接通道的连接、连续墙墙顶落低的处理等一系列问题，因此需要采用一整套的设计构造措施，以满足正常使用阶段的受力和构造要求。此外，由于地下连续墙自身施工工艺的特点决定了其与现浇墙体存在一定的差异，因此连续墙尚需采取可靠的抗渗和止水措施，包括墙身防水、槽段接缝防水、墙顶与压顶圈梁接缝防水及与基础底板接缝的防水等。

二、水平构件相结合的设计

水平结构构件与支护结构相结合,是利用地下结构的梁板等内部水平构件兼作基坑工程施工阶段的水平支撑系统的方法。

(一)结构体系

在地下结构梁板与基坑内支撑系统相结合时,结构楼板可采用多种结构体系,工程中采用较多的为梁板结构体系和无梁楼盖结构体系。

(1)梁板结构。肋梁楼盖由主梁、次梁和楼板组成,主梁和次梁将楼板划分为多个区格,根据板区格的平面长宽比,还可分为单向板肋梁楼板和双向板肋梁楼盖。地下结构采用肋梁楼盖作为水平支撑比较适于逆作法施工,其结构受力明确,可根据施工需要在梁间开设孔洞,并在梁周边预留止水片,在逆作法结束后再浇筑封闭。此外,也可采用结构楼板后作的梁格体系,在开挖阶段仅浇筑框架梁作为内支撑,基础底板浇筑后再封闭楼板结构。该思路可减少施工阶段竖向支承的竖向荷载,同时也便于土方的开挖,不足之处在于梁板二次浇筑,存在止水和连接的整体性问题。

(2)无梁楼盖。无梁楼盖结构体系相对于梁板结构体系而言又称板柱结构体系,其结构体系由楼板和柱组成。由于楼板直接支承在柱上,其荷载传力体系也相应的由板直接传递至柱或墙竖向支承,因此楼板厚度较相同柱网尺寸的梁板体系要大。无梁楼盖体系一般视柱网尺寸和荷载大小情况进行设计,当柱网尺寸和荷载较大时,如平板的弯距过大,或不能满足柱顶处的冲切荷载要求,一般可在柱顶处设置柱帽,反之则可不设柱帽。在主体结构与支护结构相结合的设计中可采用无梁楼盖作为水平支撑,其整体性好、支撑刚度大,并便于结构模板体系的施工。在无梁楼盖上设置施工孔洞时,一般需设置边梁并附加止水构造。

(二)设计计算原则

水平结构与支护结构相结合的设计计算原则如下:

(1)利用地下结构的梁板等内部结构兼作基坑内支撑和围檩时,地下结构外墙的侧向土压力宜采用静止土压力计算。地下结构梁板等构件应分别按承载能力极限状态和正常使用极限状态进行设计计算。

(2)结构水平构件除应满足地下结构使用期设计要求外,尚应进行各种施工工况条件下的内力、变形等计算。分析中可采用简化计算方法或平面有限元方法。当采用梁板体系且结构开口较多时,可简化为仅考虑梁系的作用,进行在一定边界条件下,在周边水平荷载作用下的封闭框架的内力和变形计算。当梁板体系需考虑板的共同作用,或结构为无梁楼盖时,应采用平面有限元的方法进行整体计算分析。

(3)地下结构的设计与施工中,应验算混凝土温度应力、干缩变形、临时立柱以及立柱桩与地下结构外墙之间差异沉降等引起的结构次应力影响,并采取必要措施,防止有害裂缝的产生。

(4)地下主体结构的梁板兼作施工平台或栈桥时,其构件的强度和刚度应按水平向和竖向两种不同工况受荷的联合作用进行设计。

(5)地下结构同层楼板面标高有高差时,应设置临时支撑或可靠的水平向转换结构。

转换结构应有足够的刚度和稳定性，并满足抗剪和抗扭承载能力的要求。当结构楼板存在大面积缺失或在车道位置时，均需在结构楼板缺失处架设临时水平支撑。

(6)地下结构的顶层结构应采取措施处理好结构标高和现场地面标高的衔接，确保支撑受力的可靠性。

(7)地下各层结构梁板留设通长结构分缝的位置应通过计算设置水平传力构件。

(8)逆作施工阶段应在适当部位（楼梯间、电梯井或无楼板处等）预留从地面直通地下室底层的施工孔洞，以便土方、设备、材料等的垂直运输。孔洞尺寸应满足垂直运输能力和进出材料、设备及构件的尺寸要求，预留施工孔洞之间应通过计算保持一定的距离，以保证水平力的传递。

(9)地下结构楼板上的预留孔（包括设备预留孔、立柱预留孔、施工预留孔等）应验算开口处的应力和变形。必要时宜设置孔口边梁或临时支撑等传力构件。立柱预留孔尚应考虑替换结构及主体结构的施工要求。

(10)施工阶段预留孔在逆作施工结束如根据结构要求需进行封闭，其孔洞周边应预先留设钢筋或抗剪埋件等结构连接措施，以及膨胀止水条、刚性止水板或预埋注浆管等止水措施，以确保二次浇筑结构的连接整体性及防水可靠性。

三、竖向构件相结合的设计

竖向构件的结合即地下结构的竖向承重构件（立柱及柱下桩）作为逆作法施工过程中结构水平构件的竖向支承构件。其作用是在逆作法施工期间，在地下室底板未浇筑之前承受地下和地上各层的结构自重和施工荷载；在地下室底板浇筑后，与底板连成整体，作为地下室结构的一部分将上部结构及承受的荷载传递给地基。

（一）竖向支承系统的分类

支护结构与主体结构相结合的工程中竖向支承系统设计的最关键问题就是如何将在主体结构柱位置设置的钢立柱和立柱桩与主体结构的柱子和工程桩有机地进行结合，使其能够同时满足基坑逆作实施阶段和永久使用阶段的要求。当然，支护结构与主体结构相结合的工程中也不可避免地需要设置一部分临时钢立柱和立柱桩，其布置原则与顺作法实施的工程中钢立柱和立柱桩的布置原则是一致的。对于一般承受结构梁板荷载及施工超载的竖向支承系统，结构水平构件的竖向支承立柱和立柱桩可采用临时立柱和与主体结构工程桩相结合的立柱桩（一柱多桩）的形式，也可以采用与主体地下结构柱及工程桩相结合的立柱和立柱桩（一柱一桩的形式）。此外，还有在基坑开挖阶段承受上部结构剪力墙荷载的竖向支承系统等立柱和立柱桩形式。

1.一柱一桩

一柱一桩指逆作阶段在每根结构柱位置仅设置一根钢立柱和立柱桩，以承受相应区域的荷载。当采用一柱一桩时，钢立柱设置在地下室的结构柱位置，待逆作施工至基底并浇筑基础底板后再逐层在钢立柱的外围浇筑外包混凝土，与钢立柱一起形成永久性的组合柱。一般情况下若逆作阶段立柱所需承受的荷载不大或者主体结构框架柱下是大直径钻孔灌注桩、钢管桩等具有较高竖向承载能力的工程桩，应优先采用“一柱一桩”。根据工程经验，一般对于仅承受2~3层结构荷载及相应施工超载的基坑工程，可采用常规角钢拼接格构柱与立柱桩所组成的竖向支承系统;若承受的结构荷载不大于 6~8 层,可采用钢管混凝土柱等具备较高承载力钢立柱所组成的“一柱一桩”形式。

“一柱一桩”工程在逆作阶段施工过程中,需在梁柱节点位置上预留浇筑孔,基坑开挖完毕后通过浇筑孔在钢立柱外包混凝土,使钢立柱在正常使用阶段可作为劲性构件与混凝土共同作用。

主体结构与支护结构相结合的工程中,“一柱一桩”是最为基本的竖向支承系统形式。其构造形式简单、施工相对比较便捷。“一柱一桩”系统在基坑开挖施工结束后可以全部作为永久结构构件使用,经济性也相当好。

2.一柱多桩

在相应结构柱周边设置多组“一柱一桩”则形成“一柱多桩”。一柱多桩可采用一柱(结构柱)两桩、一柱三桩(如图 8-5 所示)等形式。当采用“一柱多桩”时,可在地下室结构施工完成后,拆除临时立柱,完成主体结构柱的托换。

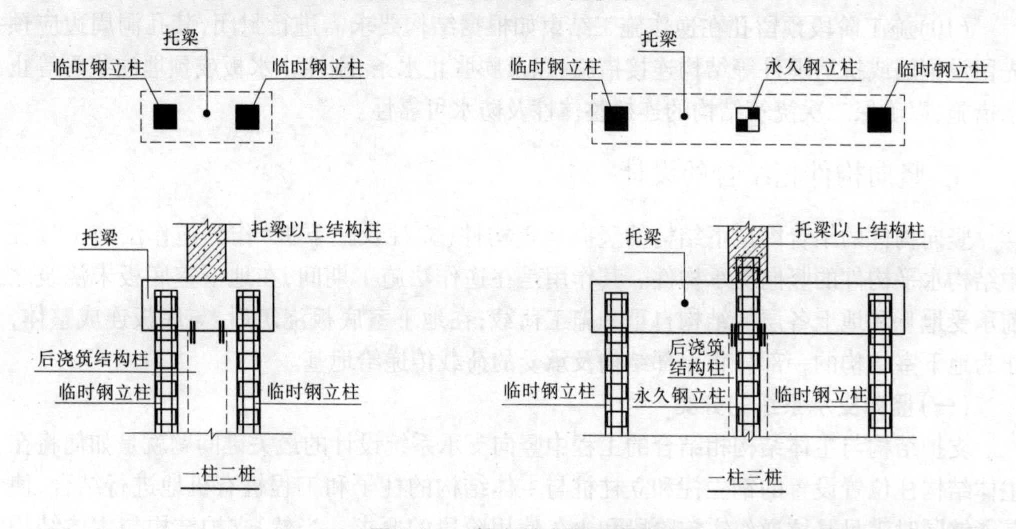

图 8-5 一柱多桩布置示意图

“一柱多桩”的主要缺点是:钢立柱为临时立柱,逆作阶段结束后需割除;节点构造相比“一柱一桩”更为复杂;主体结构柱托换施工复杂。由于“一柱多桩”的设计需要设置多根临时钢立柱,钢立柱大多需要在结构柱浇筑完毕并达到设计强度要求后割除,而不能外包混凝土形成“一柱一桩”设计中的结构柱构件,加大了临时围护体系的工程量和资源消耗。一般而言,“一柱多桩”多用于工程中局部荷载较大的区域,因而应尽量避免大面积采用。利用“一柱多桩”设计全面提高竖向支承系统的承载能力,盲目增加逆作法基坑工程中同时施工的上部结构层数,以图加快施工进度,是不可取的。基坑开挖阶段主要竖向支承系统承受的最大荷载,应控制在“一柱一桩”系统的最大允许承载能力范围之内。

3.承受上部墙体荷载的竖向支承系统

承受上部墙体荷载的竖向支承系统是一种特殊的“一柱多桩”应用方法,用于在那些必须在基坑开挖阶段同时施工剪力墙构件的工程中,通过在墙下设置密集的立柱与立柱桩,以提供足够的承载能力。承受上部墙体荷载的竖向支承系统与常规“一柱多桩”的区别在于,它在基坑工程完成后钢立柱不能够拆除,必须浇筑于相应的墙体之内,因此必须预先考虑好合适的钢立柱构件的尺寸与位置,以尽量利于墙体钢筋的穿越。

(二)设计与计算原则

1.设计原则

采用竖向构件结合时,应考虑如下设计原则:

(1)支承地下结构的竖向立柱的设计和布置,应按照主体地下结构的布置,以及地下结构施工时地上结构的建设要求和受荷大小等综合考虑。当立柱和立柱桩结合地下结构柱(或墙)和工程桩布置时,立柱和立柱桩的定位与承载能力应与主体地下结构的柱和工程桩的定位与承载能力相一致。主体工程中柱下桩应采取类似承台桩的布置形式,其中在柱下必须设置一根工程桩,同时该根桩的竖向承载能力应大于基坑开挖阶段的荷载要求。主体结构框架柱可采用钢筋混凝土柱或其他劲性混凝土柱形式,若采用劲性混凝土柱,其劲性钢构件应构造简单,适于用作基坑围护结构的钢立柱,而不得采用一些断面形式过于复杂的构件形式。

(2)一般宜采用一根结构柱位置布置一根立柱和立柱桩形式("一柱一桩"),考虑到一般单根钢立柱及软土地区的立柱桩的承载能力,要求在基坑工程实施过程中最大可能施工的结构层数不超过 6~8 层。当"一柱一桩"设计在局部位置无法满足基坑施工阶段的承载能力与沉降要求时,也可采用一根结构柱位置布置多根临时立柱和立柱桩形式("一柱多桩"),考虑到工程的经济性要求,"一柱多桩"设计中的立柱桩仍应尽量利用主体工程桩,但立柱多需在基坑工程结束后割除。

(3)钢立柱通常采用型钢格构柱或钢管混凝土立柱等截面构造简单、施工便捷、承载能力高的构造形式。型钢格构立柱是最常采用的钢立柱形式,在逆作阶段荷载较大并且主体结构允许的情况下也可采用钢管混凝土立柱。立柱桩宜采用灌注桩,并应尽量利用主体工程桩。钢管桩等其他桩型由于与钢立柱底部的连接施工不方便、钢立柱施工精度难以保证,因此应尽量少采用。

(4)当钢立柱需外包混凝土形成主体结构框架柱时,钢立柱的形式与截面设计应与地下结构梁板、柱的断面和钢筋配置相协调,设计中应采取构造措施以保证结构整体受力与节点连接的可靠性。立柱的断面尺寸不宜过大,若承载能力不能满足要求,可选用 Q345B 等具有较高承载能力的钢材牌号。

(5)框架柱位置钢立柱待地下结构底板混凝土浇筑完成后,可逐层在立柱外侧浇筑混凝土,形成地下结构的永久框架柱。地下结构墙或结构柱一般在底板完成并达到设计要求后方可施工。临时立柱应在结构柱完成并达到设计要求后拆除。

2.计算原则

进行竖向构件结合的设计时,应考虑如下计算原则:

(1)与主体结构相结合的竖向支承系统,应根据基坑逆作施工阶段和主体结构永久使用阶段的不同荷载状况与结构状态进行设计计算,满足两个阶段的承载能力极限状态和正常使用极限状态的设计要求。逆作施工阶段应根据钢立柱的最不利工况荷载,对其竖向承载力、整体稳定性以及局部稳定性等进行计算;立柱桩的承载能力和沉降均需要进行计算。主体结构永久使用阶段,应根据该阶段的最不利荷载,对钢立柱外包混凝土后形成的劲性构件进行计算;兼作立柱桩的主体结构工程桩应满足相应的承载能力和沉降计算要求。

(2)钢立柱应根据施工精度要求,按双向偏心受力劲性构件计算。立柱桩的竖向承载能力计算方法与工程桩相同。基坑开挖施工阶段由于底板尚未形成,立柱桩之间的刚度联系较差,实际尚未形成一定的沉降协调关系,可按单桩沉降计算方法近似估算最大可能沉降值,通过控制最大沉降的方法以避免桩间出现较大的不均匀沉降。

(3)由于水平支撑系统荷载是由上至下逐步施加于立柱之上的,立柱承受的荷载逐渐加大,但跨度逐渐缩小,因此应按实际工况分布对立柱的承载能力及稳定性进行验算,以满足其在最不利工况下的承载能力要求。

(4)逆作施工阶段立柱和立柱桩承受的竖向荷载包括结构梁板自重、板面活荷载以及结构梁板施工平台上的施工超载等,计算中应根据荷载规范要求考虑动、静荷载的分项系数及车辆荷载的动力系数。一般可按如下考虑进行设计:

在围护结构方案设计阶段:结构构件自重荷载应根据主体结构设计方案进行计算;不直接作用施工车辆荷载的各层结构梁板面的板面施工活荷载可按2~2.5 kPa估算;直接作用施工机械的结构区域可以按每台挖机自重40~60 t、运土机械30~40 t、混凝土泵车30~35 t进行估算。

施工图设计阶段:应根据结构施工图进行结构荷载计算,施工超载的计算要求施工单位提供详细的施工机械参数表、施工机械运行布置方案图以及包含材料堆放、钢筋加工和设备堆放等内容的场地布置图。

永久使用阶段:荷载的计算应根据常规主体结构的设计要求进行。

四、节点设计

采用支护结构与主体结构相结合设计基坑工程时,由于临时支护结构部分或全部作为地下土体结构,其与常规支护临时构件的节点设计有较大区别,根据工程实践需满足下述要求:

(1)既要满足结构永久受荷状态下的设计要求,又要满足施工状态下的受荷要求,即节点设计既要符合结构设计规范的要求,又要满足施工工况受荷条件下的受力要求。

(2)节点形式和构造必须在工艺上满足现有的工艺手段与施工能力的要求。即设计的节点是可行的、可操作的,在满足受力前提下愈简单愈好。

(3)节点构造必须满足抗渗防水要求,不能因为节点施工而降低抗渗要求,造成永久性的渗漏。

(4)不能影响建筑物的使用功能,如不能占用过大空间等。

(一)地下连续墙的接头设计

地下连续墙的接头可分为两大类:施工接头和结构接头。施工接头是指地下连续墙槽段和槽段之间的接头,施工接头连接两相邻单元槽段;结构接头是指地下连续墙与主体结构构件(底板、楼板、墙、梁、柱等)相连的接头,通过结构接头的连接,地下连续墙与主体地下结构连为一体,共同承担上部结构的荷载。

地下连续墙的施工接头可参见第五章第六节的相关内容,结构接头将在地下连续墙与梁连接节点部分介绍。

(二)地下连续墙与梁连接节点

地下室楼盖是地下连续墙的可靠支撑,在结构设计中楼盖梁与地下连续墙多按固接考虑,因此该节点的可靠性十分重要,必须设法确保梁端受力钢筋的锚固或连接、梁断面的抗弯强度和抗剪强度等设计要求。

在设计地下连续墙和主体结构连接接头时,可根据结构的实际情况,采用刚性接头、铰接接头和不完全刚接接头等形式,以满足不同结构情况的要求。

1.刚性接头

若地下连续墙与结构板在接头处共同承受较大的弯矩,且两种构件抗弯刚度相近,同时板厚足以允许配置确保刚性连接的钢筋时,地下连续墙与结构板的连接宜采用刚性接头。一般情况下,结构底板和地下连续墙的连接均采用刚性连接。

常用的连接方式主要有预埋钢筋连接和预埋钢筋接驳器连接(锥螺纹接头、直螺纹接头)等形式,其接头构造如图 8-6 所示。结构底板和地下连续墙的连接通常采用钢筋接驳器连接,底板钢筋通过钢筋接驳器全部锚入地下连续墙作为刚性连接。

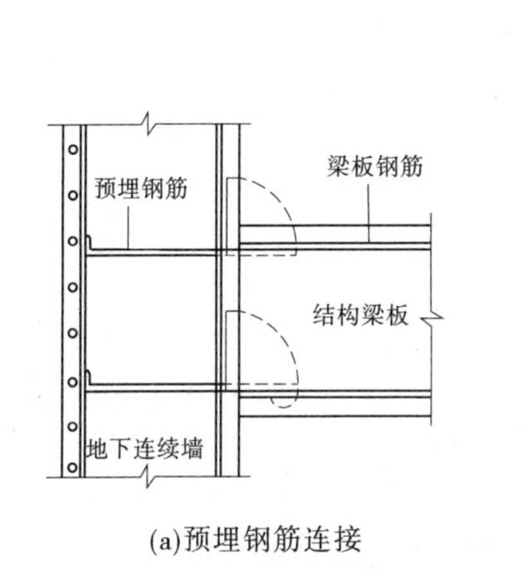

(a)预埋钢筋连接

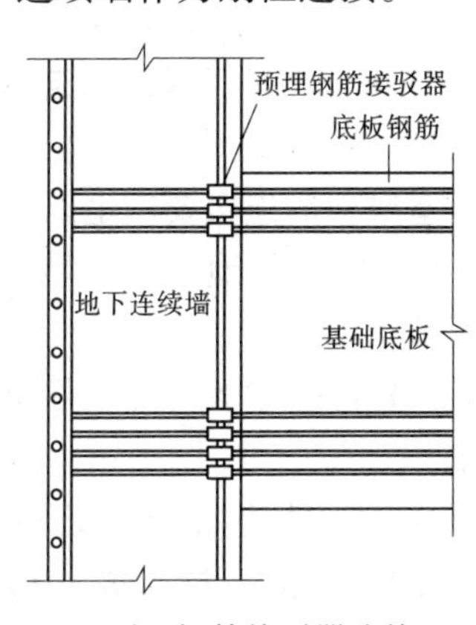

(b)预埋钢筋接驳器连接

图 8-6　刚性接头连接构造简图

2.铰接接头

若结构板相对于地下连续墙厚度来说较小(如地下室楼板),接头处板所承受的弯矩较小,可以认为该节点不承受弯矩,仅起竖向支座作用,此时可采用铰接接头。

铰接接头常用连接方式主要有预埋钢筋连接和预埋剪力连接件等形式,其接头构造如图 8-7 所示。地下室楼板和地下连续墙的连接通常采用预埋钢筋形式。地下室楼板也可以通过边梁与地下连续墙连接,楼板钢筋进入边环梁,边环梁通过地下连续墙内预埋钢筋的弯出和地下连续墙连接,该接头同样也为铰接接头,只承受剪力。

3.不完全刚接接头

若结构板与地下连续墙厚度相差较小,可在板内布置一定数量的钢筋,以承受一定的弯矩。但板筋不能配置很多以形成刚性连接时,宜采用不完全刚接形式。

首先假定此处为刚接,计算出地下连续墙和板中的弯矩 M_1、M_2、M_3,如图 8-8 所示。对于不完全刚接的接头来说,板所承受的弯矩只是 M_2 的一部分,即接头处板所释放的弯矩$(1-\eta)M_2$ 由地下连续墙按线性刚度重新分配,地下连续墙中承受的弯矩分别为 M_1'、

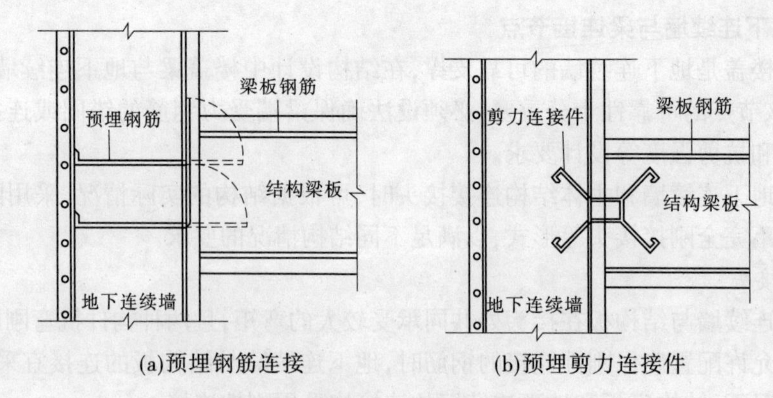

图 8-7　铰接接头连接构造简图

M'_3,用以分别配置地下连续墙和板中钢筋。对于结构板来说,端部弯矩折减后,板跨中弯矩将增大,应按弯矩重分布后的弯矩配置跨中钢筋。

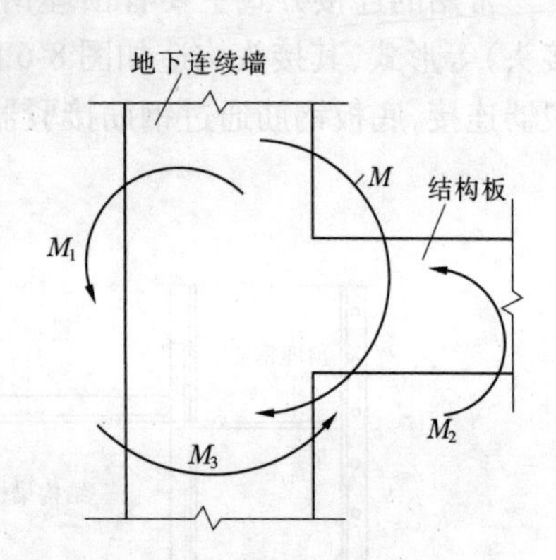

图 8-8　节点内力分配简图

(三)地下连续墙与地下室底板连接节点

地下连续墙与地下室底板亦要进行连接。地下连续墙与地下室底板的连接要满足以下两个要求:

(1)使地下室底板与地下连续墙连成整体,与设计假定的刚性节点一致。

(2)使地下室底板与地下连续墙间连接紧密,达到防水的要求。

为了保证连接质量,沿地下连续墙四周将地下室底板进行加强处理,加配一些钢筋。在地下室底板与地下连续墙接触面处设止水条,增强防水能力。有时可在连接处设剪力键增强抗剪能力,如图 8-9 所示。

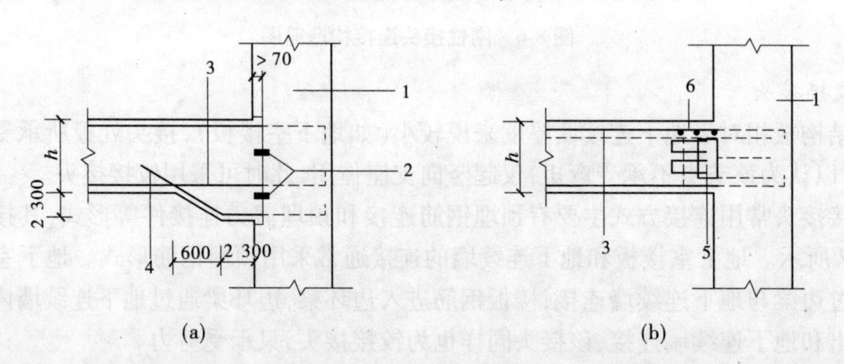

1—地下连续墙;2—电焊钢板;3—梁内钢筋;4—支托加强钢筋;5—预埋剪力连接件;6—附加钢筋

图 8-9　地下室底板与地下连续墙的连接

(四)中间支撑柱与梁连接节点

中间支撑柱与梁连接节点的设计,主要是解决梁钢筋如何穿过中间支撑柱或与中间支撑柱连接,保证在复合柱完成后,节点质量和内力分布与设计计算简图一致。该节点的构造取决于中间支撑柱的结构形式。

1.H 型钢中间支撑柱(中柱桩)与梁连接节点

H 型钢中间支撑柱与梁钢筋的连接,主要有钻孔钢筋通过法和传力钢板法。

1)钻孔钢筋通过法

此法是在梁钢筋通过中间支撑柱处,在中间支撑柱 H 型钢上钻孔,将梁钢筋穿过,如图 8-10(a)所示。

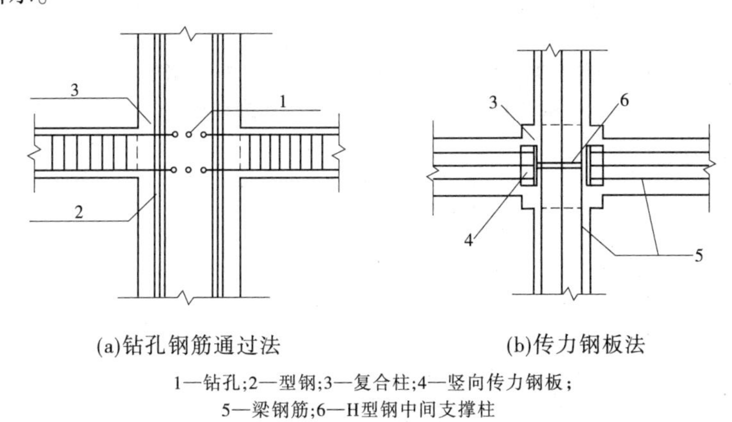

(a)钻孔钢筋通过法　　(b)传力钢板法

1—钻孔;2—型钢;3—复合柱;4—竖向传力钢板;
5—梁钢筋;6—H型钢中间支撑柱

图 8-10　H 型钢中间支撑柱与梁钢筋的连接

此法的优点是:节点简单,柱梁接头混凝土浇筑质量好。缺点是:在 H 型钢上钻孔削弱了截面,降低了承载力。因此,在施工中不能同时钻多个孔,而且梁钢筋穿过定位后,立即双面满焊将钻孔封闭。

2)传力钢板法

传力钢板法,即在楼盖梁受力钢筋接触中间支撑柱 H 型钢的翼缘处,焊上传力钢板(钢板、角钢等),再将梁受力钢筋焊在传力钢板上,从而达到传力的作用,如图 8-10(b)所示。

传力钢板可以水平焊接,亦可以竖向焊接。水平传力钢板与中间支撑柱焊接时,钢板或角钢的焊缝施焊较困难;而且浇筑接头混凝土时,钢板下面混凝土的浇筑质量亦难保证,需在钢板上钻出气孔;当中间支撑柱断面尺寸不大时,水平放置的传力钢板可能会与柱的竖向钢筋相碰。采用竖向传力钢板,则可避免上述问题,焊接难度比水平传力钢板小,节点混凝土质量也易于保证。缺点是:当配筋较多时,材料消耗较多。

2.钢管和钢管混凝土中间支撑柱(中柱桩)与梁连接节点

钢管中间支撑柱与梁受力钢筋的连接,同 H 型钢中间支撑柱,可用钻孔钢筋通过法和传力钢板法,如图 8-11 所示,多以后者为主。钢管混凝土中柱桩与梁受力钢筋的连接可用传力钢板法。将传力钢板焊在钢管混凝土的钢管壁上,梁受力钢筋则焊在传力钢板上。

3.钻孔灌注桩中间支撑柱与梁连接节点

为便于钻孔灌注桩与梁受力钢筋的连接,施工钻孔灌注桩时,在地下室各楼盖梁的标高处预先设置一个由 20 mm 厚钢板焊成的钢板环套(与桩主筋焊接),当地下室挖土至地下室楼盖梁底时,再焊接传力钢板和锚筋,利用锚筋与地下室楼盖梁钢筋进行可靠连接,如图 8-12 所示。

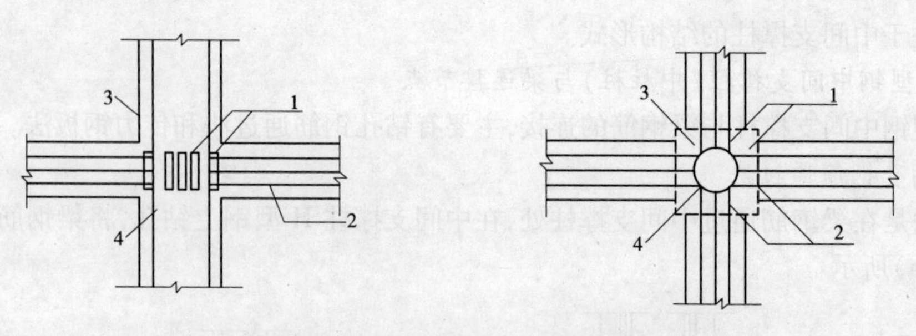

1—竖向传力钢板;2—梁受力钢筋;3—复合柱;4—钢管中柱桩

图 8-11　钢管中间支撑柱的传力钢板

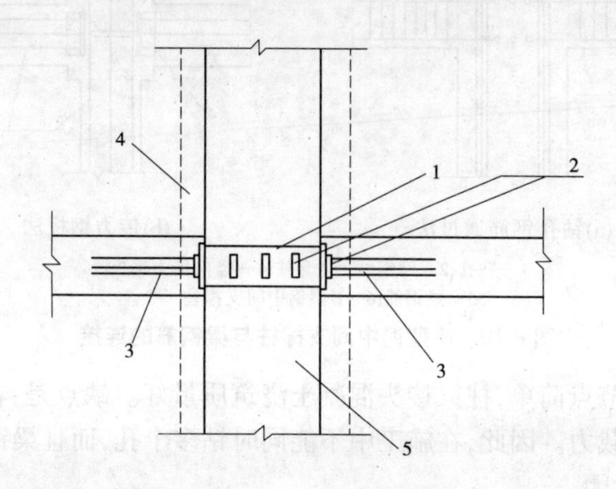

1—钢板环套;2—传力钢板;3—锚筋;4—复合柱;5—钻孔灌注桩

图 8-12　钻孔灌注桩中间支撑柱的钢板环套

(五)中间支撑柱桩连接节点

当中间支撑柱采用灌注桩时,钢立柱与立柱桩的节点连接较为便利,可通过桩身混凝土浇筑使钢立柱底端锚固于灌注桩中。施工中需采取有效的调控措施,保证立柱桩的准确定位和垂直精度,如图 8-13 所示。

当中间支撑柱采用钢管桩时,可在钢管桩顶部桩中插焊十字加劲肋的封头板,立柱荷载由混凝土传至封头板和钢管桩。为使柱底与混凝土接触面有足够的局部承压强度,在柱底可加焊钢板,并在钢板上留有浇筑混凝土导管通过的缺口。在底板以下的钢立柱上可增焊栓钉,以增强柱的锚固并减小柱底接触压力,如图 8-14 所示。

上述节点设计都分为两个工艺步骤:首先在地下连续墙和中间支撑柱上预埋钢筋、焊接传力钢板和钢板环套等,使中间支撑柱、地下连续墙与楼盖梁进行连接,以满足逆作法施工时各工况的荷载要求,保证其强度和刚度;然后将中间支撑柱和地下连续墙形成复合柱和复合墙,以满足结构在永久状态下受荷的要求,即满足结构设计的要求。

由于地下室的结构形式不同,墙、柱与梁、板的节点形式亦不同,要在满足施工和设计要求的原则下,灵活加以处理。

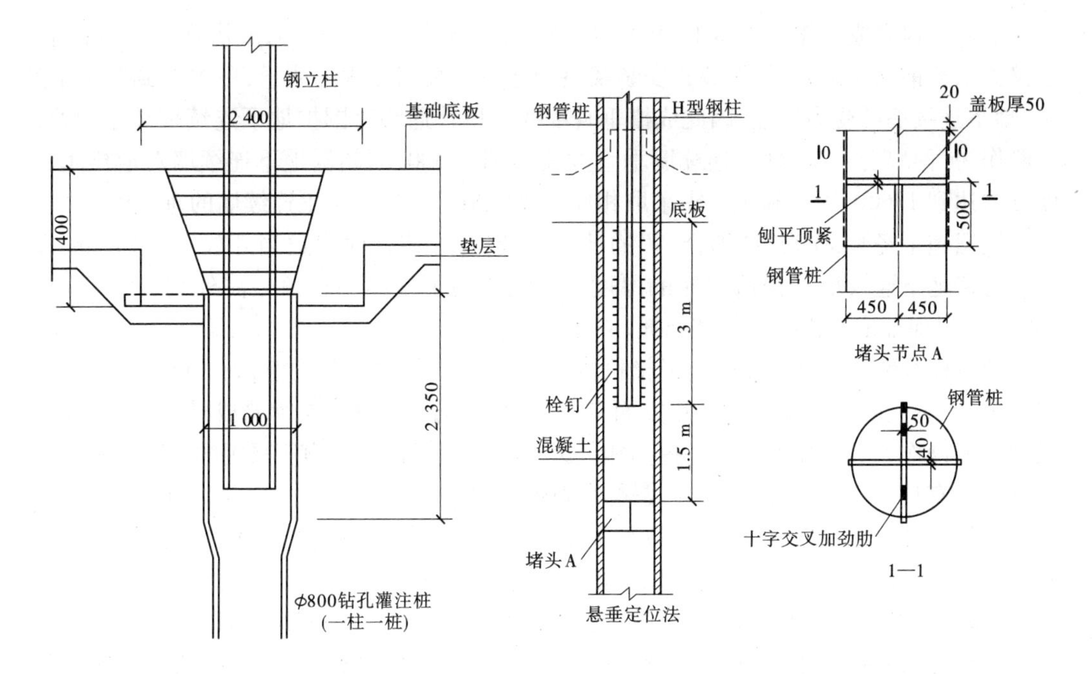

图 8-13　钢立柱与灌注桩节点连接构造　　　　**图 8-14　钢立柱与钢管桩节点连接构造**

第三节　支护结构与主体结构相结合及逆作法的施工

支护结构与主体结构相结合的施工方式常用的主要有两种：一种是将主体工程的外围竖向结构与支护结构相结合，施工时与通常主体地下结构施工的顺序相同，即完成主体地下结构底板后，再对主体工程的地下结构由下而上施工；另一种是将主体工程的水平结构和竖向结构既作为基坑施工期间的支护结构，又作为主体工程的永久结构，且采用逆作法施工，即先施工围护结构、防渗结构、竖向支承立柱及基坑降水，达到设计要求后，再自地面向下分层开挖，对主体地下结构分层施工，直至主体地下结构底板。本节主要介绍支护结构与主体结构相结合的基坑施工过程中的相关施工技术。

一、"两墙合一"地下连续墙施工

地下连续墙作为基坑的临时围护体系在我国已经有了近 50 年的历史，施工工艺已经较为成熟，但地下连续墙作为基坑施工阶段主要承受水平向荷载为主的围护结构，当其同时要作为承受竖向荷载的永久主体竖向结构时，"两墙合一"地下连续墙相比临时围护地下连续墙的施工，在垂直度控制、平整度控制、墙底注浆及接头防渗等几个方面有更高的要求，其中垂直度控制、平整度控制、接头防渗等几个方面比临时围护地下连续墙要求更高，而墙底注浆则是"两墙合一"地下连续墙控制竖向沉降和提高竖向承载力的关键措施。

(一)垂直度控制

临时围护地下连续墙垂直度一般要求控制在 1/150，而"两墙合一"地下连续墙由于其在基坑工程完成后作为主体工程的一部分而承受永久荷载的作用,成槽垂直度的好坏,不仅关系到钢筋笼吊装,预埋装置安装及整个地下连续墙工程的质量,更关系到“两墙合一”地下连续墙的受力性能,因此成槽垂直度要求比普通临时围护地下连续墙要求更高。一般作为“两墙合一”的地下连续墙垂直度需达到 1/300,而超深地下连续墙对成槽垂直度要求达到 1/600,因此施工中需采取相应的措施来保证超深地下连续墙的垂直度。

根据施工经验,作为“两墙合一”的地下连续墙,在制作时宜适当外放 10~15 cm,以保证将来地下连续墙开挖后内衬的厚度。导墙在地下连续墙转角处需外突 200 mm 或 500 mm,以保证成槽机抓斗能够起抓。

地下连续墙垂直度控制除与成槽机械有关外,还与成槽人员的意识、成槽工艺及施工组织设计、垂直度监测及纠偏等几方面有关。“两墙合一”地下连续墙成槽前,应加强对成槽机械操作人员的技术交底并提高相关人员的质量意识。成槽所采用的成槽机和铣槽机均需具有自动纠偏装置,以便在成槽过程中根据监测偏斜情况,进行自动调整。根据各个槽段的宽度尺寸,决定挖槽的抓数和次序,当槽段三抓成槽时,采用先两侧后中间的方法,抓斗入槽、出槽应慢速、稳定,并根据成槽机的仪表及实测的垂直度情况及时进行纠偏,以满足成槽精度要求。成槽必须在现场质检员的监督下,由机组负责人指挥,严格按照设计槽孔偏差控制斗体和液压铣铣头下放位置,将斗体和液压铣铣头中心线对正槽孔中心线,缓慢下放斗体和液压铣铣头进行施工。单元槽段成槽挖土过程中,抓斗中心应每次对准放在导墙上的孔位标志物,保证挖土位置准确。抓斗闭斗下放,开挖时再张开,每斗进尺深度控制在 0.3 m 左右,上、下抓斗时要缓慢进行,避免形成涡流冲刷槽壁,引起坍方,同时在槽孔混凝土未灌注之前严禁重型机械在槽孔附近行走。成槽过程须随时注意槽壁垂直度情况,每一抓到底后,用超声波测井仪监测成槽情况,发现倾斜指针超出规定范围,应立即启动纠偏系统调整垂直度,确保垂直精度达到规定的要求。

(二)平整度控制

“两墙合一”地下连续墙对墙面的平整度要求也比常规地下连续墙要高,现浇地下连续墙的墙面通常较粗糙,若施工不当可能出现槽壁坍塌或相邻墙段不能对齐等问题。一般来说,越难开挖的地层,连续墙的施工精度越低,墙面平整度也越差。

对“两墙合一”地下连续墙墙面平整度影响的首要因素是泥浆护壁效果,因此可根据实际试成槽的施工情况,调节泥浆比重,一般控制在 1.18 左右,并对每一批新制的泥浆进行主要性能测试。另外,可根据现场场地实际情况,采用以下辅助措施:

(1)暗浜加固。对于暗浜区,可采用水泥搅拌桩将地下连续墙两侧的土体进行加固,以保证在该地层范围内的槽壁稳定性。可采用直径 700 mm 的双轴水泥土搅拌桩进行加固,搅拌桩之间搭接长度为 200 mm。水泥掺量控制在 8%,水灰比 0.5~0.6。

(2)施工道路侧水泥土搅拌桩加固。为保证施工时基坑边的道路稳定,在道路施工前对道路下部分土体进行加固,在地下连续墙施工时也可起到隔水和土体加固作用。

(3)控制成槽、铣槽速度。成槽机掘进速度应控制在 15 m/h 左右,液压抓斗不宜快速掘进,以防槽壁失稳。同样,也应控制铣槽机进尺速度,特别是在软硬层交接处,以防止出现偏移、被卡等现象。

(4)其他措施。施工过程中大型机械不得在槽段边缘频繁走动,泥浆应随着出土及时补入,保证泥浆液面在规定高度上,以防槽壁失稳。

(三)地下连续墙墙底注浆

地下连续墙两墙合一工程中,地下连续墙和主体结构变形协调至关重要。一般情况下主体结构工程桩较深,而地下连续墙作为围护结构其深度较浅,与主体工程桩一般处于不同的持力层。另外,地下连续墙分布于地下室的周边,工作状态下与桩基的上部荷重的分担不均;而且由于施工工艺的因素,地下连续墙成槽时采用泥浆护壁,地下连续墙槽段为矩形断面,其长度较大,槽底清淤难度较钻孔灌注桩大,沉淤厚度一般较钻孔灌注桩要大,这使得墙底和桩端受力状态存在较大差异。由于以上因素,主体结构沉降过程中地下连续墙和主体结构桩基之间可能会产生差异沉降,尤其地下连续墙作为竖向承重墙体考虑时,地下连续墙与桩基之间可能会产生较大的差异沉降,如果不采取针对性的措施控制差异沉降,地下连续墙与主体结构之间会产生次应力,严重时会导致结构开裂,危及结构的正常使用。为了减少地下连续墙在受荷过程中产生过大的沉降和不均匀沉降,必须采取墙底注浆措施。墙底注浆加固采用在地下连续墙钢筋笼上预埋注浆钢管,在地下连续墙施工完成后直接压注施工。

1.注浆管的埋设

注浆管常用的有Φ 48 mm 钢管和内径 25 mm 钢管,每幅钢筋笼上埋设 2 根,间距不大于 3 m。注浆管长度视钢筋笼长度而定,一般底部插入槽底土内 300~500 mm,注浆管口用堵头封口,注浆管随钢筋笼一起放入槽段内。

注浆管加工时,留最后一段管节后加工。先加工的管段与钢筋笼底部平齐,成槽结束以后,实测槽段的深度,计算最后一节管段的长度,并据之加工最后一节管段,使注浆管底部埋入槽底,确保后道工序的注浆质量。注浆管固定于钢筋笼时,必须用电焊焊接牢或用 20#铅丝绑扎固定,防止钢筋笼吊放、入槽时滑落。注浆管固定焊接时不能把管壁焊破,下槽之前应逐段进行检查,发现有破漏及时修补。地下连续墙浇筑之前,应做好注浆管顶部封口工作,并做好保护措施。

注浆器采用单向阀式注浆器,注浆管应均匀布置,注浆器制成花杆形式,该部分可用封箱带或黑包布包住。

2.注浆工艺流程

地下连续墙的混凝土达到一定强度后进行注浆。注浆有效扩散半径为 0.75 m,注浆速度应均匀。注浆时应根据有关规定设置专用计量装置。图 8-15 为注浆工艺流程。

3.注浆施工机具选用

注浆施工机具大体可分为地面注浆装置和地下注浆装置两大部分。地面注浆装置由注浆泵、浆液搅拌机、储浆桶、地面管路系统及观测仪表等组成;地下注浆装置由注浆管和墙底注浆装置组成。压浆管采用内径为 1 in(1 in=2.54 cm)的黑铁管,螺纹连接,注浆器部位用生胶带缠绕,并做注水试验,严防漏水。浆液搅拌机及储浆桶可根据施工条件选配,搅拌机要求低转速大扭矩,故须选用适当的减速器,搅拌叶片要求全断面均匀拌浆,并应分层配置,搅拌机制浆能力和储浆桶容量应与额定注浆流量相匹配,且搅拌机出浆口应设置滤网。地面管路系统必须保证密封性。输送管必须采用能承受 2 倍以上最大注浆压力的高压管。注浆机械采用高压注浆泵,其型号可采用 SGD6-10 型。

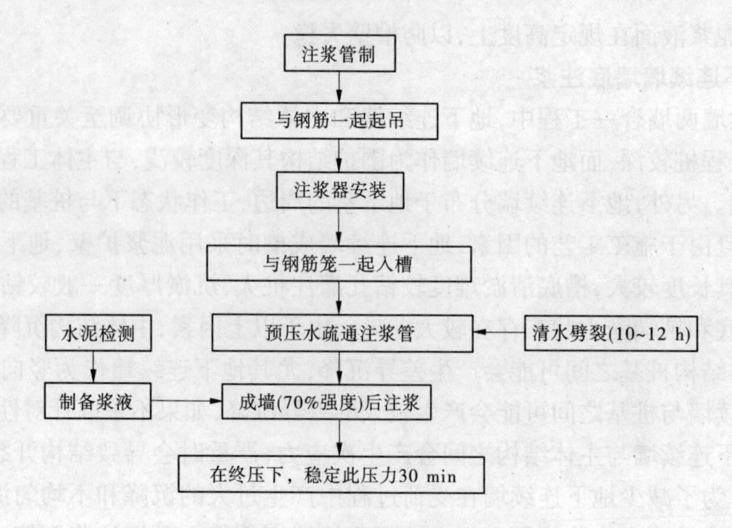

图 8-15 连续墙墙底注浆工艺流程

4.注浆施工要点

(1)注浆时间:在4~5幅地下连续墙连成一体后,当地下连续墙混凝土强度大于70%的设计强度时即可对地下连续墙进行墙底注浆,并应先对中间幅进行注浆。

(2)注浆压力:注浆压力必须大于注浆深度处的土层压力,正常情况下一般控制在0.4~0.6 MPa,终止压力可控制在2 MPa左右。

(3)注浆流量:15~20 L/min。

(4)注浆量:水泥单管用量为2 000 kg。

(5)注浆材料采用P42.5普通硅酸盐水泥,水灰比0.5~0.6。

(6)拌制注浆浆液时,必须严格按配合比控制材料掺入量;应严格控制浆液搅拌时间,浆液搅拌应均匀。

(7)压浆管与钢筋笼同时下入,压浆器焊接在压浆管上,同时必须超出钢筋笼底端0.5 m。

(8)根据经验,应在地下连续墙的混凝土达到初凝的时间(控制在6~8 min)内进行清水劈裂,以确保预埋管的畅通。

(9)墙底注浆终止标准:实行注浆量与注浆压力双控的原则,以注浆量(水泥用量)控制为主,注浆压力控制为辅。当注浆量达到设计要求时,可终止注浆;当注浆压力≥2 MPa并稳压3 min,且注浆量达到设计注浆量的80%时,亦可终止压浆。

(10)为防止地下连续墙墙体产生隆起变形,注浆时应对地下连续墙及其周边环境进行沉降观察。

(四)接头防渗技术

"两墙合一"地下连续墙既作为基坑施工阶段的挡土挡水结构,也作为结构地下室外墙起着永久的挡土挡水作用,因此其防水防渗要求极高。地下连续墙单元槽段依靠接头连接,这种接头通常要同时满足受力和防渗要求,但通常地下连续墙接头的位置是防渗的薄弱环节。对"两墙合一"地下连续墙接头防渗通常可采取以下措施:

(1)由于地下连续墙是泥浆护壁成槽,接头混凝土面上必然附着有一定厚度的泥皮

(与泥浆指标、制浆材料有关),如不清除,浇筑混凝土时在槽段接头面上就会形成一层夹泥带,基坑开挖后,在水压作用下可能从这些地方渗漏水及冒砂。为了减少这种隐患,保证连续墙的质量,施工中必须采取有效的措施清刷混凝土壁面。

(2)采用合理的接头形式。地下连续墙接头形式按使用接头工具的不同可分为接头管(锁口管)、接头箱、隔板、工字钢、十字钢板以及改进接头-凹凸型预制钢筋混凝土楔形接头桩等几种常用形式。根据其受力性能可分为刚性接头和柔性接头。"两墙合一"地下连续墙采用的接头形式在满足结构受力性能的前提下,应优先选用防水性能更好的刚性接头。

(3)在接头处设置扶壁柱。通过在地下连续墙接头处设置扶壁柱来加大地下连续墙外水流的渗流途径,折点多、抗渗性能好。

(4)在接头处采用旋喷桩加固。地下连续墙施工结束后,在基坑开挖前对槽段接头缝进行三重管旋喷桩加固。旋喷桩孔位的确定通常以接缝桩中心为对称轴,距连续墙边缘不宜超过 1 m,钻孔深度宜达基坑开挖面以下 1 m。

二、"一柱一桩"施工

支护结构的竖向支承系统与主体结构的桩、柱相结合,竖向支承系统一般采用钢立柱插入底板以下的立柱桩的形式。钢立柱通常为角钢格构柱、钢管混凝土柱或 H 型钢柱,立柱桩可以采用钻孔灌注桩或钢管桩等形式。对于逆作法的工程,在施工时中间支承柱承受上部结构自重和施工荷载等竖向荷载,而在施工结束后,中间支承柱一般外包混凝土后作为正式地下室结构柱的一部分,永久承受上部荷载。因此,中间支承柱的定位和垂直度必须严格满足要求。一般规定,中间支承柱轴线偏差控制在±10 mm 内,标高控制在±10 mm内,垂直度控制在 1/300~1/600。此外,一柱一桩在逆作法施工时承受的竖向荷载较大,需通过桩端后注浆来提高一柱一桩的承载力并减少沉降。

(一)一柱一桩调垂施工

工程桩施工时,应特别注意提高精度。立柱桩根据不同的种类,需要采用专门的定位措施或定位器械,钻孔灌注桩必要时应适当扩大桩孔。钢立柱的施工必须采用专门的定位调垂设备对其进行定位和调垂。目前,钢立柱的调垂方法基本分为气囊法、机械调垂架法和导向套筒法三类。

1.气囊法

角钢格构柱一般可采用气囊法进行纠正,在格构柱上端 X 和 Y 方向上分别安装一个传感器,并在下端四边外侧各安放一个气囊,气囊随格构柱一起下放到地面以下,并固定于受力较好的土层中。每个气囊通过进气管与电脑控制室相连,传感器的终端同样与电脑相连,形成监测和调垂全过程的智能化施工监控体系。系统运行时,首先由垂直传感器将格构柱的偏斜信息输送给电脑,由电脑程序进行分析,然后打开倾斜方向的气囊进行充气并推动格构柱下部向其垂直方向运动,当格构柱进入规定的垂直度范围后,即指令关闭气阀停止充气,同时停止推动格构柱。格构柱两个方向上的垂直度调整可同时进行控制。待混凝土浇灌至离气囊下方 1 m 左右时,即可拆除气囊,并继续浇灌混凝土至设计标高。图 8-16 为气囊法平面布置图。

在工程实践中,成孔总是往一个方向偏斜的,因此只要在偏斜的方向上放置 2 个气囊即可进行充气推动,同样能达到纠偏的目的,这样当格构柱校直并被混凝土固定后其格构柱与孔壁之间的空隙反而增大,因此气囊回收就较容易。实践证明,用此法不但减少了气囊的使用数量,而且回收率也普遍提高了。图 8-17 为改良后气囊平面布置图。

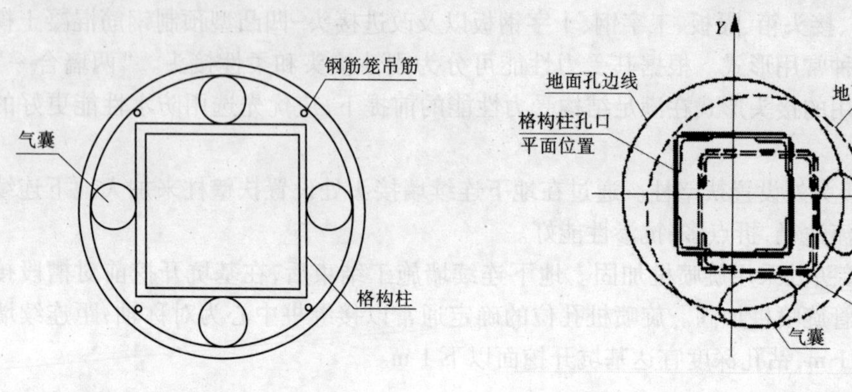

图 8-16　气囊平面布置图　　　　图 8-17　改良后的气囊平面布置图

2.机械调垂法

机械调垂系统主要由传感器、纠正架、调节螺栓等组成。在支承柱上端 X 和 Y 方向上分别安装一个传感器,支承柱固定在纠正架上,支承柱上设置 2 组调节螺栓,每组共四个,两两对称,两组调节螺栓有一定的高差,以便形成扭矩。测斜传感器和上下调节螺栓在东西、南北方向各设置一组。若支承柱下端向 X 正方向偏移,X 方向的两个上调节螺栓一松一紧,使支承柱绕下调节螺栓旋转,当支承柱进入规定的垂直度范围后,即停止调节螺栓;同理 Y 方向通过 Y 方向的调节螺栓进行调节。图 8-18 为钢管立柱定位器示意图,图 8-19 为钢管纠正架图,图 8-20 为“一柱一桩”纠正架图。

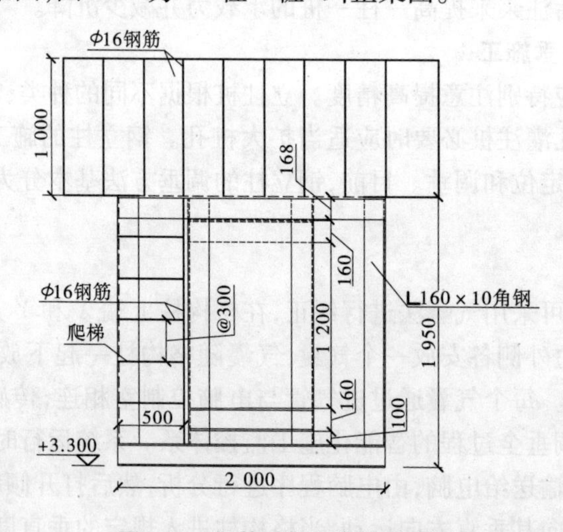

图 8-18　钢管立柱定位器示意图

图 8-19　钢管纠正架图

图 8-20　"一柱一桩"纠正架图

3.导向套筒法

导向套筒法是把校正支承柱转化为导向套筒。导向套筒的调垂可采用气囊法和机械调垂法。待导向套筒调垂结束并固定后,从导向套筒中间插入支承柱,导向套筒内设置滑轮以利于支承柱的插入,然后浇筑立柱桩混凝土,直至混凝土能固定支承柱后拔出导向套筒。

4.三种方法的适用性和局限性

气囊法适用于各种类型支承柱(宽翼缘 H 型钢、钢管、格构柱等)的调垂,且调垂效果好,有利于控制支承柱的垂直度。但气囊有一定的行程,若支承柱与孔壁间距离过大,支承柱就无法调垂至设计要求,因此成孔时孔垂直度控制在 1/200 以内,支承柱的垂直度才能达到 1/300 的要求。由于采用帆布气囊,实际使用中常被钩破而无法使用,气囊亦经常被埋入混凝土中而难以回收。

机械调垂法是几种调垂方法中最经济实用的,但只能用于刚度较大的支承柱(钢管支承柱等)的调垂,若支承柱刚度较小(如格构柱等),在上部施加扭矩时支承柱的弯曲变形将过大,不利于支承柱的调垂。

导向套筒法由于套筒比支承柱短,所以调垂较容易,调垂效果较好,但由于导向套筒在支承柱外,势必使孔径变大。导向套筒法适用于各种支承柱的调垂,包括宽翼缘 H 型钢、钢管、格构柱等。

(二)钢管混凝土柱一柱一桩不同强度等级混凝土施工

竖向支承采用钢管立柱时,一般钢管内混凝土强度等级高于工程桩的混凝土,此时在一柱一桩混凝土施工时应严格控制不同强度等级的混凝土施工界面,确保混凝土浇捣施工。水下混凝土浇灌至钢管底标高时,即更换高强度等级混凝土,在高强度等级混凝土浇筑的同时,在钢管立柱外侧回填碎石、黄砂等,阻止管外混凝土上升。图 8-21 为不同强度等级混凝土浇筑示意图。

(三)桩端后注浆施工

桩端后注浆施工技术是近年来发展起来的一种新型的施工技术,通过桩端后注浆施工,可大大提高一柱一桩的承载力,有效解决一柱一桩的沉降问题,为逆作法施工提供有

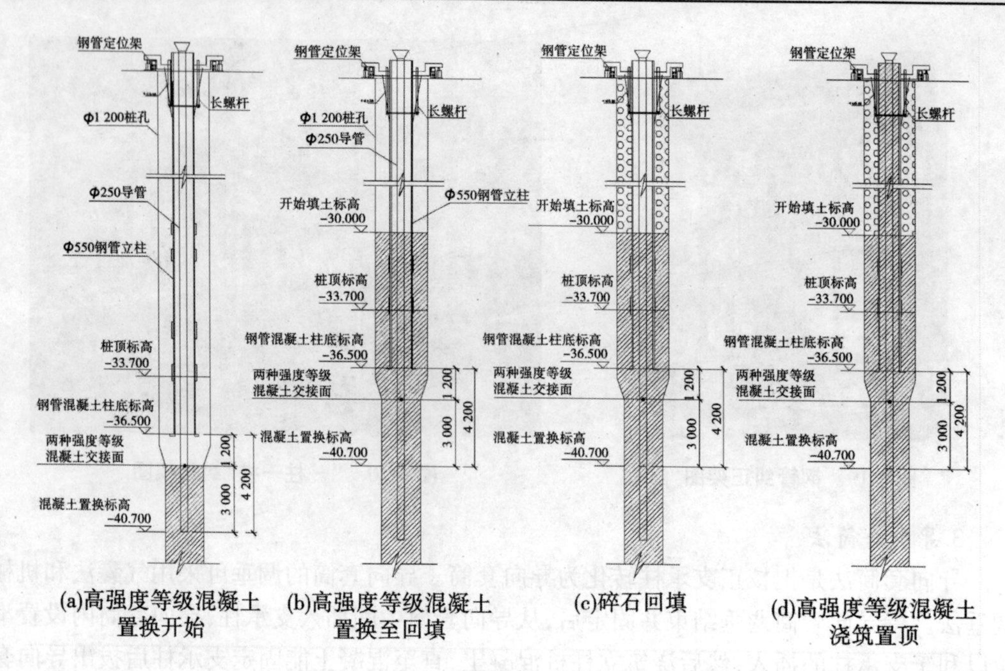

图 8-21　不同强度等级混凝土浇筑示意图

效的保障。由于注浆量、控制压力等技术参数对桩端后注浆承载力影响的机制尚不明确，承载力理论计算还不完善，因此在正式施工前必须通过现场试成桩来确保成桩工艺的可靠性，并通过现场承载力试验来掌握桩端后注浆灌注桩的实际承载力。

桩端后注浆钻孔灌注桩施工工艺流程如图 8-22 所示。

成桩过程中，在桩侧预设注浆管，待钻孔桩桩身混凝土浇筑完后，采用高压注浆泵，通过注浆管路向桩及桩侧注入水泥浆液，使桩底桩侧土强度能得到一定程度的提高。桩端后注浆施工将设计浆液一次性完全注入孔底，即可终止注浆。遇设计浆液不能完全注入，在注浆量达 80%以上，且泵压值达到 2 MPa 时亦可视为注浆合格，可以终止注浆。

桩端注浆装置是整个桩端压力注浆施工工艺的核心部件，设有单向阀，注浆时，浆液由桩身注浆导管经单向阀直接注入土层。注浆器有如下要求：

(1)注浆孔设置必须有利于浆液的流出，注浆器总出浆孔面积大于注浆器内孔截面面积。

(2)注浆器须为单向阀式，以保证下入时及下入后混凝土灌注过程中浆液不进入管内以及注入后地层中水泥浆液不得回流。

(3)注浆器上必须设置注浆孔保护装置。

(4)注浆器与注浆管的连接必须牢固、密封、连接简便。

(5)注浆器的构造必须利于进入较硬的桩端持力层。

图 8-23 和图 8-24 为两种注浆器的构造示意图。

后注浆施工中如果预置的注浆管全部不通，从而导致设计的浆液不能注入的情况，或管路虽通但注入的浆液达不到设计注浆量的 80%且同时注浆压力达不到终止压力，则视注浆为失败。在注浆失败时可采取如下补救措施：在注浆失败的桩侧采用地质钻机对称

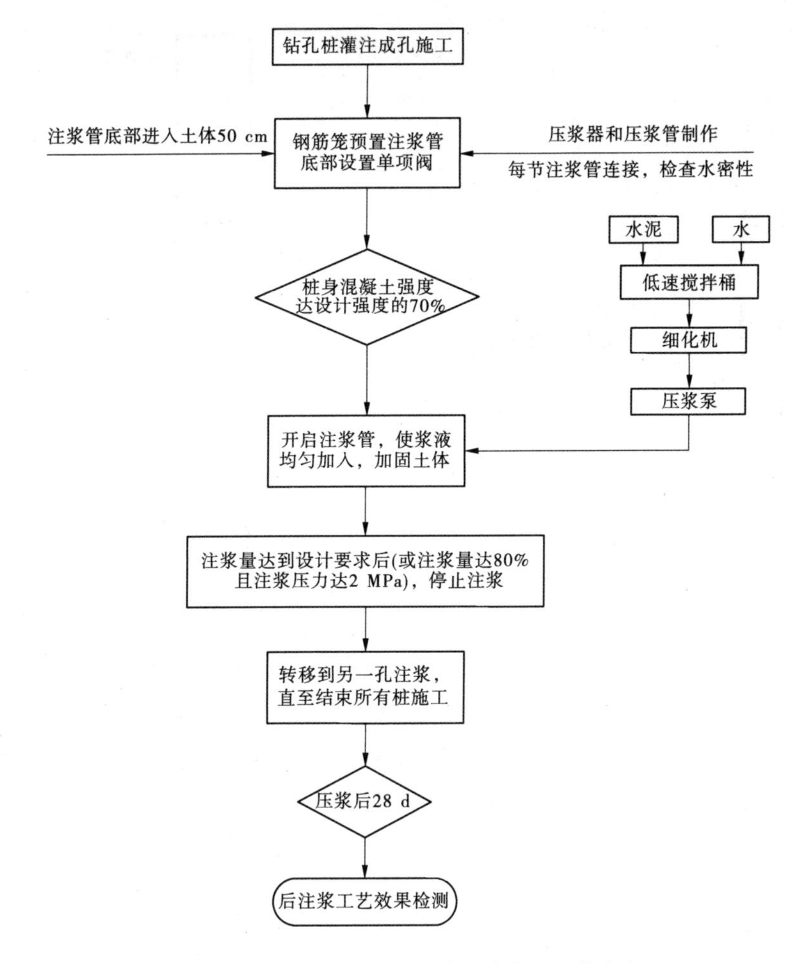

图 8-22 桩端后注浆钻孔灌注桩施工工艺流程

地钻取两个直径为 90 mm 左右的小孔，深度越过桩端 500 mm 为宜，然后在所成孔中重新下放两套注浆管并在距桩底端 2 m 处用托盘封堵，并用水泥浆液封孔，待封孔 5 d 后即进行重新注浆，补入设计浆量即完成施工。

三、逆作结构施工

(一)逆作水平结构施工技术

由于逆作法施工，其地下室的结构节点形式与常规施工法就有着较大的区别。根据逆作法的施工特点，地下室结构不论是哪种结构形式都是由上往下分层浇筑的。地下室结构的浇筑方法有以下三种。

1.利用土模浇筑梁板

对于首层结构梁板及地下各层梁板，开挖至其设计标高后，将土面整平夯实，浇筑一层厚约 50 mm 的素混凝土(如果土质好则抹一层砂浆亦可)，然后刷一层隔离层，即成楼板的模板。对于梁模板，如土质好，可用土胎模，按梁断面挖出沟槽即可；如土质较差，可用模板搭设梁模板。图 8-25 为逆作施工时土模的示意图。

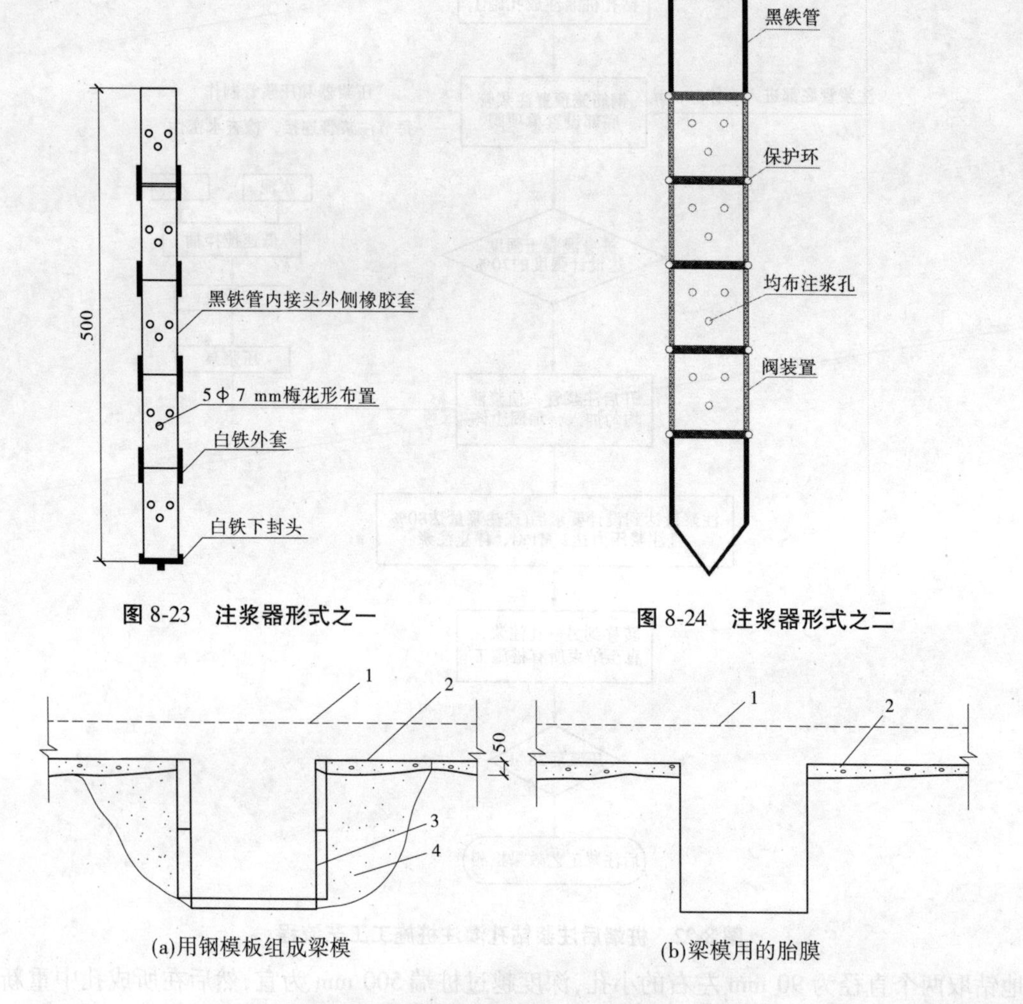

图 8-23　注浆器形式之一

图 8-24　注浆器形式之二

图 8-25　逆作施工时的梁、板模板

至于柱头模板,施工时先把柱头处的土挖出至梁底以下500 mm处,设置柱子的施工缝模板,为使下部柱子易于浇筑,该模板宜呈斜面安装,柱子钢筋通穿模板向下伸出接头长度,在施工缝模板上面组立柱头模板与梁板连接。如土质好柱头可用土胎模,否则就用模板搭设。柱头下部的柱子在挖出后再搭设模板进行浇筑,如图8-26所示。

柱子施工缝处的浇筑方法,常用的方法有三种,即直接法、充填法和注浆法,如图8-27所示。直接法即在施工缝下部继续浇筑混凝土时,仍然浇筑相同的混凝土,有时添加一些铝粉以减少收缩。为浇筑密实可做出一个假牛腿,混凝土硬化后可凿去。充填法即在施工缝处留出充填接缝,待混凝土面处理后,再于接缝处充填膨胀混凝土或无浮浆混凝土。注浆法即在施工缝处留出缝隙,待后浇混凝土硬化后用压力压入水泥浆充填。在上述三种方法中,直接法施工最简单,成本亦最低。施工时可对接缝处混凝土进行二次振捣,以进一步排除混凝土中的气泡,确保混凝土密实和减少收缩。

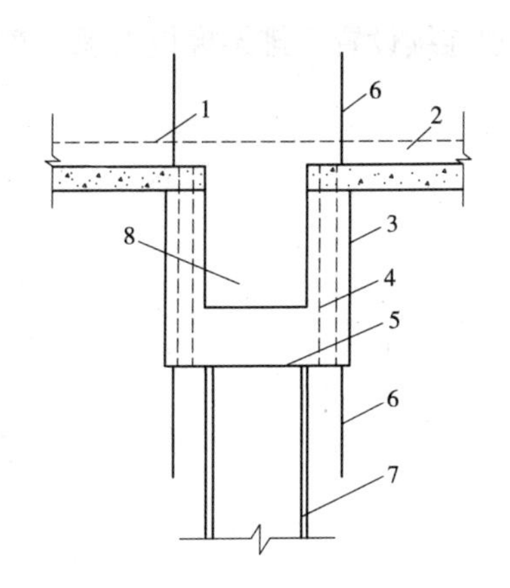

图 8-26　柱头模板与施工缝

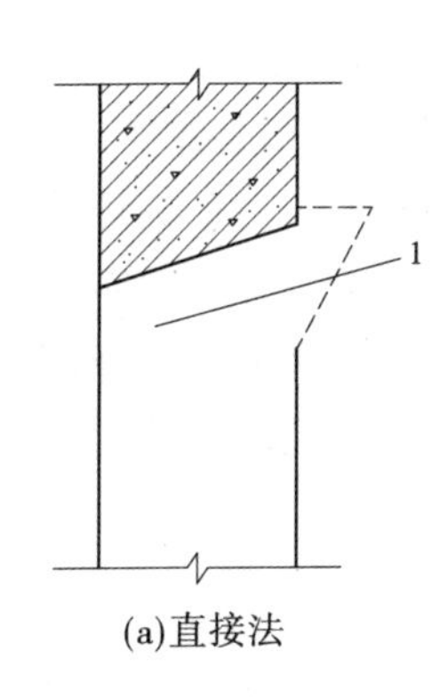

(a)直接法

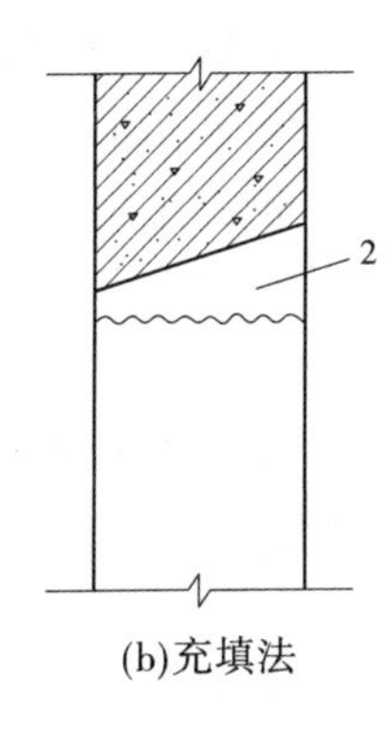

(b)充填法

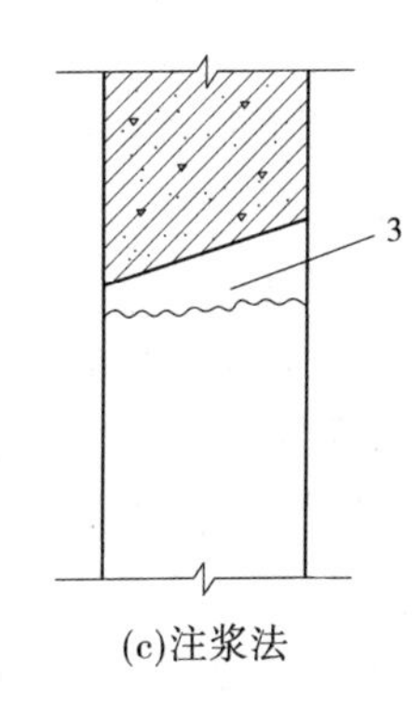

(c)注浆法

1—浇筑混凝土；2—填充无浮浆混凝土；3—压入水泥浆

图 8-27　柱子施工缝处混凝土的浇筑方法

2.利用支模方式浇筑梁板

用此法施工时，先挖去地下结构一层高的土层，然后按常规方法搭设梁板模板，浇筑梁板混凝土，再向下延伸竖向结构（柱或墙板）。为此，需解决两个问题：一个是设法减少梁板支承的沉降和结构的变形；另一个是解决竖向构件的上、下连接和混凝土浇筑。

为了减少楼板支承的沉降和结构变形，施工时需对土层采取措施进行临时加固。加固的方法有两种：一种方法是浇筑一层素混凝土，以提高土层的承载能力和减少沉降，待墙、梁浇筑完毕，开挖下层土方时随土一同挖除，这就要额外耗费一些混凝土；另一种方法是铺设砂垫层，上铺枕木以扩大支承面积，这样上层柱子或墙板的钢筋可插入砂垫层，以便与下层后浇筑结构的钢筋连接。

有时还可用吊模板的措施来解决模板的支承问题。在这种方法中，梁、平台板采用木模，排架采用 Φ48 钢管。柱、剪力墙、楼梯模板亦可采用木模。由于采用盆式开挖，因此使得模板排架可以周转循环使用。在盆式开挖区域，各层水平楼板施工时，排架立杆在挖土盆顶和盆底均采用一根通长钢管。挖土边坡为台阶式，即排架立杆搭设在台阶上，台阶宽度大于 1 000 mm，上下级台阶高差 300 mm 左右。台阶上的立杆为两根钢管搭接，搭接长度不小于 1 000 mm。排架沿每 1 500 mm 高度设置一道水平牵杠，离地 200 mm 设置扫地杆（挖土盆顶部位只考虑水平牵杠，高度根据盆顶与结构底标高的净空距离而定）。排架每隔四排立杆设置一道纵向剪刀撑,由底至顶连续设置。排架模板支承示意图如图8-28所示。

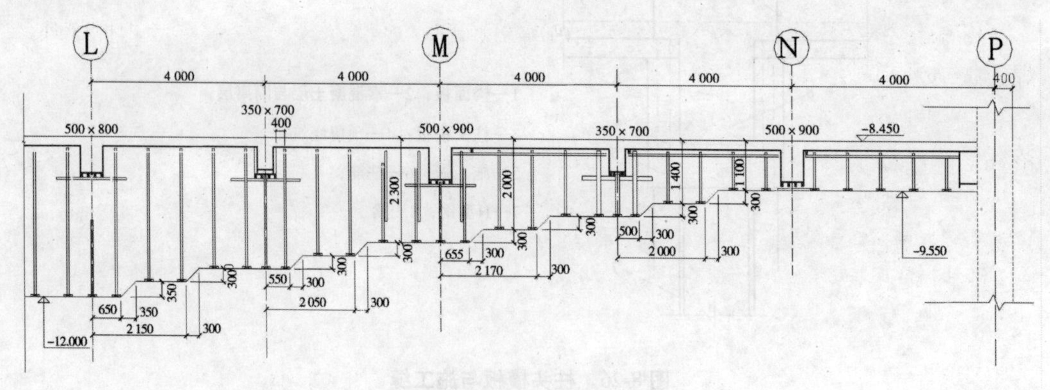

图8-28　排架模板支承示意图

水平构件施工时,竖向构件采用在板面和板底预留插筋,在竖向构件施工时进行连接。至于逆作法施工时混凝土的浇筑方法,由于混凝土是从顶部的侧面入仓的,为便于浇筑和保证连接处的密实性,除对竖向钢筋间距适当调整外,构件顶部的模板需做成喇叭形。

由于上、下层构件的结合面在上层构件的底部,再加上地面上沉降和刚浇筑混凝土的收缩,在结合面处易出现缝隙。为此,宜在结合面处的模板上预留若干注浆孔,以便用压力灌浆消除缝隙,保证构件连接处的密实性。

3.无排吊模施工方法

采用无排吊模施工工艺时,挖土深度基本同土模施工。对于地面梁板或地下各层梁板,挖至其设计标高后,将土面整平夯实,浇筑一层厚约50 mm的素混凝土(若土质好抹一层砂浆亦可),然后在垫层上铺设模板,模板预留吊筋,在下一层土方开挖时用于固定模板。图8-29为无排吊模施工示意图。

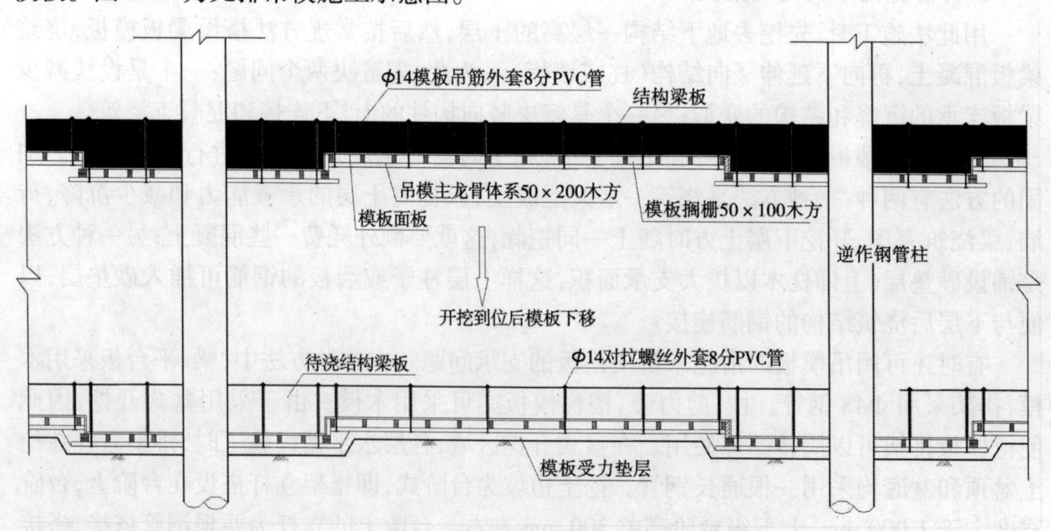

图8-29　无排吊模施工示意图

(二)逆作竖向结构施工

1.中间支承柱及剪力墙施工

结构柱和板墙的主筋与水平构件中预留插筋进行连接,板面钢筋接头采用电渣压力焊连接,板底钢筋采用电焊连接。

"一柱一桩"格构柱混凝土逆作施工时,分两次支模:第一次支模高度为柱高减去预留柱帽的高度,主要为方便格构柱振捣混凝土;第二次支模到顶,顶部形成柱帽的形式。应根据图纸要求弹出模板的控制线,施工人员严格按照控制线来进行格构柱模板的安装。模板使用前涂刷脱模剂,以提高模板的使用寿命,同时也易保证拆模时不损坏混凝土表面。图 8-30 为逆作立柱模板支撑示意图。

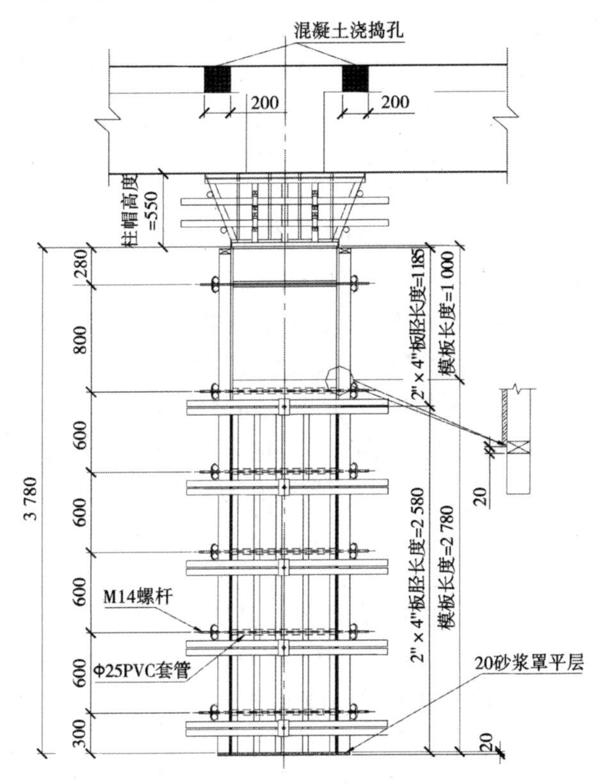

图 8-30　逆作立柱模板支撑示意图

当剪力墙也采用逆作法施工时,施工方法与格构柱相似,顶部也形成开口形的类似柱帽的形式。

2.内衬墙施工

逆作内衬墙的施工流程为:衬墙面分格弹线→凿出地下连续墙立筋→衬墙螺杆焊接→放线→搭设脚手排架→衬墙与地下连续墙的堵漏→衬墙外排钢筋绑扎→衬墙内侧钢筋绑扎→拉杆焊接→衬墙钢筋隐蔽验收→支衬墙模板→支板底模→绑扎板钢筋→板钢筋验收→板、衬墙和梁混凝土浇筑→混凝土养护。

施工内衬墙结构,内部结构施工时采用脚手管搭排架,模板采用九夹板,内部结构施工时要严格控制内衬墙的轴线,保证内衬墙的厚度,并要对地下连续墙墙面进行清洗凿毛处理,地下连续墙接缝有渗漏必须进行修补,验收合格后方可进行结构施工。在衬墙混凝土浇筑前应对纵横向施工缝进行凿毛和接口防水处理。

四、逆作土方开挖技术

支护结构与主体结构相结合在采用逆作法施工时,首先,土体开挖首先要满足“两墙合一”地下连续墙以及结构楼板的变形及受力要求;其次,在确保已完成结构满足受力要求的情况下尽可能地提高挖土效率。

(一)取土口的设置

在主体工程与支护结构相结合的逆作法施工工艺中,除顶板施工阶段采用明挖法外,其余地下结构的土方均采用暗挖法施工。逆作法施工中,为了满足结构受力以及有效传递水平力的要求,常规取土口大小一般在150 m^2左右,布置时需满足以下几个原则:

(1)大小满足结构受力要求,特别是在土压力作用下必须能够有效传递水平力。

(2)水平间距一是要满足挖土机最多二次翻土的要求,避免多次翻土引起土体过分扰动;二是在暗挖阶段,尽量满足自然通风的要求。

(3)取土口数量应满足在底板抽条开挖时的出土要求。

(4)地下各层楼板与顶板洞口位置应相对应。

地下自然通风有效距离一般在15 m左右,挖土机有效半径为7~8 m,土方需要驳运时,一般最多翻驳二次为宜。综合考虑通风和土方翻驳要求,并经过多个工程实践,对于取土口净距的设置可以量化如下指标:一是取土口之间的净距离,可考虑为30~35 m;二是取土口的大小,在满足结构受力情况下,尽可能采用大开口,目前比较成熟的大取土口的面积通常可达到600 m^2左右。取土口布置时在考虑上述原则时,可充分利用结构原有洞口,或主楼筒体等部位。

(二)土方开挖形式

对于土方及混凝土结构量大的情况,无论是基坑开挖还是结构施工形成支撑体系,相应工期均较长,无形中增大了基坑风险。为了有效控制基坑变形,基坑土方开挖和结构施工时可通过划分施工块并采取分块开挖与施工的方法。

1.施工块划分的原则

(1)按照“时空效应”原理,采取“分层、分块、平衡对称、限时支撑”的施工方法。

(2)综合考虑基坑立体施工交叉流水的要求。

(3)合理设置结构施工缝。

2.可采取的措施

结合上述原则,在土方开挖时,可采取以下有效措施:

(1)合理划分各层分块的大小。

由于一般情况下顶板为明挖法施工,挖土速度比较快,相对应的基坑暴露时间短,故第一层土的开挖可相应划分得大一些;地下各层的挖土是在顶板完成的情况下进行的,属于逆作暗挖,速度比较慢,为减少每块开挖的基坑暴露时间,顶板以下各层土方开挖和结构施工的分块面积可相对小些,这样可以缩短每块的挖土和结构施工时间,从而使围护结构的变形减小,地下结构分块时需考虑每个分块挖土时能够有较为方便的出土口。

(2)采用盆式开挖方式。

通常情况下,逆作区顶板施工前,先大面积开挖土方至板底下约150 mm处,然后利用土模进行顶板结构施工。采用土模施工明挖土方量很少,大量的土方将在后期进行逆作暗挖,挖土效率将大大降低;同时由于顶板下的模板体系无法在挖土前进行拆除,大量的模板将会因为无法实现周转而造成浪费。针对大面积深基坑的首层土开挖,为兼顾基坑变形及土方开挖的效率,可采用盆式开挖的方式,周边留土,明挖中间大部分土方,一方面控制基坑变形,另一方面增加明挖工作量从而增加了出土效率。对于顶板以下各层土方的开挖,也可采用盆式开挖的方式,起到控制基坑变形的作用。

(3)采用抽条开挖方式。

逆作底板土方开挖时,一般来说底板厚度较大,支撑到挖土面的净空较大,这对控制基坑的变形不利。此时可采取中心岛施工的方式,即基坑中部底板达到一定强度后,按一定间距抽条开挖周边土方,并分块浇捣基础底板,每块底板土方开挖至混凝土浇捣完毕,必须控制在72 h以内。

(4)楼板结构局部加强代替挖土栈桥。

支护结构与主体结构相结合的基坑,由于顶板先于大量土方开挖施工,因此可以将栈桥的设计和水平梁板的永久结构设计结合起来,并充分利用永久结构的工程桩,对楼板局部节点进行加强,作为逆作挖土的施工栈桥,满足工程挖土施工的需要。

(三)土方开挖设备

采用逆作法施工工艺时,需在结构楼板下进行大量土方的暗挖作业,开挖时通风照明条件较差,施工作业环境较差,因此选择有效的施工作业机械对于提高挖土工效具有重要意义。目前,逆作挖土施工一般在坑内采用小挖机进行作业,地面采用长臂挖机、滑臂挖机、吊机、取土架等设备进行作业。

根据各种挖机设备的施工性能,其挖土作业深度亦有所不同,一般长臂挖机作业深度为7~14 m,滑臂挖机一般为7~19 m,吊机及取土架作业深度则可达30余m。

五、逆作通风照明

通风、照明和用电安全是逆作法施工措施中的重要组成部分。这些方面稍有不慎,就有可能酿成事故。可以采取预留通风口、专用防水动力照明电路等手段并辅以安全措施确保安全。

在浇筑地下室各层楼板时,按挖土行进路线应预先留设通风口。随着地下挖土工作面的推进,当露出通风口后即应及时安装大功率涡流风机,并启动风机向地下施工操作面送风,清新空气由各风口流入,经地下施工操作面再从取土孔中流出,形成空气流通循环,以保证施工作业面的安全。在选择风机时,应综合考虑如下因素:

(1)风机的安装空间和传动装置。

(2)输送介质、环境要求、风机串并联。

(3)首次成本和运行成本。

(4)风机类型和噪声。

(5)风机运行的调节。

(6)传动装置的可靠性。

(7)风机使用年限。

地下施工动力、照明线路需设置专用的防水线路,并埋设在楼板、梁、柱等结构中,专用的防水电箱应设置在柱上,不得随意挪动。随着地下工作面的推进,自电箱至各电器设备的线路均需采用双层绝缘电线,并架空铺设在楼板底。施工完毕应及时收拢架空线,并切断电箱电源。在整个土方开挖施工过程中,各施工操作面上均需专职安全巡视员监护各类安全措施和检查落实。

通常情况下,照明线路水平向可通过在楼板中的预设管路(如图8-31所示),竖向利用固定在格构柱上的预设管,照明灯具应置于预先制作的标准灯架上(如图8-32所示),灯架固定在格构柱或结构楼板上。

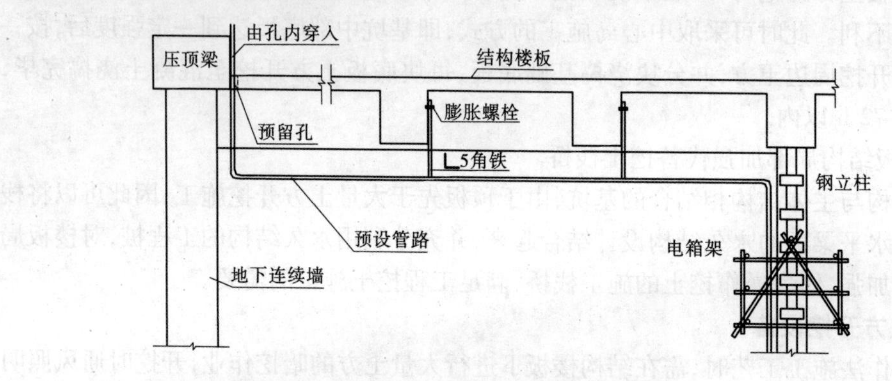

图8-31　照明线路布设示意图

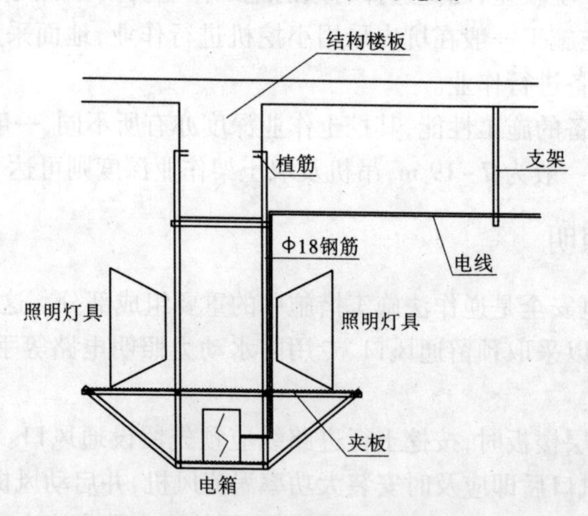

图8-32　标准灯架搭设示意图

为了防止突发停电事故,在各层板的应急通道上应设置一路应急照明系统,应急照明需采用一路单独的线路,以便于施工人员在发生意外事故导致停电的时候安全从现场撤离,避免人员伤亡事故的产生。应急通道上大约每隔20 m设置一盏应急照明灯具,应急照明灯具在停电后应有充分的照明时间,以确保现场施工人员能安全撤离。

第九章 复合支护体系与联合支护体系

第一节 概 述

实际基坑工程中,由于场地工程地质条件以及基坑周边环境的复杂性,或出于经济合理性方面的考虑,往往将两种及以上支护结构同时应用在一个支护剖面中,共同承担土压力。根据不同支护结构在空间上的不同组合,可分为复合支护、联合支护和混合支护三种类型。

一、复合支护

复合支护是指由两种及两种以上的支护结构通过水平向(或称 x 方向,垂直于基坑侧壁的方向)受力的组合,共同承担土压力形成的支护体系。一般为重力式或嵌入式的支护体系,如由超前支护桩与土钉墙组合形成的复合土钉墙,锚杆与土钉墙组合形成的复合土钉墙,土钉与排桩(或排桩-预应力锚杆)组合形成的排桩-复合土钉支护[见图 9-1(a)],水泥土桩墙与微型桩组合形成的复合桩墙支护[见图 9-1(b)],排桩与加筋水泥土桩墙组合形成的复合桩墙锚支护[见图 9-1(c)]所示等。

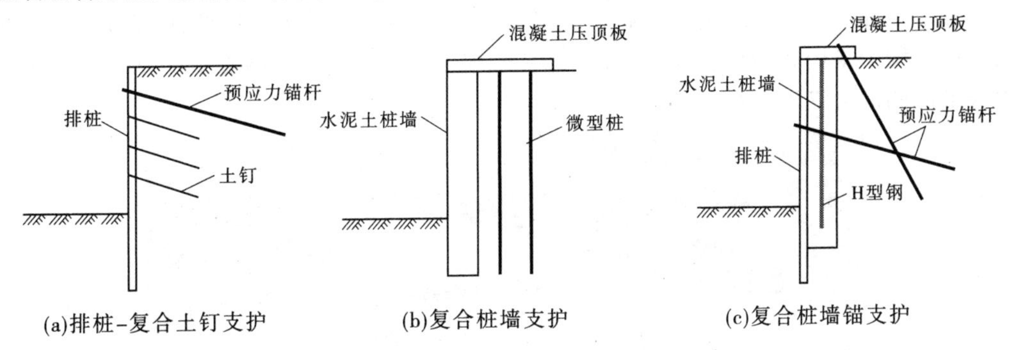

图 9-1 常见的几种新型复合支护体系

二、联合支护

联合支护是指基坑工程同一支护剖面中,上下(或称 z 方向)采用不同支护结构组合形成的支护体系。其中,上部一般采用土钉或复合土钉,下部可采用地下连续墙、桩锚、复合土钉、桩锚复合土钉等支护结构。常见的联合支护体系如图 9-2 所示。

3.混合支护

混合支护是指基坑工程同一支护段,沿基坑侧壁方向(或称 y 方向)采用两种及两种以上支护结构或支护体系组合形成的支护体系。

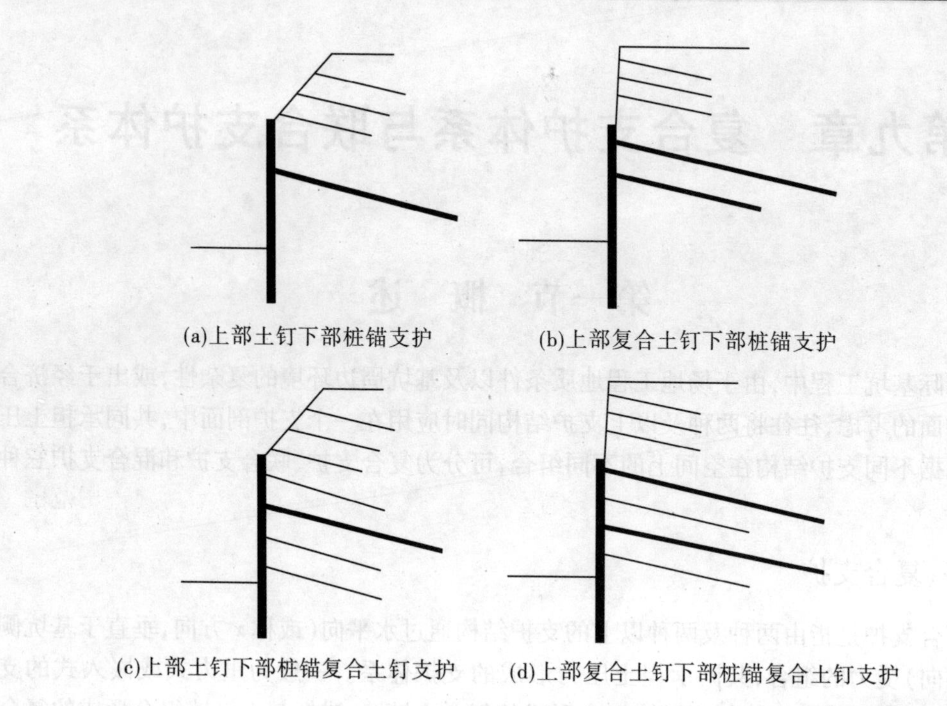

(a)上部土钉下部桩锚支护　(b)上部复合土钉下部桩锚支护

(c)上部土钉下部桩锚复合土钉支护　(d)上部复合土钉下部桩锚复合土钉支护

图 9-2　常见的联合支护体系

实际工程中,当基坑同一侧壁不同部位的周边环境条件、土层条件、基坑深度等不同时,可分别采用不同的支护形式,这样就形成了混合支护。但应注意,不同支护间的结合处应考虑相邻支护结构的相互影响,且应有可靠的过渡连接措施。例如,图 9-3 为地铁车站基坑工程中采用的一种混合支护,是排桩-内支撑支护与土钉墙支护沿基坑侧壁方向组合形成的混合支护体系。

图 9-3　地铁车站基坑中的混合支护

不难看出,三种支护体系的区别:复合支护由基本支护结构水平向组合而成;联合支护由基本支护结构或由基本支护结构与复合支护结构上下组合而成;混合支护体系可以由基本支护结构相间隔进行组合,也可以由基本支护结构与复合支护结构、联合支护结构任意组合间隔设置。

第二节　排桩-复合土钉支护

一、排桩-复合土钉支护的概念

排桩-复合土钉支护结构是由悬臂式排桩(或双排桩)支护与土钉组合,或由排桩-预应力锚杆支护与土钉组合而成的一种复合支护结构,如图 9-1(a)所示。该复合支护结构利用排桩自身的强度和刚度来挡土,排桩间施工土钉并注浆,改善桩后土体的性质并形成重力式挡土墙,减小作用在排桩上的土压力;土钉通过面层与排桩连接在一起,对排桩起到一个“外拉锚”的作用,可以有效地减小支护结构的位移。

排桩-复合土钉支护结构适用于基坑周边环境变形控制要求较高且又不便采用较长预应力锚杆的深基坑工程。当有条件设置预应力锚杆时,该复合支护结构的适用范围更加广泛。

排桩-复合土钉支护根据其支护原理可分成两类:

(1)以土钉为主的复合支护结构,桩锚的作用一般是对某些特殊部位进行强度或变形控制,以满足工程的特定要求。

(2)以桩锚为主的复合支护结构,土钉对桩间土体起注浆、增强作用,减小作用于桩锚结构上的土压力。

二、排桩-复合土钉支护的计算模式

(一)“桩锚+主动区土钉加固”计算模式

如图 9-4 所示,以桩锚为主要支护结构,土钉作为对主动区的加固,在计算土钉加固区土压力,对土性参数进行折减缺乏经验或依据时,可考虑破裂面以外的土钉锚固作用,将土钉视为锚杆参与计算。

(二)“复合土钉+锚杆”计算模式

如图 9-5 所示,将桩与土钉看作复合土钉(重力式墙),考虑破裂面外锚杆的锚固作用。

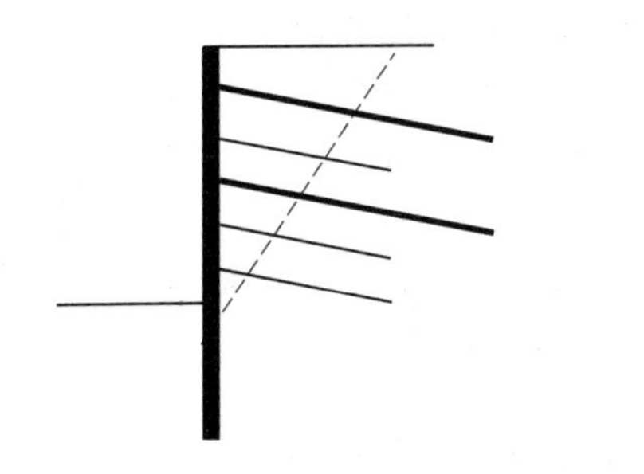

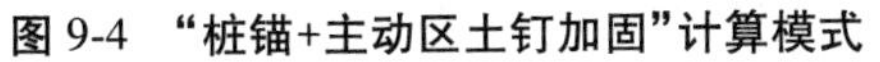

图 9-4　“桩锚+主动区土钉加固”计算模式

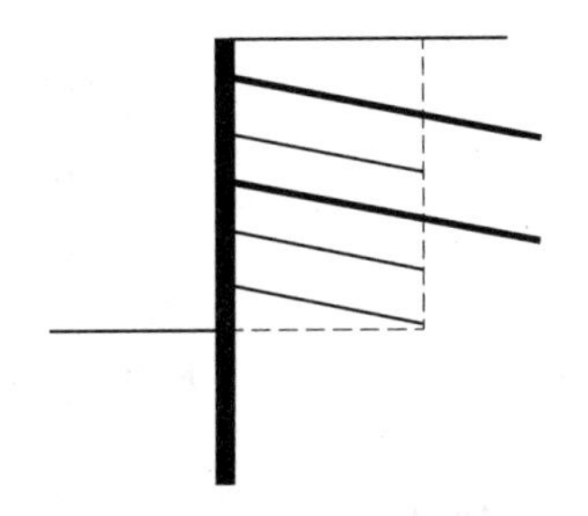

图 9-5　“复合土钉+锚杆”计算模式

(三)基于内部稳定性破坏的桩锚复合土钉支护结构土压力计算分析

假定土钉支护结构在土压力作用下,支护高度范围内不会首先出现内部稳定性破坏,则复合支护结构中的土钉支护体可视为土压力传至桩锚结构的中间单元体,土钉隔离体的受力如图 9-6 所示。

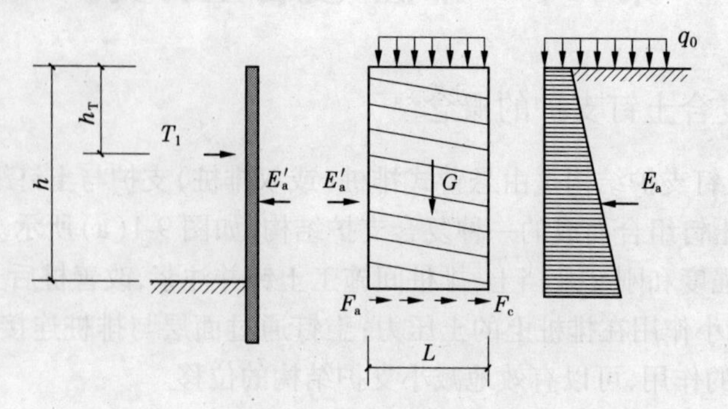

图 9-6 支护结构隔离体

由 $\sum x = 0$ 可得:

$$E'_a = E_a - \psi F_a - F_c \tag{9-1}$$

式中 E_a、E'_a——土压力等效集中力和作用于桩锚支护结构上的土压力合力;

F_a——土钉支护结构底部的水平摩擦力合力;

ψ——土钉底部水平摩擦力发挥系数;

F_c——坑底土体黏聚力提供的水平抗剪力。

若出现内部稳定性破坏情况,则可考虑对由土钉承担的土压力按比例进行折减的计算方法。

如图 9-7 所示,此时土钉体底部水平摩阻力极限值为:

$$F'_a = \frac{l_1}{l_2} F_a \tag{9-2}$$

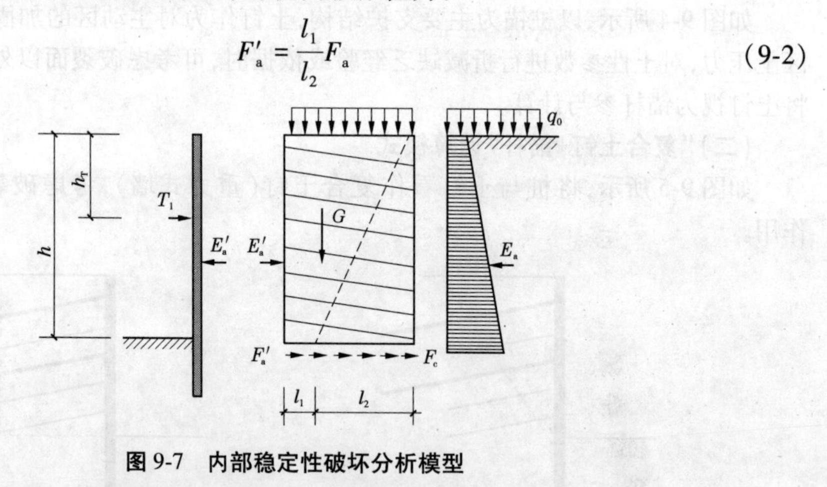

图 9-7 内部稳定性破坏分析模型

与直线破裂面相交的土钉所提供的水平方向锚固力合力为:

$$R'_a = \sum_i R'_i \cos\theta_i \tag{9-3}$$

式中 R'_i——与直线破裂面相交的第 i 个土钉所提供的极限抗拉力;

θ_i——与直线破裂面相交的第 i 个土钉与水平面的夹角。

此时作用于桩锚支护结构上的土压力合力则表达为：

$$E'_{\mathrm{a}} = E_{\mathrm{a}} - (\psi F'_{\mathrm{a}} + R'_{\mathrm{a}} - F_{\mathrm{c}}) \tag{9-4}$$

三、排桩-复合土钉支护的设计

排桩-复合土钉支护的设计内容与设计方法应根据其支护原理的不同而定，具体方法如下。

(一)以桩锚为主的复合支护设计

当排桩直径大于600 mm，土钉、锚杆上下排距不小于1.5 m、水平间距不小于2 m时，可按“桩锚+主动区土钉加固”的计算模式进行设计，即以桩锚为主进行复合支护设计。排桩内力与支护结构变形计算可按排桩-预应力锚杆支护结构的计算方法进行，其他具体设计内容与设计方法可参考前述章节内容。

(二)以土钉墙为主的复合支护设计

当以土钉墙为主进行复合支护设计时，设计方法和设计内容可参考复合土钉墙支护设计。设计时，应考虑排桩嵌固段水平承载力作用，并应进行排桩抗剪强度、抗弯承载力验算，其中，排桩嵌固段水平承载力可由基坑坑底下主动土压力与被动土压力之差计算得到。此外，桩端平面处的地基承载力验算方法与复合土钉墙相同。

此外，进行排桩-复合土钉支护设计时，还应注意以下问题：

(1)排桩应具备足够的插入深度，桩端应到达相对较好的土层；排桩直径不宜小于400 mm，并应配置钢筋；当需要考虑排桩水平承载力作用时，应进行截面承载力验算。

(2)土钉与预应力锚杆复合作用时，应考虑锚杆张拉对土钉承载力、锚杆承载力不能同步发挥的影响。

(3)土钉和预应力锚杆与混凝土面层的连接宜采用锚板连接方式，设计时应进行局部抗压承载力、抗剪、冲切承载力的验算。

(4)设计等级为甲级、乙级的基坑工程，土钉、锚杆承载力安全系数分别不应小于1.8、1.6；土钉、锚杆筋体材料承载力安全系数分别不应小于2.0、1.8。

(5)抗剪强度小于15 kPa的软黏土、淤泥质土，当采用锚杆置换部分土钉时，锚杆不应设置自由段。

(6)稳定性验算可采用下述方法进行：

如图9-8所示，可将桩锚复合土钉支护结构看作由土钉加固的一个整体，假定其为具有水平支撑力的“重力式挡墙”，进行整体稳定性分析；应根据施工期间不同开挖深度及基坑底面以下可能滑动面，采用圆弧滑动简单条分法进行整体稳定性验算；将土钉与桩锚支护结构看作一个整体，假定它为具有水平支撑力的“重力式挡墙”，进行外部稳定性分析。

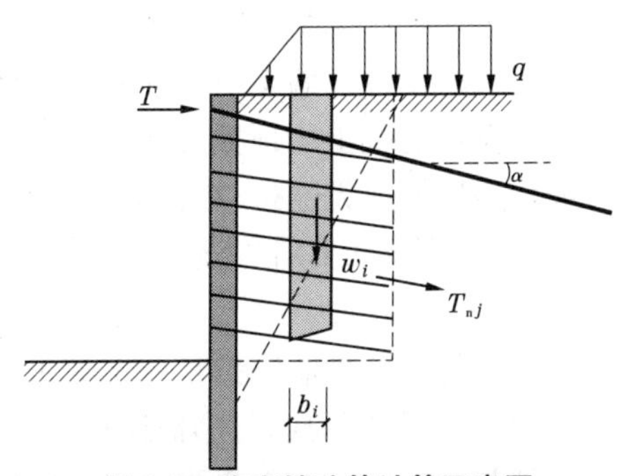

图9-8　稳定性验算计算示意图

内部稳定性验算时，如需计算桩体抗剪强度，应验算桩体在稳定土层的锚固长度。

其中:抗滑移验算,取墙背摩擦角 $\delta=0$。抗滑移安全系数 K_s 应满足:

$$K_s = \frac{\mu G + T_1}{E_a} \geqslant 1.3 \tag{9-5}$$

式中　G——复合支护体系自重;

μ——土对挡墙基底的摩擦系数;

T_1——锚杆预加力的水平分量。

抗倾覆验算,有:

$$K_s = \frac{0.5GB + T_1 h_{T1}}{E_a h_a} \geqslant 1.3 \tag{9-6}$$

式中　B——挡墙的计算宽度;

h_{T1}——锚杆预加力距倾覆点的垂直距离;

h_a——主动土压力距离倾覆点的垂直距离。

第三节　复合桩墙支护与复合桩墙锚支护

一、复合桩墙支护的概念

库仑土压力计算理论和朗肯土压力计算理论认为,作用在支护结构上的土压力产生的条件是土和水的重力,另外还有孔隙水压力、渗流力。因此,减轻水土重度(以下简称减重),或改变其传力路线是减小支护结构土压力的途径。此外,考虑墙后侧阻的楔体滑块模型接近库仑土压力理论。复合桩墙支护技术正是基于上述考虑而形成的。

复合桩墙支护是由水泥土桩墙截水帷幕(可加筋)与墙后 n 排竖向微型桩(通常为无砂混凝土小桩、注浆小桩等,简称小桩)、混凝土压顶板组合而成的一种新型复合支护结构,具有止水和支护双重技术效果。

复合桩墙支护技术适用于粉土、粉质黏土、粉砂土层,支护深度小于 10 m 的基坑工程。当基坑支护深度较大,或需要对基坑变形及周围环境变形进行严格限制时,可在桩墙顶部设置预应力斜锚、桩墙中部设置预应力锚杆等。

(一)复合桩墙

1.考虑小桩分体减重作用形式

该形式的复合桩墙支护是在水泥土墙支护的基础上,在墙后设置小桩,小桩与水泥土墙顶部可设置混凝土压顶板连接,也可不设置混凝土压顶板,如图 9-9(a)所示。由于小桩与前墙连接弱或无连接,小桩通过负摩阻力将墙后土体重量部分传递至深层土体,起到减重作用[见图 9-9(b)]。该形式的支护深度一般小于 6~8 m。

2.整体作用形式

该形式的复合桩墙支护是在水泥土墙中插入型钢,并在墙顶和墙后小桩顶部设置混凝土压顶板,将加筋前墙与小桩连接成一个有机整体。

前墙与小桩间黏结效果强,可形成共同工作截面(见图 9-10)。该形式的支护深度一般为 8~10 m。

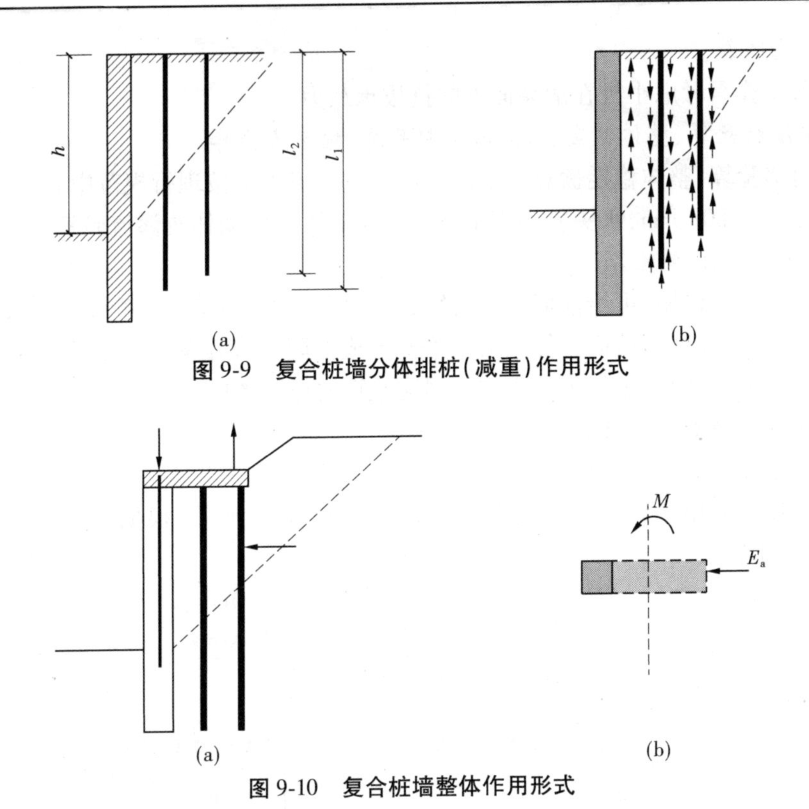

图 9-9　复合桩墙分体排桩(减重)作用形式

图 9-10　复合桩墙整体作用形式

(二)复合桩墙支护的设计计算模型

(1)考虑墙后侧阻和小桩的减重作用,采用桩墙分算模式。

该模式同时考虑小桩的竖向减重作用、前墙水泥土桩墙的墙后抗剪作用,大大降低了作用在前墙上的土压力。

(2)将复合桩墙作为一个整体,按连续支挡结构设计。

(3)当按整体断面进行连续墙设计时,小桩与桩间土的黏结强度须满足整体工作效果。

二、复合桩墙支护的设计

复合桩墙支护根据混凝土压顶板连接水泥土桩墙与墙后小桩的强弱可分为两种形式:小桩分体减重形式和整体作用形式。由于两种形式的复合桩墙支护的工作原理不同,因而其设计方法也有所不同,下面分别给出两种形式的复合桩墙支护的设计方法。

(一)考虑小桩作用和水泥土桩墙墙后侧阻的支护结构设计

1.考虑小桩竖向承载力及桩后侧阻的土压力计算

考虑小桩竖向承载力及桩后侧阻的土压力计算,即在土压力计算时,考虑小桩在滑裂面下的抗压承载力作用。

2.前墙内力计算与承载力设计

内力计算时宜考虑小桩在前墙顶,通过压顶板传递的水平作用力,并考虑小桩在滑裂面下的抗拔承载力。

3.抗倾覆验算

抗倾覆验算需考虑小桩在滑裂面下的抗拔承载力。

4.水平滑移验算、整体稳定验算、抗隆起验算、抗渗流验算

水平滑移验算、整体稳定验算、抗隆起验算、抗渗流验算按现行规范中有关规定进行,当前墙宽度大于800 mm、水头差小于10 m时,一般可不做墙体抗渗流验算。

5.桩体强度及抗裂验算

小桩通过顶板作用,可给前墙形成弯矩,与土压力引起的弯矩、降水产生水泥土桩墙两侧阻力不同,造成桩墙截面两侧应力不平衡形成的附加弯矩等多种因素的共同作用可能导致桩身水泥土开裂,进行水泥土抗拉强度验算时应予考虑。

(二)整体式复合桩墙支护设计

1.土压力的计算

主动土压力采用库仑土压力理论进行计算,如图9-11所示,根据三角形楔体的静力平衡条件,可求得:

$$E_a = \frac{(W + qh\cot\alpha)\sin(\alpha - \varphi) - \dfrac{ch\cos\varphi}{\sin\alpha}}{\cos(\alpha - \delta - \varphi)} \tag{9-7}$$

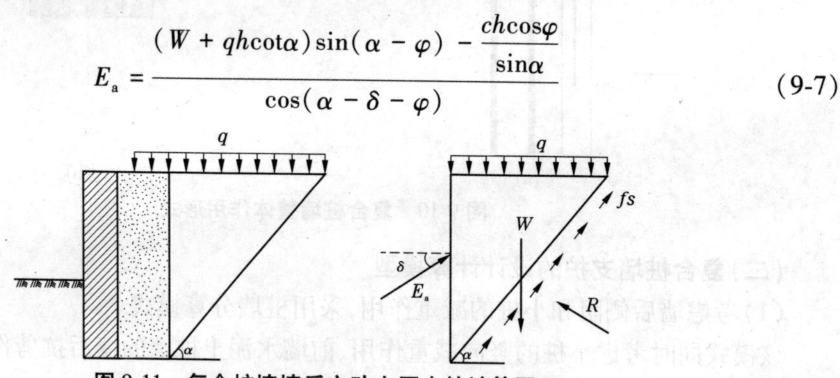

图9-11 复合桩墙墙后主动土压力的计算图示

其中:

$$W = \frac{1}{2}\gamma h^2 \cot\alpha \tag{9-8}$$

式中 W——三角形楔体的重量;

γ——基坑开挖面以上土体的重度,非均质土时,取其平均重度;

h——基坑的开挖深度;

φ——墙后土体的内摩擦角,非均质土时,取各土层内摩擦角的层厚加权平均值;

c——墙后土体的黏聚力,非均质土时,取各土层黏聚力的层厚加权平均值;

δ——墙后土与复合桩墙的外摩擦角。

可以编制计算程序,改变 α 的大小求得不同的 E_a 值,取最小值作为主动土压力合力值。分布力 e_a 可按线性分布假设推导出,即

$$e_a = 2E_a/h \tag{9-9}$$

被动土压力采用朗肯土压力理论进行计算。

2.截面强度验算

为保证整体工作性能,应进行截面强度验算。

1）抗弯强度

考虑到实际工程中支护桩墙侧移较小，材料处于线弹性阶段，前墙和土体、小桩和土体间基本无相对错动，可将桩墙截面按不同材料的组合截面，采用材料力学公式按等效化原则进行计算。

计算截面如图 9-12 所示，计算相当截面形心轴位置以及惯性矩 I_R。

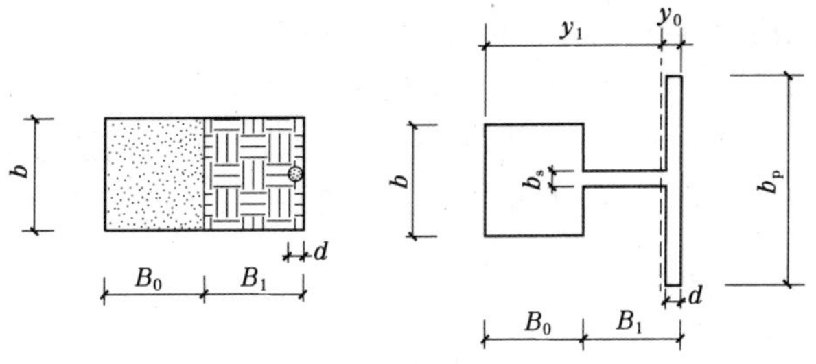

图 9-12　复合桩墙等效截面示意图

前墙在弯矩作用下产生的最大压应力为：

$$\sigma_{cs} = \frac{My_1}{I_R} \tag{9-10}$$

小桩在弯矩作用下产生的拉应力为：

$$\sigma_p = \frac{My_0}{I_R} \times \frac{E_p}{E_{cs}} \tag{9-11}$$

则桩身强度应满足：

$$1.25\gamma_0\bar{\gamma}z + \frac{My_1}{I_R} \leqslant f_{cs} \tag{9-12}$$

式中　$\bar{\gamma}$——复合桩墙的重度，可取 20 kN/m³；

z——验算截面的深度。

小桩的锚固长度应满足：

$$\frac{My_0}{I_R} \times \frac{E_p}{E_{cs}}A_p \leqslant \pi dq_{sik}l_d \tag{9-13}$$

式中　l_d——验算截面以下小桩的剩余锚固长度。

2）抗剪强度

忽略小桩作用，桩墙承受的最大剪力应满足：

$$1.3\gamma_0 Q_{max} \leqslant \tau_{cs}A_{cs} + \tau_s A_s \tag{9-14}$$

式中　τ_{cs}——水泥土的抗剪强度设计值；

A_{cs}——水泥土前墙的正截面面积；

τ_s——桩间土的抗剪强度；

A_s——桩间土截面面积。

3.墙下地基土承载力验算

墙下地基土承载力不足时，前墙的沉降量过大，将产生不利于安全的倾覆弯矩与支护结构变形，应进行基底承载力验算。

$$\gamma_m(h+t)+\frac{E_a\sin\delta}{A}-\frac{E_p\sin\delta_p}{A}+\frac{2[E_a(h+t)-E_pt]}{B_0}\leqslant f_a+\eta_d\gamma_m(t-0.5) \tag{9-15}$$

式中 γ_m——水泥土前墙底面以上土的加权平均重度,地下水位以下取浮重度;

t——水泥土前墙埋深;

f_a——地基承载力特征值;

η_d——水泥土前墙埋深的地基承载力修正系数。

4.抗滑移、抗倾覆、抗隆起、抗渗流、整体稳定性验算

抗滑移、抗倾覆、抗隆起、抗渗流、整体稳定性验算可依据前述章节内容进行验算,工程设计时可依据《建筑基坑支护技术规程》(JGJ 120—2012)等有关规范进行。

三、复合桩墙锚支护

复合桩墙锚支护结构是由混凝土排桩与加筋水泥土桩墙通过桩顶混凝土板联系组成的复合桩墙,与连续板上部设置的斜锚、中部水平锚结合形成的支护结构。斜锚可按一定角度在桩顶设置,形成超前支护并在端部扩大,以适应红线限制条件下的支护设计,有利于控制支护结构变形,水平锚用于解决水平承载力不足和桩墙抗弯强度不足的问题,并保证截面工作的整体性。该技术具有变形控制能力强、施工速度快的技术特点。

复合桩墙锚支护技术适用于软土地区支护深度较大、对变形要求严格、锚杆水平施工空间不足或锚杆施工对浅层土扰动较大、施工速度要求相对较快的基坑工程。

(一)复合桩墙锚支护的设计方法

复合桩墙锚支护的设计方法与桩锚支护结构基本类似,但在设计过程中应考虑排桩后水泥土桩墙的支护作用,即桩墙内力计算时应按桩墙的组合截面进行计算。

(二)复合桩墙锚支护的工作特性

实际工程应用表明,由于复合桩墙顶部设置的斜向锚杆的超前锚固作用,约束了支护结构的整体平移和转动变形,基坑开挖初期的变形主要表现为整体平移。但当基坑开挖超过一定深度时,由于顶部斜锚的张拉作用,排桩桩身会产生较大弯矩,可能使复合桩墙墙身产生不协调弯曲变形,导致复合桩墙的整体工作性能遭到破坏。此时,如不限制复合桩墙弯曲变形的发展,将使前墙产生开裂,继续开挖,则有可能危及基坑支护结构的安全。为保证复合桩墙的整体工作性能和控制桩体开裂,较好的方法是在支护结构中增加水平短锚杆并进行张拉,由于水平锚杆的限制作用,排桩桩身弯曲变形很快得到控制并出现反弹,有效保证了基坑支护体系的正常工作。

四、复合桩墙支护的相关技术简介

复合桩墙支护中,水泥土桩墙后设置的微型桩是复合桩墙支护的重要组成部分。工程中,微型桩通常可选用无砂混凝土小桩或注浆小桩。无砂混凝土小桩施工简便、快速,是微型桩的首选桩型。

(一)技术简介

无砂混凝土小桩加固地基技术是在压力灌浆和小桩技术的基础上研究开发的一种地基处理技术。该技术通过桩孔中的注浆管及碎石桩体向桩周土体进行低压灌浆,待水泥

浆液初凝后，再进行高压注浆，使孔内水泥浆进一步密实，并使桩周土体受到压密灌浆处理，形成混凝土小桩加筋体（加筋材料可为注浆钢管）。

（二）施工工艺与施工顺序

1.施工工艺流程

施工工艺流程示意图如图 9-13 所示。

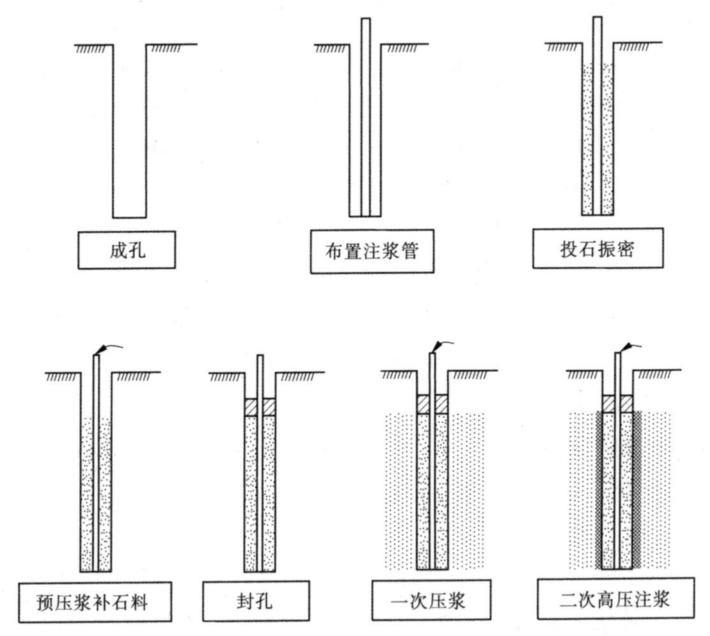

图 9-13 投石压浆无砂混凝土小桩施工工艺流程示意图

2.施工顺序

对挡土及基坑工程，通常有单排桩、双排桩和三排桩三种形式。单排桩时，施工顺序如图 9-14所示；双排桩时，宜先施工下游排桩；三排桩时，先施工下游排桩，再施工上游排桩，最后施工中排桩。

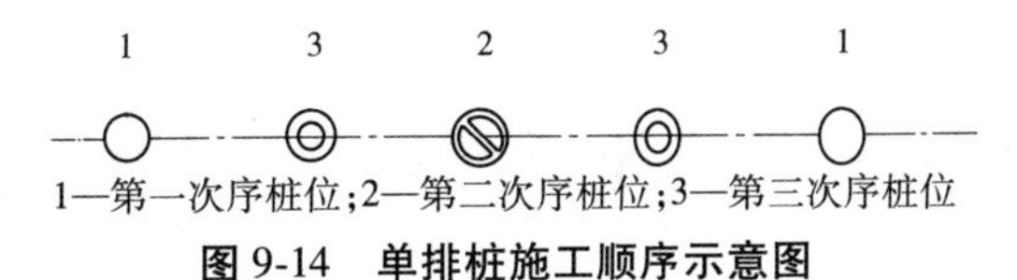

图 9-14 单排桩施工顺序示意图

（三）设计与施工要点

1.小桩间距

当不考虑桩土黏结效应时，小桩间距 $s \geqslant 8d$；完全考虑时，小桩间距 $s \leqslant 6d$；考虑时，小桩桩间距介于两者之间。

2.材料与技术参数

（1）碎石粒径要求。

为保证填石振捣质量，适用粒径为 5~15 mm 级配碎石。

（2）超细水泥。

当原状土的渗透系数较低时,采用普通粒径的水泥浆液难以灌入桩周土体,可采用平均粒径为4 μm、最大粒径为10 μm的SK型超细水泥。由于水泥细度高,比表面积大,要配制流动性较好的浆液所需水量就较大,其保水性又很强,易造成压入浆液的多余水分不易排出,从而使结石强度降低,工程中可采用小水灰比加高效减水剂的方法,以改善水泥浆的流动性。

(3)灌浆压力。

工程注浆分渗入灌注和二次补浆两个阶段。通常由现场试验来确定灌浆压力,即通过逐步提高压力,绘制注浆量与注浆压力关系曲线,实际注浆时,可以试验所得容许压力的80%作为注浆压力。也可根据经验,对砂土取0.2~0.5 MPa,对黏性土取0.2~0.3 MPa,对粉土取0.2~0.4 MPa,补浆压力一般为1.5~2 MPa。

(4)灌浆量。

灌浆量为碎石桩中碎石的孔隙体积和桩周加固土层灌入孔隙体积之和,灌浆量可按式(9-16)计算,并不小于桩体体积的2倍。

$$V = V_s n_s + V_n mn(1 + L) \tag{9-16}$$

式中 V_s——碎石桩体总体积,m^3;

n_s——碎石桩的孔隙率;

V_n——桩周加固土层的总体积,m^3;

n——桩周土体孔隙率;

L——浆液损耗系数,取5%~15%;

m——桩周土体的浆液充填系数,应通过试验确定,无试验资料时可按表9-1经验取用。

表9-1 浆液充填系数 m 值

软土、黏性土、细砂	中砂、粗砂	黄土
0.2~0.4	0.4~0.6	0.2~0.8

第四节 其他新型复合支护体系

深基坑工程所处情况复杂多样,有时采用单一的支护形式往往难以达到预期的支护效果,对于形状复杂的基坑工程更需要综合应用多种支护结构形式,这样就形成了类型众多的复合支护体系。

目前,工程中采用的复合支护体系除常见的桩锚复合土钉支护、复合桩墙支护外,还有水泥土桩复合土钉支护、复合拱形支护、双排桩拱形支护等一系列新型复合支护体系。

一、水泥土桩复合土钉支护体系

(一)概述

水泥土桩复合土钉支护体系是由水泥土搅拌桩或旋喷桩等截水帷幕与土钉墙组合而

成的复合支护体系，如图9-15所示。水泥土桩复合土钉支护体系是1997年首次提出并成功应用于实际工程，主要是为解决软土地区土钉支护应用所涉及的一系列问题，以水泥土搅拌桩帷幕等超前支护措施来解决土体的自立性、隔水性以及喷射面层与土体的黏结问题，以相对较长的插入深度来解决坑底抗隆起、管涌和渗流等问题。

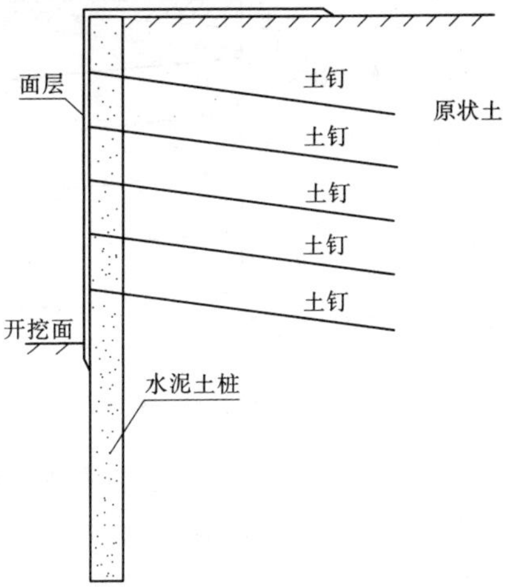

水泥土桩复合土钉支护体系适用的地层较为广泛，可用于砂性土、粉土、黏性土、淤泥及淤泥质土等多种地层，在我国许多地区都有成功的应用实例，其中水泥土桩多作为截水帷幕使用。

图9-15　水泥土桩复合土钉支护体系

（二）水泥土桩的作用分析

水泥土桩复合土钉支护体系是在土钉墙基础上发展起来的，在该支护体系中，水泥土桩起到的作用主要包括三个方面。

1.支护作用

水泥土桩的强度一般为原位土体强度的数十倍甚至数百倍，水泥土桩因而可以起到类似混凝土围护桩的支护作用。

采用水泥土桩复合土钉支护体系时，由于先期施工的水泥土桩的超前支护作用，使得无自立高度的地层也能够实现稳定，为土钉的施工创造了有利条件，可认为不受土层成拱极限高度的限制，每一开挖工况下参与维持基坑边坡稳定的因素除土体与土钉外，还可以考虑水泥土桩强度的贡献。

传统土钉墙类似偏心受压基础，坑内墙角位置往往是地基承载力破坏的薄弱位置，而对于水泥土桩复合土钉支护体系，水泥土桩可通过桩—钉—土之间的结构作用调动基坑内侧被动区被动土压力的抗力作用，约束土钉墙墙底土体，提高墙底地基承载力。

此外，水泥土桩与周围土体间的竖向侧摩阻力有助于降低主动区土压力，如图9-16所示，从而提高了基坑的稳定性。

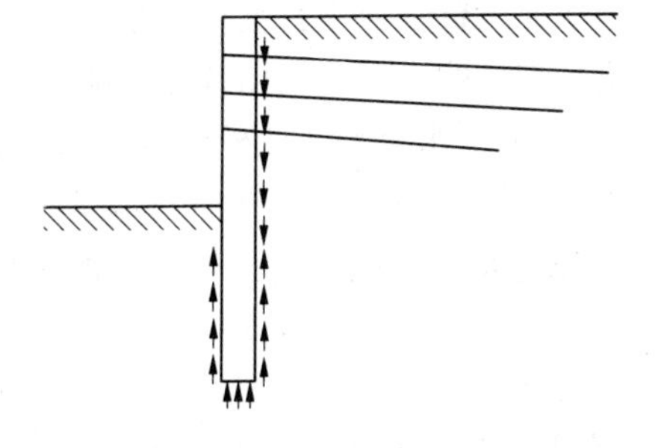

图9-16　水泥土桩摩擦传力示意图

2.变形控制

在水泥土桩复合土钉支护体系中，由于水泥土桩对土体的超前约束以及后期桩与土钉的结构约束作用，大大降低了基坑周边土体的位移，因此设计时可通过增加水泥土桩的刚度来控制位移，以达到保护周边环境的目的。

土钉支护中增加超前支护水泥土桩，不仅可有效地控制基坑变形，也改变了土钉支护的位移模式。土钉支护与水泥土桩复合土钉支护典型的侧移沉降曲线见图9-17，两种支护体系的变形存在较大不同。

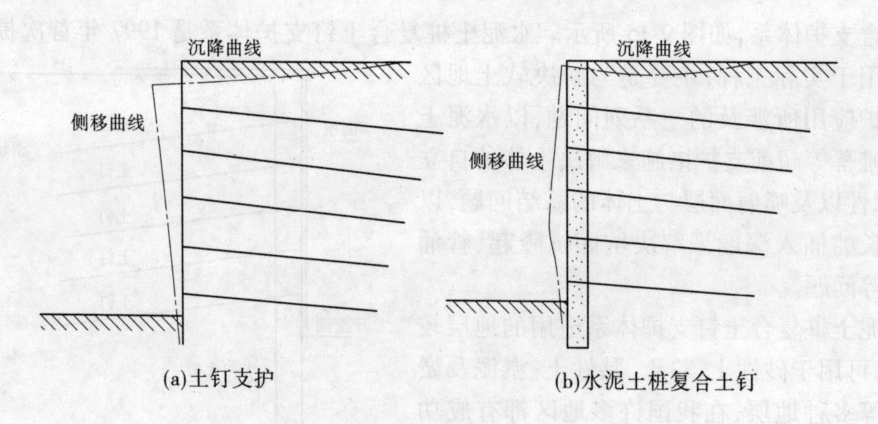

图 9-17 土钉支护与水泥土桩复合土钉支护的变形示意图

(1)对于土钉支护,随着基坑的不断向下开挖,土钉墙不断向坑内位移,支护面的位移沿高度大体呈线性变化,类似绕址部向外转动,最大水平位移发生在顶部,被支护土体位移也是上层较大、下层较小。被支护土体地面沉降最大部位发生在基坑边缘处,随距基坑边缘距离的增加沉降逐渐减小。

(2)对于水泥土桩复合土钉支护,由于水泥土桩和土钉之间存在着较好的整体结构作用,随着基坑开挖的进行,水泥土桩与已设置的上部土钉之间形成的结构作用有效地约束了上部土体随开挖而发生的变形,并且水泥土桩与较密土钉之间的结构作用也促使土体的变形趋于均匀;当基坑开挖深度较大时,水泥土桩的作用逐渐减弱,下部土体的侧移变形就显得比较突出,最终形成了鼓肚模式[如图 9-17(b)所示]。

基坑施工过程中,由于主动区水泥土桩与周围土体间侧摩阻力的逐步发挥,有效地约束了水泥土桩周土体的竖向位移,迫使地层最大沉降后移,形成类似采用多撑或多锚支护桩基坑的凹形沉降槽模式。

3.地下水控制中的作用

水泥土桩复合土钉支护体系中,水泥土桩另一个重要作用就是地下水控制作用,即作为截水帷幕的功用。封闭式截水帷幕可以有效地切断基坑内挖的水力联系,方便坑内降水、保护地下水资源。此外,水泥土桩通过一定的嵌入深度,增加地下水渗流路径,减小坑内渗流的渗流梯度,防止地下水流砂、管涌等渗流破坏。

(三)水泥土桩复合土钉支护的工作机制

水泥土桩复合土钉支护体系中,水泥土桩通常在基坑开挖前施做,基坑第一步开挖时,土钉尚未施做,该工况下的水土压力就由水泥土桩来承担。由于第一步开挖深度较小,水泥土桩可按重力式挡墙考虑。

施做第一排土钉后,待土钉锚固体与土体间黏结强度达到设计要求后进行第二步开挖。此时,参与维持主动区土体稳定的有土钉 SN_1 与已施工钢筋混凝土面层、水泥土桩及土体本身,如图 9-18 所示。在进行第二步开挖时,由于卸除了被动区土压力 P_2,引起主动区土体应力释放同时发生位移,此时,主动区土体与土钉发生相对位移,在钉土界面产生剪阻力,从而在土钉中形成轴力增量;大部分不平衡土压力被土钉平衡掉,还有少部分土压力直接作用在水泥土桩上。水泥土桩通过桩身与上部钢筋混凝土面层、土钉 SN_1 以及桩身在开挖面以下嵌固段的结构作用，将作用在其上的土压力平衡掉，并通过钢筋混凝土面层在土钉 SN_1 的钉头产生拉力。土钉则将所承受轴力（钉头集中力和钉土界面剪阻力合力）传递扩散到稳定土体中去。

第一步开挖工况下，水泥土桩侧土压力可按朗肯土压力理论计算，以下的各开挖工况，由于土钉参与受力，水泥土桩侧土压力大小和分布都是未知的。但这部分土压力的数值是较小的。

水泥土桩复合土钉支护体系中各构件是个有机的整体，它们的变形也应该是协调的，因此在第二步开挖工况下，在忽略钢筋混凝土面层的情况下，图 9-18 中 D_1 位置处土钉钉头水平位移应该和水泥土桩在该工况下发生的水平位移增量相等。

当施工了 $i-1$ 根土钉进行第 i 步开挖时，如图 9-19 所示，参与维持主动区土体稳定的有已设置的 $i-1$ 根土钉、钢筋混凝土面层、水泥土桩及土体本身。由于 i 工况下被动区土压力 P_i 的卸除，引起主动区土体的应力释放与位移，在已设置的 $i-1$ 根土钉中将形成轴力增量；同样还有部分土压力直接作用在水泥土桩上。作用于水泥土桩上的土压力又将通过水泥土桩与钢筋混凝土面层、土钉以及嵌固段土体的结构作用，传递到 $i-1$ 根土钉和当前坑底以下土体中去。各层土钉则将所承受轴力（钉头集中力和钉土界面剪阻力合力）传递扩散到稳定土体中去。由于水泥土桩与钢筋混凝土面层和土钉以及嵌固段土体存在的结构作用，一方面有效地控制了支护体系施工过程的位移，另一方面也改变了支护体系的位移模式。

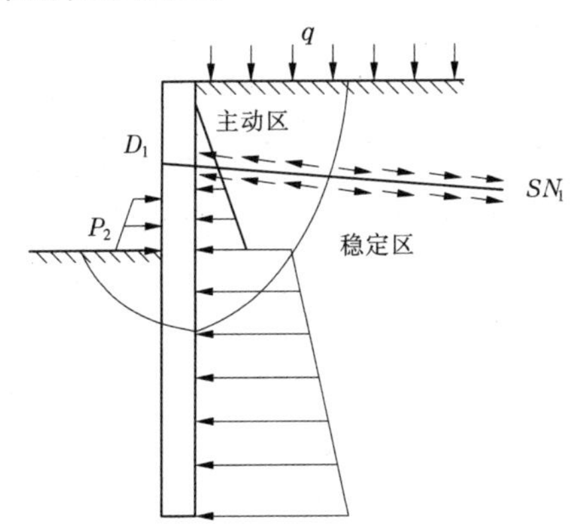

图 9-18　第二步开挖时支护体系受力示意图

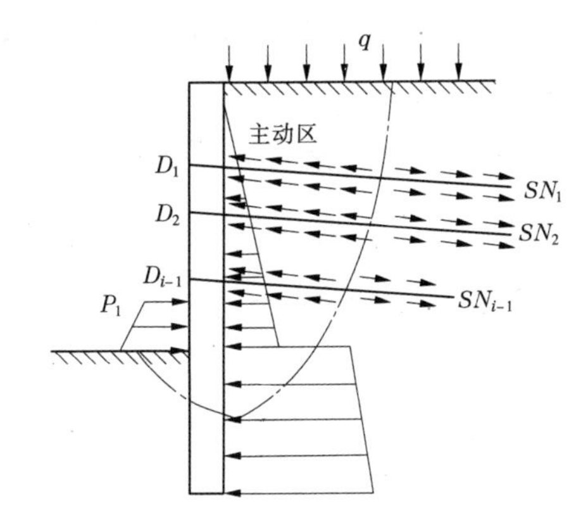

图 9-19　第 i 步开挖时支护体系受力示意图

同样，第 i 工况各土钉钉头位置处和该处的水泥土桩的水平位移是协调的，土钉 SN_{i-1} 钉头的水平位移就应该与该工况下水泥土桩在 D_{i-1} 点发生的水平位移增量相等。

综上所述，在水泥土桩复合土钉支护中，土钉加固和锚固的双重作用机制是不变的。在支护体系中增加水泥土桩后，由于水泥土桩有一定的强度和刚度，水泥土桩一方面参与基坑侧壁的稳定性维持，另一方面也通过与土钉间的变形协调控制并改变了支护体系的位移。

二、复合拱形支护结构

（一）概述

在城市建设中，深基坑工程的应用越来越广泛，深基坑平面形状各种各样，如矩形、方形、圆形、椭圆形和其他不规则形式。其中,椭圆形深基坑支护结构由于“圆拱效应”的影响,其在土压力作用下,为空间受力体系,主要承受环向压应力,能充分利用混凝土材料的抗压性能,工程中结合基坑平面的设计要求,合理设计椭圆形深基坑支护结构可收到良好的技术效果,这样就出现了拱形支护结构。

拱形支护结构与重力式挡土墙或板式挡土结构的形式有所不同,不仅能利用土拱效应,减小作用在支护结构上的土压力,而且拱形支护结构形式具有较强的空间结构性,受力合理,能够减小开挖引起的侧压力荷载作用,使混凝土材料的高抗压强度特性充分发挥;更重要的是从根本上解决了支护桩的侧向变形问题,从而使基坑边不致出现因变形值大而导致的基础下沉、路面沉陷、邻近建筑物变形破坏等问题。

工程中,拱形支护可采用约束支座(拱脚桩)+拱形挡墙(钢筋混凝土墙或水泥土搅拌桩墙)的形式,如图 9-20 所示,平面上土压力通过轴压力的方式沿着拱轴方向传至两端支座(桩)。当基坑尺寸不大且形状为椭圆形时,也可直接设计成椭圆形水泥土搅拌桩墙的拱形支护形式,如图 9-21 所示。

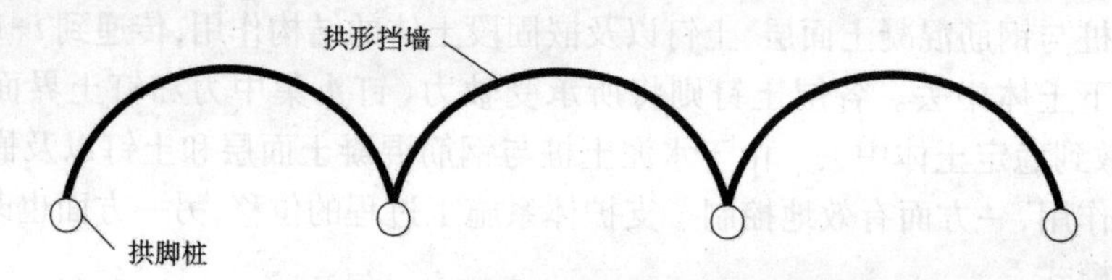

图 9-20 桩+拱形挡墙的拱形支护结构

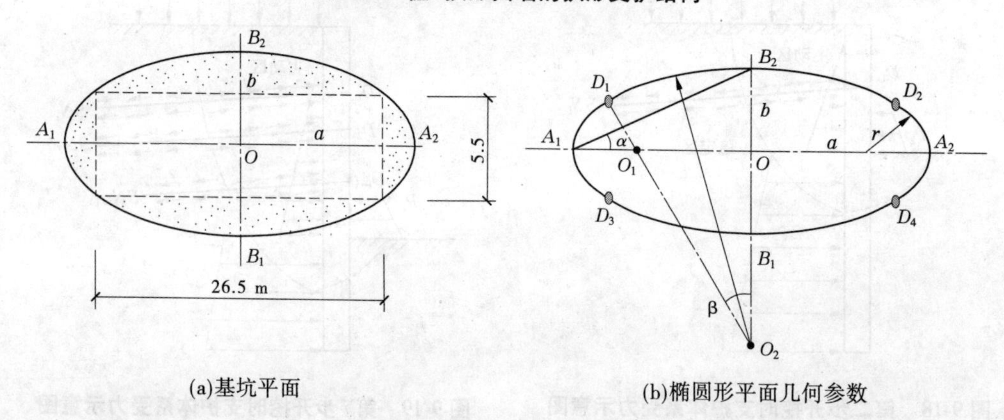

图 9-21 椭圆形支护结构示意图

(二)椭圆形支护结构的受力特点

拱形支护结构在水平土压力作用下通过在环向产生压力而减小其他方向内力,椭圆形支护结构是典型拱形结构的一种,通过合理设计其矢高比,椭圆形支护结构能够成为以受压为主的支护结构。

水泥土桩施工简单,受压性能比抗拉、抗剪性能好,经过适当咬合可起到截水帷幕作用,因此在开挖深度不大的情况下,可优先采用椭圆形水泥土桩支护结构。

一般情况下,椭圆形支护结构的内力除与其几何构造特点及现场工程地质条件有关外,还与其上下端的边界条件有关。实际工程中,为满足周围环境的设计要求,也常采用不同的构造方法来实现设计边界条件。根据实际工程构造特点,常见的上下端边界条件为:上下端自由;或上端自由、下端固定;或上端铰支、下端固定等。

由于椭圆形支护结构在我国基坑工程实践中的应用还不太广泛,缺乏工程实际经验,无论在理论上还是设计理论研究方面,都相当匮乏。目前,周同和教授等在拱形支护计算的基础上,结合圆柱形薄壁筒体的计算理论,给出了椭圆形支护结构在不同边界条件下的简化计算方法,具体方法可参考《新型复合支护体系的数值分析与工程应用》。

(三)连拱复合内支撑支护结构

1.几何构造特点

在基坑工程中,当建筑物的两方向平面尺寸相差不多时,在平面上可以将支护结构布置成圆形或近似圆形的拱形,利用其拱效应,可实现支护结构受力性能的优化,以充分利用材料性能。一般情况下作用在圆拱形支护结构上的土压力大部分可以在同标高上实现自平衡,这将大大降低支护结构的费用。

对于土质较差、场地狭窄且周围有重要设施、基坑埋深较大的工程,其他支护结构设计往往可能无法满足强度与变形要求。将连拱支护与内支撑组合成新的支护体系,可以共同承担侧向压力。一方面,连拱支护部分由于内支撑的作用,变成仅在水平向受力变形的体系,受力明确,计算方法简单;另一方面,内支撑部分由于连拱支护的合理传力作用,而显著增大了其水平间距,为坑内结构的后续施工提供了便利的可用空间。如图 9-22 所示,连拱复合内支撑支护结构的受力变形主要取决于拱跨和内支撑的间距。

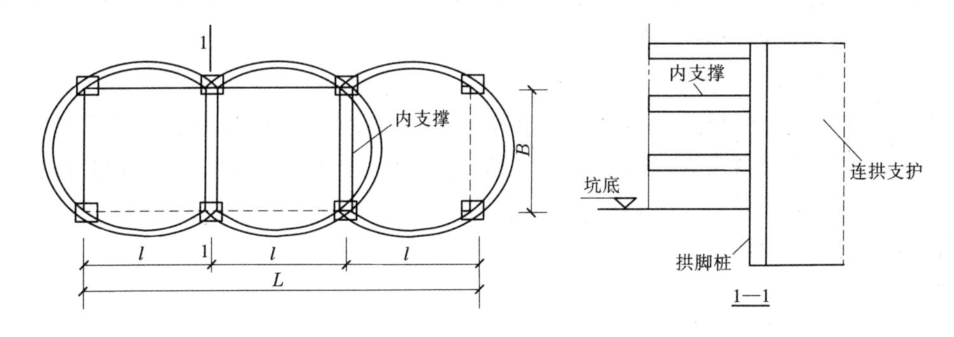

图 9-22　连拱复合内支撑支护结构平面示意图

2.拱体内力分析

连拱复合内支撑支护结构中,由于内支撑的存在,限制了连拱部分的竖向变形和传力,在水平土压力作用下,连拱只在水平向产生变形,全部土压力均由连拱承担,并仅在水平向传递。实际工程中,常采用圆拱形式,在土压力作用下,主要产生环向压力和环向弯矩。考虑到连拱复合内支撑支护结构的对称性,这里假定所有土压力均作用在连拱支护体上,且连拱所受土压力的作用方向按法向考虑,则连拱体的内力计算简图如图 9-23 所示。

忽略法向荷载作用下,圆拱体变形对其内力的影响,则在法向土压力作用下,圆拱体内产生环向压力,可按下式计算

$$N_\theta = p_0 R \tag{9-17}$$

式中　p_0——作用于圆拱体上的水平土压力。

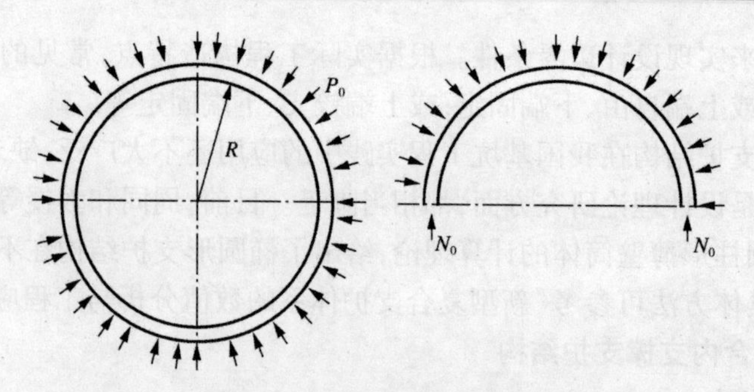

图 9-23 圆拱体内力计算简图

通常端部支护圆拱体的半径 r 是由条形坑槽的宽度决定的,其大小可能与纵向连拱体的半径 R 不一样,为协调此两部分不同直径圆拱体的受力变形,通常在端部圆拱体的拱脚桩间仍需设置横向内支撑构件,此种情况下,端部圆拱体在土压力作用下的环向轴压力为

$$N'_\theta = p_0 r \tag{9-18}$$

3.选型分析

连拱复合内支撑支护结构在水平荷载作用下,水泥土连拱墙内产生的控制内力是环向压力,因此连拱支护部分的选型原则应满足下式,即

$$f_{cs} b \geqslant N_\theta \tag{9-19}$$

式中 f_{cs}——水泥土连拱墙的轴心抗压强度设计值;

b——水泥土连拱墙有效厚度;

N_θ——连拱墙产生的环向压力。

内支撑体系主要由竖向支撑梁(桩)和水平支撑梁两部分组成,一般情况下竖向支撑梁采用钢筋混凝土材料构成,其选型原则即是水平土压力作用下的内力分布均匀;水平内支撑梁可以采用钢筋混凝土材料也可采用钢结构。二者通过稳定可靠的节点连接构造,与竖向围护构件共同构造基坑施工的结构空间。

1)水平支撑梁的选型

通常水平内支撑按材料可分为钢支撑、钢筋混凝土支撑。钢支撑的优点是自重小,安装和拆除方便,材料可以重复使用等。根据土方开挖进度,钢支撑可以做到随挖随撑,并可施加预紧力,这对控制墙体变形是十分有利的。但钢支撑一般进行整体施工时需现场吊装设备,且安装节点通常比较多,对节点构造和施工精度要求高。

根据计算得每层内支撑梁所需的水平支撑力,按此承载力进行钢支撑的设计和现场焊接施工。具体施工时宜根据竖向支撑梁(桩)的形状制作端连接件,直接将水平内支撑梁搁置在两端固定在竖向支撑梁(桩)上的支撑构件上,然后通过施加水平预紧力,使水平内支撑梁直接提供内撑力,参加工作。

2)竖向支撑梁的优化选型

通常情况下竖向梁的截面及配筋量上下一致,各截面所提供的抗弯、抗剪承载力是相等的,因此竖向支撑梁的优化选型原则即是通过改变水平支撑梁的支撑位置使竖向支撑梁的内力分布最均匀的。

三、双排桩复合拱形支护结构

(一)概述

当复合拱形支护结构采用“拱脚桩+水泥土拱墙”形式时,悬臂灌注桩在水平土压力作用下的侧向变形以弯曲型变形为主,水泥土拱墙的侧向变形以弯剪型变形为主,将灌注桩作拱脚桩与水泥土拱墙复合构成的支护结构在一定深度基坑工程中得到了良好应用。但当基坑深度超过某一限值时,拱脚桩与水泥土连拱墙在顶部会出现开裂现象,限制了其应用范围。

双排桩复合连拱支护结构将水平荷载作用下侧移呈现弯剪型变形特征的双排桩支护结构与水泥土连拱墙复合起来,形成一种全新的支护结构形式。

与连拱支护结构相比,双排桩复合拱形支护结构可以有效地限制桩体上部位移,支护结构的侧移从以转动为主向以平动为主转化,坑外下沉呈整体下沉趋势,而坑内土体的竖向隆起特点基本一致。

此外,前排桩、后排桩的协同工作大大改善了连拱支护结构中拱脚桩的受力模式,有效降低了支护结构的最大侧移,并均匀了控制内力的分布特征。

(二)受力特点分析

如图 9-24 所示,双排桩复合连拱支护结构土压力由拱脚桩和水泥土拱体共同承担。可将桩体之间的土体分为 A 区、B 区、C 区三个区域,其中 A 区土体水平压力完全由水泥土拱及前排桩承担,可按朗肯主动土压力计算;B 区土压力由后排桩承担,可按朗肯主动土压力计算;C 区为前排桩、后排桩之间的土体,由于桩顶连梁刚度较大,前排桩、后排桩之间相对位移很小,可以近似地认为 C 区土体为受侧向约束的无限长土体,且深度 Z 处相对于水平位移而引起的横向应变为零,按弹性力学的平面应变问题求解,可得作用于前排桩桩背和后排桩桩前侧面的土压力为

$$u = 0.25\% h \tag{9-20}$$

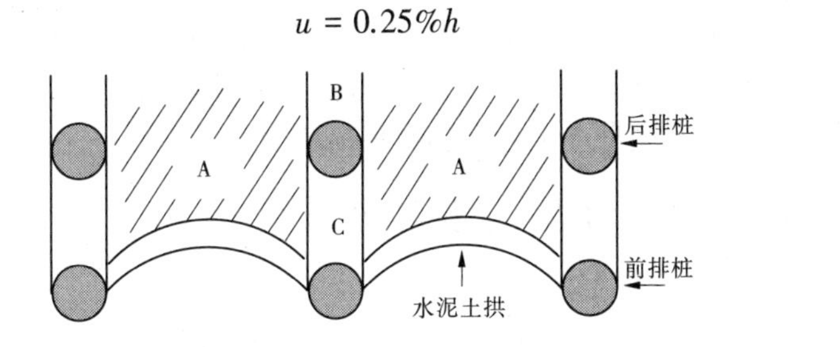

图 9-24　双排桩复合连拱支护结构土体分区

(三)双排桩复合重力拱支护结构

将连拱支护结构中的水泥土拱体加厚,增大其重力荷载,构成双排桩复合重力拱支护结构,如图 9-25 所示,则其受力变形规律将发生较大变化,工程应用范围也发生相应变化。

双排桩和重力拱在水平荷载作用下均呈弯曲型变形特征,复合支护结构在控制基坑侧移方面效果显著,双排桩与重力拱变形一致,协同工作性好。重力拱拱身竖向和环向应力以压应力为主,最大拉压应力均小于材料的极限抗拉压强度,可以充分发挥水泥土材料

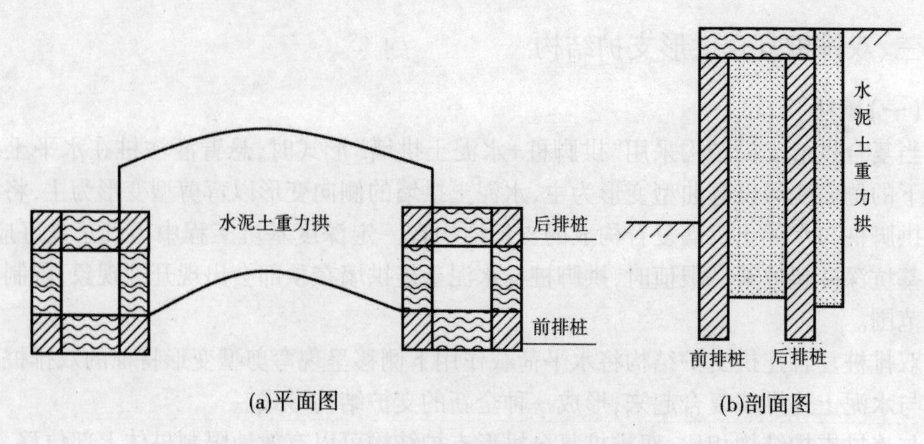

图9-25 双排桩复合重力拱支护结构示意图

本身抗压强度大的特点。此外,重力拱的存在使得前排桩和后排桩水平侧移相差不大,前排桩、后排桩桩身弯矩的分布相对均匀,受力更加合理,后排桩不仅起拉锚作用,也成为主要的受力构件。

双排桩复合重力拱支护结构拱后土压力的传递和分配规律与重力拱及双排桩的组成特征关系紧密。双排桩由前排桩、后排桩和连梁组成,重力拱拱身由水泥土材料组成,拱身厚度较大,二者都有较大的截面抗弯剪刚度,可以更好地控制基坑侧移。同时,拱形支护形式可以将作用于拱后土压力产生的拱身弯剪应力转化为沿拱环向的压力,充分发挥水泥土材料的优点。拱身较大的自身重力也可以提供一定的抗倾覆力矩,平衡拱后部分土压力。

如图9-26(a)所示,作用于双排桩复合重力拱支护拱后主动区土压力主要分为三个部分E_{a0}、E_{a1}和E_{a2},其中E_{a0}[如图9-26(d)所示]是由重力拱重力效应抵消的部分拱后土压力;E_{a1}[如图9-26(b)所示]是通过拱环向传递到旁边双排桩上的土压力,由双排桩弯剪效应承担,使双排桩桩身产生弯矩和剪力,同时使拱身产生环向的压力,通过双排桩传至深层土体;E_{a2}[如图9-26(c)所示]是由重力拱拱身截面较大抗弯剪刚度承担,最终传至深层土体的土压力,使拱身产生弯矩和水平向剪力。

四、双排桩复合预应力锚杆支护结构

(一)概述

双排桩复合预应力锚杆支护结构是应用于当前深基坑工程中的一种新型支护形式,在保证基坑稳定和周围建筑物、管线的正常使用的前提下,双排桩复合预应力锚杆能够满足特殊场地的环境制约条件,目前国内已经有成功应用的工程实例。

(二)技术特点

与单排悬臂桩支护相比,双排桩支护结构有很多优点:

(1)双排桩支护由刚性冠梁和连梁把前排桩、后排桩组成一个空间超静定结构,整体刚度大;可以根据工况实时调整自身的变形以适应复杂多变的外荷载作用。

(2)双排桩结构无须太多的场地,能应对密集建筑区的施工环境。

(3)一般情况下,双排桩复合预应力锚杆比桩锚要经济得多,因为双排桩的直径较

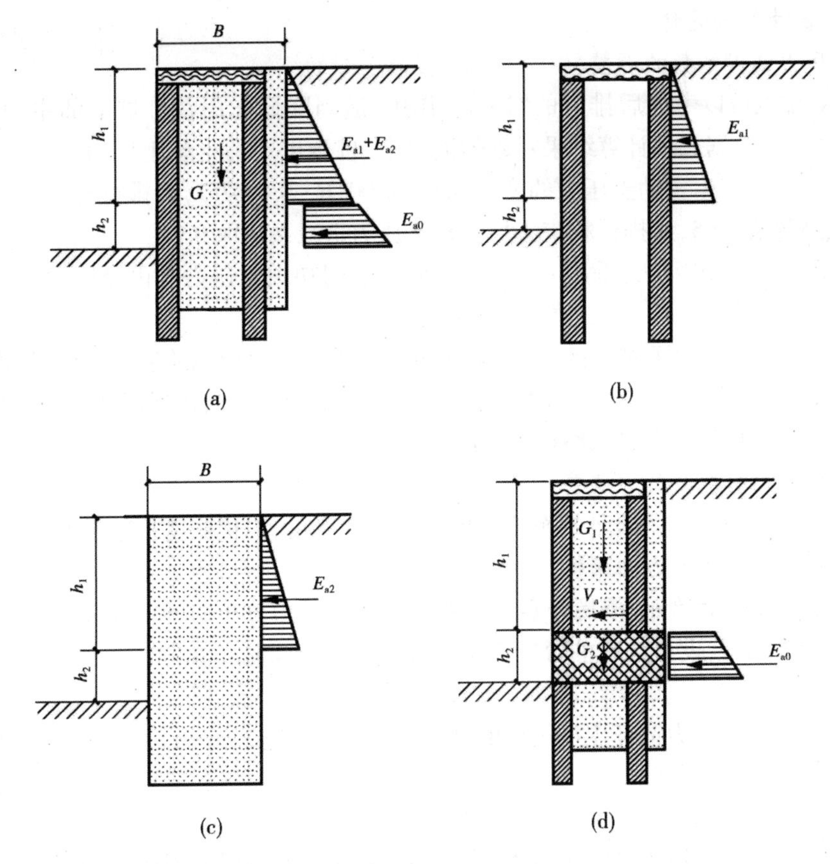

图 9-26　双排桩复合重力拱支护结构土压力分配示意图

小,施工方便并且造价较低。随着基坑深度的增加,前排桩、排桩正负弯矩和后排桩负弯矩在开挖面附近均增大,且变化趋势基本相同。前后排桩桩身正负弯矩值可以相接近,锚杆和连梁的存在协调了双排桩的受力和变形,改善了其工作性能。后排桩最大正负弯矩值点的变化规律和前排桩不太一样,这主要是因为锚杆作用在前排桩上,对前排桩直接产生作用,而对后排桩的作用是通过连梁和排桩间土而产生的,所以后排桩的弯矩曲线和单纯双排桩支护结构中后排桩的弯矩曲线相似。

(三)前排桩、后排桩作用机制

前排桩与后排桩的作用机制包括下列两个方面。

1.对桩间土体的约束作用

由于后排桩的存在,前排桩、后排桩中间的土体形成,桩间土可视为受侧向约束的无限长土体。这部分土体对前排桩、后排桩产生一定作用:①平衡一部分后排桩土压力;②减小了前排桩土压力。因此,可以降低锚杆承载力要求,减少锚杆长度及数量。

2.稳定性作用

由于有后排桩的存在,桩间土可以作为支护结构的一部分,不仅可以有效地限制双排桩支护的位移,而且在考虑其加固的情况下,可以有效地减小前排桩、后排桩的弯矩,在桩间土作用充分发挥的情况下,能够较好地提高整个支护结构的稳定性。

(四)设计方法简介

1.土压力作用系数的调整

(1)对排桩可以考虑后排桩的“减重”作用,适当降低作用在排桩上的主动土压力。设计计算中,可根据具体计算结果对破裂面以上、桩顶以下的土层土压力进行适当折减,考虑到支护结构产生主动土压力的变形条件($0.001H \sim 0.004H$),前排桩相应土层主动土压力折减系数取0.95,后排桩相应土层主动土压力折减系数取0.9。

(2)后排桩被动区抗力采用m法,不考虑排桩间初始土压力及由摩阻力形成的桩底水平抗力。

(3)对基坑底面以下被动区,尽管降水可能会带来土性指标的适当提高,但由于基坑深度较深,变形控制仍按一级基坑的位移要求控制,被动区难以达到被动土压力全部发挥的变形条件(砂土$0.05H$),因此被动土压力系数仍取1.0。

2.支护结构刚度系数的调整

根据钢筋混凝土结构设计规范规定的短期抗弯刚度,排桩刚度折减系数可取为0.85。

3.支护结构设计内力的调整

考虑到桩的塑性变形、实际土压力分布与计算土压力分布的不一致、桩底水平滑移对弯矩的影响等因素,设计选择桩弯矩折减系数为0.75~0.85。

4.概念设计

双排桩复合预应力锚杆支护结构的概念设计主要考虑两个方面的因素,即土压力分配和连梁作用。

1)土压力计算模型及相应的参数选择方法

采用土压力分配原则计算土压力,不考虑后排桩的存在对破裂面形态产生的影响,但考虑排桩存在对土压力值减小的有利影响,对土压力进行折减调整为

$$E'_a = \left[1 - \frac{d}{h}\tan\left(45° - \frac{\varphi}{2}\right)\right] E_a \tag{9-21}$$

对前排桩、后排桩之间,仅考虑初始土压力作用,不考虑“弹簧力”,但考虑桩底阻力对双排桩的作用效应。

2)连梁作用及其对后排桩内力的影响机制

双排桩支护体中桩正负弯矩一般相差比较大,且很难调整,而双排桩锚杆复合支护的前排桩、后排桩桩身正负弯矩值可调至接近,锚杆和连梁的存在协调了双排桩的受力和变形,减小了后排桩的负弯矩和前排桩的正弯矩,从而降低了排桩配筋率,改善了其工作性能,凸显该支护形式的合理性,如图9-27所示。

五、多承台基础间复合土钉支护体系

(一)概述

实际工程中,由于基坑周边环境条件的多样性,复合支护体系也需要考虑周边既有建筑物地基基础及坑内地下室结构的作用和影响,通过基坑支护结构本体与坑内外既有结构构件间的共同工作形成更为有效的复合支护体系。

当基坑邻近周边既有建筑时,如图9-28(a)所示,基坑支护选型时,为重点保证基坑

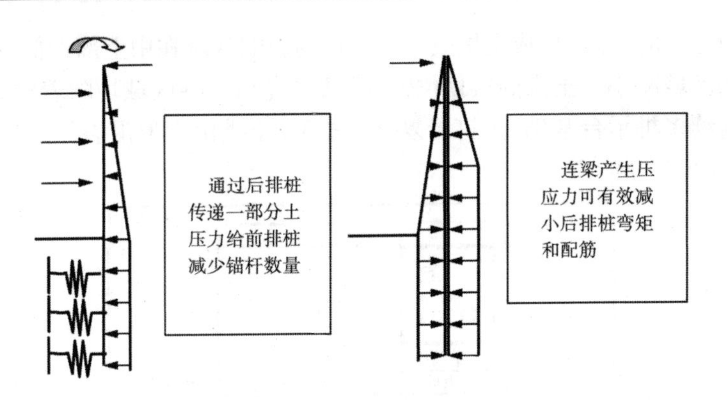

图 9-27　排桩间连梁的作用

和周边建筑物安全,如果考虑采用排桩内支撑体系,受到承台板的影响,排桩施工没有足够的工作面,必须切割掉一部分承台以提供工作面,在施工完成后重新浇筑承台板,导致施工不便且工程造价较高。考虑基础之间连梁的约束作用,桩基础的位移较小,可以作为拱脚桩存在,充分利用不连续多桩承台基础间的土拱效应和其抗弯承载性能,对该基坑采用不连续多桩承台基础复合土钉墙支护形式,如图 9-29 所示。

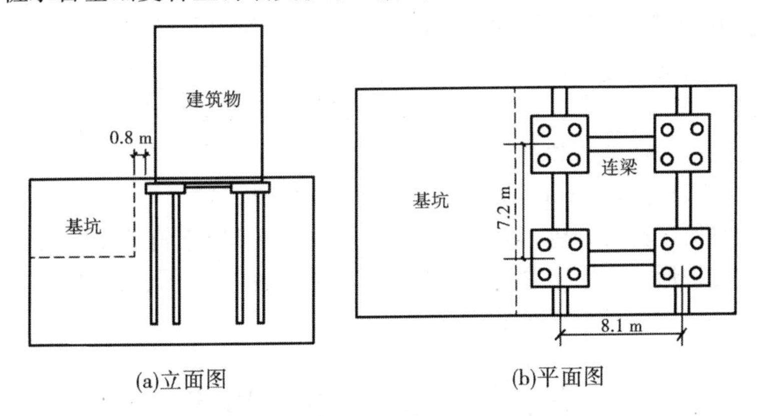

(a)立面图　(b)平面图

图 9-28　基坑邻近既有建筑示意图

(二)工作机制分析

根据土钉受力规律和土拱形态将坑后土体划分为拱前约束区、拱后约束区、桩后挤密区和稳定区四部分。其中,拱前约束区为桩基础中间且位于土钉轴力峰值之前的土体,桩后挤密区为桩基础之后和宽度范围内的土体,拱后约束区为土钉峰值之后到土钉末端的土体,稳定区位于土钉末端以外区域。

整个土钉约束区域包括拱前约束区和拱后约束区,在土钉的骨架约束作用下,形成了一种加筋式土质体系,拱前约束区的荷载一部分由土钉墙承担,另一部分靠第一排桩的土拱和摩擦土拱的传递给桩基础,拱后约束区的土钉起传递部分拱前约束区荷载和加强拱后土体强度的作用,其荷载通过土拱传递给桩基础,嵌入稳定区的土钉相当于弱锚杆的作用,承担一部分荷载;桩后挤密区的荷载直接作用在桩基础上。

1.不连续多桩承台基础间的土拱效应

对于可以形成土拱效应的土质,当拱脚桩存在、拱脚桩间净距为 2~7 倍的桩径且土体发生不均匀位移时,可以形成土拱效应。土拱的影响区域在中上部近似一致,基坑开挖面附近的影响区域减小。土拱的拱顶位置、后缘位置和影响区域均随着轴线间距的增大而增大。不连续多桩承台基础-土钉墙复合支护下,土拱由楔形滑裂体过渡为完整土拱,如图 9-29 所示。

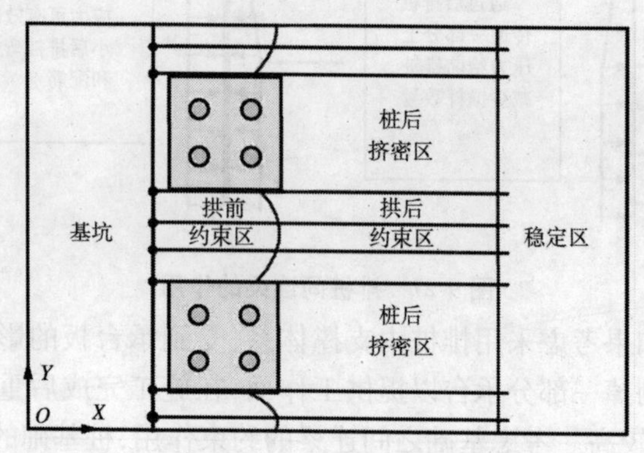

图 9-29 不连续多桩承台基础复合土钉墙支护示意图

2.不连续多桩承台基础-土钉墙复合支护结构的荷载传递规律

复合支护中,土拱作用对基桩的竖向承载力没有影响,保证了桩基础承担竖向荷载的能力。土拱将拱后土压力传递给桩基础,桩基础承受弯矩,其中第一排基桩受力较大。轴线间距越大,其承受弯矩越大,增加土钉长度可以减小弯矩值。坑后土体划分为拱前约束区、拱后约束区、桩后挤密区和稳定区。

3.不连续多桩承台基础-土钉墙复合支护形式的合理利用

通过工程案例计算与分析,证明不连续多桩承台基础-土钉墙复合支护可以作为一种经济合理的支护形式应用于紧邻建筑物的基坑工程中。当承台间没有连梁时,应限制基桩侧移。

第五节　联合支护技术

一、联合支护技术的简介

桩锚支护技术与土钉、复合土钉支护均为独立的支护技术。工程实践中,为实现技术、经济与环境安全间的目标控制,常需要通过两种或多种支护技术方法的联合应用。这样就形成了联合支护技术。

(一)联合支护的常用形式

常用的联合支护形式通常浅部(上部)采用土钉墙或复合土钉墙,深部(下部)采用排桩锚杆支护或排桩(桩锚)-复合土钉支护。图 9-30 为中原地区基坑工程中应用最为广泛的上部土钉墙下部桩锚的联合支护结构。

1.上部土钉墙(复合土钉墙)下部桩锚联合支护

实际工程中,根据周边环境条件的不同,桩锚与土钉墙联合支护主要有以下两种形式:上部土钉墙中土钉长度超过破裂面,如图 9-31(a)所示;上部土钉墙中土钉长度在破

图 9-30　上部土钉墙下部桩锚联合支护实景

裂面以内,如图 9-31(b)所示。

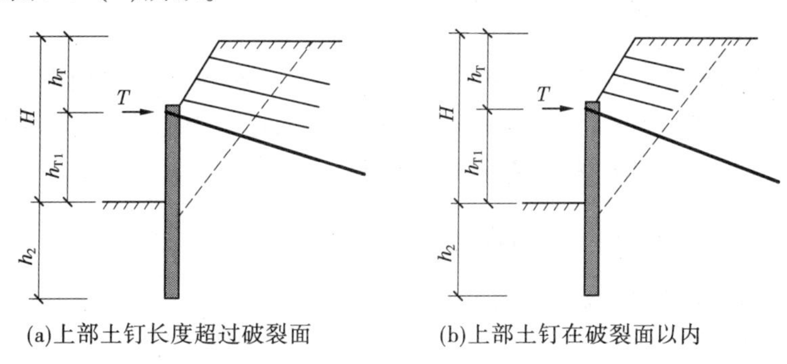

(a)上部土钉长度超过破裂面　(b)上部土钉在破裂面以内

图 9-31　上部土钉墙下部桩锚联合支护

当基坑变形控制要求较高时,可采用使上部土钉超过破裂面一定长度的方法[见图 9-31(a)],控制联合支护上部土钉墙、复合土钉墙支护的变形及地面裂缝。

2.上部土钉墙(复合土钉墙)下部桩锚复合土钉联合支护

工程实践中,因锚杆设计长度的限制或桩径选择的限制,有时会采用上部土钉(或复合土钉)下部桩锚复合土钉(土钉与桩锚复合支护)的支护体系,以解决外锚空间限制或桩身抗弯能力不足的问题。常用支护形式如图 9-32 所示。

在下部桩锚复合土钉支护结构中,土钉使主动区土体得到加固和补强,相应的侧壁土压力减小,从而减小了桩体嵌固深度,降低了锚杆预应力水平。桩体较大的抗弯强度、抗剪强度,使上部土钉墙支护结构内部稳定性和整体稳定性更易于满足要求。

(二)联合支护的适用范围

联合支护适宜用于采用土钉、锚杆支护的基坑工程。

选用联合支护结构时,应根据开挖深度、上部变形控制要求、外锚条件、被保护建筑的沉降变形控制条件,结合主体结构设计情况和当地工程经验选择合适的联合支护结构形式。但应注意,当基坑上部位移控制要求不严格且具备一定的放坡条件时,上部可选用土

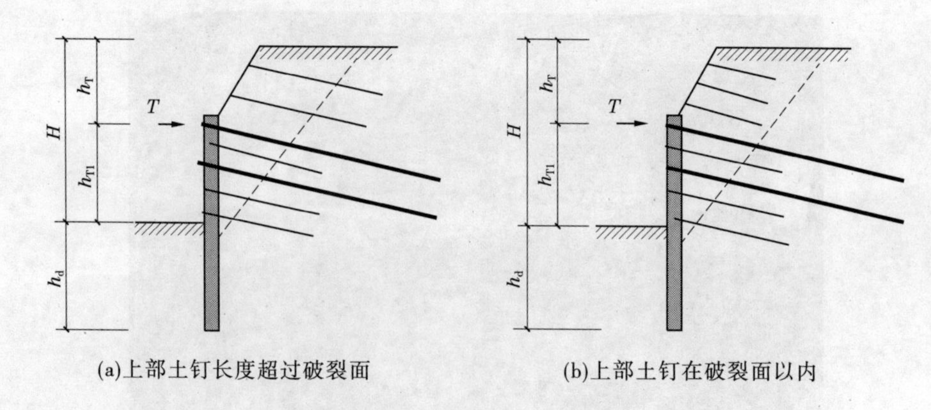

(a)上部土钉长度超过破裂面　　(b)上部土钉在破裂面以内

图 9-32　上部土钉墙下部桩锚复合土钉联合支护

钉墙支护;当基坑上部变形控制较严格或不具备放坡条件时,上部应选用复合土钉墙。

(三)联合支护的破坏机制

桩锚联合土钉支护体系的破坏,基本是以桩锚支护结构的破坏为标志的,即若桩锚支护结构失效,则桩锚联合土钉支护结构将发生破坏。

联合支护体系下部采用桩锚复合土钉时,设计中一般会考虑土钉的作用,计算土压力值可进行一定的折减。当土钉置于锚杆与坑底之间时,由于土钉的加固和锚固作用,支护桩上的弯矩分布相对较均匀,桩身破坏的现象基本不会发生。

二、联合支护的设计内容与设计方法

(一)联合支护的设计内容

(1)确定上部支护深度。

根据现场平面尺寸、地下水位、浅层土体岩性、埋深、承载力、土钉施工的可操作性、变形控制要求等,确定上部土钉支护深度,当对上部支护变形控制要求严格时,应采用复合土钉支护。

(2)确定桩体嵌入深度。

依据一般经验,选择基坑底面下一定深度、具有较好承载力的土层作为桩端持力层,初步确定桩的插入深度。

(3)依经验初步选择桩径、桩间距、锚杆位置。

(4)土钉或复合土钉的设计计算。

(5)桩锚支护体系的内力计算与变形计算。

当变形计算不满足要求时,应调整桩插入深度、锚杆预加力、桩径等参数重新计算,直到满足变形要求。其中,上部土钉的变形应根据地方工程经验选取并可控。

(6)各种形式的稳定性验算。

(二)联合支护的设计方法

由于联合支护是由两种及以上支护结构在竖向组合的支护结构,设计时,通常可采用组合前支护结构的设计方法,但需要同时考虑上部支护结构与下部支护结构间的相互影响。

上部土钉墙、复合土钉墙设计时,其高度不应大于0.4倍的基坑深度,并宜按照整个基坑深度计算的破裂面进行上部土钉墙设计,如图9-33所示。

下部支护结构设计时,可采用上部土钉墙或复合土钉墙等效成竖向荷载作用在下部支护结构顶面的模型进行下部支护结构的计算,如图9-34所示。

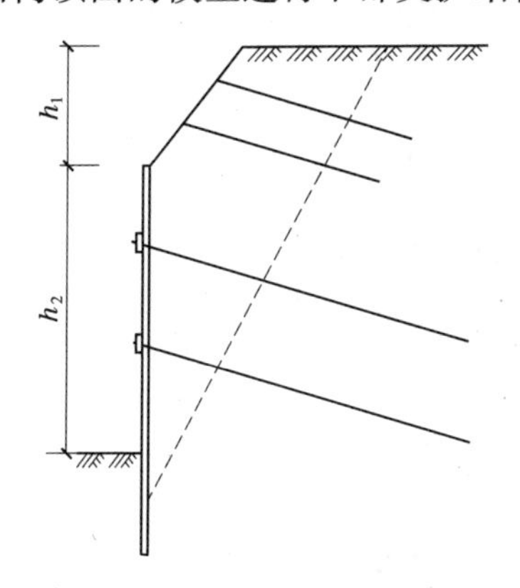

图9-33 联合支护结构的整体破裂面

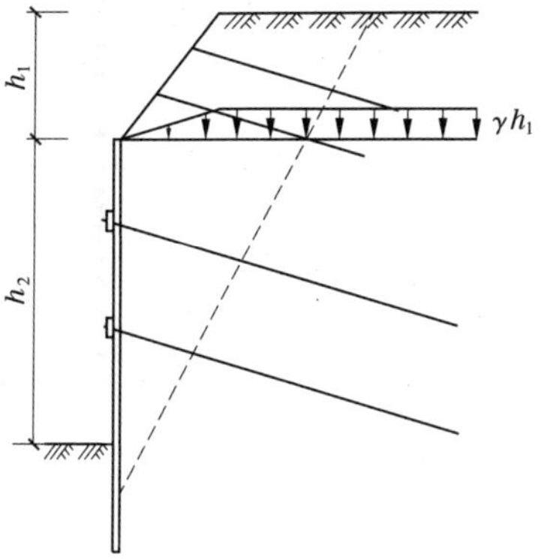

图9-34 上部支护结构的等效作用

联合支护体系的稳定性验算与一般支护结构基本相同,其中,上部土钉墙或复合土钉墙除进行外部稳定性验算外,还需要进行内部稳定性验算;下部支护结构进行稳定性验算时,可将上部土钉墙或复合土钉墙简化为作用在下部支护结构顶面的均布荷载,必要时,尚需要考虑上部支护结构基底的部分水平力作用对下部支护结构稳定性的不利影响。

此外,联合支护体系的变形计算可将上部支护结构简化为超载采用相应的方法进行计算,侧壁顶部的水平变形可采用上部、下部分别计算并将估算结果进行叠加的方法。

三、工程实例

(一)工程概况及周边的环境条件

郑州某工程总建筑面积约50万 m^2,地下室建筑面积60 532.46 m^2。场地外东南角为某公司5~7层家属楼及18层办公大楼,西北角为4~5层住宅楼,基坑周边共有18栋建筑物,三条城市主干道包围,环境条件十分复杂(见图9-35)。

(二)基坑工程的地质、水文特点

工程场地土层以粉土、粉质黏土和细砂为主,属不均匀地基。降水影响范围内的粉土、粉质黏土的综合渗透系数为0.5 m/d,粉细砂层的渗透系数为6.0 m/d。坑深范围内粉质黏土及粉土属郑州地区典型软土,灵敏度较高。

地下水位为自然地面下1.80~3.60 m,地下水位年变化幅度为2.0~3.0 m,按降水至坑底以下1.0 m计算,本基坑工程深10.0~12.4 m,实际降水深度为10 m左右。降水深度范围内土质为粉质黏土与粉土交互层,降水十分困难。

(三)工程设计参数

根据本工程基坑场地工程地质条件,基坑支护设计所需参数按表9-2取值。

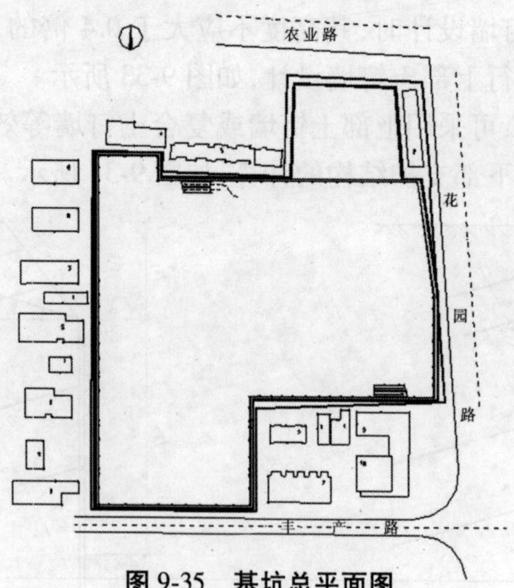

图9-35　基坑总平面图

表9-2　基坑设计所用各层土的设计参数

土层序号	岩性	天然重度 γ (kN/m^3)	黏聚力 c_{uu} (kPa)	内摩擦角 φ_{uu} (°)
②	粉土	19.8	19	22
③	粉质黏土	19.8	23	17.9
④	粉土	19.9	18	22.3
⑤	粉质黏土与粉土	19.5	22	23.5
⑥	粉土	20.0	18	22.2
⑦	细砂	20.5	30	37.1

(四)基坑支护结构与降水方案设计选型

本基坑支护方案主要采用上部土钉墙下部桩锚联合支护方案,部分采用了复合桩墙锚支护方案,设计基坑深度12 m,上部土钉墙支护深度3 m,下部桩锚支护9 m,支护桩长15 m,两排锚杆,具体布置形式如图9-36所示。基坑降水采用管井降水,井深25 m,间距18~25 m。

(五)基坑工程设计计算

本基坑工程的计算包括基坑的土压力计算、上部土钉墙计算、下部桩锚计算、深层搅拌水泥土桩墙抗渗计算、坑底抗隆起的验算、渗流稳定性验算等。

1.上部土钉墙计算

限于篇幅,上部土钉墙计算略。

2.下部桩锚计算

(1)桩锚内力与变形计算。

计算结果见表9-3及表9-4。

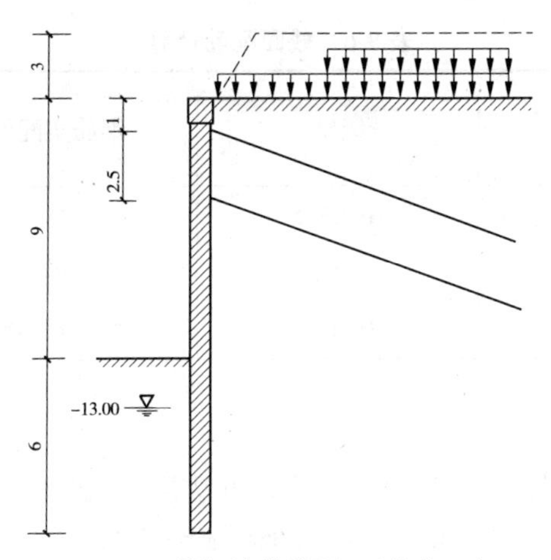

图 9-36　锚杆计算简图　(单位:m)

表 9-3　锚杆计算内力值　　(单位:kN)

支锚道号	锚杆最大内力(弹性法)	锚杆最大内力(经典法)	锚杆内力设计值	锚杆内力实用值
1	210.93	64.83	290.03	290.03
2	386.93	313.65	532.03	532.03

表 9-4　锚杆计算结果

支锚道号	支锚类型	钢筋或钢绞线配筋	自由段长度实用值(m)	锚固段长度实用值(m)	实配(计算)面积(mm^2)	锚杆刚度(MN/m)
1	锚索	2 Φ^s15.2	7.0	14.5	280.0(246.1)	6.83
2	锚索	4 Φ^s15.2	6.0	23.5	560.0(451.5)	13.82

(2)结构计算。

①内力。

内力分别采用弹性法、经典法计算,其结果见表 9-5。截面配筋计算见表 9-6。

②水平位移、地表沉降量。

最大水平位移为 19.58 mm,地表最大沉降量为 29 mm。

表 9-5　截面内力计算

段号	内力类型	弹性法计算值	经典法计算值	内力设计值	内力实用值
1	基坑内侧最大弯矩(kN · m)	591.99	456.25	691.88	691.88
	基坑外侧最大弯矩(kN · m)	264.56	579.33	309.20	309.20
	最大剪力(kN)	328.16	295.49	451.22	451.22

表 9-6　截面配筋计算

段号	选筋类型	级别	钢筋实配值	实配(计算)面积(mm²)
1	纵筋	HRB335	21 Φ 22	7 983(7 890)
	箍筋	HPB235	Φ 12@ 150	1 508(1 163)
	加强箍筋	HRB335	Φ 14@ 2 000	154

(3)整体稳定性验算。

整体稳定性验算简图如图 9-37 所示,计算方法采用瑞典条分法,条分法中的土条宽度为 0. 50 m,圆弧半径 R = 13. 463 m,圆心坐标 x=-2. 521 m,圆心坐标 y=7. 047 m。由于上部土体简化为荷载,可能使计算结果偏于安全。

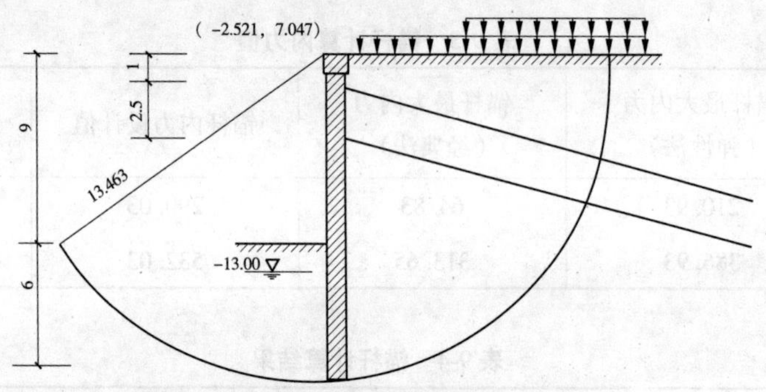

图 9-37　整体稳定性验算简图　(单位:m)

应力状态:总应力法。

整体稳定安全系数 K_s=1. 489。

(4)抗倾覆稳定性验算。

$$K_s = \frac{M_p}{M_a} \tag{9-22}$$

式中　M_p——被动土压力及支点力对桩底的弯矩, 对于内支撑,支点力由内支撑抗压力决定,对于锚杆或锚索,支点力为锚杆或锚索的锚固力和抗拉力的较小值;

M_a——主动土压力对桩底的弯矩。

最小安全系数 K_s= 1. 913。

(5)抗隆起验算。

采用 Prandtl(普朗德尔)(K_{wz}≥1. 1~1. 2)方法(参见第四章)。

$$K_{wz} = 11.130$$

采用 Terzaghi(太沙基)(K_{wz}≥1. 15~1. 25)方法(参见第四章)。

$$K_{wz} = 13.863$$

隆起量的计算如下(如果为负值,按 0 处理):

$$\delta = -\frac{875}{3} - \frac{1}{6}\left(\sum_{i=1}^{n}\gamma_i h_i + q\right) + 125\left(\frac{D}{H}\right)^{-0.5} + 6.37\gamma c^{-0.04}(\tan\varphi)^{-0.54} \tag{9-23}$$

式中　δ——基坑底面向上的位移，mm；

n——从基坑顶面到基坑底面处的土层层数；

γ_i——第 i 层土的重度，kN/m^3，地下水位以下取土的饱和重度；

h_i——第 i 层土的厚度，m；

q——基坑顶面的地面超载，kPa；

D——桩（墙）的嵌入长度，m；

H——基坑的开挖深度，m；

c——桩（墙）底面处土层的黏聚力，kPa；

φ——桩（墙）底面处土层的内摩擦角，（°）；

γ——桩（墙）顶面到底面处各土层的加权平均重度，kN/m^3。

计算结果：$\delta = 1$ mm。

（6）抗渗流稳定性验算。

$$1.5\gamma_0 h'\gamma_w \leqslant (h' + 2D)\gamma' \tag{9-24}$$

$$K = 2.768 \geqslant 1.5$$

（7）承压水验算（参见第四章）。

$$K_y = \frac{P_{cz}}{P_{wy}} \tag{9-25}$$

式中　P_{cz}——基坑开挖面以下至承压水层顶板间覆盖土的自重压力，kN/m^2；

P_{wy}——承压水层的水头压力，kN/m^2；

K_y——抗承压水头的稳定性安全系数，取 1.05。

$$K_y = 39.00/30.00 = 1.30$$

（六）主要实测结果

（1）基坑工程于 2006 年 8 月开始至 2007 年 8 月结束，从基坑开挖到回填土施工进行了全过程监测，监测点水平位移最大值为 22.4 mm。

（2）周围建筑物沉降量最大值为 19.55 mm，道路未发现裂缝，满足变形控制要求。

第十章　降排水设计与施工

第一节　概　述

基坑施工中,为避免产生流砂、管涌、坑底突涌,防止坑壁土体的坍塌,保证施工安全和减小基坑开挖对周围环境的影响,当基坑开挖深度内存在饱和软土层和含水层及坑底以下存在承压含水层时,需要选择合适的方法进行基坑降水与排水。降排水的主要作用如下:

(1)防止基坑底面与坡面渗水,保证坑底干燥,便于施工。

(2)增加边坡和坑底的稳定性,防止边坡或坑底的土层颗粒流失,防止流砂产生。

(3)减小被开挖土体含水量,便于机械挖土、土方外运、坑内施工作业。

(4)有效提高土体的抗剪强度与基坑稳定性。对于放坡开挖,可提高边坡稳定性。对于支护开挖,可增加被动区土抗力,减小主动区土体侧压力,从而提高支护体系的稳定性和强度保证,减小支护体系的变形。

(5)减小承压水头对基坑底板的顶托力,防止坑底突涌。

目前,常用的降排水方法和适用条件如表10-1所示。

表10-1　常用的降排水方法和适用条件

降水方法	降水深度(m)	渗透系数(cm/s)	适用地层
集水明排	<5	$1\times10^{-7}\sim2\times10^{-4}$	含薄层粉砂的粉质黏土,黏质粉土,砂质粉土,粉细砂
轻型井点	<6		
多级轻型井点	6~10		
喷射井点	8~20		
砂(砾)渗井	按下卧导水层性质确定	$>5\times10^{-7}$	
电渗井点	根据选定的井点确定	$<1\times10^{-7}$	黏土,淤泥质黏土,粉质黏土
管井(深井)	>6	$>1\times10^{-6}$	含薄层粉砂的粉质黏土,砂质粉土,各类砂土,砾砂,卵石

第二节　地下水的类型、性质及作用

一、地下水的类型与性质

地下水泛指一切存在于地表以下的水,其渗入和补给与邻近的江、河、湖、海有密切联系，受大气降水的影响，并随着季节变化。地下水根据埋藏条件可以分为包气带水、潜水和承压水（见表10-2）。包气带水位于地表最上部的包气带中，受气候影响很大。潜水和承压水储存于地下水位以下的饱水带中，是基坑开挖时工程降水的主要对象。其中，潜水是指位于饱水带中第一个具有自由表面的含水层中的水，是无压水。承压水是指充满于两个隔水层之间的含水层中的水，具有承压性。

表10-2　地下水的分类及特征

<table>
<tr><th colspan="2">基本类型</th><th>水头性质</th><th>主要种类</th><th>补给区域与分布区关系</th><th>动态特征</th><th>地下水面特征</th><th>说明</th></tr>
<tr><td colspan="2">包气带水</td><td>无压水</td><td>土壤水、上层滞水、多年冻土区中的融冻层水、沙漠及滨海沙丘中的水</td><td rowspan="2">补给区域与分布区一致</td><td>水压力小于大气压力，受气候影响大，有季节性缺水现象</td><td>随局部隔水层的起伏面变化</td><td>含水量不大，易受污染</td></tr>
<tr><td rowspan="2">饱水带水</td><td>潜水</td><td>无压水</td><td>冲积、洪积、坡积、湖积、冰碛层中的孔隙水，基岩裂隙与岩溶岩石裂隙溶洞中的层状或脉状水</td><td>水压力大于大气压力，水位、水温、水质等受当地气象条件影响很大，与地表水联系紧密</td><td>潜水面是自由水面，与地形一致</td><td>易受污染</td></tr>
<tr><td>承压水</td><td>承压水</td><td>构造盆地或向斜、单斜岩层中的层间水</td><td>补给区域与分布区一般不一致</td><td>水压力大于大气压力，性质稳定，承压力大小与该含水层补给区和排泄区的地势有关</td><td>承压水面是假想的平面，当含水层被揭露时才显现出来</td><td>不易受污染</td></tr>
</table>

根据渗透系数划分的岩土透水性等级列于表10-3中。

表10-3　岩土透水性等级

透水性等级	极强透水性	强透水性	中等透水性	弱透水性	微透水性	不透水性
渗透系数k(m/s)	$>10^{-2}$	$10^{-4}\sim10^{-2}$	$10^{-6}\sim10^{-4}$	$10^{-7}\sim10^{-6}$	$10^{-8}\sim10^{-7}$	$<10^{-8}$
土类	巨砾	砂砾、卵石	砂、砂砾	粉土、粉砂	黏土、粉土	黏土

二、地下水对基坑工程的作用

基坑开挖时，场地里的大量积水和地下水的渗流会影响工程施工；若坑底和坑壁长期处于地下水淹没的状态下，土体强度降低，则基坑的安全和稳定受到威胁。地下水在基坑工程施工过程中的危害主要表现为突涌、流砂和管涌等，往往发生在土壤颗粒细且含水量高的土层中，如粉土、粉砂等土层中。因此，基坑施工时经常采用基坑降水来降低地下水位，避免流砂和突涌，防止坑壁土体坍塌，保证施工安全和工程质量。

地下水对基坑工程的不良影响及基坑降水的作用列于表10-4中。

表 10-4　地下水对基坑工程的不良影响及基坑降水的作用

分类	地下水对基坑工程的不良影响	基坑降水的作用
静水压力对基坑的影响	静水压力作用增加了土体及支护结构的荷载,对其水位以下的岩石、土体、建筑物的基础等产生浮托力,不利于基坑支护的稳定	保持基坑内部干燥,方便施工;降低坑内土体含水量,提高土体强度;减小板桩和支撑上的压力;增加基坑结构抗浮稳定性
动水压力下的潜蚀、流砂和管涌	潜蚀会降低土体的强度,产生大幅地表沉降;流砂多是突发性的,影响工程安全;管涌使得细小颗粒被冲走,形成穿越地基的细管状渗流通道,会掏空地基	截住基坑坡面及基底的渗水;降低渗透的水力坡度,减小动水压力;提高边坡稳定性,防止滑坡,加固地基
承压水使基坑产生突涌	突涌会顶裂甚至冲毁基坑底板,破坏性极大	及时减小承压水水头;防止产生突涌、基底隆起与破坏,确保坑底稳定性

在黄土和岩溶等地区,渗透水流在较大的水力坡度下容易发生潜蚀。当土层的不均匀系数即 $d_{60}/d_{10}>10$ 时,易产生潜蚀;两种互相接触的土层,当两者的渗透系数之比 $k_1/k_2>2$时,易产生潜蚀;当水力坡度>5 时,水流呈紊流状态,即产生潜蚀。潜蚀的防治措施有加固土层(如灌浆)、人工降低地下水的水力坡度和设置反滤层等。

流砂是指土体中松散颗粒被地下水饱和后,由于水头差的存在,动水压力即会使这些松散颗粒产生悬浮流动的现象,如图 10-1 所示。克服流砂常采取如下措施:进行人工降水,使地下水位降至可能产生流砂的地层以下;设置截水帷幕(如板桩)或用冻结法来阻止或延长地下水的渗径等。

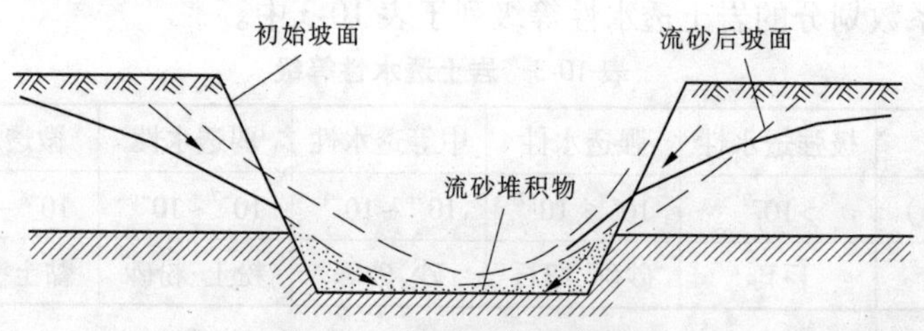

图 10-1　流砂破坏示意图

管涌是地基土在动水作用下形成细小的渗流通道,土颗粒不断流失而引起地基变形和失稳的现象,如图 10-2 所示。发生管涌的条件为:土中粗、细颗粒粒径比 $D/d>10$,土体的不均匀系数 $d_{60}/d_{10}>10$,两种互相接触的土层渗透系数之比 $k_1/k_2>2\sim3$,渗流梯度大于土体的临界梯度。防治管涌的措施有:增加基坑围护结构的入土深度以延长地下水的渗径,降低水力梯度;人工降低地下水位,改变地下渗流方向;在水流溢出处设置反滤层等。流砂和管涌的区别是:流砂发生在土体表面渗流逸出处,不发生于土体内部;管涌既可发生在渗流逸出处,也可发生于土体内部。

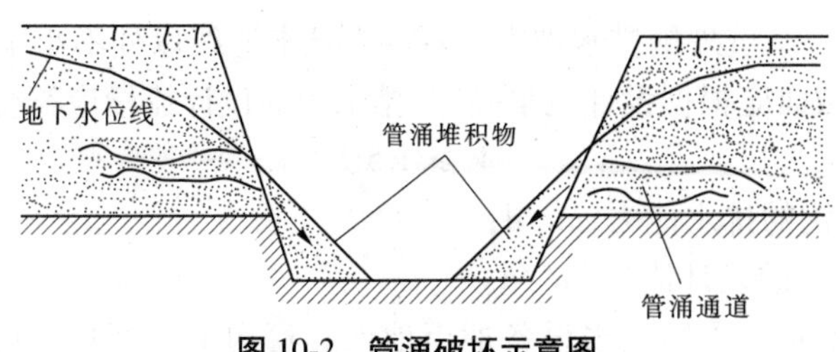

图 10-2　管涌破坏示意图

突涌是指当基坑底部存在承压水，开挖基坑时将减小含水层上覆不透水层的厚度，当它减小到临界值时，承压水的水头压力能顶裂或冲毁基坑底板的现象。其表现形式为：基坑顶裂，形成网状或树枝状裂缝，地下水从裂缝中涌出，并带出下部的土颗粒；基坑底部发生流砂，从而造成边坡失稳；基坑发生类似"沸腾"的喷水现象，使基坑积水，地基土扰动。

若基坑底部的不透水层较薄，且存在较大承压水头，则基坑底部可能会产生隆起破坏，引起墙体失稳。所以，在基坑设计和施工前必须查明承压水水头，验算基坑抗突涌的稳定安全系数，保证其至少为 1.1～1.3。若不满足稳定安全要求，可以采取以下措施：设置隔水挡墙隔断承压水层；用深井井点降低承压水头；因环境条件等不允许采用降水法时可进行坑底地基加固，如化学注浆法和高压旋喷法等。总之，要采取合理的堵水和降排水措施确保基坑工程安全。

第三节　集水明排设计与施工

一、集水明排的使用范围

(1)地下水类型一般为上层滞水，含水土层渗透能力较弱。

(2)一般为浅基坑，降水深度不大，基坑或涵洞地下水位超出基础底板或洞底标高不大于 2.0 m。

(3)排水场区附近没有地表水体直接补给。

(4)含水层土质密实，坑壁稳定(细粒土边坡不易被冲刷而塌方)，不会产生流砂、管涌等不良影响的地基土，否则应采取支护和防潜蚀措施。

二、集水明排方法

集水明排的技术要点如下：

(1)基坑内宜设置排水沟、集水井、盲沟等，以疏导基坑内明水。排水沟和集水井应沿基坑周边布置。多级放坡开挖时，可在分级平台上设置排水沟。排水沟、集水井尺寸应根据排水量确定。排水沟宽不应小于 0.3 m，沟底应比基坑开挖面低 0.3～0.4 m。集水井应根据水量设置，直径宜为 0.6～0.8 m，井距宜为 20～40 m，井底与沟底的差值不宜小于 0.5 m，开挖至坑底时集水井应比基坑底面低 1～2 m。集水井尽可能设置在基坑阴角附近。

(2)基坑周围地面应采取截水、封堵、导流等措施，防止地表水对基坑边坡产生冲刷与入渗后形成潜蚀。基坑外侧排水沟宜布置在基坑上边线以外不小于0.5 m。

(3)排水沟的截面应根据设计流量确定,排水沟的设计流量应符合下式要求:

$$V \geqslant 1.5Q \tag{10-1}$$

式中 V——排水沟的排水能力,m^3/d;

Q——排水沟的设计流量,m^3/d。

(4)集水井中的水应采用抽水设备抽至地面。盲沟中宜回填级配砾石作为滤水层。抽水设备应根据排水量大小及基坑深度确定,可设置多级抽水系统。当基坑侧壁出现渗水时,可设置导水管、导水沟等明排系统。

第四节 疏干降水设计

一、疏干降水概述

(一)疏干降水的对象、类型

疏干降水除有效降低开挖深度范围内的地下水位外,还必须有效降低被开挖土体的含水量,达到提高边坡稳定性、增加坑内土体的固结强度、便于机械挖土以及提供坑内干作业施工条件等诸多目的。疏干降水的对象一般包括基坑开挖深度范围内上层滞水、潜水。当开挖深度较大时,疏干降水涉及微承压与承压含水层上段的局部疏干降水。

当基坑周边设置了截水帷幕,隔断基坑内外含水层之间的地下水水力联系时,一般采用坑内疏干降水,其类型为封闭型疏干降水,如图10-3(a)所示。当基坑周边未设置截水帷幕、采用大放坡开挖时,一般采用坑内与坑外疏干降水,其类型为敞开型疏干降水,如图10-3(b)所示。当基坑周边截水帷幕深度不足,仅部分隔断基坑内外含水层之间的地下水水力联系时,一般采用坑内疏干降水,其类型为半封闭型疏干降水,如图10-3(c)所示。

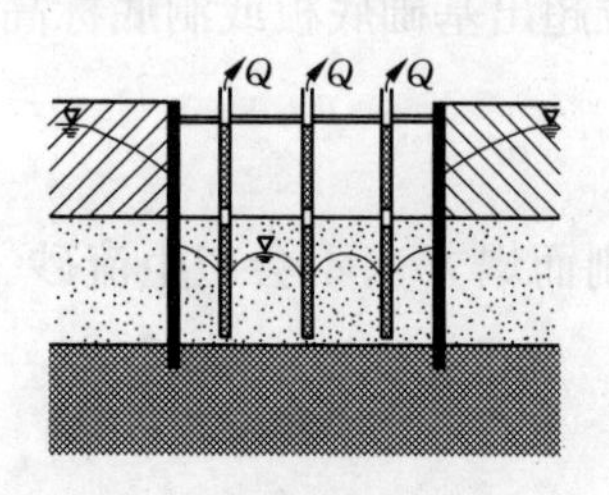

(a)封闭型疏干降水

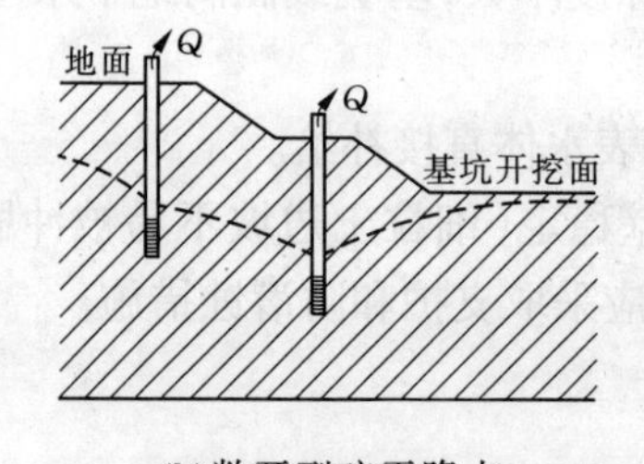

(b)敞开型疏干降水

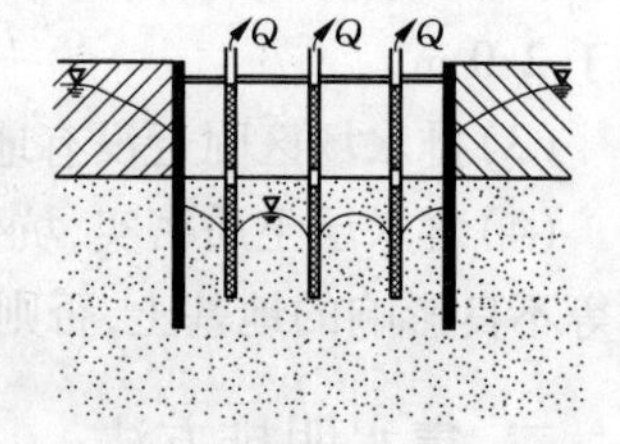

(c)半封闭型疏干降水

图10-3 疏干降水类型

(二)常用疏干降水方法

常用疏干降水方法一般包括轻型井点(含多级轻型井点)降水、喷射井点降水、电渗井点降水、管井降水(管材可采用钢管、混凝土管、PVC硬管等)、真空管井降水等方法。可根据工程场地的工程地质与水文地质条件以及基坑工程特点,选择针对性较强的疏干降水方法,以求获得较好的降水效果。

二、疏干降水设计

(一)基坑涌水量估算

对于封闭型疏干降水,基坑涌水量可按下述经验公式进行估算:

$$Q=\mu As \tag{10-2}$$

式中 Q——基坑涌水量(疏干降水排水总量),m^3;

μ——疏干含水层的给水度;

A——基坑开挖面积,m^2;

s——基坑开挖至设计深度时疏干含水层中的平均水位降深,m。

对于窄长形基坑(长宽比大于10)半封闭型或敞开型疏干降水,流向完整基坑的涌水量可按下式估算。

潜水含水层:

$$Q=\frac{kL(2H_0-s_0)s_0}{R}+\frac{1.366k(2H_0-s_0)s_0}{\lg R-\lg\left(\frac{B}{2}\right)} \tag{10-3}$$

承压含水层:

$$Q=\frac{2kMLs_0}{R}+\frac{2.73kMs_0}{\lg R-\lg\left(\frac{B}{2}\right)} \tag{10-4}$$

式中 k——渗透系数,m/d;

H_0——潜水含水层厚度,m;

L——基坑长度,m;

B——基坑宽度,m;

s_0——地下水位降深,m;

R——降水影响半径,m;

M——承压含水层厚度,m。

对于窄长形基坑(长宽比大于10)半封闭型或敞开型疏干降水,流向非完整基坑的涌水量可按完整基坑的涌水量予以折减的办法进行估算。

对于块状基坑(长宽比小于10)半封闭型或敞开型疏干降水,可将不同形状的基坑简化为圆形基坑,其涌水量可根据“大井法”按下列公式估算。

潜水完整井,如图10-4(a)所示:

$$Q=\pi k\frac{(2H_0-s_0)s_0}{\ln(1+\frac{R}{r_0})} \tag{10-5}$$

潜水非完整井,如图10-4(b)所示:

$$Q=\pi k\frac{H_0^2-h_m^2}{\ln(1+\frac{R}{r_0})+\frac{h_m-l}{l}\ln(1+0.2\frac{h_m}{r_0})} \tag{10-6}$$

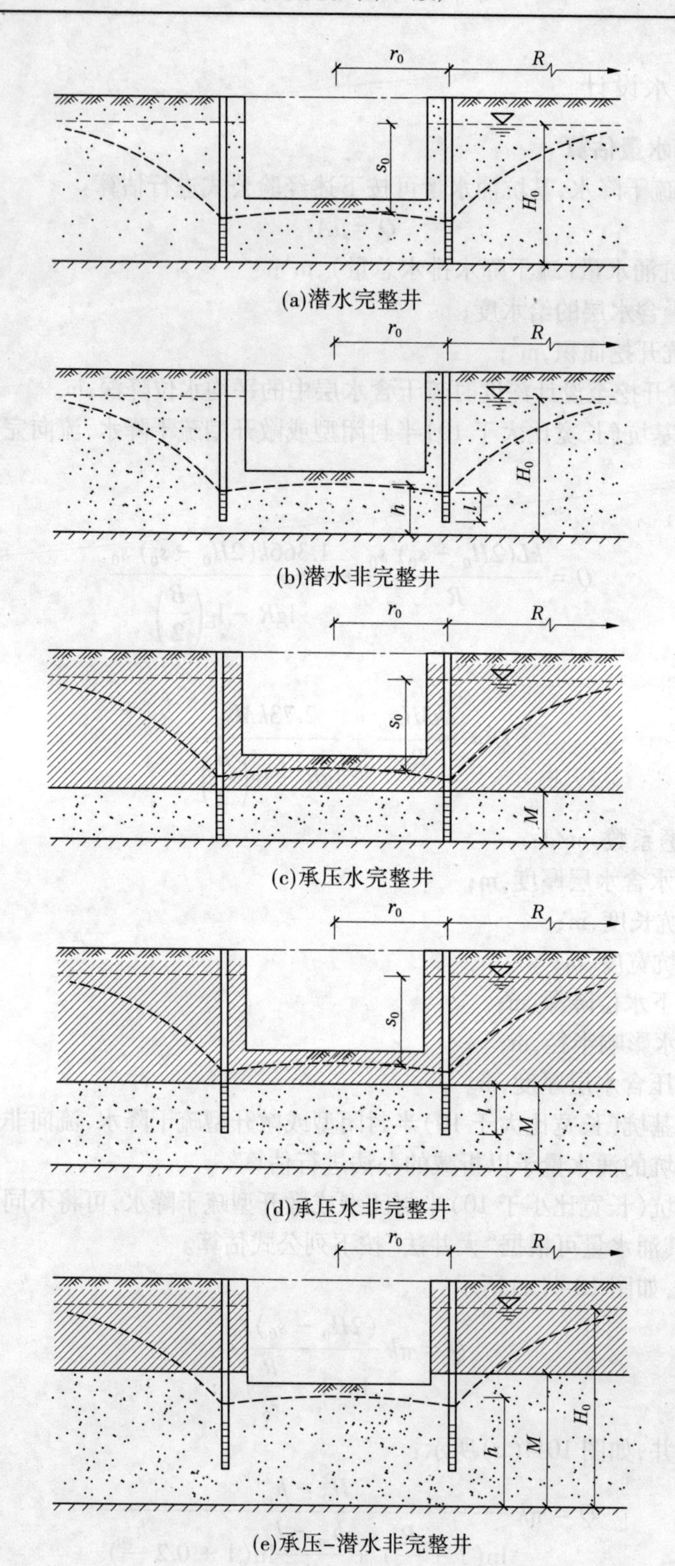

图 10-4　疏干降水基坑涌水量估算

$$h_m = \frac{H_0 + h}{2} \tag{10-7}$$

承压水完整井，如图 10-4(c)所示：

$$Q = 2\pi k \frac{M s_0}{\ln(1 + \frac{R}{r_0})} \tag{10-8}$$

承压水非完整井，如图 10-4(d)所示：

$$Q = 2\pi k \frac{M s_0}{\ln(1 + \frac{R}{r_0}) + \frac{M - l}{l}\ln(1 + 0.2\frac{M}{r_0})} \tag{10-9}$$

承压-潜水非完整井，如图 10-4(e)所示：

$$Q = \pi k \frac{(2H_0 - M)M - h^2}{\ln(1 + \frac{R}{r_0})} \tag{10-10}$$

式中　r_0——沿基坑周边均匀布置的降水井群所围面积等效圆的半径，m；

h——基坑动水位置的含水层底面的深度，m；

l——滤管有效工作部分的长度，m。

降水影响半径(R)宜通过试验确定。缺少试验时，可按下式计算并结合当地经验取值：

潜水含水层　$$R = 2s_w\sqrt{kH} \tag{10-11}$$

承压含水层　$$R = 10s_w\sqrt{k} \tag{10-12}$$

式中　s_w——井水位降深，m，当井水位降深小于 10 m 时，取 $s_w = 10$ m。

块状基坑简化为圆形基坑时，其等效半径可按下列方法计算。

对矩形基坑，等效半径 r_0 宜按下式计算：

$$r_0 = \eta \frac{L + B}{4} \tag{10-13}$$

式中　η——简化系数，当 $B/L \leqslant 0.3$ 时，取 1.14，当 $B/L > 0.3$ 时，取 1.16。

对于不规则近似圆形基坑，等效半径宜采用下列公式计算：

$$\frac{L}{B} > 2.5 \text{ 时} \qquad r_0 = \sqrt{\frac{F}{\pi}} \tag{10-14}$$

$$\frac{L}{B} \leqslant 2.5 \text{ 时} \qquad r_0 = \frac{L_c}{2\pi} \tag{10-15}$$

式中　F——基坑面积，m^2；

L_c——基坑周长，m。

对于不规则多边形基坑，可采用下式计算：

$$r_0 = \sqrt[n]{r_1 \cdot r_2 \cdots r_n} \tag{10-16}$$

式中　$r_1, r_2, \cdots, r_n$——多边形顶点至多边形中心点的距离，m。

(二)单井出水量确定

单井出水量可取用抽水试验的单井出水量,或采用下列方法进行估算:

潜水完整井:

$$q = 1.366k\frac{(2H_0 - s_0)\ s_0}{\lg R - \lg r_w} \tag{10-17}$$

承压水完整井:

$$q = 2.73\frac{kMs_0}{\lg R - \lg r_w} \tag{10-18}$$

潜水非完整井:

$$q = 1.366ks_0\left(\frac{l + s_0}{\lg R - \lg r_w} + \frac{l}{\lg\dfrac{0.66l}{r_w}}\right) \tag{10-19}$$

承压水非完整井($l > 5r_w$):

$$q = 2.73\frac{kls_0}{\lg\dfrac{1.6l}{r_w}} \tag{10-20}$$

式中　r_w——井半径,m;

q——单井允许涌水量,m^3/d;

l——过滤器工作长度,m,真空井点和喷射井点的过滤器长度不宜小于含水层厚度的1/3,管井过滤器长度宜与含水层厚度一致。

需要注意的是,计算确定的单井出水量应进行单井出水能力复核,降水井单井出水能力应大于上述公式计算的单井出水量,不满足时应增加井的数量、直径或深度。真空井点经验出水能力可取36~60 m^3/d,喷射井点经验出水量可按表10-5取值。

表10-5　喷射井点经验出水量

外管直径(mm)	喷射管		工作水压力(MPa)	工作水流量(m^3/d)	设计单井出水流量(m^3/d)	适用含水层渗透系数(m/d)
	喷嘴直径(mm)	混合室直径(mm)				
38	7	14	0.6~0.8	112.8~163.2	100.8~138.2	0.1~5.0
68	7	14	0.6~0.8	110.4~148.8	103.2~138.2	0.1~5.0
100	10	20	0.6~0.8	230.4	259.2~388.8	5.0~10.0
162	19	40	0.6~0.8	720	600~720	10.0~20.0

管井的单井出水能力可按下式计算:

$$q_0 = 120\pi r_s l\sqrt[3]{k} \tag{10-21}$$

式中　q_0——管井的单井出水能力,m^3/d;

r_s——过滤器半径,m。

(三)井点数确定

根据上述确定的基坑涌水量和单井出水量,井点数量与井点间距可按下列公式计算:

$$n = 1.1\frac{Q}{q} \tag{10-22}$$

$$a = \frac{L_1}{n} \tag{10-23}$$

式中　n——井点个数,个;

a——井点间距,m,a 应大于 $15d$(d 为井管直径);

L_1——基坑四周井点布置的总长度,m。

而且,降水设计应在满足降水深度的条件下,按下列方法对群井抽水时各井点出水量进行验算,并以此来复核井点数。

对于潜水完整井,应满足下式要求:

$$y_0 > 1.1\frac{Q}{n\psi} \tag{10-24}$$

$$y_0 = \sqrt{H^2 - \frac{0.732Q}{k}\left(\lg R_0 - \frac{1}{n}\lg n r^{n-1} r_w\right)} \tag{10-25}$$

$$\psi = \frac{q}{l} \tag{10-26}$$

$$R_0 = r_w + R \tag{10-27}$$

对于承压水完整井,可按下式计算:

$$y_0 = H' - \frac{0.366Q}{kM}\left(\lg R_0 - \frac{1}{n}\lg n r_0^{n-1} r_w\right) \tag{10-28}$$

式中　y_0——降水要求的单井井管进水部分长度,m;

ψ——管井进水段单位长度进水量,m^3/d;

R_0——井群中心至补给边界的距离,m;

r_0——圆周布井时各井至井群中心的距离,m;

H'——承压水头至该含水层底板的距离,m;

M——承压含水层厚度,m。

当过滤器工作部分长度小于含水层厚度的 2/3 时,应采用非完整井公式计算。若求出的 y_0、ψ 不满足上述要求,应调整井点数量和井点间距,再进行上述验算,直至满足后,再进行基坑降水深度验算。

(四)降水设计及构造

1.轻型井点降水

轻型井点设备主要由井点管(包括过滤器)、集水总管、抽水泵、真空泵等组成,如图 10-5 所示。

(1) 井点管。一般采用直径为 38~50 mm 的钢管制作,长度为 5.0~9.0 m,整根或分节组成。

(2)过滤器。采用与井点管相同规格的钢管制作,一般长度为 0.8~1.5 m。

(3)集水总管。采用内径为 100~127 mm 的钢管制作,长度为 50.0~80.0 m,分节组成,每节长度为 4.0~6.0 m。每个集水总管与 40~60 个井点管采用软管连接。

(4)抽水设备。主要由真空泵(或射流泵)、离心泵和集水箱组成。

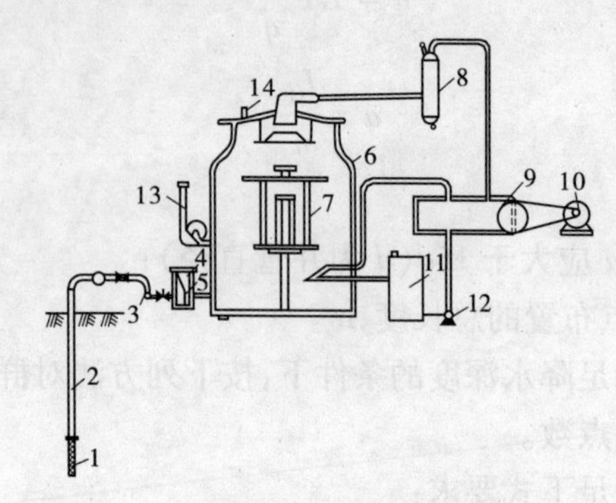

1—过滤器;2—井点管;3—集水总管;4—滤网;5—过滤室;
6—集水箱;7—浮筒;8—分水室;9—真空泵;10—电动机;
11—冷却水箱;12—冷却循环水泵;13—离心泵;14—真空计

图 10-5　轻型井点系统

轻型井点降水管的长度 L 可按下式计算:

$$L = D + h_w + s + l_w + \frac{1}{\alpha}r_q \tag{10-29}$$

式中　D——地面以上的井点管长度,m;

h_w——初始地下水位埋深,m;

l_w——滤水管长度,m;

r_q——井点管排距,m;

α——系数,单排井点 $\alpha=4$,双排或环形井点 $\alpha=10$。

2.喷射井点降水

喷射井点主要适用于渗透系数较小的含水层和降水深度较大(降幅 8~20 m)的降水工程。其主要优点是降水深度大,但由于需要双层井点管,喷射器设在井孔底部,有 2 根总管与各井点管相连,地面管网敷设复杂,工作效率低,成本高,管理困难。

1)喷射井点系统

喷射井点系统由高压水泵、供水总管、井点管、排水总管及循环水箱等组成,如图 10-5 所示。

2)喷射井点降水设计

喷射井点降水设计方法与轻型井点降水设计方法基本相同。当基坑面积较大时,井点采用环形布置;当基坑宽度小于 10 m 时,采用单排线形布置;当基坑宽度大于 10 m 时,做双排布置。喷射井管管间距一般为 3~5 m。当采用环形布置时,进出口(道路)处的井点间距可扩大为5~7 m。

3.管井降水

管井是一种抽汲地下水的地下构筑物,泛指抽汲地下水的大直径抽水井,供水管井与降水管井均简称为管井，但两者的设计标准、目的均不相同，为区别起见，降水工程中采用的管井宜采用全称“降水管井”。

管井降水系统一般由管井、抽水泵（一般采用潜水泵、深井泵、深井潜水泵或真空深井泵等）、泵管、排水总管、排水设施等组成。其中，管井由井孔、井管、过滤管、沉淀管、填砾层、止水封闭层等组成。

管井数量可按前述公式或地区经验确定。按经验估算时，在以黏性土为主的松散弱含水层中，如上海、天津地区的单井有效疏干降水面积一般为200~300 m^2，坑内疏干降水井总数约等于基坑开挖面积除以单井有效疏干降水面积；在以砂质粉土、粉砂等为主的疏干降水含水层中，考虑砂性土的易流动性以及触变液化等特性，管井间距宜适当减小，以加强抽排水力度、有效减小土体的含水量，便于机械挖土、土方外运，避免坑内流砂，提供坑内干作业施工条件等。尽管砂性土的渗透系数相对较大，水位下降较快，但含水量的有效降低标准高于黏性土层，重力水的释放需要较高要求的降排水条件（降水时间以及抽水强度等），该类土层中的单井有效疏干降水面积一般以120~180 m^2为宜。

管井深度与基坑开挖深度、场地水文地质条件、基坑围护结构的性质等密切相关。一般情况下，管井底部埋深应比基坑开挖深度大6.0 m。

4.真空管井降水

对于以低渗透性的黏性土为主的弱含水层中的疏干降水，一般可利用降水管井采用真空降水，目的在于提高土层中的水力梯度，促进重力水的释放。

在降水过程中，为保证疏干降水效果，一般要求真空管井内的真空度不小于65.0 kPa。

真空管井疏干降水设计与普通管井疏干降水的设计方法相同。

5.电渗井点降水

在渗透系数小于0.1 m/d的饱和黏土、粉质黏土中进行疏干降水，特别是淤泥和淤泥质黏土中的降水，使用单一的轻型井点或喷射井点降水，往往达不到预期降水的目的，为了提高降水效果，除利用井点系统的真空产生抽汲作用外，还可配合采用电渗法，在施加电势的条件下，利用黏土的电渗现象和电泳作用促使毛细水分子的流动，可以达到较好的降水效果。

1）电渗井点降水系统

所谓电渗井点，一般与轻型井点或喷射井点结合使用，即利用轻型井点或者喷射井点管本身作为阴极，以金属棒（钢筋、钢管、铝棒等）作为阳极，通入直流电（采用直流发电机或直流电焊机）后，带有负电荷的土粒即向阳极移动（即电泳作用），而带有正电荷的水则向阴极方向移动集中，产生电渗现象，如图10-6所示。在电渗与井点管内真空的双重作用下，强制黏土中的水由井点管快速排出，井点管连续抽水，从而使地下水位逐渐降低。

2）电渗井点降水设计

电渗现象是一个十分复杂的过程，在电渗井点降水设计与施工前，必须了解土层的渗透性和导电性，以期达到合理的降水设计和预期的降水效果。

（1）基坑涌水量计算与井点布置。

基坑涌水量的计算、井点布置与轻型井点降水和喷射井点降水相同。

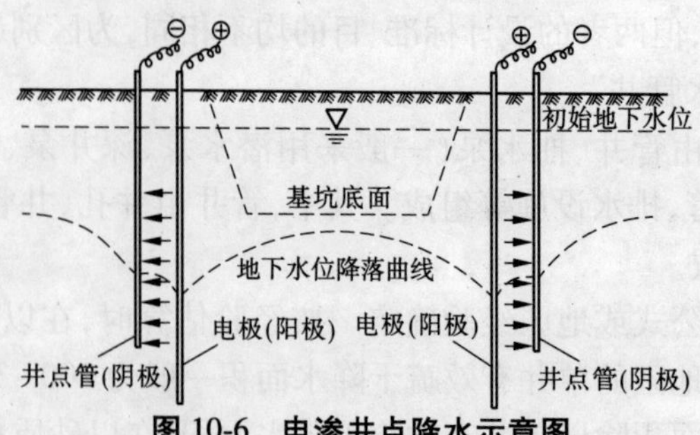

图 10-6 电渗井点降水示意图

(2)电极间距。

电极间距,即井点管(阴极)与电极(阳极)之间的距离,可按下式确定:

$$L=\frac{1\ 000V}{I\rho\varphi} \tag{10-30}$$

式中 L——井点管与电极之间的距离,m;

V——工作电压,一般为 40~110 V;

I——电极深度内被输干土体的单位面积上的电流,一般为 1~2 A/m^2;

ρ——土的比电阻,Ω · cm,宜根据实际土层测定;

φ——电极系数,一般为 2~3。

(3)电渗功率。

确定电渗功率常用的公式为:

$$N=\frac{VIF}{1\ 000},\quad F=L_0h \tag{10-31}$$

式中 N——电渗功率,kW;

F——电渗幕面积,m^2;

L_0——井点系统周长,m;

h——阳极深度,m。

第五节 承压水降水设计

在基坑工程施工中,必须十分重视承压水对基坑稳定性的重要影响。由于基坑突涌的发生是由承压水的高水头压力引起的,通过承压水减压降水降低承压水位(通常亦称为承压水头),达到降低承压水压力的目的,已成为最直接、最有效的承压水控制措施之一。在基坑工程施工前,应认真分析工程场地的承压水特性,制订有效的承压水降水设计方案。在基坑工程施工中,应采取有效的承压水降水措施,将承压水位严格控制在安全埋深以下。

一、承压水降水概念设计

所谓承压水降水概念设计,是指综合考虑基坑工程场区的工程地质与水文地质条件、基坑围护结构特征、周围环境的保护要求或变形限制条件等因素,提出合理、可行的承压水降水设计理念,便于后续的降水设计、施工与运行等工作。

在承压水降水概念设计阶段,需根据降水目的、含水层位置、含水层厚度、截水帷幕的深度、周围环境对工程降水的限制条件、施工方法、围护结构的特点、基坑面积、开挖深度、场地施工条件等一系列因素,综合考虑减压井群的平面布置、井结构以及井深等。

(一)坑内减压降水

对于坑内减压降水而言,不仅将减压降水井布置在基坑内部,而且必须保证减压井过滤器底端的深度不超过截水帷幕底端的深度,才是真正意义上的坑内减压降水。坑内井群抽水后,坑外的承压水需绕过截水帷幕的底端,绕流进入坑内,同时下部含水层中的水竖向经坑底流入基坑,在坑内承压水位降到安全埋深以下时,坑外的水位降深相对下降较小,从而减小因降水引起的地面变形。

如果仅将减压降水井布置在坑内,但降水井过滤器底端的深度超过截水帷幕底端的深度,伸入承压含水层下部,则抽出的大量地下水来自截水帷幕以下的水平径向流,不但使基坑外侧承压含水层的水位降深增大,降水引起的地面变形也增大,而且失去了坑内减压降水的意义,成为形式上的坑内减压降水。换言之,坑内减压降水必须合理设置减压井过滤器的位置,充分利用截水帷幕的挡水(屏蔽)功效,以较小的抽水流量,使基坑范围内的承压水头降低到设计标高以下,并尽量减小坑外的水头降深,减少因降水而引起的地面变形。

当满足以下条件之一时,应采用坑内减压降水方案:

(1)当截水帷幕部分插入减压降水承压含水层中,截水帷幕进入承压含水层顶板以下的长度 L 不小于承压含水层厚度的 1/2[见图 10-7(a)],或不小于 10.0 m[见图 10-7(b)],截水帷幕对基坑内外承压水渗流具有明显的阻隔效应。

(2)当截水帷幕进入承压含水层,并进入承压含水层底板以下的半隔水层或弱透水层中时,截水帷幕已完全阻断了基坑内外承压含水层之间的水力联系[见图 10-7(c)]。

如图 10-7 所示,截水帷幕底端均已进入需要进行减压降水的承压含水层顶板以下,并在承压含水层形成了有效隔水边界。由于截水帷幕进入承压含水层顶板以下长度的差异以及减压降水井结构的差异性,在群井抽水影响下形成的地下水渗流场形态也具有较大差别。地下水运动不再是平面流或以平面流为主的运动,而是形成三维地下水非稳定渗流场,渗流计算时应考虑含水层的各向异性,无法应用解析法求解,必须借助三维数值方法求解。

(二)坑外减压降水

对于坑外减压降水而言,不仅将减压降水井布置在基坑围护体外侧,而且要使减压井过滤器底端的深度不小于截水帷幕底端的深度,才能保证坑外减压降水效果。

如果坑外减压降水井过滤器埋深小于截水帷幕深度,则坑内地下水需绕过截水帷幕底端后才能进入坑外降水井内,抽出的地下水大部分来自坑外的水平径向流,导致坑内水位下降缓慢或降水失效,不但使基坑外侧承压含水层的水位降深增大,降水引起的地面变形也随之增大。换言之,坑外减压降水必须合理设置减压井过滤器的位置,降低截水帷幕

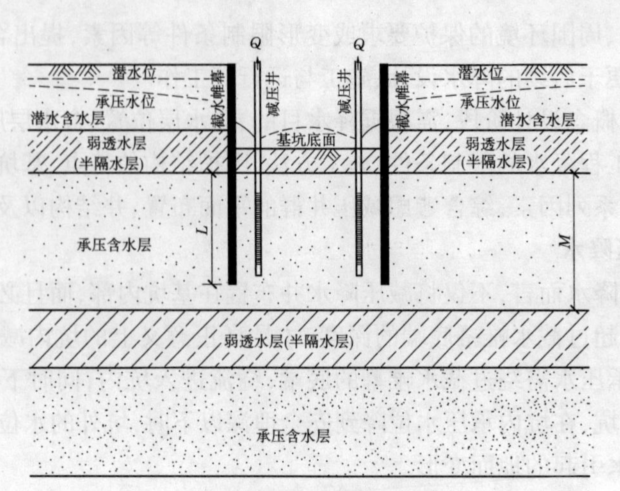

(a)坑内承压含水层半封闭

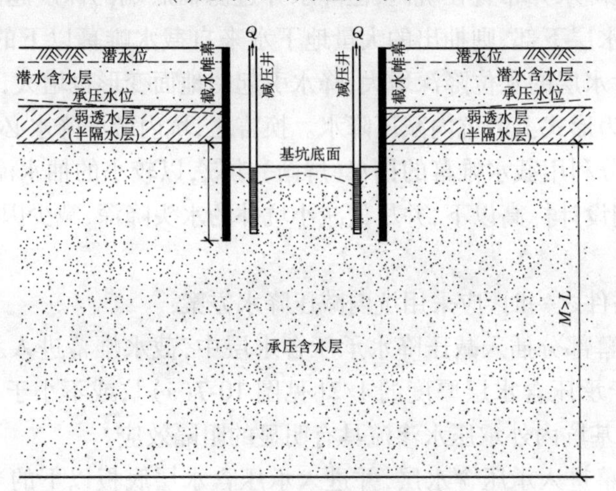

(b)悬挂式截水帷幕

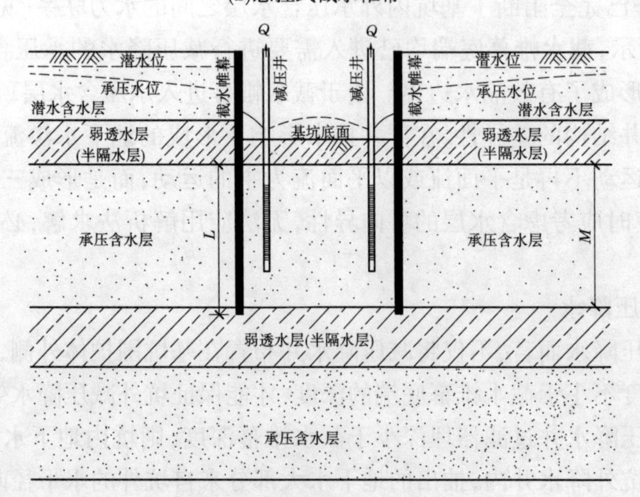

(c)坑内承压含水层全封闭

图 10-7 坑内减压降水结构示意图

的挡水(屏蔽)功效,以较小的抽水流量,使基坑范围内的承压水头降低到设计标高以下,尽量减小坑外水头降深与降水引起的地面变形。

当满足以下条件之一时,截水帷幕未在降水目的承压含水层中形成有效的隔水边界,宜优先选用坑外减压降水方案:

(1)当截水帷幕未进入下部降水目的承压含水层中[如图10-8(a)所示]。

(2)截水帷幕进入降水目的承压含水层顶板以下的长度 L 远小于承压含水层厚度,且不超过5.0 m[如图10-8(b)所示]。

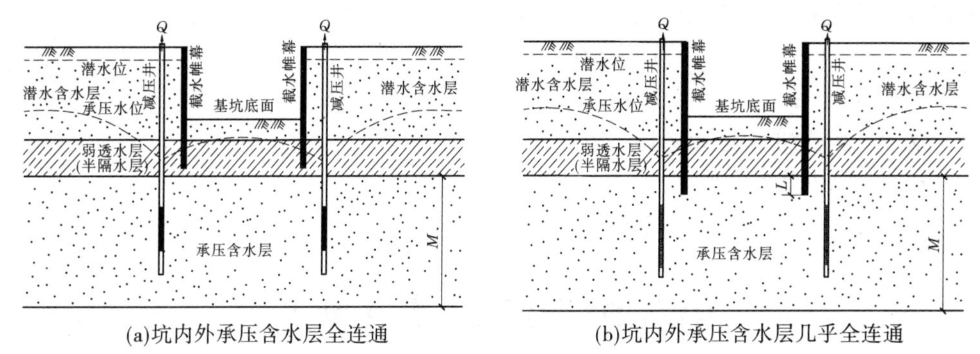

(a)坑内外承压含水层全连通　(b)坑内外承压含水层几乎全连通

图10-8　坑外降水结构示意图

如图10-8所示,截水帷幕底端未进入需要进行减压降水的承压含水层顶板以下或进入含水层中的长度有限,未在承压含水层形成人为的有效隔水边界。换言之,截水帷幕对减压降水引起的承压水渗流的影响极小,可以忽略不计。因此,可采用承压水井流理论的解析解公式,计算、预测承压水渗流场内任意点的水位降深,但其适用条件应与现场水文地质实际条件基本一致。

(三)坑内坑外联合减压降水

当现场客观条件不能完全满足前述关于坑内减压降水或坑外减压降水的选用条件时,可综合考虑现场施工条件、水文地质条件、截水帷幕特征以及基坑周围环境特征与保护要求等,选用合理的坑内坑外联合减压降水方案。

二、承压水降水设计与计算

(一)基坑内安全承压水位埋深

基坑内的安全承压水位埋深必须同时满足基坑底部抗渗流稳定与抗突涌稳定性要求,按下式计算:

$$D \geqslant H_0 - \frac{H_0 - h}{f_w} \cdot \frac{\gamma_s}{\gamma_w}, \cdots \begin{cases} h \leqslant H_d \\ H_0 - h > 1.50 \text{ m} \end{cases} \tag{10-32a}$$

或

$$D \geqslant h + 1.0 \quad (H_0 - h \leqslant 1.50 \text{ m}) \tag{10-32b}$$

式中　D——坑内安全承压水位埋深,m;

H_0——承压含水层顶板埋深的最小值,m;

h——基坑开挖面深度,m;

H_d——基坑开挖深度,m;

f_w——承压水分项安全系数,取值为1.05~1.2;

γ_s——坑底至承压含水层顶板之间土的天然重度的层厚加权平均值,kN/m³;

γ_w——地下水的重度,kN/m³。

(二)渗流解析法设计计算

在井点数量、井点间距(排列方式)、井点管埋深初步确定后,可根据下式预测基坑内抽水影响最小处的水位降深值s:

$$s=\frac{0.366Q}{kM}\left[\lg R-\frac{1}{n}\lg(x_1x_2\cdots x_n)\right] \tag{10-33}$$

式中 Q——基坑涌水量,m³/d;

n——管井总数,口;

$x_1,x_2,\cdots,x_n$——计算点到各管井中心的距离,m。

第六节 基坑降水井施工

一、轻型井点施工

轻型井点系统降低地下水位的过程如图10-9所示,即沿基坑周围以一定的间距埋入井点管(下端为滤管),在地面上用水平铺设的集水总管将各井点管连接起来,在一定位置设置真空泵和离心泵。当开动真空泵和离心泵时,地下水在真空吸力的作用下经滤管进入管井,然后经集水总管排出,从而降低水位。

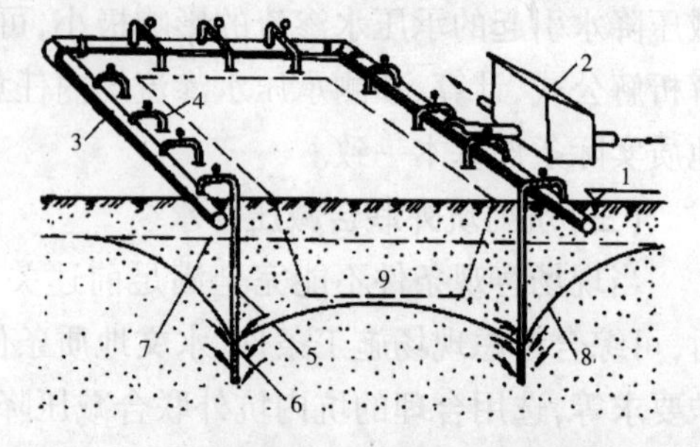

1—地面;2—水泵房;3—总管;4—弯联管;5—井点管;6—滤管;7—初始地下水位;8—水位降落曲线;9—基坑

图10-9 轻型井点降低地下水位全貌

(一)井点成孔施工

(1)水冲法成孔施工:利用高压水流冲开泥土,冲孔管依靠自重下沉。砂性土中冲孔所需水流压力为0.4~0.5 MPa,黏性土中冲孔所需水流压力为0.6~0.7 MPa。

(2)钻孔法成孔施工:适用于坚硬地层或井点紧靠建筑物,一般可采用长螺旋钻机进行成孔施工。

(3)成孔孔径一般为300 mm,不宜小于250 mm。成孔深度宜比滤水管底端埋深大0.5 m左右。

(二)井点管埋设

(1)水冲法成孔达到设计深度后,应尽快减小水压、拔出冲孔管,向孔内沉入井点管,并在井点管外壁与孔壁之间快速回填滤料(粗砂、砾砂)。

(2)钻孔法成孔达到设计深度后,向孔内沉入井点管,在井点管外壁与孔壁之间回填滤料(粗砂、砾砂)。

(3)回填滤料施工完成后,在距地表约1 m深度内,采用黏土封口捣实,以防止漏气。

(4)井点管埋设完毕后,采用弯联管(通常为塑料软管)分别将井点管连接到集水总管上。

二、喷射井点施工

(一)井点管埋设与使用

(1)喷射井点管埋设方法与轻型井点相同,为保证埋设质量,宜用套管法冲孔加水及压缩空气排泥,当套管内含泥量经测定小于5%时下井点管及灌砂,然后拔套管。对于深度大于10 m的喷射井点管,宜用吊车下管。下井点管时,水泵应先开始运转,以便每下好一根井点管,立即与总管接通(暂不与回水总管连接),然后及时进行单根井点试抽排泥,井点管内排出的泥浆从水沟排出。抽水时真空度应保持在55 kPa以上,且抽水不应间断。

(2)全部井点管埋设完毕后,将井点管与回水总管连接并进行全面试抽,然后使工作水循环,进行正式工作。各套进水总管均应用阀门隔开,各套回水管应分开。

(3)为防止喷射器损坏,安装前应对喷射井点管逐根冲洗,开泵压力不宜大于0.3 MPa,以后逐步加大开泵压力。如发现井点管周围有翻砂、冒水现象,则应立即关闭井点管进行检修。

(4)工作水应保持清洁,试抽2 d后应更换清水,此后视水质污浊程度定期更换清水,以减轻对喷嘴及水泵叶轮的磨损。

(二)施工注意事项

(1)利用喷射井点降低地下水位,扬水装置的质量十分重要。如果喷嘴的直径加工不精确,尺寸加大,则工作水流量需要增加,否则真空度将降低,影响抽水效果。如果喷嘴、混合室和扩散室的轴线不重合,不但降低真空度,而且由于水力冲刷导致磨损较快,需经常更换,影响降水运行的正常、顺利进行。

(2)工作水要干净,不得含泥沙及其他杂物,尤其在工作初期更应注意工作水的干净,因为此时抽出的地下水可能较为混浊,如不经过很好的沉淀即用作工作水,会使喷嘴、混合室等部位很快磨损。如扬水装置已磨损,则应及时更换。

(3)为防止产生工作水反灌现象,在滤管下端最好增设逆止球阀。当喷射井点正常工作时,芯管内产生真空,出现负压,钢球托起,地下水吸入真空室;当喷射井点发生故障时,真空消失,钢球被工作水推压,堵塞芯管端部小孔,使工作水在井管内部循环,不致涌出滤管产生倒涌现象。

(三)喷射井点的运转和保养

喷射井点比较复杂,在其运转期间常需进行监测,以便了解装置性能,进而确定因某些缺陷或措施不当时而采取的必要措施。在喷射井点运转期间,需注意以下方面:

(1)及时观测地下水位变化。

(2)测定井点抽水量,通过抽水量的变化,分析降水效果及降水过程中出现的问题。

(3)测定井点管真空度,检查井点工作是否正常。发生故障后常会出现以下现象:

①真空管内无真空,主要原因是井点芯管被泥沙填住,其次是异物堵住喷嘴。

②真空管内无真空,但井点抽水通畅,是由于真空管本身堵塞和地下水位高于喷射器。

③真空出现正压(即工作水流出),或井管周围翻砂,这表明工作水倒灌,应立即关闭阀门,进行维修。

常见的故障及其检查方法包括:

(1)喷嘴磨损和喷嘴夹板焊缝裂开。

(2)滤管、芯管堵塞。

(3)除测定真空度外,类同于轻型井点,可通过听、摸、看等方法来检查。

排除故障的方法包括:

(1)反冲法。遇有喷嘴堵塞及芯管、过滤器淤积,可通过内管反冲水疏通,但水冲时间不宜过长。

(2)提起内管,上下左右转动、观测真空度变化,真空度恢复则正常。

(3)反浆法。关住回水阀门,工作水通过滤管冲土,破坏原有滤层,停冲后,悬浮的滤砂层重新沉淀,若反复多次无效,应停止井点工作。

(4)更换喷嘴。将内管拔出,重新组装。

三、降水管井施工

(一)现场施工工艺流程

降水管井施工的整个工艺流程包括成孔工艺和成井工艺,具体又可以划分为以下过程:准备工作→钻机进场→定位安装→开孔→下护口管→钻进→终孔后冲孔换浆→下井管→稀释泥浆→填砂→止水封孔→洗井→下泵试抽→合理安排排水管路及电缆电路→试抽水→正式抽水→水位与流量记录。

(二)成孔工艺

成孔工艺也即管井钻进工艺,指管井井身施工所采取的技术方法、措施和施工工艺过程。管井钻进方法习惯上分为冲击钻进、回转钻进、潜孔锤钻进、反循环钻进、空气钻进等。选择降水管井钻进方法时,应根据钻进地层的岩性和钻进设备等因素进行选择,一般以卵石和漂石为主的地层,宜采用冲击钻进或潜孔锤钻进,其他第四系地层宜采用回转钻进。

钻进过程中为防止井壁坍塌、掉块、漏失以及钻进高压含水、气层时可能产生的喷涌等井壁失稳事故,需采取井孔护壁措施。可根据下列原则,采取护壁措施:

(1)保持井内液柱压力与地层侧压力(包括土压力和水压力)的平衡,是维系井壁稳定的基本方法。对于易坍塌地层,应注意经常维持和调整压力平衡关系。冲击钻进时,如果能保持井内水位比静止水位高3~5 m,可采用水压护壁。

(2)遇水不稳定地层,选用的冲洗介质类型和性能应能够避免水对地层的影响。

(3)当其他护壁措施无效时,可采用套管护壁。

(4)冲洗介质是钻进时用于挟带岩屑、清洗井底、冷却和润滑钻具及保护井壁的物质。常用的冲洗介质有清水、泥浆、空气、泡沫等。

(三)成井工艺

管井成井工艺是指成孔结束后,安装井内装置的施工工艺,包括探井、换浆、安装井管、填砾、止水、洗井、试验抽水等工序。这些工序完成的质量直接影响成井后井损失的大小、成井质量能否达到设计要求的各项指标。如成井质量差,可能引起井内大量出砂或井的出水量大大降低,甚至不出水。因此,严格控制成井工艺中的各道工序是保证成井质量的关键。

1.探井

探井是检查井深和井径的工序,目的是检查管井是否圆直,以保证井管顺利安装和滤料厚度均匀。探井工作采用探井器进行,探井器直径应大于井管直径,小于孔径 25 mm;其长度宜为 20~30 倍的孔径。在合格的井孔内任意深度处,探井器应均能灵活转动。如发现井身质量不符合要求,应立即进行修整。

2.换浆

成孔结束、经探井和修整井壁后,井内泥浆黏度很大并含有大量土屑,过滤管进水缝隙可能被堵塞,井管也可能沉不到预计深度,造成过滤管与含水层错位。因此,井管安装前应进行换浆。

换浆是以稀泥浆置换井内的稠泥浆的施工工序,不应加入清水,换浆的浓度应根据井壁的稳定情况和计划填入的滤料粒径大小确定,稀泥浆一般黏度为 16~18 s,密度为 1.05~1.10 g/cm^3。

3.安装井管

安装井管前需先进行配管,即根据井管结构设计进行配管,并检查井管的质量。井管沉设方法应根据管材强度、沉设深度和起重设备能力等因素选定,并宜符合下列要求:

(1)提吊下管法,宜用于井管自重(或浮重)小于井管允许抗拉力和起重的安全负荷。

(2)托盘(或浮板)下管法,宜用于井管自重(或浮重)超过井管允许抗拉力和起重的安全负荷。

(3)多级下管法,宜用于结构复杂和下置深度过大的井管。

4.填砾

填砾前的准备工作包括:

(1)井内泥浆稀释至密度小于 1.10 g/cm^3(高压含水层除外)。

(2)检查滤料的规格和数量。

(3)备齐测量填砾深度的测锤和测绳等工具。

(4)清理井口现场,加井口盖,挖好排水沟。

滤料的质量包括以下方面:

(1)滤料应按设计规格进行筛分,不符合规格的滤料不得超过 15%。

(2)滤料的磨圆度应较好,棱角状砾石含量不能过多,严禁以碎石作为滤料。

(3)不含泥土和杂物。

(4)宜用硅质砾石。

滤料的数量按下式计算:

$$V = 0.785(D^2 - d^2)L\alpha \tag{10-34}$$

式中 V——滤料数量,m^3;

D——填砾段井径,m;

d——过滤管外径,m;

L——填砾段长度,m;

α——超径系数,一般为1.2~1.5。

填砾的方法应根据井壁的稳定性、冲洗介质的类型和管井结构等因素确定。常用的方法包括静水填砾法、动水填砾法和抽水填砾法。

5.洗井

为防止泥皮硬化,下管填砾之后,应立即进行洗井。管井洗井方法较多,一般分为水泵洗井、活塞洗井、空压机洗井、化学洗井和二氧化碳洗井以及两种或两种以上洗井方法组合的联合洗井。洗井方法应根据含水层特性、管井结构及管井强度等因素选用,简述如下:

(1)松散含水层中的管井在井管强度允许时,宜采用活塞洗井和空压机联合洗井。

(2)泥浆护壁的管井,当井壁泥皮不易排除时,宜采用化学洗井与其他洗井方法联合洗井。

(3)碳酸盐岩类地区的管井宜采用液态二氧化碳配合六偏磷酸钠或盐酸联合洗井。

(4)碎屑岩、岩浆岩地区的管井宜采用活塞、空气压缩机或液态二氧化碳等方法联合洗井。

6.试抽水

管井施工阶段试抽水的主要目的是检验管井出水量的大小,确定管井设计出水量和设计动水位。试抽水类型为稳定流抽水试验,下降次数为1次,且抽水量不小于管井设计出水量;稳定抽水时间为6~8 h;试抽水稳定标准为:在抽水稳定的延续时间内井的出水量、动水位仅在一定范围内波动,没有持续上升或下降的趋势,即可认为抽水已经稳定。

抽水过程中需考虑自然水位变化和其他干扰因素的影响。试抽水前需测定井水含砂量。

7.管井竣工验收质量标准

管井施工完毕,在施工现场应对管井的质量进行逐井检查和验收。

管井验收结束后,均须填写"管井验收单",这是必不可少的验收文件,有关责任人应签字。根据降水管井的特点和我国各地降水管井施工的实际情况,参照我国《供水管井技术规范》(GB 50296—2014)关于供水管井竣工验收的质量标准规定,降水管井竣工验收质量标准主要有下述四个方面:

(1)管井出水量。实测管井在设计降深时的出水量应不小于管井设计出水量,当管井设计出水量超过抽水设备的能力时,按单位储水量检查。当具有位于同一水文地质单元并且管井结构基本相同的已建管井资料时,新建管井的单位出水量应与已建管井的单位出水量接近。

(2)井水含砂量。管井抽水稳定后,井水含砂量应不超过1/20 000~1/10 000(体积比)。

(3)井斜。实测井管斜度应不大于1°。

(4)井管内沉淀物。井管内沉淀物的高度应小于井深的5‰。

四、真空降水管井施工

真空降水管井施工方法与降水管井施工方法相同。真空降水管井施工尚应满足以下要求：

(1)宜采用真空泵抽气集水,深井泵或潜水泵排水。

(2)井管应严密封闭,并与真空泵吸气管相连。

(3)单井出水口与排水总管的连接管路中应设置单向阀。

(4)对于分段设置的滤管的真空降水管井,应对开挖后暴露的井管、滤管、填砾层等采取有效的封闭措施。

(5)井管内真空度不宜小于65 kPa,宜在井管与真空泵吸气管的连接位置处安装高灵敏度的真空压力表监测。

五、电渗井点施工

电渗井点埋设程序一般是先埋设轻型井点或喷射井点管,预留出布置电渗井点阳极的位置,待轻型井点降水不能满足降水要求时,再埋设电渗阳极,以改善降水性能。电渗井点(阴极)埋设与轻型井点、喷射井点埋设方法相同。阳极埋设可用75 mm旋叶式电钻钻孔埋设,钻进时加水和高压空气循环排泥,阳极就位后,利用下一钻孔排出泥浆倒灌填孔,使阳极与土接触良好,减小电阻,以利电渗。如深度不大,亦可用锤击法打入。钢筋埋设必须垂直,严禁与相邻阴极相碰,以免造成短路,损坏设备。电渗井点施工方法简述如下：

(1)阳极用Φ50~70的钢管或Φ20~25的钢筋或铝棒,埋设在井点管内侧,并呈平行交错排列。阴、阳极的数量宜相等,必要时阳极数量可多于阴极数量。

(2)井点管与金属棒,即阴、阳极之间的距离,当采用轻型井点时,为0.8~1.0 m;当采用喷射井点时,为1.2~1.5 m。阳极外露于地面的高度为200~400 mm,入土深度比井点管深500 mm,以保证水位能降到要求深度。

(3)阴、阳极分别用BX型铜芯橡皮线、扁钢、Φ10钢筋或电线连成通路,接到直流发电机或直流电焊机的相应电极上。

(4)通电时,工作电压不宜大于60 V。土中通电的电流密度宜为0.5~1.0 A/m^2。为避免大部分电流从土表面通过、降低电渗效果,通电前应清除井点管与金属棒间地面上的导电物质,使地面保持干燥,如涂一层沥青,绝缘效果更好。

(5)通电时,为消除由于电解作用产生的气体积聚于电极附近,使土体电阻增大、增加电能消耗,宜采用间隔通电法,每通电24 h,停电2~3 h。

(6)在降水过程中,应对电压、电流密度、耗电量及预设观测孔水位等进行量测、记录。

第七节　基坑降水对周边环境的影响

一、降水引起地面沉降的机制分析

土体一般由土体颗粒、孔隙水和气体三相组成。一般认为土体变形是由孔隙水排出，气体体积减小和土体骨架发生错动而造成的。饱和土中的孔隙水压缩量很小,孔隙体积变化主要是由孔隙水排出引起的;对于非饱和土,除孔隙水渗出外,还与饱和度有关。土体受载瞬时,孔隙水承担了总压力,随后因孔隙水体积逐渐减小,孔隙压力消散,有效应力增加。在有效应力作用下,土体骨架产生瞬时变形和蠕动变形。由加载引起的土体固结变形与抽水引起的土体渗透固结是不同的。前者的最终状态是孔隙水压力彻底消散和零速率流动,后者的最终状态是稳定流。两者的差异详见表 10-6。

表 10-6　超载固结与抽水渗透固结的差异

分类	超载固结	抽水渗透固结
受荷面积和应力	受荷面积小,应力随深度而减小	一般范围大,大规模降水影响区域可以达到上千米;应力变化区域往往伴随显著的沉降
受荷情况	荷载从施工开始渐增,后期基本不变	作用应力长时间内逐渐增加,往往变幅较大
变形机制	加荷瞬时,外载由孔隙水压力承担,逐渐转化为土体有效应力,产生沉降,该过程与固结仪中加荷情况相似	一般土层总应力不变;抽水引起的渗透压力使得土体应力变化,使隔水层中的孔压逐渐降低,有效应力增加,土体压密,导致地表沉降
沉降结果	加荷期间一般允许超静孔隙水压力消散至平衡,有效应力和固结度基本上可达最终值	因弱透水层压缩性较大,地表沉降的发展滞后于承压水水头的变化;地表沉降的影响范围应小于地下水水头下降的影响范围

因降水引起土层压密的问题需采用太沙基有效应力原理考虑。土体有效应力的增加产生两种力学效应:因地下水位波动而改变的土粒间浮托力和因承压水头改变引起的渗透压力。在弱透水层上方降水,造成浮托力降低,按该层上方边界不同,可能出现两种情况:

(1)浮托力消失一般出现于透水层上方为砂层和水所覆盖的情况下。浅层井点降水使得潜水位下降,引起地面沉降,浮托力消失。这是由于抽水降低了地下水位,使土由原来的浮重度改变为天然重度,抽水造成压缩层上部的孔隙压力降低,有效应力增加。

(2)长期基坑降水将形成地下水降落漏斗。抽取承压水使得含水层的孔隙水压力降低,有效应力增加,土体压密,导致基坑周边的地面沉降,对环境造成一定影响。地质条件、含水层水力联系、基坑截水帷幕插入含水层的位置、抽水时间、水头降深和抽水量等因素影响了沉降的范围、大小和速率。

二、降水引起地面沉降的计算方法

降水引起地面沉降的计算有简化计算方法、基于地基土储水系数的估算方法、基于经典弹性理论的计算方法、考虑含水层组参数变化的计算方法及有限元数值计算方法。下面简要介绍简化计算的相关方法。

对于黏性土层,沉降计算有如下方法:

(1)日本东京采用一维固结理论公式计算总沉降量及预测数年内的沉降值,其形式为

$$s = H_0 \frac{C_c}{1 + e_0} \lg \frac{P_0 + \Delta P}{P_0} \tag{10-35}$$

式中　s——包括主固结与次固结的总沉降量,m;

e_0——固结开始前土体的孔隙比;

C_c——土的压缩系数;

P_0——固结开始前垂直有效应力,kPa;

ΔP——直到固结完成时作用于土层的垂直有效应力增量,kPa;

H_0——固结开始前土层的厚度,m。

(2)上海用一维固结方程,以总应力法将在各水压力单独作用时所产生的变形量叠加,得到地表的最终沉降。参考试验数据和工程经验选择计算参数,并通过实测资料反复试算校正。主要步骤如下:

①分析沉降区的地层结构,按工程地质、水文地质条件分组,确定主要和次要沉降层。

②作出地下水位随时间变化的实测及预测曲线。

③依次计算每一地下水位差值下某土层最终沉降值 s_∞,m:

$$s_\infty = \sum_{i=1}^{n} \frac{a_{1-2}}{1 + e_0} \Delta P H \tag{10-36}$$

或

$$s_\infty = \frac{\Delta P}{E_{1-2}} H \tag{10-37}$$

式中　e_0——固结开始前土体的孔隙比;

H——计算土层厚度,m;

ΔP——由于水位变化而作用于土层上的应力增量,kPa;

a_{1-2}——压缩系数,当水位回升时取回弹系数 a_s,kPa^{-1};

E_{1-2}——水位下降时为体积压缩模量 $E_{1-2} = (1 + e_0)/a_{1-2}$,kPa,水位上升时取回弹模量 $E'_s = (1 + e_0)/a_s$。

④按选定时差计算每一水位差作用下的沉降量 s_t。

$$s_t = u_t s_\infty \tag{10-38}$$

式中　u_t——固结度,$u_t = f(T_v)$,对不同情况的应力,u_t 有不同的近似解答(参阅土力学

书籍中的相关内容)。

⑤将每一水位差作用下的沉降量叠加即为该时间段内总沉降量,作出沉降与时间曲线。

对于砂土层,一般透水性能良好,短时间内即可固结完成,无须考虑滞后效应,可用弹性变形公式计算。一维固结的计算公式为

$$s = \frac{\gamma_w \Delta h}{E_{1-2}} H_0 \tag{10-39}$$

式中　s——砂层的变形量,m;

γ_w——水的重度,kN/m^3;

Δh——水位变化值,m;

H_0——砂层的原始厚度,m;

E_{1-2}——砂层的压缩模量,kPa。

在降水期间,降水面以下的土层通常不可能产生较明显的固结沉降量,而降水面至原始地下水面的土层因排水条件好,将会在所增加的自重应力条件下很快产生沉降。通常降水引起的地面沉降以这一部分沉降量为主,因此可用下列简易方法估算降水所引起的沉降值:

$$s = \Delta P \Delta H / E_{1-2} \tag{10-40}$$

式中　ΔH——降水深度,为降水面和原始地下水面的深度差,m;

ΔP——降水产生的自重附加应力,kPa,$\Delta P = 0.5\gamma_w \Delta H$;

E_{1-2}——降水深度范围内土层的压缩模量,kPa,可查阅土工试验资料或地区规范。

三、减小与控制降水引起地面沉降的措施

基坑开挖过程中,因降水不当造成周边环境破坏的案例屡见不鲜,小则延误工期,增加造价;严重时可能引起重大伤亡事故。例如,上海市东湖商务楼工程,地处老城区,基坑紧邻某电影院,开挖施工时虽只在一边设井点管,并在影院旁增设回灌井,但由于井点降水效果差,回灌水量小且不理想,井点出水混浊带走大量黏粒,致使影院发生严重沉降,累计沉降量达 66 mm,砖砌墙体破损断裂,影院被迫停映进行加固修复,直接工程费 10 余万元,商务楼施工亦被迫停工,损失巨大。因此,有必要减小与控制降水引起的地面沉降量。

基坑降水导致基坑四周水位降低、土中孔隙水压力转移及消散,不仅打破了土体原有的力学平衡,有效应力增加,而且水位降落漏斗范围内水力梯度增加,以体积力形式作用在土体上的渗透力增大。二者共同作用的结果是坑周土体发生沉降变形。但在高水位地区开挖深基坑又离不开降水措施,因此一方面要保证开挖施工的顺利进行,另一方面又要防范对周围环境的不利影响,即采取相应的措施,减少降水对周围建筑物及地下管线造成的影响。

(一)在降水前认真做好对周围环境的调研工作

(1)查明场地的工程地质及水文地质条件,即拟建场地应有完整的地质勘探资料,包括地层分布,含水层、隔水层和透镜体情况,以及它们与水体的联系和水体水位变化情况,

各层土体的渗透系数、孔隙比和压缩系数等。

(2)查明地下贮水体,如周围的地下古河道、古水池之类的分布情况,防止出现井点和地下贮水体穿通的现象。

(3)查明上、下水管线,煤气管道,电话电缆,电信电缆,输电线等的分布和类型、埋设的年代和对差异沉降的承受能力,考虑是否需要预先采取加固措施等。

(4)查清周围地面和地下建筑物的情况,包括这些建筑物的基础形式,上部结构形式,在降水区中的位置和对差异沉降的承受能力。降水前要查清这些建筑物的历年沉降情况和目前损伤的程度,是否需要预先采取加固措施等。

(二)合理使用井点降水,尽可能减少对周围环境的影响

降水必然会形成降水漏斗,从而造成周围地面的沉降,但只要合理使用井点,可以把这类影响控制在周围环境可以承受的范围之内。

(1)首先在场地典型地区进行相应的群井抽水试验,进行降水及沉降预测。做到按需降水,严格控制水位降深。

(2)防范抽水带走土层中的细颗粒。在降水时要随时注意抽出的地下水是否有混浊现象。抽出的水中带走细颗粒不但会增加周围地面的沉降,而且会使井管堵塞、井点失效。为此,首先应根据周围土层的情况选用合适的滤网,同时应重视埋设井管时的成孔和回填砂滤料的质量。如上海地区,粉砂层大都呈水平向分布,成孔时应尽量减少搅动,过滤管设在砂性土层中。必要时可采用套管法成孔,回填砂滤料应认真按级配配制。

(3)适当放缓降水漏斗线的坡度。在同样的降水深度前提下,降水漏斗线的坡度越缓,影响范围越大,而所产生的不均匀沉降量就越小,因而降水影响区内的地下管线和建筑物受损伤的程度也越小。根据地质勘察报告,把滤管布置在水平向连续分布的砂性土中可获得较缓的降水漏斗曲线,从而减少对周围环境的影响。

(4)井点应连续运转,尽量避免间歇和反复抽水。轻型井点和喷射井点在原则上应埋在砂性土层内。对砂性土层,除松砂外,降水所引起的沉降量是很小的,然而倘若降水间歇和反复进行,现场和室内试验均表明每次降水都会产生沉降。每次降水的沉降量随着反复次数的增加而减少,逐渐趋向于零,但是总的沉降量可以累积到一个相当可观的程度。因此,应尽可能避免反复抽水。

(5)基坑开挖时应避免产生坑底流砂引起的坑周地面沉陷。如图10-10所示,在基坑底面下有一薄黏土层,其下又有相当厚度的粉砂层。若降水时井点仅设在基底以下,未穿入含水砂层,极易造成突涌现象。对于该种情况,需将降水井管穿入黏土层下面的含水砂层中,释放下卧粉砂层中的承压水头,以保证坑底稳定。

(6)如果降水现场周围有湖、河、浜导贮水体,则应考虑在井点与贮水体间设置截水帷幕,以防范井点与贮水体穿通,抽出大量地下水而水位不下降,反而带出许多土颗粒,甚至产生流砂现象,妨碍基坑工程的开挖施工。

(7)在建筑物和地下管线密集等对地面沉降控制有严格要求的地区开挖深基坑时,宜尽量采用坑内降水方法,即在围护结构内部设置井点,疏干坑内地下水,以利于开挖施工。同时,需利用支护体本身或另设截水帷幕切断坑外地下水的涌入。要求截水帷幕具有足够的入土深度,一般需较井点滤管下端深1.0 m以上。这样既不妨碍开挖施工,又可大大减少对周围环境的影响。

(三)降水场地外侧设置截水帷幕,减小降水影响范围

在降水场地外侧有条件的情况下设置一圈截水帷幕,切断降水漏斗曲线的外侧延伸部分,减小降水影响范围,将降水对周围的影响减小到最低程度,如图 10-11 所示。

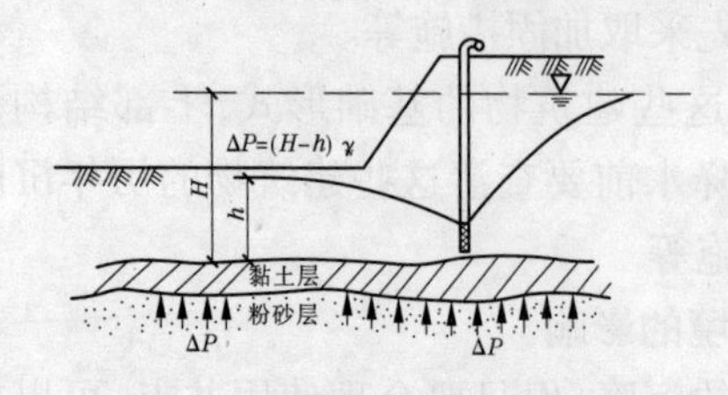

图 10-10　坑底下伏承压含水层引发坑底突涌

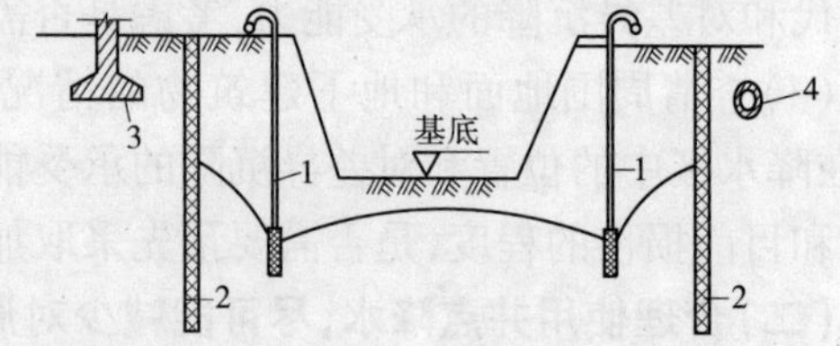

1—井点管;2—截水帷幕;3—坑外浅基础;4—地下管线

图 10-11　设置截水帷幕减小的不利影响

常用的截水帷幕包括深层水泥搅拌桩、砂浆防渗板桩、树根桩截水帷幕、钻孔咬合桩、钢板桩、地下连续墙等。

(四)降水场地外缘设置回灌水系统

降水对周围环境的不利影响主要是由漏斗形降水曲线引起周围建筑物和地下管线基础的不均匀沉降造成的,因此在降水场地外缘设置回灌水系统,保持需保护部位的地下水位,可消除降水所产生的危害。

回灌水系统包括回灌井点以及回灌砂沟、砂井等。

1.回灌井点

在降水井点和要保护的地区之间设置一排回灌井点,在利用降水井点降水的同时利用回灌井点向土层内灌入一定数量的水,形成一道水幕,从而减少降水以外区域的地下水流失,使其地下水位基本不变,达到保护环境的目的。

回灌井点的布置和管路设备等与抽水井点相似,仅增加回灌水箱、闸阀和水表等少量设备。抽水井点抽出的水通到储水箱,用低压送到注水总管,多余的水用沟管排出。另外,回灌井点的滤管长度应大于抽水井点的滤管,通常为 2~2.5 m,井管与井壁间回填中粗砂作为过滤层。

2.回灌砂沟、砂井

在降水井点与被保护区域之间设置砂沟、砂井作为回灌通道。将井点抽出来的水适时、适量地排入砂沟,再经砂井回灌到地下,从而保证被保护区域地下水位的基本稳定,达到保护环境的目的。实践证明其效果是良好的。

3.回灌管井

回灌管井的回灌方法主要有真空回灌和压力回灌两大类。后者又可分为常压回灌和高压回灌两种。不同的回灌方法的作用原理、适用条件、地表设施及操作方法均有所区别。

1)真空回灌法

真空回灌法的适用条件为:①地下水位较深(静水位埋深>10 m)、渗透性良好的含水层;②真空回灌对滤网的冲击力较小,适用于滤网结构耐压、耐冲击强度较差以及使用年限较长的老井;③对回灌量要求不大的井。

2)压力回灌法

常压回灌利用自来水的管网压力(0.1~0.2 MPa)产生水头差进行回灌。高压回灌在常压回灌装置的基础上,使用机械动力设备(如离心泵)加压,产生更大的水头差。

常压回灌利用自来水管网压力进行回灌,压力较小。高压回灌利用机械动力对回灌水源加压,压力可以自由控制,其大小可根据井的结构强度和回灌量而定。因此,压力回灌的适用范围很大,特别是对地下水位较高和透水较差的含水层来说,采用压力回灌的效果较好。由于压力回灌对滤水管网眼和含水层的冲击力较大,适用于滤网强度较大的深井。

3)回灌水质要求

如果回灌水量充足,但水质很差,回灌后容易使地下水遭受污染或使含水层发生堵塞。地下水回灌工作必须与环境保护工作密切相结合,在选择回灌水源时必须慎重考虑水源的水质。

回灌水源对水质的基本要求为:①回灌水源的水质要比原地下水的水质略好,最好达到饮用水的标准;②回灌水源回灌后不会引起区域性地下水的水质变坏和污染;③回灌水源中不含使井管和滤水管腐蚀的特殊离子及气体;④采用江河及工业排放水回灌,必须先进行净化和预处理,达到回灌水源水质标准后方可回灌。

第十一章　基坑变形估算与环境保护技术

第一节　概　　述

基坑工程的施工一般可分为三个阶段,即围护体的施工阶段、基坑开挖前的预降水阶段和基坑开挖阶段。围护体如地下连续墙及钻孔灌注桩等的施工会引起土体侧向应力的释放,进而引起周围的地层移动;基坑开挖前及基坑开挖期间的降水活动可能会引起地下水的渗流及土体的固结,从而也会引起基坑周围地层的沉降;基坑开挖时产生的不平衡力会引起围护结构的变形及墙后土层的变形。基坑施工引起的这些地层移动均会使得周边的建(构)筑物发生不同程度的附加变形,当附加变形过大时就会引起结构的开裂和破坏,从而影响周边建(构)筑物的正常使用,导致巨大的经济损失并产生恶劣的社会影响。近年来,基坑工程的环境条件日趋复杂,常常有由于基坑施工而引起建筑物或地下管线损坏的现象发生,而基坑支护结构并无破坏现象,因此基坑支护结构除满足强度要求外,还要满足基坑周边环境的变形控制要求,在软土地区后者往往占主导地位,即设计已由传统的强度控制转变为变形控制。对于复杂环境条件下的基坑工程,需全面掌握基坑周边环境的状况,确定周边环境的容许变形量,采用合理的分析方法分析基坑开挖可能对周边环境的影响,施工中对周边环境设置安全监测系统并进行全过程监控,必要时采取相关的措施实施对周边环境的保护。

基坑开挖一方面要保证基坑本身的安全与稳定;另一方面,城市区域往往建筑物密集、管线繁多、地铁车站密布、地铁区间隧道纵横交错,在这种复杂城市环境条件下的深基坑工程,尚需重点关注其实施对周边已有建(构)筑物及管线的影响。图11-1为城市基坑周边典型的环境条件。

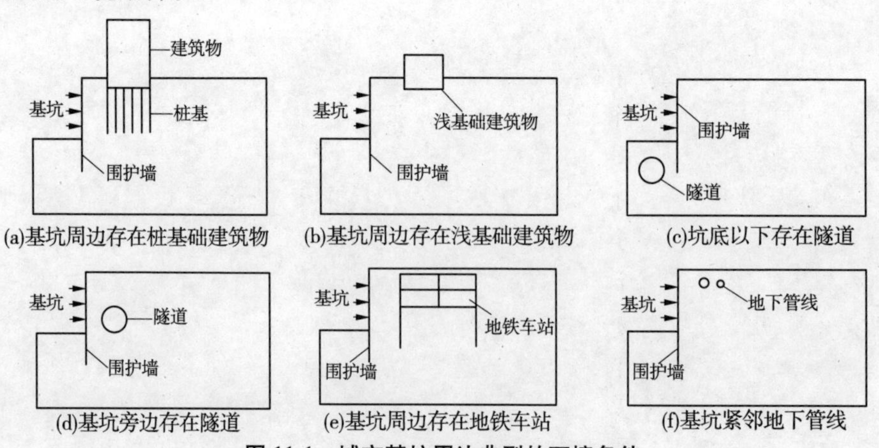

图11-1　城市基坑周边典型的环境条件

第二节　基坑变形规律

一、围护墙体变形

(一)墙体水平变形

基坑围护结构的变形形状与围护结构的形式、刚度、施工方法等都有着密切关系。Clough 和 O'Rourke(1990) 将内支撑和锚拉系统的开挖所引起的围护结构变形形式归为三类,第一类为悬臂式位移,第二类为抛物线形位移,第三类为上述两种形态的组合(见图 11-2)。

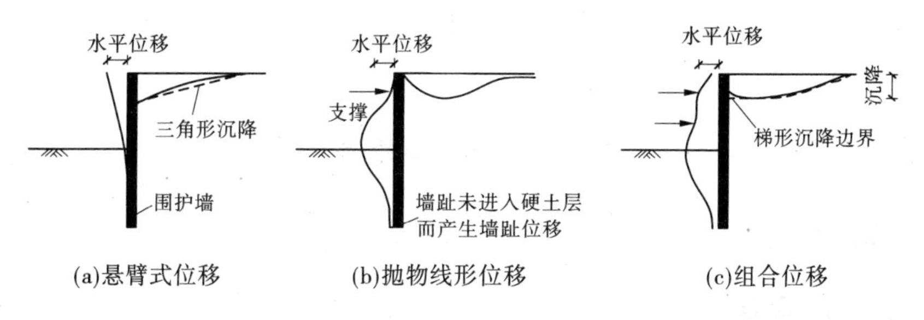

(a)悬臂式位移　(b)抛物线形位移　(c)组合位移

图 11-2　围护结构变形形态

当基坑开挖较浅,还未设支撑时,不论是刚性墙体(如水泥土搅拌桩墙、旋喷桩桩墙等)还是柔性墙体(如钢板桩、地下连续墙等),均表现为墙顶位移最大,向基坑方向水平位移,呈悬臂式位移分布。随着基坑开挖深度的增加,刚性墙体继续表现为向基坑内的三角形水平位移或平行刚体位移。而一般柔性墙如果设支撑,则表现为墙顶位移不变或逐渐向基坑外移动,墙体腹部向基坑内突出,即抛物线形位移。

理论上有多道内支撑体系的基坑,其墙体变形都应为第三类组合位移形式。但在实际工程中,深基坑的第一道支撑都接近地表,同时大多数的测斜数据都是在第一道支撑施工完成后才开始测量的,因此实测的测斜曲线的悬臂部分的位移较小,都接近于抛物线型位移。

对于墙趾进入硬土或风化岩层的围护结构,围护结构底部基本没有位移,而对于墙趾位于软土中的围护结构层,当插入深度较小时,墙趾出现较大变形,呈现出“踢脚”形态。

(二)墙体竖向变位

在实际工程中,墙体竖向变位量测往往被忽视,事实上基坑开挖土体自重应力的释放,致使墙体有所上升。但影响墙体竖向变形的因素较多,支撑、楼板的重量施加又会使墙体下沉。当围护墙底下因清孔不净有沉渣时,围护墙在开挖中会下沉,地面也下沉。因此,在实际工程中出现墙体的隆起和下沉都是有可能的。围护结构的不均匀下沉会产生较大的危害,实际工程中就出现过地下墙不均匀下沉造成冠梁拉裂等情况。而围护结构同立柱的差异沉降又会使内支撑偏心而产生次生应力,尤其是在逆作法施工当中,可能会使楼板和梁系产生裂缝,从而危及结构的安全。因此,应对墙体的竖向变形给予足够的重视。

二、坑底隆起变形

在开挖深度不大时,坑底为弹性隆起,其特征为坑底中部隆起最高[见图11-3(a)]。当开挖达到一定深度且基坑较宽时,出现塑性隆起,隆起量也逐渐由中部最大转变为两边大、中间小的形式[见图11-3(b)],但对于较窄的基坑或长条形基坑,仍是中间大、两边小的形式。

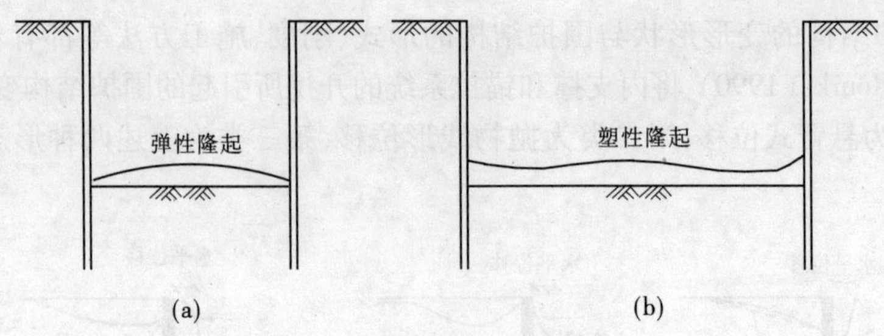

图11-3　基底的隆起变形

三、地表沉降

(一)地表沉降形态

根据工程实践经验,地表沉降两种典型的基本形态如图11-4所示。凹槽形沉降情况主要发生在围护结构有较大的入土深度或墙底入土在刚性较大的地层内,墙体的变位类同于梁的变位,此时地表沉降的最大值不是在墙旁,而是位于离墙一定距离的位置上。三角形沉降情况主要发生在悬臂开挖或围护结构变形较大的情况下。

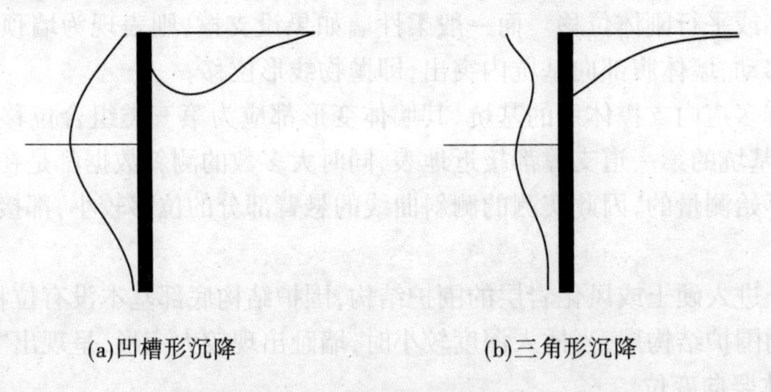

图11-4　地表沉降基本形态

对于凹槽形沉降,最大沉降位置位于墙后的距离根据统计一般为(0.4~0.7)H(H为基坑开挖深度)。

(二)地表沉降影响范围

地表沉降的影响范围取决于地层的性质、基坑开挖深度H、墙体入土深度、下卧软弱土层深度、基坑开挖深度以及开挖支撑施工方法等。沉降范围一般为(1~4)H。日本对于基坑开挖工程提出如图11-5所示的影响范围。

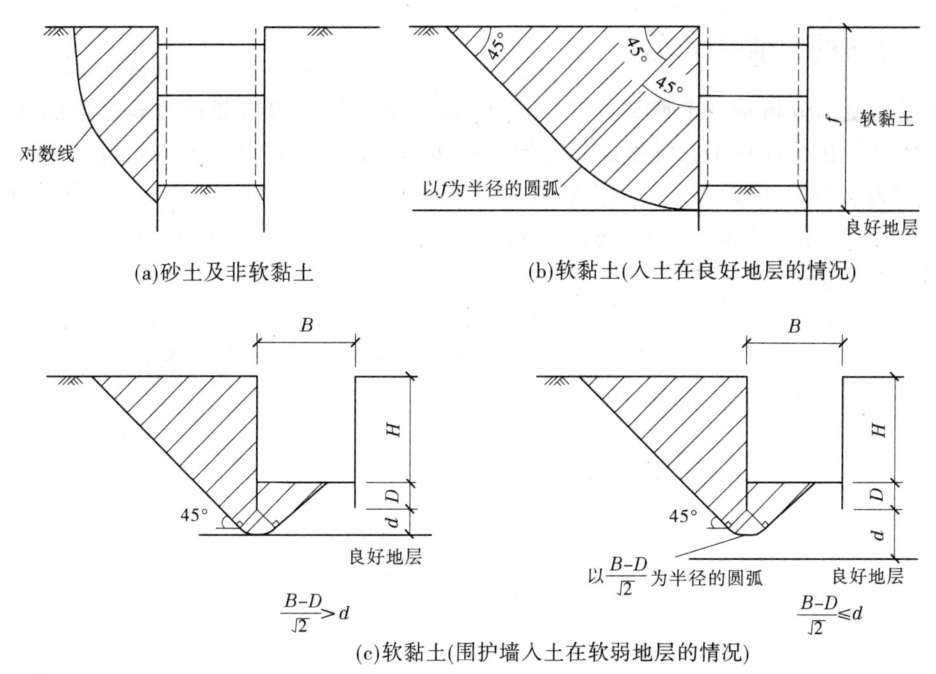

图 11-5　基坑工程开挖的影响范围

四、坑外土体位移场

对基坑实测位移场的研究发现，地下墙后土体水平位移分布模式主要可以分为两个区（见图 11-6）：一个是块体滑动区，该区水平边界距离地下墙约为 1/3 倍开挖深度，垂直边界约为地表下 1 倍挖深，该区内土体水平位移沿水平方向基本不变，呈现整体滑动的特性；另一个是线性递减区，该区水平边界距离地下墙约是 1 倍挖深，垂直边界约为 2 倍挖深，该区内土体水平位移沿水平方向线性递减到零。另外，地下墙后土体垂直位移分布模式大致也可以分为两个区：一为整体沉降区，开挖面以上至地表范围内土体的沉降值沿深度近似相等，各深度处沉降曲线近似等于地表沉降曲线；二为线性递减区，开挖面以下至 2 倍开挖深度处，土体沉降值随深度增加，逐渐线性减小为零。

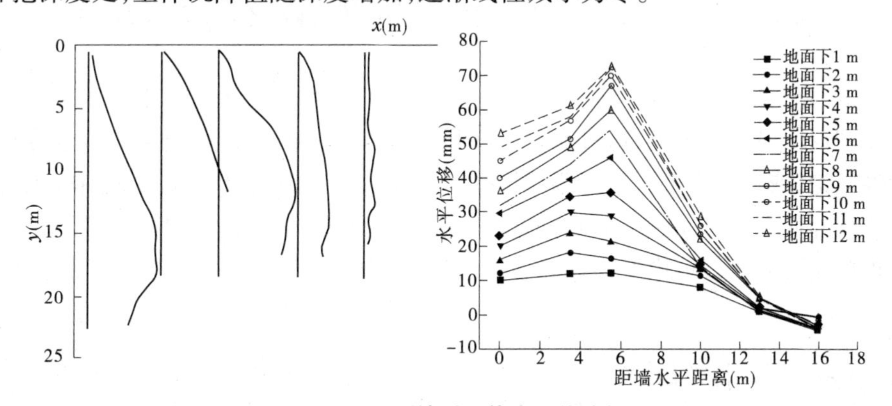

图 11-6　实测墙后土体水平位移场

五、基坑的三维空间效应

基坑的变形分析是一个典型的三维问题,特别是在基坑的角部有明显的角部效应。但是在实际分析中通常用二维平面来进行简化分析。对于长条形的地铁基坑,采用平面分析是较为准确的,但是对于一般形状的、角隅效应较为明显的基坑,基坑的三维变形效应则是不可忽略的。同时,基坑两侧地层纵向不均匀沉降对平行于基坑侧墙的建筑及地下管道线的安全影响至关重要。

同济大学对长条形基坑外地面的纵向沉降采用三维有限单元进行了初步的研究。分析发现,基坑长方向两端由于空间作用,对沉降有约束作用,呈现沉降量骤减的规律,如图 11-7 所示,离基坑越远,这种约束作用越小。

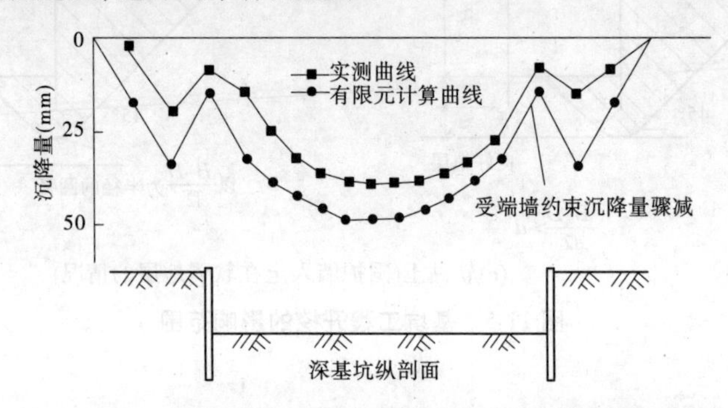

图 11-7　受端墙约束的坑侧地面纵向沉降量曲线

基坑的三维空间效应的特点可以归纳如下:

(1)基坑由于角隅效应,靠近基坑角部的变形 $\delta_{coner}/\delta_{center}$ 始终小于1.0。

(2)一般情况下,基坑的平面尺寸越小,基坑中部的变形受到角隅效应的影响越明显,变形越小。

(3)开挖深度越大,基坑的角隅效应越明显,即 $\delta_{coner}/\delta_{center}$ 的值越小,靠近基坑角部时位移衰减的幅度越大。

第三节　基坑变形计算的理论、经验方法

目前,计算基坑支护结构变形的方法一般采用以下两种:经验公式和数值计算。经验公式是在理论假设的基础上,通过对原型观测数据或数值模型计算结果的拟合分析得到半经验性结论,或者由大量原型观测数据提出经验公式。数值计算主要采用杆系有限单元法或连续介质有限单元法。前者可以较容易地得到围护结构的位移,后者通过应用不同的本构模型可以较好地模拟开挖卸载、支撑预应力等实际施工工艺。本节主要介绍经验估算方法。

一、围护结构水平位移

国内外的学者均对不同土层、工法、围护结构等条件下的基坑进行过变形统计,得到

了围护结构最大变形与开挖深度的关系(见表 11-1)。对于围护结构变形的粗略估算,可以查询表 11-1 中的系数,通过开挖深度来估算围护结构的变形。

表 11-1　基坑变形与开挖深度的关系统计

<table>
<tr><th>出处</th><th>地质条件</th><th colspan="2">施工工法/围护结构</th><th>$\delta_{hm}/H(\%)$</th><th>$\delta_{vm}/H(\%)$</th></tr>
<tr><td>Clough 和 O'Rourke(1990)</td><td>硬黏土、残积土和砂土</td><td colspan="2">板桩、排桩和地下连续墙</td><td>0.2</td><td>0.15</td></tr>
<tr><td rowspan="2">Wong(1997)</td><td>软土厚度(0.6~0.9)H,下卧风化岩石</td><td colspan="2" rowspan="2">排桩和地下连续墙</td><td><0.15</td><td><0.1</td></tr>
<tr><td>软土厚度<0.6H,下卧风化岩石</td><td><0.1</td><td><0.1</td></tr>
<tr><td rowspan="2">Leung(2007)</td><td>$N\leqslant 30$</td><td colspan="2" rowspan="2">地下连续墙,7 个逆作,2 个顺作</td><td>0.23</td><td>0.12</td></tr>
<tr><td>$N>30$</td><td>0.13</td><td>0.02</td></tr>
<tr><td rowspan="2">Yoo(2001)</td><td rowspan="2">软弱残积土厚度 0.48H,下卧风化岩石</td><td colspan="2">排桩、水泥土挡墙</td><td>0.13~0.15</td><td></td></tr>
<tr><td colspan="2">地下连续墙</td><td>0.05</td><td></td></tr>
<tr><td>Ou(1993)</td><td>粉质砂土与粉质黏土交互地层</td><td colspan="2">排桩和地下连续墙,8 个顺作,2 个逆作</td><td>$(0.2\sim0.5)H$</td><td>$(0.5\sim0.7)\delta_{hm}$</td></tr>
<tr><td rowspan="6">Long(2001)</td><td rowspan="4">软土厚度>0.6H,下卧中到硬土层</td><td rowspan="2">坑底位于硬土层</td><td>顺作</td><td>0.39</td><td>0.50</td></tr>
<tr><td>逆作</td><td></td><td></td></tr>
<tr><td rowspan="2">坑底位于软土层</td><td>顺作</td><td>0.84</td><td>0.80</td></tr>
<tr><td>逆作</td><td>0.60</td><td>0.79</td></tr>
<tr><td rowspan="2">软土厚度≤0.6H,下卧中到硬土层</td><td colspan="2">顺作法</td><td>0.18</td><td>0.12</td></tr>
<tr><td colspan="2">逆作法</td><td>0.16</td><td>0.20</td></tr>
<tr><td rowspan="4">Moormann</td><td>软黏土 $S_u\leqslant 75\ kN/m^2$</td><td colspan="2" rowspan="4">排桩、土钉、搅拌桩、连续墙围护</td><td>0.87</td><td>1.07</td></tr>
<tr><td>硬黏土 $S_u>75\ kN/m^2$</td><td>0.25</td><td>0.18</td></tr>
<tr><td>非黏性土</td><td>0.27</td><td>0.33</td></tr>
<tr><td>成层土</td><td>0.27</td><td>0.25</td></tr>
<tr><td rowspan="2">徐中华</td><td rowspan="2">上海地区软土</td><td rowspan="2">地下连续墙、排桩支护</td><td>顺作法</td><td>0.42</td><td>0.40</td></tr>
<tr><td>逆作法</td><td>0.25</td><td>0.24</td></tr>
</table>

注: H 为基坑开挖深度,N 为标贯击数,S_u 为黏土不排水强度,δ_{hm} 为围护结构水平位移,δ_{vm} 为围护结构竖向位移。

二、坑底隆起

基坑工程中土体的挖出与自重应力的释放,致使基底向上回弹。另外,基坑开挖后,墙体向基坑内变位,当基底面以下部分的墙体向基坑方向变位时,挤推墙前的土体,造成基底的隆起。

基底隆起量是判断基坑稳定性和将来建筑物沉降的重要因素之一。基底隆起量的大小除和基坑本身特点有关外,还和基坑内是否有桩、基底是否加固、基底土体的残余应力大小等密切相关。本节主要介绍日本规范中采用的方法,该方法较为简单,适用于快速估算。另外,还有模拟试验经验公式法和残余应力法等,其计算较为复杂,并且需要通过试验积累本地相关经验。

日本《建筑基础构造设计》中关于回弹量的计算公式如下:

$$R = \sum \frac{HC_s}{1+e} \lg \frac{P_N + \Delta P}{P_N} \tag{11-1}$$

式中 e——孔隙比;

C_s——膨胀系数(回弹指数);

P_N——原地层有效上覆荷重;

ΔP——挖去的荷重;

H——厚度。

在应用式(11-1)计算回弹量时,需对每一层土都进行计算,然后求和。每一层土的 H、C_s、e 都可能是不同的,ΔP 为所计算层挖去的那部分土重,P_N 也可能是每一层土都不同。

三、墙后地表沉降量

本节主要介绍几种经验方法预测墙后地表沉降量。

(一)Peck 法

1969 年 Peck 统计了挪威和奥斯陆等地采用钢板桩和钢管桩作为围护结构的基坑墙后地表沉降量数据,首次提出了预测墙后地表沉降量的经验方法(如图 11-8 所示)。其中横坐标为墙后某点距围护墙的距离与开挖深度的比值,纵坐标为墙后某点沉降量与开挖深度的比值。根据土层条件和施工状况,Peck 将图形分为三个区域。其中Ⅰ区地表沉降量最小(最大沉降量小于 $1\%H$),对应于砂土和硬黏土。Ⅱ区和Ⅲ区根据坑底以下软土的厚度及坑底抗隆起稳定系数而定,最大沉降量可达 $(1\% \sim 3\%)H$。Peck 的统计数据主要来源于早期采用柔性支护结构的基坑,不一定适合于连续墙、钻孔灌注桩等刚度较大的支护体系。

(二)Bowles 法

Bowles 提出了一种预估墙后地表沉降曲线的方法,如图 11-9 所示。该法先采用弹性地基梁法或杆系有限单元法得到围护墙的侧移曲线,并计算围护墙后土体侧移的面积 s,然后根据下式预估地表沉降量的影响范围 D:

$$D = (H + H_d)\tan(45° - \varphi/2) \tag{11-2}$$

式中 φ——土的内摩擦角;

H_d——计算参数,对于黏性土 $H_d = B$,对于非黏性土 $H_d = 0.5B\tan(45° + \varphi/2)$,其中 B 为基坑的开挖深度。

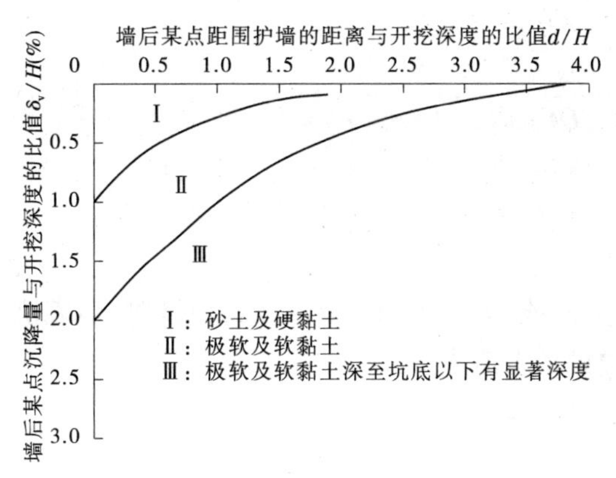

图 11-8　墙后地表沉降量分布(Peck)

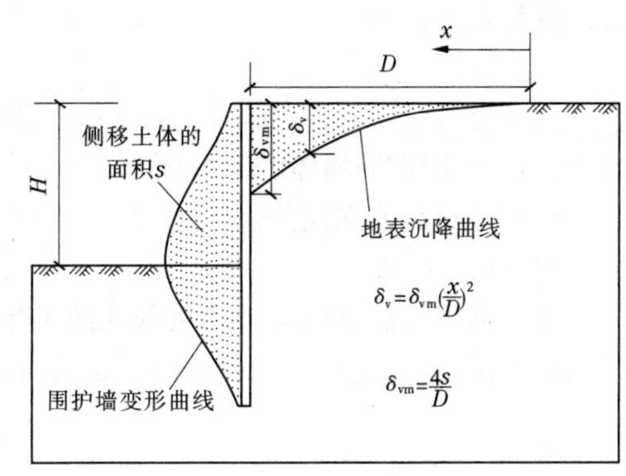

图 11-9　Bowles 法预估墙后地表沉降曲线

假设最大沉降量发生于围护墙处，根据下式估计最大地表沉降量：

$$\delta_{vm} = 4s/D \tag{11-3}$$

假设地表沉降量呈抛物线分布，则 x 处的地表沉降量 δ_v 可表示为：

$$\delta_v = \delta_{vm}\left(\frac{x}{D}\right)^2 \tag{11-4}$$

(三)其他经验方法

工程中常用的墙后地表沉降量计算方法有两种：一种是根据开挖深度和地层情况估算墙后最大地表沉降量，另一种是地层损失法计算地表沉降量。其中，地层损失法即是根据围护结构变形的包络面积来推算墙后的地表变形，计算时需假定地表沉降曲线的形式，不同沉降曲线形式的假定，形成了不同的地层损失法。

Peck 法就是第一种方法，而 Bowles 法本质上就是第二种方法，只不过 Bowles 认为墙后地表沉降曲线为一指数曲线。

除 Bowles 法外，在工程上常用的地层损失法还有如下三种：三角形法、指数曲线法和抛物线法，如图 11-10 所示。

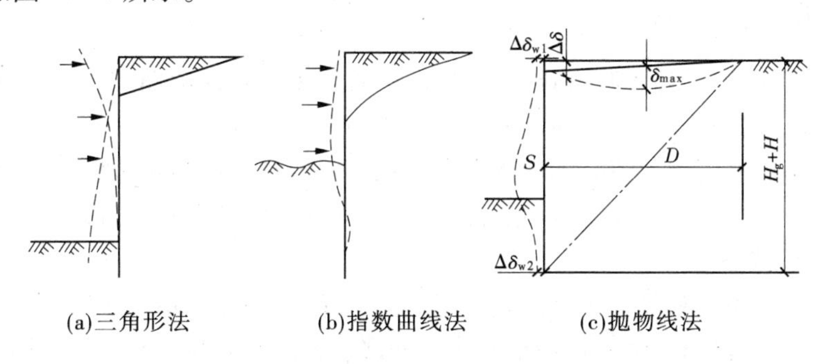

图 11-10　其他经验方法的计算模式

1.三角形法

三角形法假定墙后地表沉降曲线为三角形，如图 11-10(a)所示，这种沉降模式一般发生在围护墙位移较大的情况。地表沉降的影响范围可根据式(11-2)计算，其中，φ 为围护墙体所穿越土层的加权平均内摩擦角。根据沉降面积与墙体的侧移面积相等，可得地表沉降量最大值为：

$$\delta_{max}=\frac{2s}{D} \tag{11-5}$$

式中　s——围护墙墙体的侧移面积；

其他符号含义同前。

2.指数曲线法

指数曲线法假定墙后地表沉降曲线为指数曲线，如图 11-10(b)所示，计算时，地表沉降的影响范围可根据式(11-2)计算，地表沉降量最大值为：

$$\delta_{max}=\frac{3s}{D} \tag{11-6}$$

3.抛物线法

抛物线法假定墙后地表沉降曲线为抛物线，如图 11-10(c)所示，这种沉降模式一般发生在围护墙变形较小的情况下，其最大沉降量并不是发生在墙后，而是距墙体一定距离处。计算时，地表沉降量的影响范围可根据式(11-2)计算，地表最大沉降量为：

$$\delta_{max}=\frac{1.6s}{D}-0.3\Delta\delta \tag{11-7}$$

地表各点的沉降量为：

$$\delta(x)=4.0\delta_{max}\frac{x(D-x)}{D^2}+\Delta\delta\frac{D-x}{D} \tag{11-8}$$

$$\Delta\delta=\frac{1}{2}(\delta_{w1}+\delta_{w2}) \tag{11-9}$$

式中　x——沉降计算点距基坑边缘的距离；

δ_{w1}——围护墙体顶端位移；

δ_{w2}——围护墙体底端位移；

$\Delta\delta$——基坑边缘的沉降量。

四、周围地层位移

可以根据地层补偿原理，利用围护墙的变形曲线估算基坑周围地层的土体位移场。首先，修正围护墙的变形曲线，确定墙下土体扰动深度，如图 11-11 所示。将三角形 OBB' 部分引起的墙后地层移动用简单位移场来模拟，曲线 OAB 部分引起的墙后地层移动用考虑收缩系数的地层补偿法来模拟，综合以上两部分，得到墙后的地层移动。

(一)简单位移场

主动区的简单位移场即上述水平位移中的三角形部分 OBB' 可以看作是刚性墙绕 O 点的刚体转动，可以用简单位移场来描述这一部分侧向变形导致的墙后土体位移场。

设围护墙的三角形部分水平位移方程为 $S_1=f_1(y)$。基坑开挖的总影响深度为 $H_{总}=(1+\eta)H_0$，H_0 为挡墙长度。设墙顶最大侧移为 δ_{hc}，则墙后土体水平位移 $\delta_{h1}(x,y)$ 和垂直位移 $\delta_{v1}(x,y)$ 分别为：

$$\delta_{h1}(x,y)=\delta_{v1}(x,y)=f_1(x,y)=\delta_{hc}\left(1-\frac{\sqrt{x^2+y^2}}{H_{总}}\right) \tag{11-10}$$

墙后地表沉降量为：

$$\delta_{v1} = \delta_{hc}\left(1 - \frac{x}{H_{总}}\right) \tag{11-11}$$

（二）地层补偿法修正

地层补偿法认为：基坑开挖过程中，墙后土体体积保持不变，墙体发生水平位移所引起的土体体积损失等于地表沉降槽的体积，如图 11-12 所示。

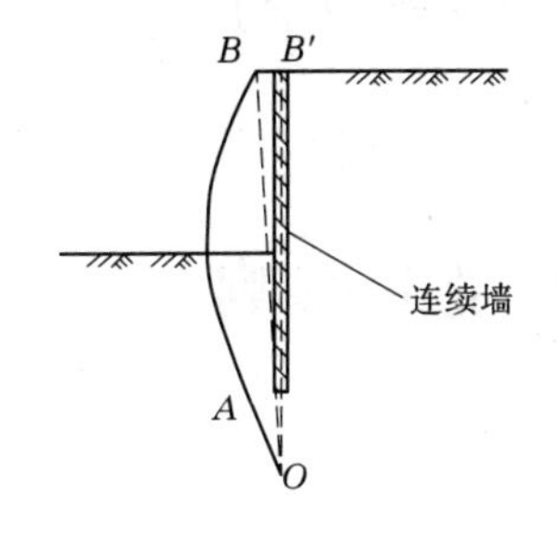

图 11-11　围护墙侧向变形的处理

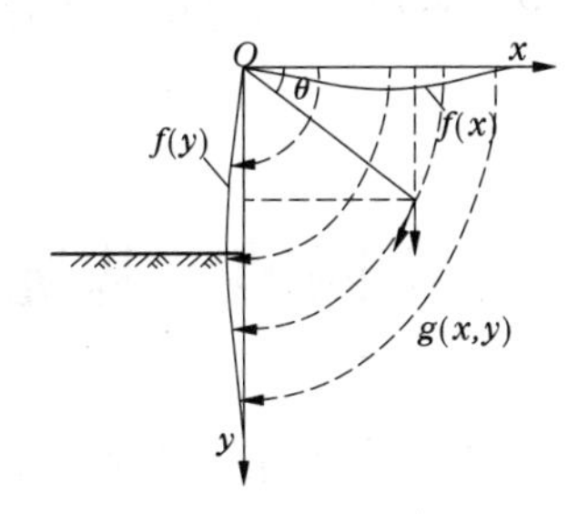

图 11-12　地层补偿法计算原理

假定墙后土体的滑移线为圆弧线，挡墙水平位移曲线部分 OAB 的方程为：$S_2 = f_2(y)$，则墙后土体中任意点 (x,y) 处的水平位移 $\delta_{h2}(x,y)$ 和垂直位移 $\delta_{v2}(x,y)$ 为：

$$\delta_{h2}(x,y) = f_2\left(\sqrt{x^2 + y^2}\right) \cdot \frac{y}{\sqrt{x^2 + y^2}} \tag{11-12}$$

$$\delta_{v2}(x,y) = f_2\left(\sqrt{x^2 + y^2}\right) \cdot \frac{x}{\sqrt{x^2 + y^2}} \tag{11-13}$$

李亚（1999）在水平方向引入收缩系数 α，使上述圆弧滑动法变成以 x 轴为短轴的椭圆滑动法。修正后墙后土体中任意点 (x,y) 处的水平位移 $\delta_{h2}(x,y)$ 和垂直位移 $\delta_{v2}(x,y)$ 为：

$$\delta_{h2}(x,y) = f_2\left(\sqrt{(\alpha x)^2 + y^2}\right) \cdot \frac{y}{\sqrt{(\alpha x)^2 + y^2}} \tag{11-14}$$

$$\delta_{v2}(x,y) = f_2\left(\sqrt{(\alpha x)^2 + y^2}\right) \cdot \frac{x}{\sqrt{(\alpha x)^2 + y^2}} \tag{11-15}$$

$$\alpha = \alpha_{max} - \frac{(\alpha_{max} - \alpha_{min})x}{(1 + \eta)H_0} \tag{11-16}$$

$$\alpha_{max} = 0.032\varphi + 0.41n + 1.3, \quad \alpha_{min} = 1.1 \sim 1.2$$

式中　η——开挖时墙趾下部土体影响深度系数；

x——计算点至基坑边的距离；

φ——围护墙后土体内摩擦角；

n——支撑合力深度系数，一般可取为 0.7。

（三）墙后地层位移场

综合上面的简单位移场及修正的地层补偿法，可以得到墙后地层位移场，墙后任一点的水平位移和垂直位移如下所示：

水平位移

$$\delta_{h}(x,y)=\delta_{h1}(x,y)+\delta_{h2}(x,y)=\delta_{hc}\left(1-\frac{\sqrt{x^{2}+y^{2}}}{H_{总}}\right)+f_{2}\left(\sqrt{(\alpha x)^{2}+y^{2}}\right)\cdot\frac{y}{\sqrt{(\alpha x)^{2}+y^{2}}} \tag{11-17}$$

垂直位移

$$\delta_{v}(x,y)=\delta_{v1}(x,y)+\delta_{v2}(x,y)=\delta_{hc}\left(1-\frac{\sqrt{x^{2}+y^{2}}}{H_{总}}\right)+f_{2}\left(\sqrt{(\alpha x)^{2}+y^{2}}\right)\cdot\frac{x}{\sqrt{(\alpha x)^{2}+y^{2}}} \tag{11-18}$$

第四节　基坑施工对周边环境的影响

一、围护施工引起的地表沉降与建筑物沉降

灌注桩或连续墙成槽施工时的应力状态变化较为复杂。正常施工状况下,在稳定的泥浆中成孔或成槽,会使得连续墙单元周围土体的应力状态由原来的 K_0 固结状态改变至稳定的液压平衡状态。由于稳定的泥浆液压与原先沟槽内的水土压力并不一致,并且液压通常较小,因此引起连续墙沟槽周围一定范围内土体的侧向总压力减小,土体应力重新分配,从而导致沟槽单元附近的土体发生侧向变形,进而导致地表沉降,当连续墙周围存在建(构)筑物时,将会导致建(构)筑物的沉降。当混凝土浇筑完成后,由于混凝土的重度大于泥浆的重度,单元内所形成的侧压力大于沟槽开挖时的稳定泥浆液压,使得原先沟槽开挖引起的侧向位移有回复的趋势,但此时地表沉降变化不大。

灌注桩和连续墙成槽施工引起的地表沉降已经引起工程界的关注,但由于开挖过程复杂,还没有成熟的估算方法,实际工程中多依赖当地经验,应该注意监测数据的积累。正因为如此,基坑监测工作应该在围护桩墙施工前就介入。

二、基坑开挖引起周边地表沉降与建筑物沉降的分析

经验方法是建立在大量基坑统计资料基础上的预估方法,该方法预测的是地表的沉降,并不考虑周围建(构)筑物存在的影响,可以用来间接评估基坑开挖可能对周围环境的影响。预测过程分为三个步骤:①预估基坑开挖引起的地表沉降曲线;②预估建筑物因基坑开挖引起的角变量;③判断建筑物的损坏程度。

(一)预估基坑开挖引起的地表沉降曲线

经验方法根据地表沉降与围护结构侧移的关系,预估地表的沉降曲线,其预估步骤如下(见图 11-13)。

1.预估围护结构的最大侧移 δ_{hm}

围护结构的最大侧移 δ_{hm} 可根据平面竖向弹性地基梁方法计算确定,也可根据大量各类围护结构的变形实测统计规律来估算。

2.根据最大地表沉降量与围护结构最大侧移的关系预估最大地表沉降量 δ_{vm}

在确定了围护结构最大侧移后,就可根据最大地表沉降量与围护结构最大侧移的关

系预估最大地表沉降量 δ_{vm}。

3.预估地表沉降曲线

方法参见本章第三节内容。

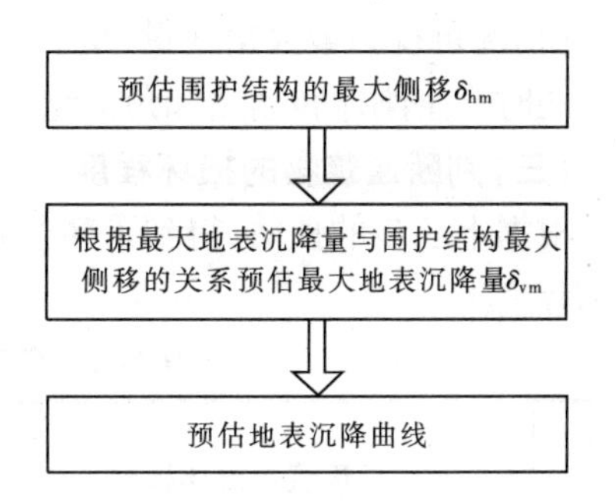

图 11-13　预估基坑开挖引起的地表沉降曲线步骤

(二)预估建筑物因基坑开挖引起的角变量

经验方法评估基坑开挖对周边建筑物的影响，是基于前面预测的地表沉降曲线，预估建筑物因基坑开挖而承受的角变量。

(1)工程界常用的分析方法，或者所采用的简化评估法，通常是在假设没有建筑物存在的情况下，来预测深基坑引致的地表沉降剖面，然而实际上建筑物是在深基坑施工前就存在的，因此预测的地表沉降剖面很可能和实际建筑物承受的沉降有差异。研究表明，用该方法评估建筑物承受的差异沉降会轻微偏守安全，在工程上可以接受。

(2)若建筑物沉降量已经可以准确地预估，接下来的问题是如何评估建筑物承受的角变量。如图 11-14 所示，当建筑物承受开挖引致的差异沉降量，结构体会产生旋转(倾斜)和扭曲变形(角变量)两种行为，其中角变量代表结构体扭曲变形，以适应所承受的差异沉降量。一般而言，刚体旋转并不会造成结构体本身受损，当然若旋转量过大，建筑物可能会倒塌。角变量过大，结构体便可能产生开裂，甚至影响结构安全。

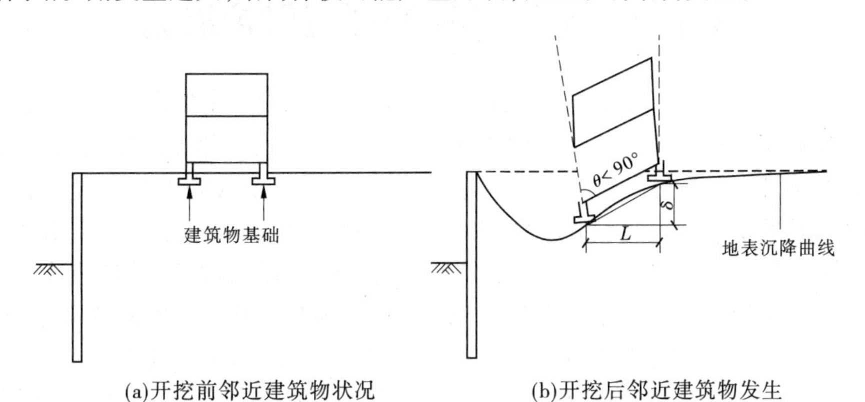

(a)开挖前邻近建筑物状况　(b)开挖后邻近建筑物发生倾斜和扭曲变形情况

图 11-14　土与结构相互作用下建筑物的变形行为

基坑开挖引致的地表沉降可能造成的建筑物刚体转动和角变量，可以用下式表示：

$$\Delta GS = \beta + \omega \tag{11-19}$$

式中　β——建筑物承受的角变量；

ω——建筑物刚体转动量；

ΔGS——地表沉降的转角，其计算方式如下：

$$\Delta GS = \delta / L \tag{11-20}$$

式中　δ、L——相邻基础的差异沉降量和距离。

假设建筑物是刚体，不会产生扭曲变形($\beta = 0$)，则差异沉降只会导致建筑物的刚体转动($\Delta GS \approx \omega$)；反之，若建筑物的刚性很小，则差异沉降将以角变量形式呈现($\Delta GS \approx$

β),此情况可视为最大角变量(β_m)。通常,一般的建筑物不会产生上述两个极端的情况,都会同时产生刚体转动量和角变量。

(三)判断建筑物的损坏程度

根据上一步的预估,得到了建筑物所承受的角变量β,就可根据表11-2评估建筑物的损坏程度。

表11-2 角变量与建筑物损坏程度的关系

角变量 β	建筑物损坏程度	角变量 β	建筑物损坏程度
1/750	对沉降敏感的机器的操作发生困难	1/250	刚性的高层建筑物开始有明显的倾斜
1/600	对具有斜撑的框架结构发生危险	1/150	间隔墙及砖墙有相当多的裂缝
1/500	对不容许裂缝发生的建筑的安全限度	1/150	可挠性砖墙的安全限度(墙体高宽比 $L/H>4$)
1/300	间隔墙开始发生裂缝	1/150	建筑物产生结构性破坏
1/300	吊车的操作发生困难		

第五节 基坑工程的环境保护措施

基坑工程是支护结构、降水及基坑开挖的系统工程,它对环境的影响主要分为如下三类:围护结构施工过程中产生的挤土效应或土体损失引起的相邻地面隆起或沉降;长时间、大幅度降低地下水位可能引起地面沉降,从而引起邻近建(构)筑物及地下管线的变形与开裂;基坑开挖时产生的不平衡力、软黏土发生蠕变和坑外水土流失而导致周围土体及围护墙向开挖区发生侧移、地面沉降及坑底隆起,从而引起邻近建(构)筑物及地下管线的侧移、沉降或倾斜。基坑工程的支护结构施工、降水以及基坑开挖是影响周边环境的"源头",因此保护基坑周边的环境应首先从"源头"上采取措施减小基坑的变形,从而减小基坑工程施工对周边环境的影响;其次,可从基坑变形的传播途径上采取措施,切断或减小土体变形对周边环境的影响;最后,可从提高基坑周边环境的抵抗变形能力方面采取措施,减小建(构)筑物、地下管线或设施的变形。

一、从引起变形的"源头"上采取措施减小基坑的变形

(一)围护墙施工方面的措施

围护墙的施工可能会涉及打桩、钻孔、槽段开挖及水泥土搅拌,打桩会引起振动及挤土效应,钻孔或槽段开挖导致土体中的应力释放而引起周围土体变形,水泥土搅拌则可能产生挤土效应。因此,围护墙施工时,必须考虑其施工阶段可能对周围环境产生的不利影响,并根据监测情况及时调整施工方法和施工工艺,以保护邻近建(构)筑物、地下管线及设施不受损害。针对不同围护墙的施工,可分别采取如下措施:

(1)板桩(钢筋混凝土板桩或钢板桩)施工时,应采用适当的工艺和方法减小沉桩时的挤土、振动影响;板桩拔出时可采取边拔边注浆的措施控制由于土体损失而引起邻近建(构)筑物、地下管线及设施下沉的不利影响。

(2)钻孔灌注桩施工中可采取套打、提高泥浆比重、采用优质泥浆护壁、适当提高泥浆液面高度等措施提高灌注桩成孔质量、控制孔壁坍塌、减小孔周土体变形。

(3)粉土或砂土地基中地下连续墙施工前可采取槽壁预加固、降水、调整泥浆配比、适当提高泥浆液面高度等措施;同时可适当缩短地下连续墙单幅槽段宽度,以减小槽壁坍塌的可能性,并加快单幅槽段施工速度。

(4)搅拌桩施工过程中应通过控制施工速度、优化施工流程来减少由于搅拌桩挤土效应对周围环境的影响。

(二)基坑降水方面的措施

(1)在降水系统的布置和施工方面,应考虑尽量减小保护对象下地下水位变化的幅度。井点降水系统宜远离保护对象,当相距较远时,应采取适当布置方式减小降水深度。

(2)降水井施工时,应避免采用可能危害邻近设施的施工方法,如在相邻基础旁用水冲法埋设井点等。

(3)设置截水帷幕,以隔断降水系统降水对邻近设施的影响。坑内预降水实施过程中可结合坑外设置水位观测井,以检验截水帷幕的封闭可靠性。

(4)当基坑底层有承压水并经验算抗承压水稳定性不满足要求时,可视具体情况采取截水帷幕隔断承压水、水平封底加固隔渗以及降压等措施。基坑工程开挖之前宜针对承压水进行群井抽水试验,以确定降压施工参数以及评价降压对周围环境的影响程度。

(5)降水运行过程中随开挖深度逐步降低承压水头,以控制承压水头与上覆土压力满足开挖基坑稳定性要求为原则确定抽水量,不宜过量抽取承压水,以减小承压水对邻近环境的影响。必要时可设置回灌水系统以保持邻近设施下的地下水位。

(三)基坑开挖方面的措施

(1)基坑工程开挖方法、支撑和拆撑顺序应与设计工况相一致,并遵循"先撑后挖、及时支撑、分层开挖、严禁超挖"的原则。

(2)应根据基坑周边的环境条件、支撑形式和场内条件等因素,合理确定基坑开挖的分区及顺序。一般宜先设置对撑,且宜先开挖周边环境保护要求较低的一侧的土方,然后采用抽条对称开挖、限时完成支撑或垫层的方式开挖环境保护要求高的一侧的土方。

(3)对面积较大的基坑,土方宜采用分区、对称开挖和分区安装支撑的施工方法,尽量缩短基坑无支撑暴露时间。

(4)对于面积较大的基坑,可根据支撑的布置形式等因素,采用盆式开挖或岛式开挖的方式施工,并结合开挖方式及时形成支撑和基础底板。

(5)对于饱和软黏土地层中的基坑工程,每个阶段挖土结束后应立即架设支撑等挡土设施,以避免流变的发生。一般而言,开挖完成时及时浇筑垫层能较有效地防止流变。

(6)当同一基坑内不同区域的开挖深度有较大差异时,可先挖至浅基坑标高,施工浅基坑的垫层有条件时宜先浇筑形成浅基坑基础底板,然后开挖较深基坑的土方。

(7)基坑开挖过程中如出现围护墙渗漏,应采取相关措施及时进行封堵处理。工程实践表明,因围护墙渗漏造成的墙后水、土流失,引起邻近建筑物或地下管线的沉降量一般难以估计,且往往比墙体的变形大得多。因此,当出现渗漏时必须引起重视。

(8)支撑与围护墙之间应有可靠的连接。采用钢支撑时应及时施加预应力,必要时可采用复加预应力的方式进一步控制围护结构的变形。

(9)机械挖土极易超挖,且挖土机械在坑内行走会导致坑底土体的扰动,从而降低了被动区土体的强度,进而引起基坑变形的增大。因此,采用机械挖土时,为防止坑底土体的扰动,应保留 200~300 mm 厚的土采用人工挖平。

(10)严格控制坑外地表超载。

(11)当采用爆破方法拆除钢筋混凝土支撑时,宜先将支撑端部与围檩交接处的混凝土凿除,使支撑端部与围檩、围护桩割离,以避免支撑爆破时的冲击波通过围檩和围护桩直接传至坑外,从而对周围环境产生不利影响。

二、从基坑变形的传播途径上采取措施减小对周边环境的影响

从基坑变形的传播路径上,可采用隔断法来减小基坑施工对周边环境的影响。隔断法可以采用钢板桩、地下连续墙、树根桩、深层搅拌桩、注浆加固等构成墙体,墙体主要承受施工引起的侧向土压力和差异沉降产生的摩阻力,如图 11-15(a)所示。亦可用以隔断地下水降落曲线,如图 11-15(b)所示。国外和台湾地区还有采用微型桩的方式,如图 11-15(c)所示,这种方式是使微型桩通过可能的滑动面,当此滑动面产生时,微型桩的抗剪和抗拔力可以抑制地层滑动,从而减小地表沉降的可能性。

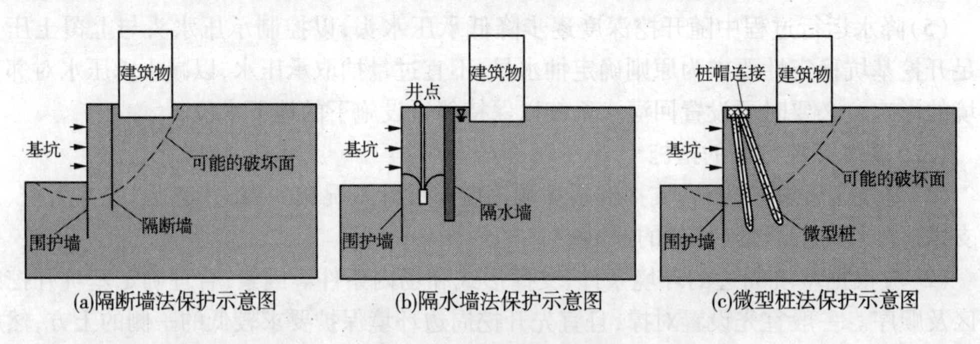

图 11-15　隔断法示意图

在上海地区的基坑工程中,利用上述原理也进行过一些尝试。例如,上海市区某工程基坑开挖深度为 7.4 m,一道支撑。基坑旁边的一栋医院建筑年代久远且加过一层,为保护该建筑物,紧贴其基础边打了三排ϕ 200、长 11 m 的树根桩,并采取一些措施与老基础及墙面做适当连接,结果围护体的侧移仅 3~20 mm,而该医院建筑几乎没有沉降。

需要指出的是,隔断法保护基坑邻近建(构)筑物的机制并不直接,目前对其作用机制的研究尚较少,虽然已有一些工程应用实例,但大部分是依靠经验设计,尚缺乏理论基础。

三、从提高基坑周边环境的抵抗变形能力方面采取措施

基坑开挖后，要求支护结构绝对不变形是不可能的，即使大幅度提高围护体系的结构刚度（这往往代价很高）也不一定能相应地大幅度减小基坑的变形。在某些情况下，对被保护对象事先采取加固措施，可以提高其抵抗变形的能力，往往可取得更直接的效果。常用的措施包括基础托换、注浆加固和跟踪注浆。

（一）基础托换

基础托换是在基坑开挖前，采用钻孔灌注桩或锚杆静压桩等方式，在建筑物下方进行基础补强或替代基础，将建筑物荷载传至深处刚度较大的土层，减小建筑物基础沉降量的方法。图 11-16 为锚杆静压桩托换建筑物基础示意图。

图 11-17 为新加坡捷运隧道过河段的基坑开挖工程中对旁边政府大厦基础补强的剖面图。该基坑工程开挖深度约 27 m，采用钢板桩及兵桩作为围护结构，竖向设置 7 道支撑。距基坑 3 m 处即为政府大厦的外侧支柱，该大厦为建于“第二次世界大战”前的 3 层砌体结构，其下采用长 4.5 m、直径 50~100 mm 不等的木桩。基坑开挖前，在外侧支柱的四角各设置一微型桩，穿过桩帽伸至地面以下 26~28 m，并采用水泥土砂浆充填密实。

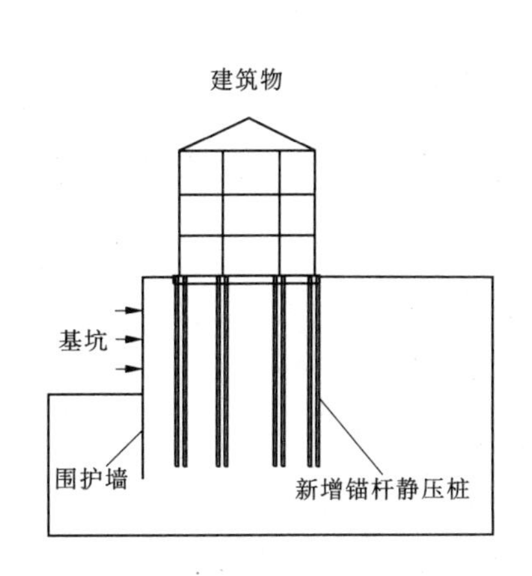

图 11-16　锚杆静压桩托换建筑物基础示意图

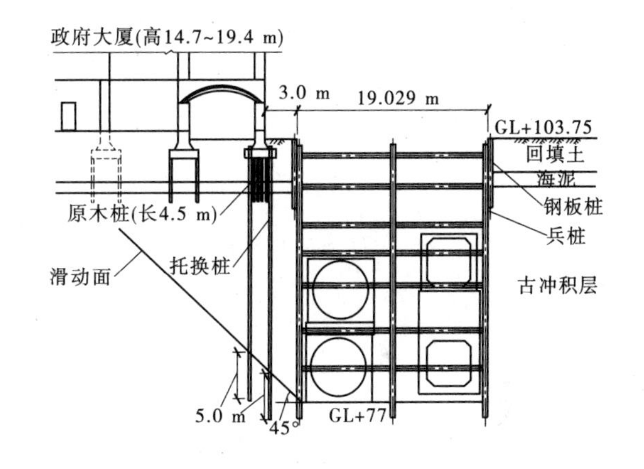

图 11-17　新加坡捷运隧道开挖与建筑物基础补强的剖面图

（二）注浆加固

基坑开挖前在邻近房屋基础下预先作注浆加固也是常用方法之一。一般在保护对象的侧面和底部设置注浆管，对其土体进行注浆加固。注浆加固实际上是一种地基处理措施。当基坑开挖时，基坑外侧的土体逐渐进入主动状态，围护墙的最大侧移一般发生于基坑开挖面附近，因此开挖区外可能的滑动面会沿着开挖面下方附近开始发展，因此要使既有建筑物注浆加固能取得较好的效果，注浆加固的深度一般应从建筑物的基础下方延伸到滑动面以下。

例如，某地铁车站施工时，邻近的商业大楼（新中国成立前建造的老建筑物）发生了沉降。不久，紧邻该大楼又要开挖深度约 7 m 的基坑，于是在围护桩完成后、基坑开挖前，采用与垂线成 14°倾角的注浆管深入到老大楼基底下，进行注浆加固。基坑施工结束后，

该商业大楼沉降量控制在 10 mm 左右。

需要注意的是,采用注浆加固时,过大的注浆压力会使得地面或建筑物隆起,而注浆开始时也会破坏土的微观结构,使得土体的抗剪强度降低。因此,注浆施工的质量尤其重要,稍有不慎,不但起不到加固的目的,反而会使建筑物的沉降或倾斜更严重。

(三)跟踪注浆

基坑开挖过程中,当邻近建筑物变形超过容许值时,可对其进行注浆加固,并根据变形的发展情况,实时调整注浆位置和注浆量,使保护对象的变形处于控制范围内,确保其正常运行。跟踪注浆可采用双液注浆。需要注意的是,注浆期间必须加强监测,严格控制注浆压力和注浆量,以免引起结构损坏。

第十二章　基坑工程监测技术

第一节　概　述

众所周知,基坑工程是一门实践性很强的学科。由于岩土体性质的复杂多变性及各种计算模型的局限性,很多基坑工程的理论计算结果与实测数据往往有较大差异。鉴于上述情况,在工程设计阶段就准确无误地预测基坑支护结构和周围土体在施工过程中的变化是不现实的,施工过程中如果出现异常,且这种变化又没有被及时发现并任其发展,后果将不堪设想。据统计,国内外多起重大基坑工程事故在发生前监测数据都有不同程度的异常反映,但均未得到充分重视而导致了严重的后果。

为保证基坑工程安全顺利地进行,在基坑开挖及结构构筑期间开展严密的施工监测是很有必要的,因为监测数据可以称为工程的"体温表",不论是安全还是隐患状态都会在数据上有所反映。从某种意义上施工监测也可以说是一次 1∶1的岩土工程原型试验,所取得的数据是基坑支护结构和周围地层在施工过程中的真实反映,是各种复杂因素影响下的综合体现。

值得一提的是,近年来我国各地相继编写并颁布实施了各种基坑设计、施工规范和标准,其中都特别强调了基坑监测与信息化施工的重要性,甚至有些城市专门颁布了基坑工程监测规范,如《基坑工程施工监测规程》(DG/T J08—2001—2016)等。国家标准《建筑基坑工程监测技术规范》(GB 50497—2009)也已颁布,其中明确规定"开挖深度超过 5 m 或开挖深度未超过 5 m 但现场地质情况和周围环境较复杂的基坑工程均应实施基坑工程监测"。经过多年的努力,我国大部分地区开展的城市基坑工程监测工作,已经不仅仅成为各建设主管部门的强制性指令,同时也成为工程参建各方(诸如建设、施工、监理和设计等单位)自觉执行的一项重要工作。

第二节　基坑工程监测概况

基坑工程施工前,应委托具备相应资质的监测单位对基坑工程实施现场监测。监测单位应编制监测方案,监测方案须经建设方、设计方、监理方等认可,必要时还需与基坑周边环境涉及的有关管理单位协商一致后方可实施。下面介绍基坑工程监测的一些基本概况。

一、监测目的

基坑工程监测的主要目的是:

(1)使参建各方能够完全客观真实地把握工程质量,掌握工程各部分的关键性指标,确保工程安全。

(2)在施工过程中通过实测数据检验工程设计所采取的各种假设和参数的正确性,及时改进施工技术或调整设计参数,以取得良好的工程效果。

(3)对可能发生危及基坑工程本体和周围环境安全的隐患进行及时、准确的预报,确保基坑结构和相邻环境的安全。

(4)积累工程经验,为提高基坑工程的设计和施工整体水平提供基础数据支持。

二、监测原则

基坑工程监测是一项涉及多门学科的工作,技术要求较高,基本原则如下:

(1)监测数据必须是可靠真实的,数据的可靠性由测试元件安装或埋设的可靠性、监测仪器的精度以及监测人员的素质来保证。监测数据的真实性要求所有数据必须以原始记录为依据,任何人不得篡改、删除原始记录。

(2)监测数据必须是及时的,数据需在现场及时计算处理,发现有问题可及时复测,做到当天测,当天反馈。

(3)埋设于土层或结构中的监测元件应尽量减小对结构正常受力的影响,埋设监测元件时应注意与岩土介质的匹配。

(4)对所有监测项目,应按照工程具体情况预先设定预警值和报警制度,预警体系包括变形或内力累计值及其变化速率。

(5)监测应整理完整监测记录表、数据报表、形象的图表和曲线,监测结束后整理出监测报告。

三、监测方案

监测方案根据不同的需要会有不同的内容,一般包括工程概况、工程设计要点、地质条件、周边环境概况、监测目的、编制依据、监测项目、测点布置、监测人员配置、监测方法及精度、数据整理方法、监测频率、报警值、主要仪器设备、拟提供的监测成果及监测结果反馈制度、费用预算等。

四、监测项目

基坑监测的内容分为两大部分,即基坑本体监测和相邻环境监测。基坑本体包括围护桩墙、支撑、锚杆、土钉、坑内立柱、坑内土层、地下水等,相邻环境包括周围地层、地下管线、相邻建筑物、相邻道路等。基坑工程的监测项目应与基坑工程设计、施工方案相匹配。应针对监测对象的关键部位,做到重点观测、项目配套并形成有效的、完整的监测系统。

根据《建筑基坑工程监测技术规范》(GB 50497—2009),建筑基坑工程监测项目应按表12-1进行选择。

表 12-1　建筑基坑工程监测项目

监测项目		基坑类别		
		一级	二级	三级
围护墙(边坡)顶部水平位移		应测	应测	应测
围护墙(边坡)顶部竖向位移		应测	应测	应测
深层水平位移		应测	应测	宜测
立柱竖向位移		应测	宜测	宜测
围护墙内力		宜测	可测	可测
支撑内力		应测	宜测	可测
立柱内力		可测	可测	可测
锚杆内力		应测	宜测	可测
土钉内力		宜测	可测	可测
坑底隆起(回弹)		宜测	可测	可测
围护墙侧向土压力		宜测	可测	可测
孔隙水压力		宜测	可测	可测
地下水位		应测	应测	应测
土体分层竖向位移		宜测	可测	可测
周边地表竖向位移		应测	应测	宜测
周边建筑	竖向位移	应测	应测	应测
	倾斜	应测	宜测	可测
	水平位移	应测	宜测	可测
周边建筑、地表裂缝		应测	应测	应测
周边管线变形		应测	应测	应测

注:基坑类别的划分按照现行国家标准《建筑基坑支护技术规程》(JGJ 120—2012)执行。

五、监测频率

基坑工程监测频率的确定应满足能系统反映监测对象所测项目的重要变化过程而又不遗漏其变化时刻的要求。监测工作应从基坑工程施工前开始,直至地下工程完成,贯穿于基坑工程和地下工程施工全过程。对有特殊要求的基坑周边环境的监测,应根据需要延续至变形趋于稳定后结束。

基坑工程监测频率不是一成不变的,应根据基坑开挖及地下工程的施工进程、施工工况以及其他外部环境影响因素的变化及时地做出调整。一般在基坑开挖期间,地基土处于卸荷阶段,支护体系处于逐渐加荷状态,应适当加密监测;当基坑开挖完后一段时间,监测值相对稳定时,可适当降低监测频率。当出现异常现象和数据,或临近报警值时,应提高监测频率甚至连续监测。监测项目的监测频率应综合基坑类别、基坑及地下工程的不同施工阶段以及周边环境、自然条件的变化和当地经验而确定。对于应测项目,在无数据异常和事故征兆的情况下,开挖后现场仪器监测频率可按表 12-2 确定。

表 12-2　现场仪器监测频率

基坑类别	施工进程		基坑设计深度(m)			
			≤5	5~10	10~15	>15
一级	开挖深度(m)	≤5	1 次/1 d	1 次/2 d	1 次/2 d	1 次/2 d
		5~10		1 次/1 d	1 次/1 d	1 次/1 d
		>10			2 次/1 d	2 次/1 d
	底板浇筑后时间(d)	≤7	1 次/1 d	1 次/1 d	2 次/1 d	2 次/1 d
		7~14	1 次/3 d	1 次/2 d	1 次/1 d	1 次/1 d
		14~28	1 次/5 d	1 次/3 d	1 次/2 d	1 次/1 d
		>28	1 次/7 d	1 次/5 d	1 次/3 d	1 次/3 d
二级	开挖深度(m)	≤5	1 次/2 d	1 次/2 d		
		5~10		1 次/1 d		
	底板浇筑后时间(d)	≤7	1 次/2 d	1 次/2 d		
		7~14	1 次/3 d	1 次/3 d		
		14~28	1 次/7 d	1 次/5 d		
		>28	1 次/10 d	1 次/10 d		

注:1.有支撑的支护结构各道支撑开始拆除到拆除完成后 3 d 内监测频率应为 1 次/1 d。

2.基坑工程施工至开挖前的监测频率视具体情况确定。

3.当基坑类别为三级时,监测频率可视具体情况适当降低。

4.宜测、可测项目的仪器监测频率可视具体情况适当降低。

六、监测步骤

监测单位工作的程序应按下列步骤进行:

(1)接受委托。

(2)现场踏勘,收集资料。

(3)制订监测方案,并报委托方及相关单位认可。

(4)展开前期准备工作,设置监测点、校验设备、仪器。

(5)设备、仪器、元件和监测点验收。

(6)现场监测。

(7)监测数据的计算、整理、分析及信息反馈。

(8)提交阶段性监测结果和报告。

(9)现场监测工作结束后,提交完整的监测资料。

第三节　监测方法

一、墙顶位移(桩顶位移、坡顶位移)

墙顶水平位移和竖向位移是基坑工程中最直接的监测内容,通过监测墙顶位移,对反馈施工工序,并决定是否采取辅助措施以确保支护结构和周围环境安全具有重要意义。同时,墙顶位移也是墙体测斜数据计算的起始依据。

对于围护墙顶水平位移,测特定方向上时可采用视准线法、小角度法、投点法等;测定监测点任意方向的水平位移时,可视监测点的分布情况,采用前方交会法、后方交会法、极坐标法等;当测点与基准点无法通视或距离较远时,可采用 GPS 测量法或三角、三边、边角测量与基准线法相结合的综合测量方法。墙顶竖向位移监测可采用几何水准或液体静力水准等方法,各监测点与水准基准点或工作基点应组成闭合环路或附合水准路线。

墙顶位移监测基准点的埋设应符合国家现行标准《建筑变形测量规范》(JGJ 8—2016)的有关规定,设置有强制对中的观测墩,并采用精密的光学对中装置,对中误差不大于 0.5 mm。观测点应设置在基坑边坡混凝土护顶或围护墙顶(冠梁)上,安装时采用铆钉枪打入铝钉,或钻孔埋深膨胀螺丝,涂上红漆作为标记,有利于观测点的保护和提高观测精度。

墙顶位移监测点应沿基坑周边布置,监测点水平间距不宜大于 20 m(见图 12-1)。一般基坑每边的中部、阳角处变形较大,所以中部、阳角处宜设监测点。为便于监测,水平位移的监测点宜同时作为垂直位移的监测点。

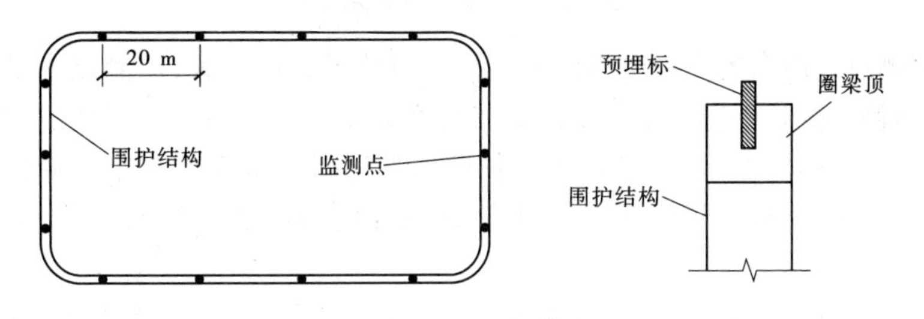

图 12-1　墙顶位移监测点的布设

二、围护(土体)水平位移

围护桩墙或周围土体深层水平位移的监测是确定基坑围护体系变形和受力的最重要的观测手段,通常采用测斜仪进行观测,如图 12-2 所示。实际量测时,将测斜仪插入测斜管内,并沿管内导槽缓慢下滑,按取定的间距 L 逐段测定各位置处管道与铅直线的相对倾角。

测斜管埋设方式主要有钻孔埋设和绑扎埋设两种,如图 12-3 所示。一般测围护桩墙挠曲时采用绑扎埋设和预制埋设,测土体深层位移时采用钻孔埋设。

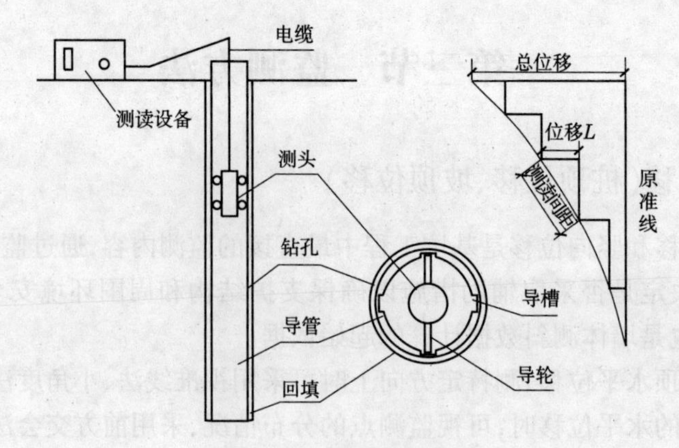

图 12-2 测斜原理图

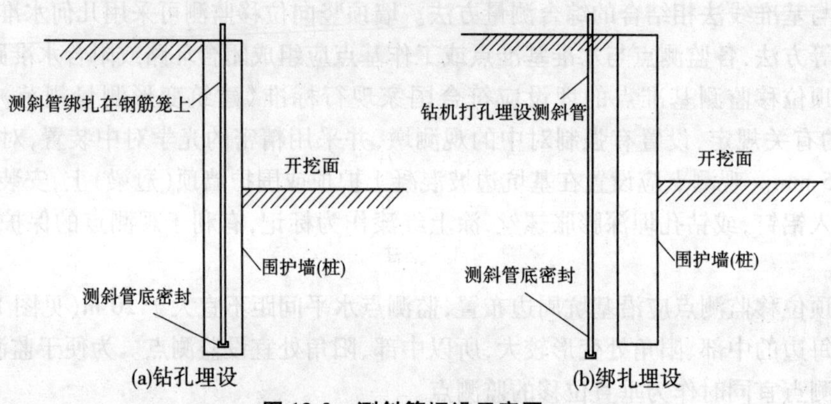

(a)钻孔埋设 (b)绑扎埋设

图 12-3 测斜管埋设示意图

测斜监测点一般布置在基坑平面上挠曲计算值最大的位置,监测点水平间距为 20~50 m,每边监测点数目不应少于 1 个。为了真实地反映围护墙的挠曲状况和地层位移情况,应保证测斜管的埋设深度:设置在围护墙内的测斜管深度不宜小于围护墙的入土深度;设置在土体内的测斜管深度不宜小于基坑开挖深度的 1.5 倍,并大于围护墙入土深度。

值得一提的是,测斜变形计算时需确定固定起算点,起算点位置的设定分管底和管顶两种情况。对于无支撑的自立式围护结构,一般入土深度较大,若测斜管埋设到底,则可将管底作为基准点,自下而上累计计算某一深度的变形值,直至管顶。对于单支撑或多支撑的围护结构,在进行支撑施做(或未达到设计强度)前的挖土时,围护结构的变形类似于自立式围护,仍可将管底作为基准点。当顶层支撑施做后,情况就发生了变化,此时管顶变形受到了限制,而原先作为基准点的管底随开挖深度的加大,将发生变形,因而应将基准点转至管顶,自上而下累计某一深度的变形值,直至开挖结束。不论基准点设在管顶或管底,计算累计变形值,可以向基坑侧变形为正,反之为负。

三、立柱竖向位移

在软土地区或对周围环境要求比较高的基坑大部分采用内支撑,支撑跨度较大时,一般都架设立柱桩。立柱的竖向位移(沉降或隆起)对支撑轴力的影响很大,工程实践表明,立柱竖向位移 2~3 cm,支撑轴力会变化约 1 倍。因为立柱竖向位移的不均匀会引起支撑体系各点在垂直面上与平面上的差异位移,最终引起支撑产生较大的次应力(这部分力在支撑结构设计时一般没有考虑)。若立柱间或立柱与围护墙间有较大的沉降差,则会导致支撑体系偏心受压甚至失稳,从而引发工程事故。因此,对于支撑体系应加强立柱的位移监测。

立柱监测点应布置在立柱受力、变形较大和容易发生差异沉降的部位,例如基坑中部、多根支撑交会处、地质条件复杂处(见图 12-4)。逆作法施工时,承担上部结构的立柱应加强监测。立柱监测点不应少于立柱总根数的 5%,逆作法施工的基坑不应少于 10%,且均不应少于 3 根。

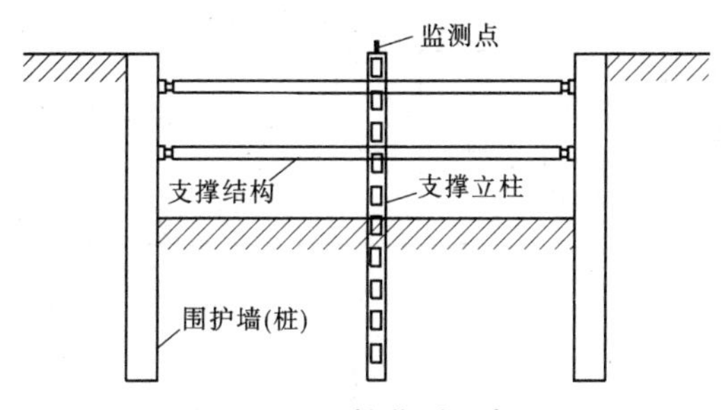

图 12-4　立柱监测示意图

四、围护结构内力

围护结构内力监测是防止基坑支护结构发生强度破坏的一种较为可靠的监控措施,可采用安装在结构内部或表面的应变计或应力计进行量测。采用钢筋混凝土材料制作的围护桩,其内力通常是通过测定构件受力钢筋的应力或混凝土的应变,然后根据钢筋与混凝土共同作用、变形协调条件反算得到,钢构件可采用轴力计或应变计等量测。内力监测值宜考虑温度变化等因素的影响。

图 12-5 为钢筋计量测围护结构的轴力、弯矩安装示意图。量测弯矩时,结构一侧受拉,一侧受压,相应的钢筋计一只受拉,另一只受压;测轴力时,两只钢筋计均轴向受拉或受压。由标定的钢筋应变值得出应力值,再核算成整个混凝土结构所受的弯矩或轴力。

弯矩:

$$M = \phi(\sigma_1 - \sigma_2) \times 10^{-3} = \frac{E_c}{E_s} \times \frac{I_c}{d} \times (\sigma_1 - \sigma_2) \times 10^{-3} \qquad (12\text{-}1)$$

轴力:

$$N = K \times \frac{\varepsilon_1 + \varepsilon_2}{2} \times 10^{-3} = \frac{A_c}{A_s} \times \frac{E_c}{E_s} \times K_1 \times \frac{\varepsilon_1 + \varepsilon_2}{2} \times 10^{-3} \qquad (12\text{-}2)$$

式中　M——弯矩,kN · m;

N——轴力,kN;

σ_1、σ_2——开挖面、背面钢筋计应力,kN/mm²;

I_c——结构断面惯性矩,mm⁴;

d——开挖面、背面钢筋计之间的中心距离,mm;

ε_1、ε_2——上、下端钢筋计应变;

K_1——钢筋计标定系数;

E_c——混凝土结构的弹性模量,kg/cm^2;

A_c——混凝土结构的断面面积,cm^2;

E_s——钢筋计的弹性模量,kg/cm^2;

A_s——钢筋计的断面面积,cm^2。

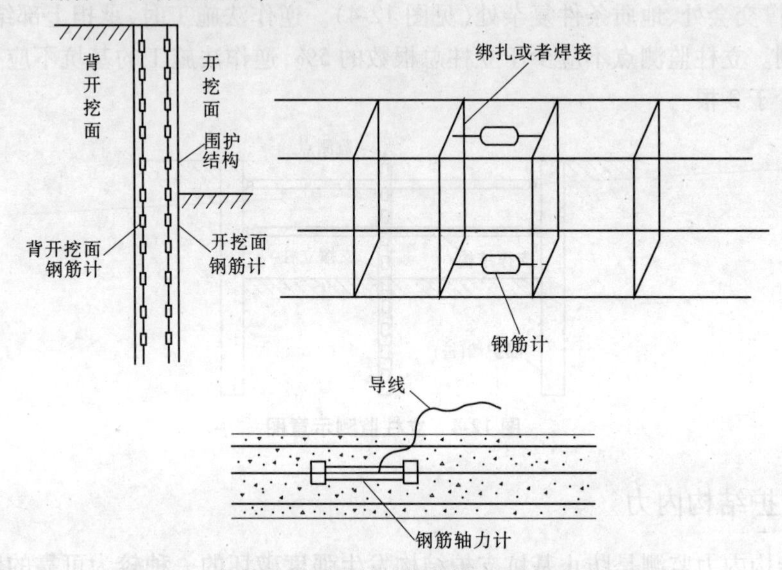

图 12-5 钢筋计量测围护结构的轴力、弯矩安装示意图

围护墙内力监测点应考虑围护墙内力计算图形,布置在围护墙出现弯矩极值的部位,监测点数量和横向间距视具体情况而定。平面上宜选择在围护墙相邻两支撑的跨中部位、开挖深度较大以及地面堆载较大的部位;竖直方向(监测断面)上监测点宜布置支撑处和相邻两层支撑的中间部位,间距宜为 2~4 m。立柱的内力监测点宜布置在受力较大的立柱上,位置宜设在坑底以上各层立柱下部的 1/3 部位。

五、支撑轴力

基坑外侧的侧向水土压力由围护墙及支撑体系承担,当实际支撑轴力与支撑在平衡状态下应能承担的轴力(设计计算轴力)不一致时,可能引起围护体系失稳。支撑内力的监测多根据支撑杆件采用的材料不同,选择不同的监测方法和监测传感器。对于混凝土支撑杆件,目前主要采用钢筋应力计或混凝土应变计(参见围护内力监测);对于钢支撑杆件,多采用轴力计(也称反力计)或表面应变计。

图 12-6、图 12-7 分别是钢支撑轴力计和混凝土支撑轴力监测计安装示意图。轴力计布置应遵循以下原则:

(1)监测点宜设置在支撑内力较大或在整个支撑系统中起控制作用的杆件上。

(2)每层支撑的内力监测点不应少于 3 个,各层支撑的监测点位置宜在竖向上保持

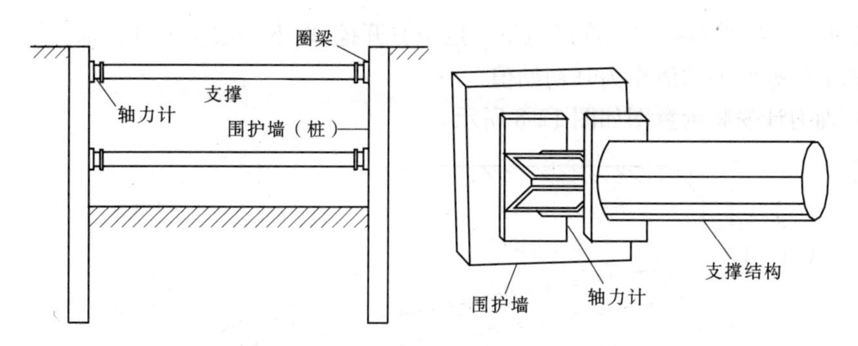

图 12-6　钢支撑轴力计安装示意图

一致。

(3)钢支撑的监测截面宜选择在两支点间 1/3 部位或支撑的端头;混凝土支撑的监测截面宜选择在两支点间 1/3 部位,并避开节点位置。

(4)每个监测点截面内传感器的设置数量及布置应满足不同传感器测试要求。

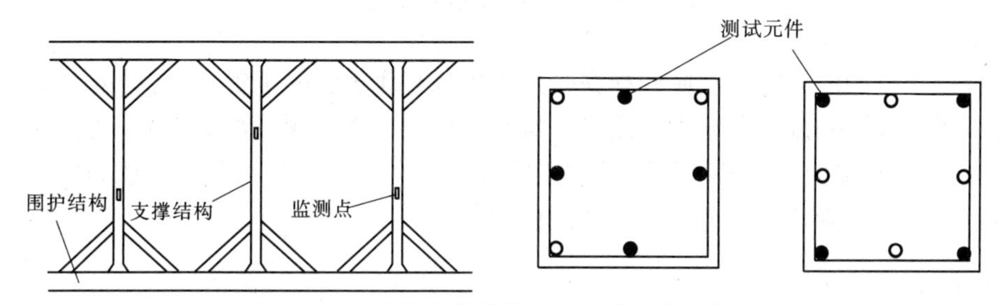

图 12-7　混凝土支撑轴力监测计安装示意图

需要注意的是,支撑的内力不仅与监测计放置的截面位置有关,而且与所监测截面内监测计的布置有关。其监测结果通常以“轴力”的形式表达,即把支撑杆监测截面内的测点应力平均后与支撑杆截面相乘。显然,这与结构力学的轴力概念有所不同,它反映的仅是所监测截面的平均应力。

支撑系统的受力极其复杂,支撑杆的截面弯矩方向可随开挖工况的进行而改变,而一般现场布置的监测截面和监测点数量较少。因此,只依据实测的“支撑轴力”有时不易判别清楚支撑系统的真实受力情况,甚至会导致相反的判断结果。建议的方法是选择有代表性的支撑杆,既监测其截面应力,又监测支撑杆在立柱处和内力监测截面处等若干点的竖向位移,便可以根据监测到的截面应力和竖向位移值由结构力学的方法对支撑系统的受力情况做出更加合理的综合判断。同时,有必要对施工过程中围护墙、支撑杆及立柱之间的耦合作用进行深入研究。

六、锚杆轴力(土钉内力)

锚杆及土钉内力监测的目的是掌握锚杆或土钉内力的变化,确认其工作性能。由于钢筋束内每根钢筋的初始拉紧程度不一样,所受的拉力与初始拉紧程度关系很大,应采用专用测力计、应力计或应变计在锚杆或土钉预应力施加前安装并取得初始值。根据质量要求,锚杆或土钉锚固体未达到足够强度不得进行下一层土方的开挖,为此一般应保证锚固体有 3 d 的养护时间后才允许进行下一层土方开挖,取下一层土方开挖前连续 2 d 获得的稳定测试数据的平均值作为其初始值。

锚杆轴力计安装示意图如图 12-8 所示。

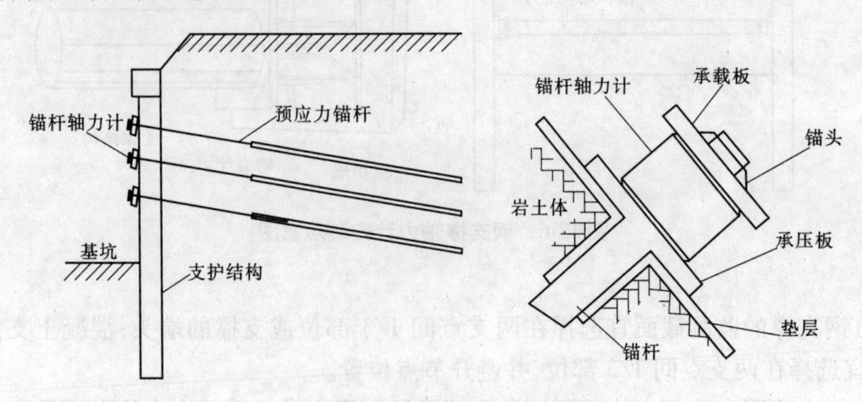

图 12-8　锚杆轴力计安装示意图

锚杆或土钉的内力监测点应选择在受力较大且有代表性的位置,基坑每边中部、阳角处和地质条件复杂的区段宜布置监测点。每层锚杆的内力监测点数量应为该层锚杆总数的 1%~3%,并不应少于 3 根。各层监测点位置在竖向上宜保持一致。每根杆体上的测试点宜设置在锚头附近和受力有代表性的位置。

七、坑底隆起(回弹)

坑底隆起(回弹)监测点的埋设和施工过程中的保护比较困难,监测点不宜设置过多,以能够测出必要的坑底隆起(回弹)数据为原则,本条规定监测剖面数量不应少于 2 条,同一剖面上的监测点数量不应少于 3 个,基坑中部宜设监测点,依据这些监测点绘出的隆起(回弹)断面图可以基本反映出坑底变形的变化规律(见图 12-9、图 12-10)。

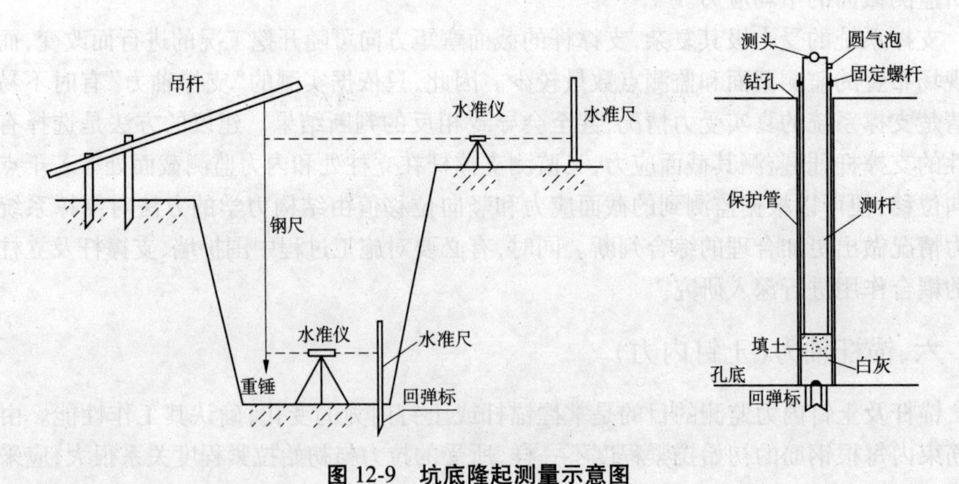

图 12-9　坑底隆起测量示意图

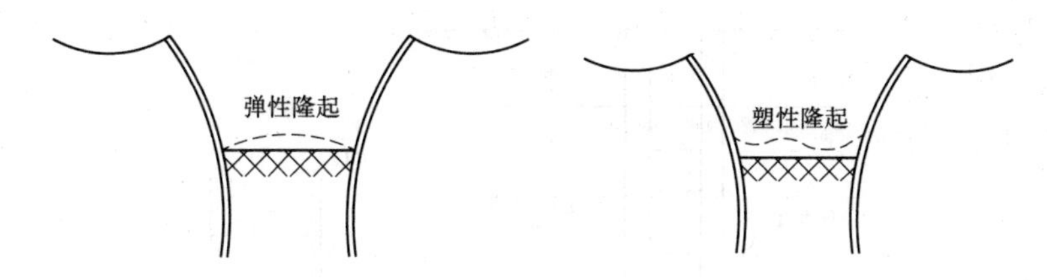

图 12-10　坑底隆起曲线

八、围护墙侧向土压力

侧向土压力是直接作用在基坑支护体系上的荷载，是支护结构的设计依据，现场量测能够真实地反映各种因素对土压力的综合影响，因此在工程界都很重视现场实测水土压力数据的收集和分析。

由于土压力计的结构形式和埋设部位不同，埋设方法很多，例如挂布法、顶入法（见图 12-11）、弹入法（见图 12-12）、插入法、钻孔法（见图 12-13）等。土压力计埋设在围护墙构筑期间或完成后均可进行。若在围护墙完成后进行，由于土压力计无法紧贴围护墙埋设，因而所测数据与围护墙上实际作用的土压力有一定差别。若土压力计埋设与围护墙构筑同期进行，则须解决好土压力计在围护墙迎土面上的安装问题。在水下浇筑混凝土过程中，要防止混凝土将面向土层的土压力计表面钢膜包裹，使它无法感应土压力作用，造成埋设失败。另外，还要保持土压力计的承压面与土的应力方向垂直。

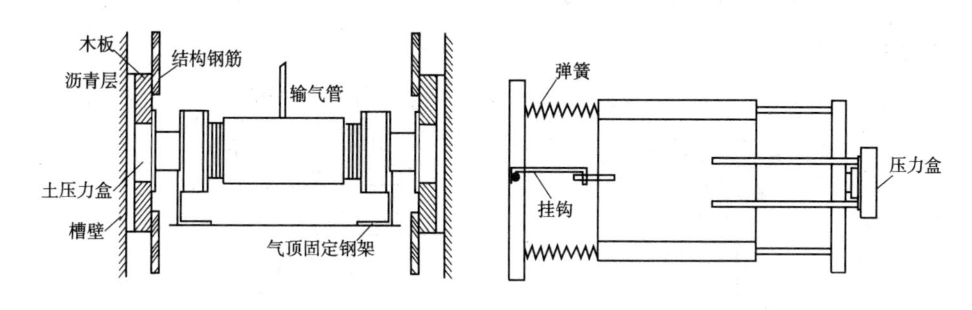

图 12-11　顶入法进行土压力传感器设置　　图 12-12　弹入法进行土压力传感器埋设装置

围护墙侧向土压力监测点的布置应选择在受力、土质条件变化较大的部位，在平面上宜与深层水平位移监测点、围护墙内力监测点位置等匹配，这样监测数据之间可以相互验证，便于对监测项目的综合分析。在竖直方向（监测断面）上监测点应考虑土压力的计算图形、土层的分布以及与围护墙内力监测点位置的匹配。

九、孔隙水压力

孔隙水压力探头通常采用钻孔埋设。在埋设点采用钻机钻孔，达到要求的深度或标高后，先在孔底填入部分干净的砂，然后将探头放入，再在探头周围填砂，最后采用膨胀性黏土或干燥黏土球将钻孔上部封好，使得探头测得的是该标高土层的孔隙水压力。图 12-14为孔隙水压力探头及埋设示意图，其技术关键在于保证探头周围垫砂渗水流畅，

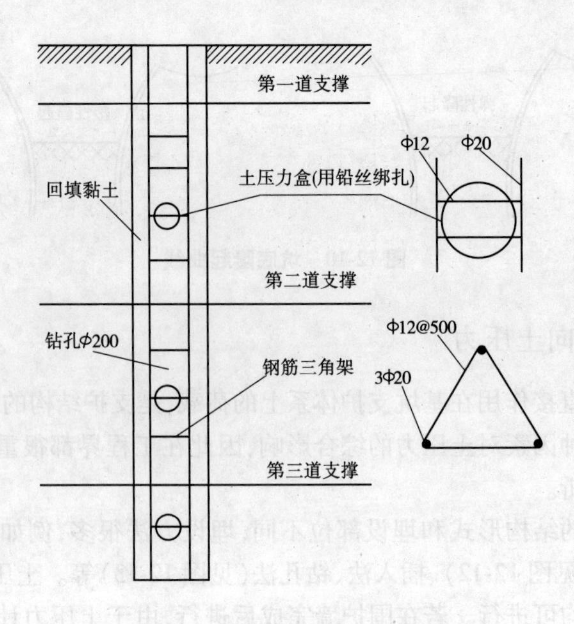

图 12-13　钻孔法进行土压力测量

其次是断绝钻孔上部向下渗漏。原则上一个钻孔只能埋设一个探头,但为了节省钻孔费用,也有在同一钻孔中埋设多个位于不同标高处的孔隙水压力探头。在这种情况下,需要采用干土球或膨胀性黏土将各个探头进行严格相互隔离,否则达不到测定各土层孔隙水压力变化的作用。

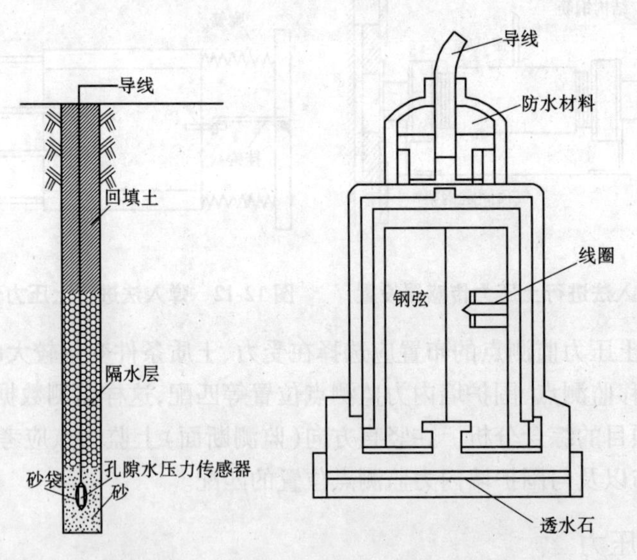

图 12-14　孔隙水压力探头及埋设示意图

孔隙水压力监测点宜布置在基坑受力、变形较大或有代表性的部位。竖向布置上监测点宜在水压力变化影响深度范围内按土层分布情况布设,竖向间距宜为2~5 m,数量不宜少于3个。

十、地下水位

基坑工程地下水位监测（见图12-15、图12-16）包含坑内、坑外水位监测。通过水位监测可以控制基坑工程施工过程中周围地下水位下降的影响范围和程度，防止基坑周边水土流失。另外，可以检验降水井的降水效果，检验截水帷幕的效果，观测降水对周边环境的影响。地下水位监测点的布置应符合下列要求：

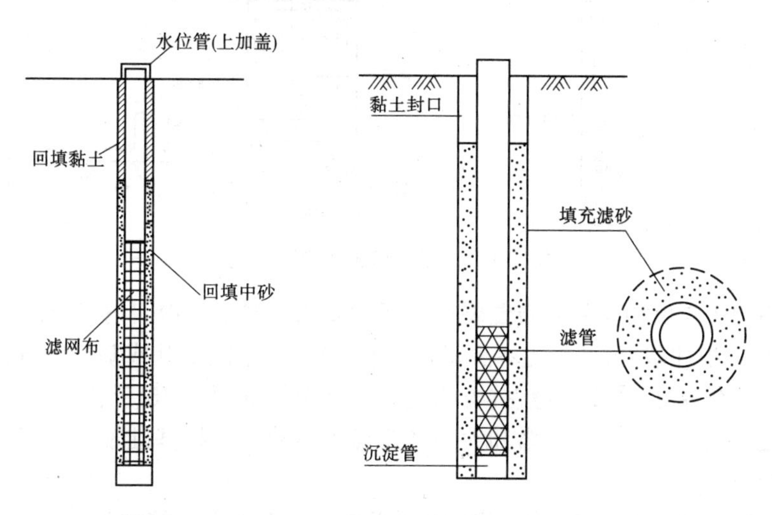

图12-15　潜水位监测示意图　　图12-16　承压水位监测示意图

（1）基坑内地下水位当采用深井降水时，水位监测点宜布置在基坑中央和两相邻降水井的中间部位；当采用轻型井点、喷射井点降水时，水位监测点宜布置在基坑中央和周边拐角处，监测点数量应视具体情况确定。

（2）基坑外地下水位监测点应沿基坑、被保护对象的周边或在基坑与被保护对象之间布置，监测点间距宜为20~50 m。相邻建筑、重要的管线或管线密集处应布置水位监测点；当有截水帷幕时，宜布置在截水帷幕外侧约2 m处。

（3）水位观测管的管底埋深应在最低设计水位或最低允许地下水位之下3~5 m。承压水水位监测管的滤管应埋置在所测的承压含水层中。

（4）回灌井点观测井应设置在回灌井点与被保护对象之间。

（5）承压水的观测孔埋设深度应保证能反映承压水水位的变化，一般承压降水井可以兼作水位观测井。

十一、周边建筑物沉降

基坑工程的施工会引起周围地表的下沉，从而导致地面建筑物的沉降，这种沉降一般是不均匀的，因此将造成地面建筑物的倾斜，甚至开裂破坏，应给予严格控制。建筑物变形监测需进行沉降、倾斜和裂缝三种监测。

建筑物沉降监测采用精密水准仪进行。测出观测点高程，从而计算沉降量。建筑物倾斜监测采用经纬仪测定监测对象顶部相对于底部的水平位移，结合建筑物沉降相对高差，计算监测对象的倾斜度、倾斜方向和倾斜速率。建筑物裂缝监测采用直接量测方法进行。将裂缝进行编号并画出测读位置,通过游标卡尺进行裂缝宽度测读。对裂缝深度量测,当裂缝深度较小时采用凿出法和单面接触超声波法监测,当裂缝深度较大时采用超声波法监测。

建筑物监测点直接用电锤在建筑物外侧桩体上打洞,并将膨胀螺栓或道钉打入,或利用其原有沉降监测点。建筑物沉降监测点示意图见图 12-17。

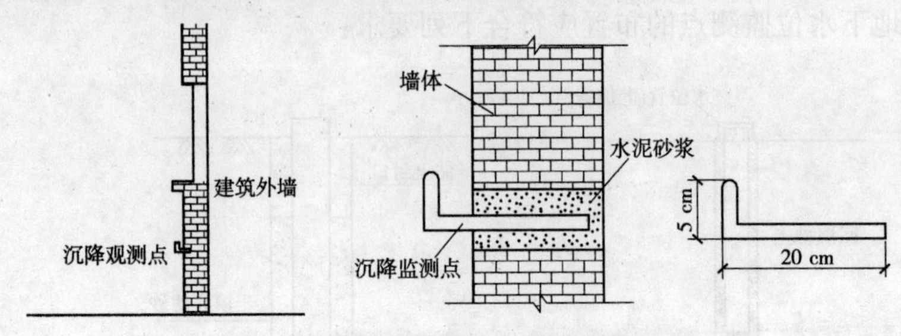

图 12-17　建筑物沉降监测点示意图

建筑物的竖向位移监测点布置要符合下列要求:①建筑物四角、沿外墙每 10~15 m 处或每隔 2~3 根柱基上,且每边不少于 3 个监测点;②不同地基或基础的分界处;③建筑物不同结构的分界处;④变形缝、抗震缝或严重开裂处的两侧;⑤新、旧建筑物或高、低建筑物交接处的两侧;⑥烟囱、水塔和大型储仓罐等高耸构筑物基础轴线的对称部位,每一构筑物不少于 4 点。

建筑物倾斜监测点应符合下列要求:①监测点宜布置在建筑物角点、变形缝或抗震缝两侧的承重柱或墙上;②监测点应沿主体顶部、底部对应布设,上、下监测点应布置在同一竖直线上。

裂缝监测点应选择有代表性的裂缝进行布置,在基坑施工期间当发现新裂缝或原有裂缝有增大趋势时,要及时增设监测点。每一条裂缝的测点至少设 2 组,裂缝的最宽处及裂缝末端宜设置测点。

建筑物的沉降监测,监测点本次高程减前次高程的差值为本次沉降量,本次高程减初始高程的差值为累计沉降量。

建筑物倾斜计算示意图如图 12-18 所示,建筑物的倾角按下式计算:

$$\tan\theta = \Delta s / b \tag{12-3}$$

式中　θ——建筑物倾角,(°);

b——建筑物宽度,m;

Δs——建筑物的差异沉降,m。

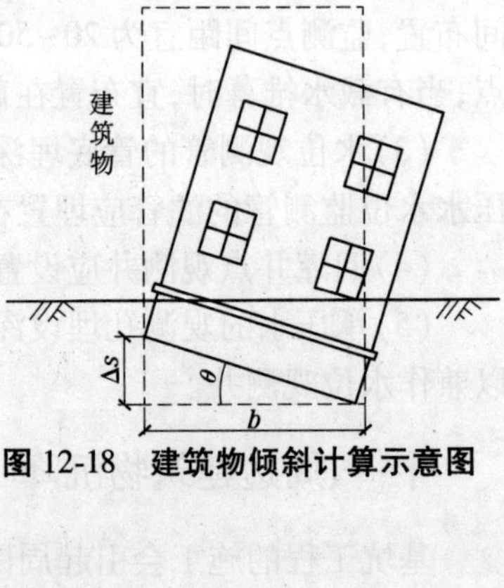

图 12-18　建筑物倾斜计算示意图

十二、周边管线监测

深基坑开挖引起周围地层移动,埋设于地下的管线亦随之移动。如果管线的变位过大或不均,将使管线挠曲变形而产生附加的变形及应力。若在允许范围内,则保持正常使用,否则将导致泄漏、通信中断、管道断裂等恶性事故。为安全起见,在施工过程中,应根据地层条件和既有管线种类、形式及其使用年限，制定合理的控制标准，以保证施工影响范围内既有管线的安全和正常使用。

管线的观测分为直接法和间接法。当采用直接法时，常用的测点设置方法有抱箍法和套管法，如图 12-19 所示。

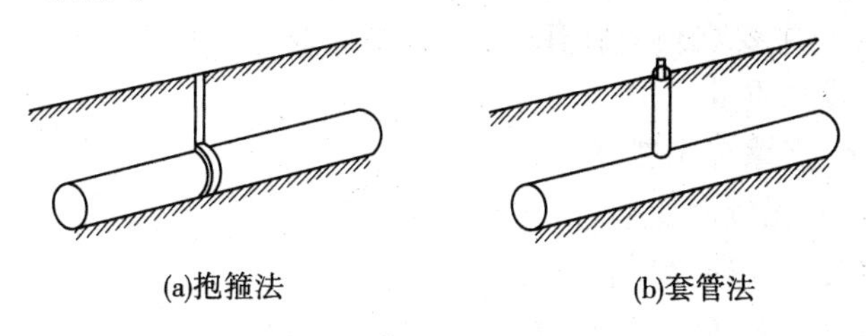

图 12-19　直接法测管线变形

间接法就是不直接观测管线本身，而是通过观测管线周边的土体分析管线的变形（见图 12-20）。此法观测精度较低。当采用间接法时，常用的测点设置方法如下：

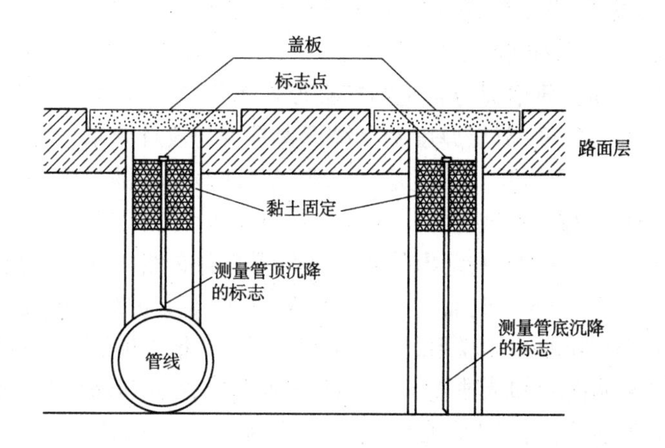

图 12-20　间接法监测管线变形

（1）底面观测。将测点设在靠近管线底面的土体中，观测底面的土体位移。此法常用于分析管道纵向弯曲受力状态或跟踪注浆、调整管道差异沉降。

（2）顶面观测。将测点设在管线轴线相对应的地表或管线的窨井盖上观测。由于测点与管线本身存在介质，因而观测精度较差，但可避免破土开挖，只在设防标准较低的场合采用，一般情况下不宜采用。

管线监测点的布置应符合下列要求：

（1）应根据管线修建年份、类型、材料、尺寸及现状等情况，确定监测点设置。

（2）监测点宜布置在管线的节点、转角点和变形曲率较大的部位，监测点平面间距宜为 15~25 m，并宜延伸至基坑边缘以外 1~3 倍基坑开挖深度范围内的管线。

（3）供水、煤气、暖气等压力管线宜设置直接监测点，在无法埋设直接监测点的部位，可设置间接监测点。

十三、现象观测

经验表明,基坑工程每天进行肉眼巡视观察是不可或缺的,与其他监测技术同等重要。巡视内容包括支护桩墙、支撑梁、冠梁、腰梁结构及邻近地面、道路、建筑物的裂缝、沉陷发生和发展情况。主要观测项目有:

(1)支护结构成型质量。

(2)冠梁、围檩、支撑有无裂缝出现。

(3)支撑、立柱有无较大变形。

(4)截水帷幕有无开裂、渗漏。

(5)墙后土体有无裂缝、沉陷及滑移。

(6)基坑有无涌土、流砂、管涌。

(7)周边管道有无破损、泄漏情况。

(8)周边建筑有无新增裂缝出现。

(9)周边道路(地面)有无裂缝、沉陷。

(10)邻近基坑及建筑的施工变化情况。

(11)开挖后暴露的土质情况与岩土勘察报告有无差异。

(12)基坑开挖分段长度、分层厚度及支锚设置是否与设计要求一致。

(13)场地地表水、地下水排放状况是否正常,基坑降水、回灌设施是否运转正常。

(14)基坑周边地面有无超载。

基坑工程监测是一个系统,系统内的各项目监测有着必然的、内在的联系。基坑在开挖过程中,其力学效应是从各个侧面同时展现出来的,例如支护结构的变形、支撑轴力、地表位移之间存在着相互间的必然联系,它们共存于同一个集合体,即基坑工程内。某一单项的监测结果往往不能揭示和反映基坑工程的整体情况,必须形成一个有效的、完整的、与设计和施工工况相适应的监测系统并跟踪监测,才能提供完整、系统的测试数据和资料,才能通过监测项目之间的内在联系做出准确的分析、判断,为优化设计和信息化施工提供可靠的依据。

第四节　基坑工程监测新方法、新技术

一、基坑工程自动化监测技术

近年来,随着计算机技术和工业化水平的提高,基坑工程自动化监测技术发展迅速,目前国内很多深大险难的基坑工程在施工时开始选择自动化连续监测,例如上海地铁宜山路车站、董家渡深基坑工程等。相对于传统的人工监测,自动化监测具有以下特点:

(1)自动化监测可以连续地记录下观测对象完整的变化过程,并且实时得到观测数据。借助于计算机网络系统,还可以将数据传送到网络覆盖范围内的任何需要这些数据的部门和地点。特别是在大雨、大风等恶劣气象条件下自动监测系统取得的数据尤其宝贵。

(2)采用自动监测系统不但可以保证监测数据正确、及时,而且一旦发现超出预警值范围的量测数据,系统马上报警,辅助工程技术人员做出正确的决策,及时采取相应的工程措施,真正做到“未雨绸缪,防患于未然”。

(3)就经济效益来看,采用自动监测后,整个工程的成本并不会有太大的提高。第一,大部分自动监测仪器除传感器需埋入工程中不可回收外,其余的数据采集装置等均可回收再利用,其成本会随着工程数量的增多而平摊,平摊到每个工程的成本并不会很高。第二,与人工监测相比,自动监测由于不需要人员进行测量,因此对人力资源的节省是显而易见的,当工地采用自动监测后,只需要一两个人对其进行维护即可达到完全实现监测目的。第三,采用自动监测后,即可以对全过程进行实时监控,出现工程事故的可能性就会非常小,其隐形的经济效益和社会效益非常巨大。

现场自动监测实景、自动监测现场示意图分别如图 12-21、图 12-22 所示。

(a)被保护建筑物的测点布置　　(b)全站仪

图 12-21　现场自动监测实景

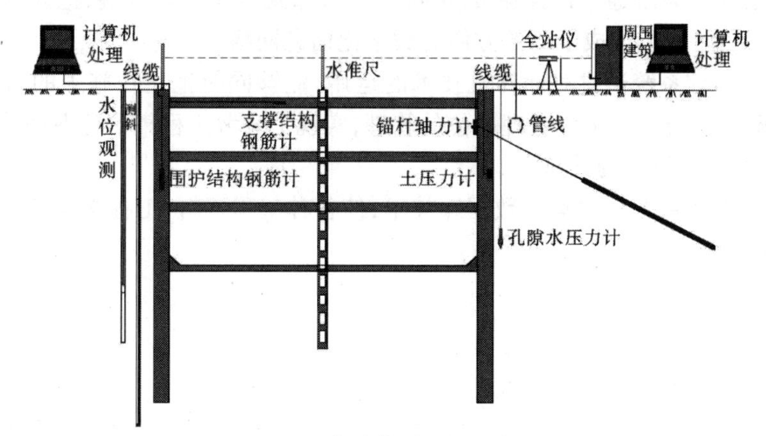

图 12-22　自动监测现场示意图

二、基坑工程远程监控技术

基坑工程具有较大的风险,施工过程中的全程监控和实时数据处理至关重要,相应地基坑工程的远程监控技术应运而生。

远程监控系统一般分两部分,如图 12-23 所示。第一部分是后台数据分析计算软件,可以对当天工地现场实测数据进行处理、分析,并结合基坑围护结构设计参数、地质条件、周围环境以及当天施工工况等因素进行预警、报警,提出风险预案等。第二部分是基于网络的预警发布平台,它基于 Web GIS 开发,可以将后台的分析结果以多种形式发布,并通过网络电脑或手机短信的方式将预警信息发送给相关责任人,达到施工全过程信息化监控,将工程隐患消灭在萌芽状态。该系统主要有以下特点:

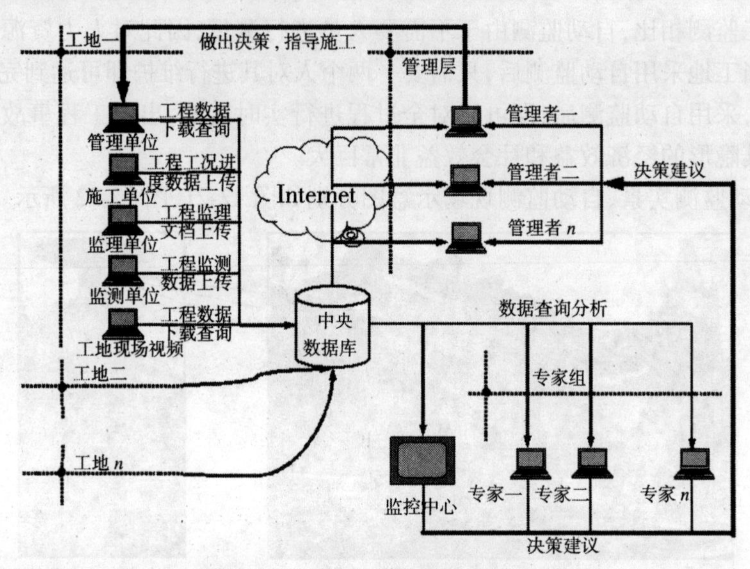

图 12-23 远程监控管理系统的组成

(1)远程监控系统通过构架在 Internet 上的分布式监控管理终端,把建筑工地和工程管理单位联系在一起,形成了高效方便的数字化信息网络。

(2)远程监控系统通过对计算机技术的运用,能够同时把正在施工的所有工地信息联系在一起,从而方便了工程管理单位的管理,实现了分散工程集中管理和单位部门之间的信息、人力、物力资源的共享。

(3)远程监控系统通过运用数据库技术,使各种工程资料、工程文档的保存及查询变得极为便利。

参 考 文 献

[1] 中华人民共和国国家标准.建筑地基基础设计规范:GB 50007—2011[S].北京:中国建筑工业出版社,2011.
[2] 中华人民共和国行业标准.建筑基坑支护技术规程:JGJ 120—2012[S].北京:中国建筑工业出版社,2012.
[3] 河南省工程建设标准.河南省基坑工程技术规范:DB J41/139—2014[S]. 北京:中国建筑工业出版社,2014.
[4] 中华人民共和国国家标准.复合土钉墙基坑支护技术规范:GB 50739—2011[S].北京:中国计划出版社,2012.
[5] 中华人民共和国国家标准.岩土工程勘察规范(2009 年版):GB 50021—2001[S].北京:中国建筑工业出版社,2009.
[6] 中华人民共和国行业标准.建筑工程地质勘探与取样技术规程:JGJ 87—2012[S].北京:中国建筑工业出版社,2012.
[7] 中华人民共和国行业标准.建筑桩基技术规程:JGJ 94—2008[S].北京:中国建筑工业出版社,2008.
[8] 中华人民共和国国家标准.管井技术规范:GB 50296—2014[S].北京:中国计划出版社,2014.
[9] 中华人民共和国行业标准.建筑深基坑施工安全技术规范:JGJ 311—2013[S].北京:中国建筑工业出版社,2014.
[10] 中华人民共和国国家标准.建筑基坑工程监测技术规范:GB 50497—2009[S].北京:中国计划出版社,2009.
[11] 上海市工程建设标准.基坑工程施工监测规程:DB/T J08—2016[S]. 北京:同济大学出版社,2016.
[12] 刘国彬,王卫东.基坑工程手册[M].2 版.北京:中国建筑工业出版社,2009.
[13] 郭院成,周同和.新型复合支护体系数值分析与工程应用[M]. 北京:科学出版社,2016.
[14] 李峰,郭院成,郭国旗,等.桩锚土钉复合支护体系施工时变力学[M].北京:科学出版社,2013.
[15] 魏艳卿. 邻近刚性桩复合地基基坑土压力演化机制与计算方法[D].郑州:郑州大学,2018.
[16] 唐素阁.基坑开挖对邻近建筑桩基承载性能的影响研究[D].郑州:郑州大学,2013.
[17] 王辉. 预应力锚杆复合土钉支护体系施工阶段的灾变机理研究[D].郑州:郑州大学,2016.
[18] 孟祥震. 不连续多桩承台基础条件下基坑支护技术研究[D].郑州:郑州大学,2015.
[19] 马锴. 排桩复合土钉支护体系变形及稳定性计算方法研究[D].郑州:郑州大学,2015.
[20] 郭院成,李永辉,周亮.排桩复合土钉支护结构受力变形机理分析[J].地下空间与工程学报,2017,13(3):692-697.
[21] 方高奎. 双排桩复合锚杆支护结构的数值模拟分析[D].郑州:郑州大学,2011.
[22] 张浩,郭院成,石名磊,等.坑内预留土作用下多支点支护结构变形内力计算[J].岩土工程学报,2018,40(1):162-168.
[23] 周同和,郭院成,秦会来,等.盆式开挖预留土墩支护结构稳定性与变形分析[J].建筑科学,2018,34(11):14-21.